글로벌 기술 혁신

하드 기술에서 소프트 기술로

이 도서의 국립중앙도서관 출판예정도서목록(CIP)은 서지정보유통지원시스템 홈페이지(http://seoji.nl.go.kr) 와 국가자료공동목록시스템(http://www.nl.go.kr/kolisnet)에서 이용하실 수 있습니다.
CIP제어번호: CIP2019021728(양장), CIP2019021730(무선)

글로벌 기술 혁신

하드 기술에서 소프트 기술로

진저우잉(金周英) 지음

홍지완 · 이용빈 옮김

한울
아카데미

全球性技術轉變: 從硬技術到軟技術

by 金周英

The Chinese edition is originally published by Peking University Press.
This translation is published by arrangement with Peking University Press, Beijing, China.
All rights reserved. No reproduction and distribution without permission.
Korean translation copyright © HanulMPlus Inc. 2019

한국어판 저자 서문

『글로벌 기술 혁신』의 한국어판 출간을 대단히 영광스럽게 생각한다. 기술 혁명을 통해 새로운 기술은 눈부시게 진화하고 있으며 이러한 기술은 인류에게 상상의 나래를 펼칠 수 있는 무한한 기회도 제공하고 있다. 하지만 인류는 전례 없는 '기술 만능론'과 '기술 우울증'에 빠져 있기도 하다. 이른바 과학 기술의 위기* 또는 인류 문명의 위기에 대한 깊은 우려가 제기되고 있는 것이다.

현재 전 세계를 석권한 인공지능(artificial intelligence: AI)의 새로운 물결을 예로 들어 설명하자면, 한편으로는 사이보그 문명을 숭배하는 사람들이 '인간-기계의 상호 보완, 인간-기계의 상호 연동, 인간-기계의 결합, 인간-기계의 상호 협동, 인간-기계의 일체화'라는 청사진을 지능 시대 발전의 추세로 내세우고 있으며, 이로 인해 글로벌 차원의 격렬한 경쟁이 촉발되고 있다. 하지만 다른 한편으로는 AI의 신속한 발전에 대해 큰 두려움을 갖고 있는 사람도 많다. 대량 실업, 신형 살인 무기, 사회 거버넌스에서 제기되는 전례 없는 난제, 윤리 및 도덕상의 리스크, 생명 및 인간에 대한 개념 정

---

* 金周英, 『人類需要什么樣的未來: 全球文明與中國的全面復興』(長沙: 湖南科學技術出版社, 2016); Jin Zhouying, *The Future of Humanity: Global Civilization and China's Rejuvenation*(Bristol, UK/Chicago, USA: Intellect Books, 2018).

의와 관련된 철학적 문제, 심지어 인류를 궤멸시킬 수도 있는 미래상 등이 바로 그것이다.

실제로 인류를 절멸시킬 수 있는 수단으로는 이미 강력한 AI가 탑재된 제품뿐만 아니라, 인간형 로봇(humanoid robot), 핵 기술, 바이오 기술, 나노 기술, 특히 인간 DNA 편집 기술을 포함한 유전자 기술, 인공 전염병 및 화학공업 기술 등이 있으며, 인류가 발명하고 창조한 여러 신기술 또한 만약 그 응용과 감독 및 통제가 제대로 이루어지지 않을 경우 유사한 리스크를 초래할 수 있다. 이러한 리스크는 인류가 과학 기술에 의해 노예화되는 문제에 국한되지 않고, 인류가 자아를 상실하고 아울러 전통적인 개념에서의 인류가 지구에서 소실될 리스크를 초래할 수도 있다.

과학 기술이 발달할수록 사람들은 혼돈에 빠지고 두려움에 사로잡히고 있으며, 인류가 어느 방향으로 나아가야 하는지 갈피를 잡지 못하고 있다. 과학 기술이 가져올 재난은 눈앞에 임박해 있고, 이 재난은 인류 진화의 역사에서 우리를 십자로 위에 세우고 있다.[*]

지금은 '기술이란 무엇인가'라는 질문을 다시 제기해야 할 때이다

이 책은 인류가 발명하고 창조해 낸 '기술'이라는 수단의 실체를 새롭게 인식하는 데 도움이 될 것이다. 이 책은 과거 2000여 년 동안의 역사를 돌아보며 서로 다른 시대를 살았던 사람들의 다양한 기술 개념을 회고하고 있다.

간단히 말하자면 기술이란 인류가 자신의 능력을 제고하기 위해 이용하는 수단, 그리고 문제를 해결하기 위해 이용하는 방안이다. 역사적으로 볼 때 인류가 문제를 해결하는 방안에는 두 가지 경로가 있었다. 하나는 유형(有形)의 방안으로, 예를 들면 생산품이 포함된다. 다른 하나는 무형(無形)의

---

[*]   같은 책.

방안으로, 예를 들면 규칙, 절차, 프로세스 등이 포함된다. 필자는 전자를 하드 기술(전통적 의미에서의 기술에 해당), 후자를 소프트 기술로 각각 구분해 명명한다. 따라서 필자는 하나의 광의의 '기술 시스템'을 수립할 필요가 있다고 생각한다.

만약 상술한 관점이 기술을 문제 해결의 수단이라는 시각에 기초해 정의 내린 것이라면, 광의의 기술은 이를 조작하는 담지체와 뿌리 내리고 있는 지식 체계에 근거하고 있는 것으로, 하드 기술과 소프트 기술로 구분할 수 있다. 일반적으로 논하자면, 하드 기술은 '물질'을 담지체로 하며 그 지식은 대부분 자연과학의 조작 가능한 지식 체계에서 비롯된다. 반면 소프트 기술은 '인간의 심리, 사유, 인지 및 행위'를 담지체로 하며 비자연과학 및 비(전통)과학의 조작 가능한 지식 체계에서 비롯된다.

하드 기술, 즉 사람들에게 익숙한 전통적 의미에서의 기술은 수백 년 동안의 연구와 응용을 거쳐 이미 수많은 학문 분야, 기술 체계 및 산업을 형성하고 있으며, 하드 기술의 역사를 연구한 저서만 해도 수백 권이나 되므로 여기에서는 구체적으로 논하지 않겠다. 하지만 소프트 기술은 장기간 '기술'로 간주되지 않았기 때문에 이에 대한 연구 및 응용은 체계적으로 이루어지지 않았다. 이로 인해 소프트 기술을 포함한 기술 전반의 본질에 대한 연구를 심화할 필요가 있다. 2000년 월드 비즈니스 아카데미(World Business Academy) 원장 리날도 브루토코(Rinaldo Brutoco)가 말했던 것처럼, 소프트 기술에 대한 연구는 "기술의 역사에서 지금까지 결여되어 있던 나머지 절반을 채워줄 것"이다.

소프트 기술은 가치를 창조하는 과정이 전통적 의미에서의 기술과 완전히 나른, 전혀 새로운 종류의 패러다임이다. 소프트 기술의 자원에는 경제, 사회, 문화, 심리, 정치 활동 및 인적 자원, 자연 자원, 환경 자원, 또는 인류의 생명과 인지 등 인류의 모든 활동 영역이 포함된다. 하지만 수백 년 동안 공업 경제 시대를 거치면서 물질 생산이 중요한 지위를 차지해 왔고, 물질을 담지체로 하는 이른바 하드 기술은 물질 생산율을 제고하는 데 크게 기여해 왔다. 이로 인해 소프트 기술은 장기간 등한시되었고 의식적·시스템적 연구와 개발이 이루어지지 않았다. 다만 경제 활동을 자원으로 삼고 있는 소프트 기술, 즉 비즈니스 기술은 그나마 비교적 광범위하게 발전했지만, 이 또한 결코 '기술'로 간주되지 못했고 여러 가지 형태의 호칭으로 불려 왔다.

과학·기술은 인류 및 사회의 진보와 발전을 위해 기여해야 한다

필자는 1990년대부터 소프트 기술, 소프트 환경 등의 개념을 제기했다. 처음에는 일부 사람들로부터 질의를 받기도 했지만, 전 세계적으로 유명한 선구적인 학자들로부터 강력한 지지를 받고 그들과 토론하는 과정을 거치자 사람들도 점차 소프트 기술 및 소프트 환경 연구의 중요성을 인식하게 되었다. 국제적으로 많은 학자와 정책 결정자가 자신들의 전략 시스템 또는 혁신 시스템을 설계하는 과정에 소프트 기술, 소프트 환경, 소프트 자산 등의 이념을 응용하고 있으며, 일부 국가에서는 소프트 기술과 관련된 연구 과제 또는 박사연구생의 육성을 위한 연구 과제를 가동하고 있다.

존 스마트(John Smart)는 미래의 기술 전환(technological transformation)을 주도할 열 가지 영역을 제기한 바 있는데,* 그는 이러한 영역은 지도자가 잠재적인 파괴, 기회, 위기 등에서 전략적으로 대응해야 하는 중요한 영역이라고 간주했다. 열 가지 영역을 구체적으로 살펴보면, 나노 과학 및 나노 기술, 정보 기술, 공학 기술, 자원 기술, 인지 기술, 사회 기술, 건강 기술, 경제 기술, 정치 기술, 안전 기술 등이다. 이러한 기술 가운데 대부분은 소프트 기

---

*   John Smart, "Leadership of Technological Change: Ten Areas of Strategic Disruption, Opportunity and Threat", *World Future 2013 Conference*(Chicago, llinois: July 2013).

술에 속하는 것으로, 이를 통해 소프트 기술이 미래 사회의 발전에서 차지할 위상을 예견할 수 있다.

현재 소프트 기술의 발전은 새로운 단계에 진입하고 있다. 따라서 소프트 기술과 소프트 환경에 대해 다음과 같이 새롭게 인식할 필요가 있다.

첫째, 소프트 기술의 발명, 창조 및 혁신은 오늘날 기술 발전의 새로운 추세이다.

둘째, 소프트 기술 영역에서 각종 기술을 축적, 통합 및 융합하는 것은 각 영역의 혁신 경쟁력을 더욱 증강시킬 것이다.

셋째, 소프트 기술-하드 기술, 소프트 환경-하드 환경의 상호 융합 및 통합 발전은 미래의 경제·사회·문화 발전에서 중요한 추동력이 될 것이다.

넷째, '나쁜' 소프트 기술 및 소프트 기술의 부적절한 응용을 방지해야 하며, 소프트 기술이 사악한 목적을 위해 악용되는 것을 막아야 한다. 금융 기술을 예로 들자면, 부당한 금융 기술의 조작은 금융 위기의 도화선이 되었을 뿐만 아니라, 한 국가의 궤멸을 초래하는 보조 수단이 되기도 했다는 사실을 역사를 통해 확인할 수 있다. 따라서 비록 하드 기술을 규제하는 것이 소프트 기술과 소프트 환경의 범주에 속하는 일이기는 하지만, 소프트 기술 자체의 발전과 응용을 더욱 엄격하게 규제해야 할 것이다.

다섯째, 기술 발전의 역사를 볼 때 인류는 현재 제3단계에 진입하고 있으며,* 생명 영역에서의 소프트 기술-하드 기술의 축적 및 통합은 제3단계 기술 발전의 가장 커다란 특징이다. 소프트 기술-하드 기술이 생명에 간여함에 따라 인류는 글로벌 차원에서 심리적 위기 및 정신적 위기에 직면하고 있다.

여섯째, 21세기에 인류가 직면하고 있는 수많은 도전, 즉 국가와 지역 간

---

*   Jin Zhouying, *The Future of Humanity*.

충돌이나 각종 테러에 의한 리스크 같은 도전에 대응하려면 해결 방안을 소프트 기술과 소프트 환경에서 찾아야 한다. 물론 이를 해결하는 심층적인 차원의 방법은 문명의 전환, 즉 '공업 문명'에서 '지구 문명(global civilization)'으로 전환하는 것이며 이를 통해 '위대한 문명'을 구축하는 것이다.*

일곱째, 소프트 기술의 역할이 아무리 중요하다고 해도 소프트 기술은 하드 기술과 마찬가지로 결국 우리 인류가 창조해 낸 도구 또는 수단에 불과하다. 우리는 목표와 수단을 뒤바꿀 수 없다는 사실을 명심해야 한다. 다시 말해 기술을 발전시키는 최종 목적은 전체 인류의 복지 또는 지속가능한 발전에 기여하는 것이다.

결론적으로 말하자면, 소프트 기술 – 하드 기술의 혁명적인 물결 속에서도 우리는 자아를 상실하지 않아야 하고, 비생물체의 인공지능이 인류의 수준에 접근하거나 심지어 뛰어넘더라도 인류는 여전히 자신의 특성, 존엄 및 우위를 유지해야 한다. 또한 기술이 발달할수록 인류는 더욱 많은 자유와 이상적인 인생을 누릴 수 있어야 하고 각자 바라는 수준에 도달해야 한다. 한편 우리에게 익숙하면서도 갈수록 낯설어지는, 그리고 오래된 것이면서도 갈수록 참신해지는, 인류가 발명하고 창조해 낸 '기술'이라는 도구에 대해 새롭게 인식해야 한다. 그래야만 나날이 강력해지는 기술 혁신의 돌풍 속에서 목표와 수단이 뒤바뀌어 기술이 인류를 통제하는 상황에 이르지 않을 것이며, 과학·기술이 인류 및 사회의 진보와 발전을 위해 기여하도록 만들 수 있을 것이다.

이 책이 출간될 수 있도록 도움을 주신 한울엠플러스(주)의 김종수 사장님과 한국의 관계자 분들에게 다시 한번 감사의 말씀을 전한다. 이 책의 한

---

* 같은 책.

국어판에는 기존에 베이징대학출판사(北京大學出版社)에서 출간된 제2판 내용에 가장 최근의 관련 동향을 일부 새롭게 넣어 독자들의 이해를 돕고자 했다. 이 책에서 제기한 내용과 관점에 대해 한국의 학계가 많은 의견과 가르침을 전해주고 협력과 보완을 해준다면, 향후 소프트 기술의 체계적인 연구 및 발전에 큰 도움이 될 것이다.

2019년 6월

진저우잉(金周英)

차 례

서언 1

10년 전, 나는 일찍이 진저우잉(金周英) 교수가 스스로 '소프트 기술(soft technology)'이라고 칭한 새로운 학문 분야를 훌륭하게 발전시켜 나아가고 있는 것에 대해 축하한 적이 있다. 비물질 영역에서 문제를 해결하는 것은 물론이거니와 새로운 학문 영역을 개척하는 것 또한 매우 어려운 일이며, 이는 극소수만 성공을 거둘 수 있는 일이기도 하다. 과학의 발전사를 되돌아보면, 기존의 규칙과 관념에 도전한 새로운 사상이 얼마나 어렵게 수용되어 왔으며 얼마나 냉혹한 대우를 받아왔는지 알 수 있다.* 새로운 사상을 제기했던 대다수의 과학자는 새로운 사상을 전파하기 위해 오랜 기간에 걸쳐 분투해야 했고, 그 결과 최종적으로 매우 적은 사람만 살아남았다. 이렇게 볼 때 소프트 기술 개념이 과학에 뿌리내리는 것은 너무 시기상조이지는 않을까?

진저우잉 교수는 기술에 대해 "사회과학, 비자연과학 및 비(전통)과학에서 비롯된, 현실에서 일어나는 각종 문제를 해결하도록 조작이 가능한 지식 시스템"이라고 정의를 내렸다. 이는 곧 기술의 범위가 물질 영역을 뛰어넘으며, 물질 기술의 기계와 도구를 뛰어넘음을 뜻한다. 그녀는 소프트 기술의 초점이 '물질'에 있지 않고 인간의 사유에 있는 것으로 보고 있으며, 따라서

---

*　Thomas Kuhn, *The Structure of Scientific Revolutions*(University of Chicago Press, 1970).

소프트 기술의 연구 영역은 의식, 감정, 가치관, 세계관, 개인과 조직 행위 및 인류 사회의 범주에 속하는 것으로 간주했다.

소프트 기술은 대개 '하드 기술(hard technology)'보다 오래되었지만 그동안에는 하드 기술이 소프트 기술보다 더욱 체계적으로 정리되고 이해되었다. 무언가를 발명한 결과로 존재하는 것이 하드 기술인데, 발명의 과정 자체 및 소프트 기술의 이용은 '소프트'의 일면을 구성한다. 그런데 도덕과 윤리를 고려하는 것은 소프트 기술에 일차적으로 적용되는 면이 아니다. 우리는 "기술 자체는 결코 사악하지 않다. 그 사악함은 기술을 사용하는 방식에 달려 있다"라는 말을 종종 듣는다. 하드 기술은 자연 규율 및 각종 업무의 처리 방식과 관련된 정보를 따르는 반면, 소프트 기술은 내재하는 본성과 전통적인 인식론으로부터 도움을 받고 있다.

하드 기술과 소프트 기술은 지식 체계, 혁신, 창조성과 관계되어 있으며, 이 두 기술은 모두 매우 중요하다. 왜냐하면 이 두 기술은 인류의 생존 조건에 영향을 미치기 때문이다. 하지만 이 두 기술의 조작은 완전히 서로 다른 영역에서 진행된다.

그렇다면 이 책의 제1판이 출간된 후 제2판이 출간되기까지 10년이 흐르는 동안 무슨 일이 발생했을까?* 2002년에 베이징소프트기술연구원(北京軟技術研究院)이 정식으로 설립되었는데, 이 연구원은 현재 정규 연구 인력을 보유하고 있을 뿐만 아니라 프로젝트에 따라 겸직하는 연구원도 적지 않다.

진저우잉 교수와 그녀의 동료들은 몇 가지 소프트 기술과 관련된 전문 서적을 저술하고 발표했는데, 소프트 기술 영역의 논저는 매우 적은 것이 현실이다.**

---

* 『全球性技術轉變』제1판은 2002년에, 제2판은 2010년에 출간되었다. _옮긴이 주

** 金周英·任林, 『服務創新與社會資源』(中國財政經濟出版社, 2004); 金周英·蔣金荷·龔飛鴻, 『長遠發展戰略係統集成與可持續發展』(中國社會科學文獻出版社, 2006).

일부 연구 기구, 예를 들면 중국사회과학원(中國社會科學院)의 기술혁신과 전략관리연구센터(技術創新與戰略管理硏究中心), 베이징대학(北京大學)의 국가소프트파워연구원(國家軟實力硏究院), 베이징과학기술연구원(北京科學技術硏究院), 월드 비즈니스 아카데미 등은 모두 베이징소프트기술연구원과 협력협정을 맺었다.

소프트 기술은 하나의 새로운 학문 분야로서, 중국사회과학원의 계량경제와 기술경제연구소(數量經濟與技術經濟硏究所)는 11·5 발전계획* 사업에서 소프트 기술을 중점 연구 영역으로 설정했다.

진저우잉 교수는 소프트 기술과 관련된 20여 편의 논문을 정식으로 발표했으며 적지 않은 수의 논문도 각종 포럼에 제출했는데, 이들 논문에는 소프트 기술과 기술 혁신, 기술 전망, 서비스 혁신, 소프트 파워, 기술 경쟁력, 비즈니스 모델 혁신 및 중국 석탄층 메탄가스(Coalbed Methane: CBM) 자원의 전략적 관리와 제도 혁신, 중국 로봇 정책 등의 내용이 포함되어 있다.

소프트 기술은 국제적인 기술로 변화되었다. 현재 수많은 국가의 학자들은 연구 및 연구의 실행 과정에서 소프트 기술을 이용하고 있는데, 미국, 브라질, 오스트리아, 말레이시아, 남아프리카공화국 같은 국가의 학자와 경영전문가는 전략적 관리 메커니즘 또는 국가 혁신 시스템을 수립할 때 소프트 기술 혁신을 포함한 광의적인 혁신 개념을 사용하고 있다.

진저우잉 교수는 10여 개 국가와 30여 개 지역의 대학, 학술 기구와 국제 포럼에서 소프트 기술의 이론 및 적용에 대해 보고하거나 강연을 실시했다. 예를 들면 2005년 진저우잉 교수는 '전 세계 10대 사상가' 가운데 한 명으로 10명의 노벨상 수상자와 함께 제1차 지식인 페스티벌(Festival of Thinkers)에 강연자로 초청을 받아 참가했으며, 2009년에는 브라질의 혁신관리 국제

---

* '중국 국민경제와 사회발전의 제11차 5년(2006~2010년) 규획 강요'를 지칭한다. _옮긴이 주

포럼, 다보스의 세계자원 포럼, 홍콩의 세계지식자본 지역포럼 등에서 강연을 하기도 했다.

이 책의 제1판에서 나는 일찍이 대량 소프트 기술의 필요성에 대해 생각해 볼 것을 제기한 바 있다. 일례로, 지식재산권 보호가 정착되면 이를 발명한 사람에게 비용을 지불할 수 있을 뿐만 아니라 그것이 필요한데도 비용을 지불할 수 없었던 사람들도 그 발명의 성과를 함께 누릴 수 있다. 또한 소프트 기술을 정책 결정에서 적용하는 데 대한 연구를 진작시킬 수 있다. 과학적이고 새로운 '정책 결정의 기제'를 발전시키는 것을 감안할 경우, 그것은 경제적 비용에서의 효용 범주를 초월하며, 아울러 내용 면에서 직감, 현저한 리스크, 인공지능, 신경 계통의 질환 및 정신병 영역이 포함된다. 이러한 충돌을 해결하는 방안을 어떻게 마련할 수 있을까? 인종 간의 진부한 적대 상태를 어떻게 하면 극복할 수 있을까? 현대 세계에서 어린이, 고위 공무원, 종교인, 정치인 등이 모두 훌륭한 가치관을 습득할 수는 없을까? 이는 모두 연구할 가치가 있는 소프트 기술의 과제이다.

소프트 기술을 탐구하고 토론할 때 고려해야 할 문제들은 또 있다. 과학 또는 과학에서 만들어진 하드 기술은 우리의 물질세계를 더욱 풍요롭게 바꾸고, 건강 상태를 개선시키고, 수명을 연장시킨다. 빈부 격차를 확대시키기는 하지만 어쨌든 더욱 많은 사람들을 부유하게 만든다. 하지만 이러한 장점에도 불구하고 과학 발전에 따른 미래는 위험한 결과로 예측되기도 해서 앞으로 나아가기가 머뭇거려지기도 한다. 나아가 과학은 자체적인 발전 기제를 가지고 있어 긴박한 글로벌 문제를 해결하기 위한 방안은 제공할 수 없을 것으로 보이기도 한다. 달리 말하자면, 어떻게 하면 과학으로 하여금 인류의 미래를 위해 가장 좋은 결과를 제공하고 가장 나쁜 결과를 피하게 할 것인가, 어떻게 하면 소프트 기술로 하여금 과학을 돕게 하고 인류 생활을 향상시키게 하는 반면 위험은 감소시키게 할 것인가 등은 우리에게 주어진 과제이다. 한편으로 소프트 기술의 창출과 발전은 자금 부족이라는 현실적인 문제에 직면해 있기도 하다.

 이 참신한 학문 분야에서는 수많은 문제와 기회에 대한 연구가 아직 충분히 이루어지지 않았으나 그 앞길은 더욱 명확해졌다. 현재 더 많은 가능성을 가지고 있고 더 많은 요청을 받고 있으므로 전도가 유망하다.

시어도어 고든(Theodore Gordon)*

---

* 저명한 미래학자이자 1000년이 넘는 기간의 글로벌 발전을 전망하는 연구 프로젝트를 진행하고 있는 전문성을 지닌 연구원이다. 1971년부터 미래 연구에 종사했으며, 5권의 저서와 100여 편의 논문을 집필했는데, 미래 연구, 공간 연구, 과학 기술 발전, 글로벌 의제 등을 다루고 있다. 일찍이 미국 랜드연구소(RAND)의 고문이었으며, 델파이(Delphi) 기법을 초기에 적용한 기여자로서 미래 연구에 대한 몇 가지 기법을 창안한 발명자이기도 하다.

서언 2

나는 이 책의 초판 『소프트 기술: 혁신의 본질과 공간(軟技術: 創新的實質和空間)』(2002)에 서언을 작성한 바 있다. 제2판은 내용이 더욱 풍부해졌을 뿐만 아니라 논리도 더욱 명료해졌다. 제2판의 책 제목은 제1판의 영문판 제목인 *Global Technological Change: From Hard Technology to Soft Technology*(2005)를 따르고 있지만, 나는 제1판의 부제인 '혁신의 본질과 공간'이 제2판을 집필하는 과정의 마음가짐을 가장 잘 보여준다고 생각한다. 기술 경제학자인 진저우잉 교수는 기술에 대한 잘못된 인식을 수정하는 것에서 출발해 경제학자 조지프 슈페터(Joseph Schumpeter, 1883~1950)의 혁신 이론을 발전시켰다. 진저우잉 교수는 개발도상국이 선진국을 따라잡기 위해서는 하드 기술에 편중하는 전략을 포기하고 소프트 기술을 발전시켜야 하며, 소프트 기술을 포함한 광의적인 기술 혁신 시스템을 수립함으로써 선진국과의 격차를 줄이고 최종적으로 선진국을 넘어서야 한다고 강조했다.

기술론의 시각에서 기술 경제학자인 진저우잉 교수의 저작을 면밀하게 살펴보면, 기술이 하드 기술에서 소프트 기술로 변화한 배후에는 철학적 인식의 변화가 있었음을 알 수 있다. 이 책 제1판의 서언에서 내가 제기했던 주요 관점을 거듭 논하자면, 기술론의 관점에서 하드 기술과 소프트 기술을 구분하는 것은 사물의 본성을 다루는 물성론(物性論)에서 물성의 첫째 성질 [제1성(第一性)]과 둘째 성질[제2성(第二性)]을 구분하는 것과 거의 같다. 이러한 이성설(二性說)에 입각해 비유하자면 '하드'는 기술의 제1성이며, '소프트'는 기술의 제2성이다. 과학 연구에 대한 인식이 제1성에서 제2성으로 전환될 경우 기술 연구의 인식 또한 제1성에서 제2성으로 전환되는데, 이는 인류가 기술 혁명에 직면해 있음을 의미하는 것이 아닐까?

  과학 및 그로부터 파생되어 오늘날에 이르는 기술의 발전에서 소프트 기술은 높은 위상을 차지하게 되었고, 소프트 기술 개념을 핵심으로 하는 새로운 학문 분야가 국내외 동료들의 흥분과 관심 속에 형성되고 있다. 이는 기술 현상을 연구하는 데 있어 새로운 영역과 방향을 열어주었을 뿐만 아니라, 광의적 의미에서의 기술의 틀 아래에서 기술 경제 현상을 인식하는 데에도 새로운 토대를 제공해 주고 있다. 소프트 기술이라는 학문 분야의 범주 체계를 구축·정립하고 소프트 기술의 연구 영역을 진일보 개척·발전하기 위해서는 후학들이 전심전력의 노력을 아끼지 말아야 할 것이다. 중국의 미래는 과학 창조성을 얼마나 발휘하는지에 달려 있다.

하이커우(海口) 하이선 아파트(海神公寓)에서
중국과학원 교수 둥광비(董光璧)

서언 3

진저우잉 교수의 이 책은 기술 선택과 혁신 관리의 개념을 재구성하는 데 강력한 근거를 제공하고 있으며, 이는 기술을 정확히 평가하도록 이끄는 데 도움을 줄 것이다.

진저우잉 교수가 정확하게 지적한 바와 같이, 새롭게 떠오르고 있는 지식 사회에서는 소프트 기술이 물질 기반의 하드 기술을 이끌 것이다. 이러한 소프트 기술에는 관리, 조직 설계, 창조성과 기업가 정신 영역의 교육, 훌륭한 거버넌스, 신중한 심사 및 감독 관리, 특허 제도, 고효율의 은행업 및 시스템적 사고 배양, 생태 및 문화의 균형이 포함된다. 이 책은 중대한 지성의 진보이며, 향후 수십 년 동안 인류의 선택을 규명하는 데 도움을 줄 것이다.

헤이즐 헨더슨(Hazel Henderson)[*]

---

[*] 저명한 경제학자이자 미래학자로, 미국 기술평가원, 국가과학기금회, 국가엔지니어링과학원 고문위원회의 회원(1974~1980)이었으며, 캘버트 - 헨더슨의 삶의 질 지표(Calvert-Henderson Quality of Life Indicators)의 창시자이다.

서언 4

내가 이 책을 읽을 수 있었던 것은 행운이다. 이 책은 기술에 대해 연구한 서적으로, 기술과 관련된 동양과 서양의 서로 다른 시각에 대해 비교하며 연계하는 연구를 진행했다. 진저우잉 교수는 기술에 대해 고대부터 오늘날에 이르기까지 심오하게 고증하고 있는데, 이는 저자의 폭넓은 학식을 반영해 준다. 진저우잉 교수는 기술에 대한 개념을 발전시킴으로써 우주과학과 문화의식 간에 존재하는 공백을 채워주고 있다. 이는 인류에 대한 지대한 기여이자 과학을 인식하는 우리의 수준을 자각하게 만든다. 진저우잉 교수의 작업은 더욱 진지하고 치밀하게 연구에 매진하도록 우리를 자극한다. 특히 서양인의 입장에서 보면 진저우잉 교수가 제공하는 통찰력은 각별히 중요하다. 진저우잉 교수는 조화, 균형, 공존의 기초 위에 동양문화와 서양문화의 산업사회가 완전히 평등한 글로벌 파트너가 될 수 있는 방안을 연구하고 있기 때문이다.

월드 비즈니스 아카데미 원장
리널도 브루토코(Rinaldo Brutoco)

서 론

　오늘날 기술은 다른 행성을 오가는 인류의 꿈을 현실로 바꾸고 있으며, 심지어 인류 자체를 복제하는 기술까지 갖추게 되었다. 기술과 지식이 적용되는 범위는 이처럼 광범위해서 이미 정치 지도자에서부터 기업 경영자에 이르기까지, 정치가에서 연구원에 이르기까지 떼려야 뗄 수 없는 단어가 되었다. 이와 동시에 경제적 이윤만 목적으로 삼고 윤리가 결여된 기술의 발전과 응용은 인류에 끊임없는 재난을 가져오고 있다. 따라서 우리는 인류가 기술을 인식하고 적용하는 데서 격차가 발생하고 있지는 않은지 반성해야 한다. 이로 인해 선진 공업국에 의해 옹호되고 있는 '핵심 경쟁력'이라는 개념과 그것을 중시하는 이른바 '기술'에 대해 우리가 새롭게 인식해야 할 필요가 있는가? 선진국(또는 선진 지역)과 개발도상국(개발 중인 지역) 간의 본질적인 차이는 무엇인가?

　인류가 발전을 지속하는 데 가장 필요한 것은 관념을 바꾸는 것이다. 즉, 과거의 관념과 사유 모델을 갱신하는 것이다. 21세기 들어 인문·사회과학과 자연과학이 통합해 발전하는 시대에 진입하자 지식에 대한 사람들의 인식이 제고되었고, 기술의 개념은 본래의 내재적 함의를 회복해 협의적 기술에서 광의적 기술로 진화될 필요성이 대두되었다. 기술의 개념은 현재 하드 기술에서 소프트 기술로 확대·전개되고 있다고 할 수 있다.

필자는 오랜 시간에 걸쳐 시스템적 사고와 인류의 지식 시스템을 정리함으로써 전통적인 개념과 구별되는 시스템 및 가치 지향을 지닌 새로운 패러다임을 발견했다. 이에 광의적 기술에 대한 연구를 시작했고, 아울러 소프트 기술과 소프트 환경에 대한 개념을 제기했는데, 이 책의 제1판이자 2002년 출간한 『소프트 기술: 혁신의 본질과 공간』은 그 결과물이었다.

소프트 기술은 인류가 수천 년 동안 응용하고 혜택을 받아온 기술인데, 과거에는 이를 기술로 간주하지 않았기에 체계적으로 정리하지 않았고 의식적으로 발전시키지도 않았다. 이는 그동안 공업화의 강력한 충격, 자연과학 기술의 탁월한 성과, 물질적 부에 대한 과도한 추구로 인해 자연을 개조하고 지배하는 기술은 과도하게 중시된 반면, 인류 자체 및 인류 행위 방면의 기술에 대한 연구는 상대적으로 경시되었기 때문이다. 최근 수십 년 동안에도 소프트 기술은 모든 것을 아우르는 일종의 '블랙박스'나 비기술 요인으로만 간주되어 부분적으로만 연구가 진행되었다. 그런데 이처럼 기술을 잘못 인식하면 오늘날 인류가 직면한 수많은 도전에 대해 정확하게 이해하거나 대응할 수 없다. 하드 기술에 대해서는 수백 년 동안 전문적인 연구가 이루어져 왔고 이미 수많은 종류의 학문 분야, 기술 시스템 및 산업이 형성되어 있으며, 그 역사를 다룬 저작만 해도 100권이 넘는다. 하지만 또 하나의 기술 패러다임인 소프트 기술에 대한 인식은 매우 부족한 상태이다. 하나의 학문 분야로서의 소프트 기술과 관련된 시스템 및 산업에 대한 체계적인 연구는 말할 필요도 없다. 이제 소프트 기술의 면모를 상세하게 분석하고 이를 시스템적으로 연구·응용해야 할 시기이다.

소프트 기술의 제기는 새로운 연구 영역을 열었으며, 소프트 기술을 통해 가치를 창조하는 과정은 완전히 새로운 패러다임이다. 또한 소프트 기술에 대한 연구는 하나의 학문 분야를 뛰어넘는 다학제적 연구를 촉진하고, 인류의 지식 시스템에 대한 전면적인 인식을 심화시킨다. 아울러 사람들의 사유 방식, 세계를 바라보는 관점, 문제를 해결하는 방향을 바꾸는 데, 그리고 국제 및 국내적으로 쟁점이 되고 있는 문제의 본질을 밝히는 데 도움을 제공할 것이다. 무엇보다 소프트 기술을 연구하는 것은 기술의 역사에서 부족했던 또 다른 절반을 채워줄 것이다.

실행의 관점에서 논하자면, 오늘날 세계 및 각국이 직면한 각종 도전에 대응하기 위해서는 하드 기술, 하드 환경, 하드 자본에만 의지해서는 안 된다. 소프트 기술, 소프트 환경, 소프트 자본을 연구해야 하고, 이를 통합해 시스템적인 해결 방안을 설계해야 하며, 서로 다른 문제에 대해 소프트 기술을 정확하게 적용해야 한다. 이는 곧 소프트 과학과 소프트 기술에 대한 연구, 개발 및 응용을 가속화할 것을 요구한다. 또한 소프트 기술은 경제, 사회, 인문, 환경이 변화하는 상황에서 기술에 초점을 맞춘 것으로, 한편으로는 서비스 혁신에서부터 전체 소프트 산업 혁신에 이르기까지 새로운 사유 경로를 제공해 줄 것이며, 다른 한편으로는 복잡한 문제에 대해 인식하고 대응하며 해결하는 능력을 제고하고 각종 차원에서 전략 시스템을 조정하는 데 도움을 줄 것이다.

기술은 서방 세계의 전매품으로 줄곧 인식되어 왔기에 중국인이 기술의 패러다임, 관념 및 작용에 대해 새로운 도전을 제기하자 비난을 받은 적도 있다. 하지만 15년간의 끊임없는 노력 끝에 소프트 기술은 새로운 학문 분야로서 국내외의 관심을 받았다. 소프트 기술, 소프트 환경, 소프트 인프라 시설 등에 관한 개념은 각국의 학자, 정부 관계자, 언론매체로부터 이미 광범위하게 받아들여지고 인용되고 있다. 신화사(新華社)는 일찍이 《국내참고(國內參考)≫(2000년 12월 15일)와 ≪국제참고(國際參考)≫(2000년 12월 17일)를 통해 소프트 기술에 대한 해외 학계의 반응을 소개한 바 있다.

특히 이 책의 제1판인 『소프트 기술: 혁신의 본질과 공간』이 *Global Technological Change: From Hard Technology to Soft Technology*라는 제목으로 2005년 1월 미국과 영국에서 영문판으로 출간되자 미국, 영국, 일본, 프랑스, 이탈리아, 오스트리아, 브라질, 벨기에, 스위스, 스웨덴, 아랍에미리트, 이란, 스페인, 홍콩, 남아프리카공화국, 호주 등 20여 개 국가의 40여 개 대학, 학술기구 및 국제포럼에서 필자를 초청하거나 필자와의 협력을 결정했다. 일례로 2005년 3월 필자는 '전 세계 10대 사상가' 가운데 한 명으로 선정되어 10명의 노벨상 수상자들과 함께 제1차 세계 지식인 페스티벌에 강연자로 초청을 받기도 했다. 일부 국가의 혁신 센터에서는 자신들의 혁신 전략을 광의적 혁신 틀로 수정할 것이라고 공표했으며, 많은 학자들이 소프트 기술의 학술적·실행적 가치에 대해 크게 긍정하고 있다.

저명한 미래학자이자 랜드연구소의 전직 고문 시어도어 고든은 이 책에 대해 "뛰어나면서도 창조적인 저작으로, 이 책의 저자는 힘든 과정을 거쳐 소프트 기술이라는 새로운 학문 분야를 열었다"라고 말했다.

월드 비즈니스 아카데미 원장 러널드 브루토코는 "기술에 대해 연구한 서적으로, 동양과 서양의 서로 다른 시각에서 연구했다. 진저우잉 교수는 기술에 대해 고대부터 오늘날에 이르기까지 심오하게 고증했는데, 이는 인류에 대한 지대한 기여이자 과학을 인식하는 우리의 수준을 자각하게 만든다"라고 말했다.

『윈 - 윈 세계 건설하기(Building A Win-Win World)』의 저자이자 저명한 경제학자 및 미래학자인 헤이즐 헨더슨은 "이 책은 기술 선택과 혁신 관리의 개념을 재구성하는 데 강력한 근거를 제공하고 있으며, 이는 기술을 정확히 평가하도록 이끄는 데 도움을 줄 것이다. …… 이 책은 중대한 지성의 진보이며, 향후 수십 년 동안 인류의 선택을 규명하는 데 도움을 줄 것이다"라고 말했다.

저명한 미래학자이자 『메가트렌드(Megatrend)』의 저자인 존 나이스빗 (John Naisbitt)은 2003년 IBM에서 '우리는 어떤 시대로 진입할 것인가?'라는 제목으로 강연하면서 21세기에 가장 부각될 것은 소프트 기술이며 소프트 기술이 주인공이 될 것이라고 지적했다.

중국 학자 둥광비(董光璧)는 기술에서 소프트 기술과 하드 기술을 구분하는 것은 마치 물성론에서의 이성설과 같은 의의를 지닌다고 지적했다. 고대 그리스의 철학자 데모크리토스(BC463~BC370)가 구분한 제1성과 제2성은 영국 과학자 보어(1627~1691)와 영국 철학자 로크(1632~1704) 등에 의해 새롭게 제창되고 발전했으며, 인식론의 기초로서 일찍이 근대 과학의 기초를 추동했다. 둥광비는 "물체 이성설과의 비교라는 의미에서, '하드'는 기술의 제1성이며, '소프트'는 기술의 제2성이다. 과학 연구에 대한 인식이 제1성에서 제2성으로 전환되면 기술 연구에 대한 인식 또한 제1성에서 제2성으로 전환된다. 과학 및 그로부터 파생되어 오늘날에 이르는 기술의 발전에서 소프트 기술의 위상은 이미 기술 발전의 주요한 자리를 차지하는 데까지 올랐다"라고 말했다.

세계미래학회(World Future Society: WFS)의 특별 초빙 전문가인 마이클 캘러핸(Michael Callahan)은 "우선 저자가 과학 기술 정책 가운데 가장 어려우면서도 가장 도전적인 의미를 지닌 영역을 용감하게 연구한 데 대해 축하를 보낸다. 이 책의 독특한 가치는 경제, 비즈니스, 경영, 과학, 기술 간 관계와 관련된 가설에서 미국의 전통적인 인식과 다른 관점을 표명하고 있다는 점이다. 나는 다음과 같은 관점을 제공함으로써 저자의 의견을 지지하고 보완하고자 한다. 첫째, 소프트 기술은 이 책에서 정의한 바와 같이 새로운 연구 영역을 열었으며, 경제의 지속가능한 성장을 창조하고 유지하기 위해 우리에게 과연 어떠한 유용한 지식이 추가로 필요한지를 명확히 했다. 둘째, 이는 단지 기술에 국한되는 사항이 아니며, 이러한 복잡한 상황에서 경험한 좌절은 사람들의 관심을 모으고 있다. 저자는 경제 성장에서 매우 중요한 광의적인 '기술 기능+응용 지식'의 결합 또는 소프트 기술을 정확하게 구분하고 아울러 이를 지적했다. 나는 하드 기술과 소프트 기술을 불문하고 자발적이고 심지어 무자비하기까지 한 수요의 변화 및 새로운 개념이 가장 기본적인 요소라고 믿는다"라고 말했다.

2002년 중국에서 출간된 『소프트 기술: 혁신의 공간과 본질』은 소프트 기술 시리즈의 첫 번째 책이라고 할 수 있다. 2004년에는 그 시리즈의 두 번째라 할 수 있는 『서비스 혁신과 사회자원(服務創新與社會資源)』이, 2006년에는 시리즈의 세 번째라 할 수 있는 『거시 발전 전략 시스템의 통합과 지속 가능한 발전(長遠發展戰略係統集成與可持續發展)』이 출간되었는데, 이 책들은 소프트 기술을 서비스 혁신과 국가 전략의 차원에서 적용한 것이라 할 수 있다. 이와 동시에 최근 수년간 진행되고 있는 제조업의 소프트화, 농업의 비즈니스 모델, 중국 석탄층 메탄가스 자원의 발전 전략, 중국 로봇 발전의 정책 연구, 군사과학 부문의 전략학 연구 등의 영역에서는 소프트 기술과 소프트 환경의 개념이 실제 적용되고 있다. 미국 실리콘밸리의 기업가들은 소프트 기술의 상업적 활용과 관련된 책을 출간하도록 건의했다.

앞에서 언급한 배경과 소프트 기술의 발전 추세는 필자가 이 책의 제2판을 저술하도록 고무시킨 동력이다. 아울러 세계 기술 발전의 동향에 근거해 책의 제목을 『글로벌 기술 혁신: 소프트 기술에서 하드 기술로』라고 바꾸어 제1판의 영문 번역본 제목과 통일시켰다.

제1장에서는 인류에게 기술 관념의 혁명이 왜 필요한지를 증명하고 광의적 기술 개념을 제기한다. 아울러 무엇이 기술이고 무엇이 소프트 기술인지를 설명하고, 소프트 기술의 특징, 분류, 기능 및 소프트 기술을 연구하는 의

의를 제시한다. 간단히 말해 기술은 문제를 해결하는 수단이자 도구이다. 인류가 문제를 해결하는 방안에는 두 가지의 경로가 있는데, 하나는 유형의 방안으로 생산품이며, 다른 하나는 무형의 방안으로 규칙, 절차, 과정이다. 우리는 전자를 하드 기술이라고 부르며, 후자를 소프트 기술이라고 칭한다. 지식의 조작(operation) 가능성이라는 관점에서 볼 때, 조작 가능성을 지닌 지식 시스템은 곧 광의적 기술이다. 일반적으로 말해 (비록 이 두 기술이 대량으로 교차·융합하긴 하지만) 하드 기술은 '물질'을 담지체로 하며, 그 지식은 대부분 자연과학의 조작 가능한 지식 시스템에서 비롯된다. 한편 소프트 기술은 '사람의 심리, 사유, 사람의 행위'를 담지체로 하며, 그 지식은 비자연과학 및 비(전통)과학의 조작 가능한 지식 시스템에서 비롯된다.

제2장은 비즈니스 기술, 사회 기술 등 전형적인 소프트 기술의 발전 역사 및 3차 산업혁명에 대한 소프트 기술의 기여를 분석함으로써 하드 기술과 소프트 기술 둘 다 인류 사회의 발전을 추동한 엔진이었음을 지적한다.

소프트 기술의 발전사는 곧 인류의 창조사이다. 소프트 기술과 소프트 환경을 인식하고 적용하는 것은 인류의 창조성을 배양하고 발휘하는 유력한 도구이자 경로로, 이는 사람들로 하여금 지속발전, 세계화, 신경제, 미래 사회 발전 같은 기본 문제에 대해 국가 및 국제 차원에서 새롭게 사고하고 반성하도록 도울 것이다.

제3장에서 제6장까지는 소프트 기술과 소프트 환경에 대한 개념을 현실에 적용한 것이다.

제3장에서는 기술 경쟁력의 3대 요소를 구체적으로 설명하고, 아울러 소프트 기술, 소프트 환경, 소프트 자본의 관점에서 국가의 소프트 파워와 기업의 소프트 파워를 증강시키는 방법을 탐구하며, 선진국과 개도국 또는 지역 간의 차이에 대해 논의한다.

제4장에서는 혁신의 본질과 광의적 혁신 공간, 기술 혁신과 제도 혁신 간

새로운 관계, '6+1' 광의적 혁신 시스템의 틀 및 소프트 기술과 소프트 환경이 기업 경영에서 적용되는 방식을 알아본다.

제5장에서는 산업이 소프트화되는 실체를 규명하고, 소프트 산업의 개념을 제시한다. 산업의 전면적인 소프트화 및 소프트 기술이 추동한 무역 혁신은 이미 서비스업 또는 이른바 현대 서비스업의 범주를 뛰어넘었다. 그렇다면 과연 무엇이 서비스이고, 무엇이 서비스 혁신, 산업 혁신이며, 무엇이 창조 산업, 창조 경제인가? 소프트 산업을 제대로 인식하면 미래 산업 구조가 변화하는 추세와 본질을 명확하게 분석할 수 있을 뿐만 아니라, 창업 활동에서는 익숙하지만 장기간 도외시되었던 새로운 영역을 개척할 수 있고 창업의 공간과 채널을 확대할 수 있으며, 기업의 전략 전환에도 큰 도움이 된다. 이를 통해 새로운 비즈니스 모델을 창조하는 이론적 근거를 마련할 수 있고 미래의 산업 구조에 초점을 맞추어 창조적 사고를 가질 수 있다.

제6장은 제4세대 기술에서 소프트 기술이 미치는 작용과 의의를 제기한다. 마지막에는 21세기의 발전 원칙, 즉 조화, 균형, 공존을 제시한다.

현재 중국을 포함한 개도국은 선진국을 따라잡기 위해 대부분의 자금, 인재, 에너지를 하드 기술에 쏟아붓고 있는데, 선진국의 사유 맥락과 기준을 맹목적으로 따르면서 발전 전략 및 노선, 산업 구조를 결정하고 있다. 이 책은 이러한 현상을 지양하면서, 의식적으로 소프트 기술을 발전시킴으로써 새로운 게임 규칙(rules of the game, 특정한 생활·사업 영역에서 실제로 적용되는 행동 기준)을 주도적으로 창조해야 하고 하드 기술과 소프트 기술의 끊임없는 물결 속에서 깨어 있는 정신을 유지해야 하며 자국이 우월한 분야를 적극적으로 발휘하고 독자적인 길을 걸어감으로써 선진국을 따라잡고 추월해야 한다고 호소한다.

제2판에서는 이론과 적용 모두에서 비교적 큰 진전을 거두었지만, 소프트 기술은 새로운 연구 영역이라서 여전히 수많은 문제가 심도 있는 연구를 기다리고 있으며, 이로 인해 이 책에는 여전히 미진한 감이 적잖이 남아 있다. 이에 대해 독자들의 비평과 질정을 기다려 마지않는다. 필자는 창조, 혁신, 창업에 관심 있는 기업가, 학자, 사회 운동가, 정부 공무원, 경제 경영자 등이 소프트 기술, 소프트 환경을 연구하고 이를 각국에서 실행하는 데 함께 참여하기를 희망한다.

제2판이 출간되기까지 줄곧 소프트 기술의 발전을 지지해 준 미국의 시어도어 고든, 헤이즐 헨더슨, 리널드 브루토코, 영국의 캐램짓 길(Karamjit Gill), 지오프리 로이드 경(Sir Geoffrey Lloyd), 오스트리아의 알렉산더 벨츨(Alexander Welzl), 오스트레일리아의 켈빈 윌러비(Kelvin Willoughby), 일본의 하야시 유지로(林雄二郎), 히라사와 료(平澤冷), 고바야시 신이치(小林信一), 중국의 둥광비, 바이잉(白英) 등에게 깊은 감사를 전한다.

베이징에서

진저우잉

제1장 기술이란 무엇인가

　오늘날 기술은 다른 행성을 오가는 인류의 꿈을 현실로 바꾸고 있으며, 심지어 인류 자체를 복제하는 기술까지 갖추게 되었다. 이와 동시에 경제적 이윤만 목적으로 삼고 윤리가 결여된 기술의 발전과 적용은 인류에 끊임없이 재난을 가져와 기술에 대한 비판의 목소리도 높아지고 있다. 저명한 미래학자 존 나이스빗은 『하이테크 하이터치(High Tech High Touch)』[1]라는 책에서, 기술 발전에서는 사람을 근본으로 삼아야 하고, 인성(人性)의 의미에 주의를 기울여야 하며, 기술이 인류의 좋은 조력자가 되도록 만들어야 한다고 환기시킨 바 있다. 또한 선마이크로시스템즈(Sun Microsystems)의 수석 과학자 빌 조이(Bill Joy) 또한 "21세기의 가장 유력한 기술인 로봇, DNA 유전자 공학, 나노 기술은 현재 인류가 궤멸되는 방향으로 나아가도록 위협하고 있다"[2]라고 말하면서, 무계획적이며 통제되지 않은 기술 혁신이 초래할 위

---

[1]　約翰·奈斯比特(John Naisbitt), 尹萍 譯, 『高科技/高思維』(大將事業社, 2000).
[2]　Bill Joy, "Why the Future Doesn't Need Us", *Wired*(April 2000).

험을 경고했으며, 일부 기술의 발전을 효과적으로 통제할 것을 건의했다. 국내외 일부 포럼과 전문가도 고기술(高技術, 이하 하이테크)의 부정적인 영향에 대해 집중적으로 토의하고 있다.[3] 하지만 기술의 발전은 막을 수 없다. 기술은 인류 사회의 진보와 경제 발전을 추동하는 엔진으로서, 각국의 국가 경쟁력에서 기술이 차지하는 위상만 보더라도 기술의 중요성은 아무리 강조해도 지나치지 않다.

그렇다면 기술을 어떻게 통제하고 발전시켜야 하는가? '좋은' 기술과 '나쁜' 기술은 실제로 존재하는가? 그동안 우리는 기술에 대해 제대로 인식해왔던 것일까?

여기서 주의해야 할 점은 존 나이스빗이 논하는 하이테크나 빌 조이가 경고한 유력한 기술은 모두 전통적 의미에서의 기술, 즉 자연과학 지식에서 비롯된 하드 기술이라는 것이다.

21세기에 진입하면서 하이테크가 빠르게 발전하고 경제, 기술, 정보의 세계화가 진전됨에 따라 국가·기업·정부의 역할, 지식과 업무에 대한 개념은 물론, 과학에 대한 개념도 변화하고 있다. 그렇다면 기술에 대한 인식도 바뀌어야 하는 것이 아닐까? 예를 들면, 사회과학 같은 비자연과학에서 비롯된 지식도 기술을 형성할 수 있는 것이 아닐까? 만약 실제로 그러하다면, 우리는 기술 경쟁력의 본질을 재인식하고 기술 혁신에 내재되어 있는 함의를 다시 고려해야 하며, 국가발전 전략 시스템도 조정해야 한다. 실제로 산업혁명을 거친 이후 기술은 진화하는 중이다. 기술의 개념은 협의의 기술에서 광의의 기술로, 하드 기술에서 소프트 기술로 변화하고 있다. 오늘날 세계는 소프트 과학과 소프트 기술이 신속하게 발전하는 시대에 도달해 있다.

---

3   中國科學技術協會學會學術部 編, 『高科技的未來: 正面與負面影響』(北京: 中國科學技術出版社, 2007).

1. 기술 개념의 진화

고대 그리스에서 현재에 이르기까지 사람들은 줄곧 무엇이 기술인지를 놓고 서로 다른 관점에서 탐구하고 토론해 왔다. 원시 인류와 유인원을 구별하는 네 가지 특징은 ① 두 발로 걷는 것, ② 제작을 할 수 있는 것, ③ 도구를 사용하고 발전시키는 것, ④ 불을 이용할 수 있으며 언어를 발명했다는 것인데, 그중에서 도구의 제작·사용 및 불과 언어의 사용은 곧 기술이다. 이를 통해 볼 때 원시 인류 시대에도 기술이 있었음을 알 수 있다. 당시에 이른바 도구는 어떤 목적에 도달하기 위해 인류 신체 기관의 연장 또는 보조로서 역할을 담당했던 가공물 또는 제작물이었다.[4]

과거 2000여 년을 회고해 보면 사람들은 시대에 따라 기술에 대해 서로 다르게 인식했다.

고대 그리스 시대에는 기술의 함의가 대단히 넓어서 농경술, 의술, 정치술, 체조술(體操術) 및 예술이 포함되었다. 기술에 대한 가장 대표적인 설명으로는 고대 그리스 3대 철학자 가운데 한 명인 플라톤(BC427~BC437)의 논술을 들 수 있다. 그는 『소크라테스의 변론(Apology of Socrates)』 및 기타 '대화편(Dialogues)'에서 기술에는 획득술과 제작술이 포함된다고 지적했다.

획득술에는 학습술, 지식 획득술, 이윤 획득술, 투쟁술, 수렵술 등이 포함되며, 제작술에는 실물 제작 기술과 영상 제작 기술이 포함되는데, 이는 곧 협의의 기술과 예술 기술을 의미한다. 실물 제작 기술에는 농경술, 의술, 건축술, 공구술 등이 포함되며, 영상 제작 기술에는 유사상(類似像) 제작 기술(모방 기술)과 환상 제작 기술이 포함된다. 플라톤은 예술 작품을 창조하는 것도 제작 활동이기 때문에 예술적 창조와 도구 제작 활동을 모두 제작 기술

---

4 菅第六・廣政直彦 外, 『技術論』(東海大學出版社, 1986).

그림 1-1 | **기술에 대한 플라톤의 정의**

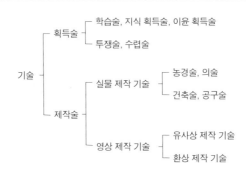

의 범주에 넣어야 한다고 보았다.[5]

　고대 로마의 건축사 비트루비우스(Marcus Vitruvius Pollio, BC 1세기)가 쓴 『건축술에 대하여(De Architectura)』는 로마 시대의 기술 백과사전으로 간주된다.[6] 이 책의 제1권에서 비트루비우스는 건축사가 갖추어야 할 교양을 묘사했다. 건축사가 갖추어야 할 능력에는 숙련된 문필, 회화, 기하학, 광학, 수학, 역사, 철학, 음악, 의학, 법률, 천문학 영역의 지식과 기능이 포함된다. 그는 이러한 학문을 서로 분리될 수 없는 하나의 유기적인 시스템을 형성해야 하는 인체의 각 기관과 같은 것으로 보았다.

　고대 중국에도 기술과 관련된 용어와 개념이 존재했는데, 기술에 대한 가장 이른 시기의 언급은 기예 방술로서, 즉 테크닉, 기량, 솜씨, 방법을 강조하는 것이었다.[7]

5　本多修郞, 『技術の人類學』(朝倉書店, 1975).

6　같은 책.

7　『辭源』(北京: 商務印書館, 1998), p.658.

"지식이 곧 힘이다"라는 명언으로 유명한 영국의 철학자 프랜시스 베이컨(Francis Bacon, 1561~1626)은, 그리스 시대에는 지식이 선과 미를 추구했고, 중세 시기에는 신앙을 탐색했다면, 세 번째 종류의 지식은 바로 자연을 지배하는 힘으로서의 지식이라고 보았다.[8] 그는 "사물에 대한 인류의 주도권은 전적으로 기술과 과학에 있으며, 인류는 자연에 복종해야만 비로소 자연을 통제할 수 있다. 즉, 자연을 지배한다는 목적에 도달하기 위해서는 우선 자연을 학습해야 하며, 자연에 복종해야 하는 것은 물론 또한 자연을 지배하기도 해야 한다. 근대인의 기술 지식은 자연을 어떻게 이해하고 조작하느냐에 관한 것이다"라고 보았다. 이를 통해 베이컨은 "기술은 곧 자연을 지배 또는 조작하는 것"이라고 본 기술논자였음을 알 수 있다.

18세기 후반, 프랑스의 문학가이자 철학자 데니 디드로(Denis Diderot, 1713~1784)는 일찍이 『백과사전』을 편집했는데, 그는 자신이 편집한 『백과사전』의 조목에서 기술에 대해 "하나의 목적을 위해 함께 협력해서 만들어낸 각종 도구와 규칙 체계"라고 지적했다.[9]

독일의 프리드리히 다사워(Friedrich Dassauer, 1881~1963)는 기술의 세 가지 요소로 "자연 법칙에 부합할 것, 공통의 목적 아래 작동될 것, 창조적 목적을 갖고 있을 것"을 들었다.[10]

20세기 초반, 일본 학계도 기술에 대한 개념을 둘러싸고 치열한 논쟁을 벌였다. 1932년 창립된 일본유물론연구회(日本唯物論研究會)의 지도자 도사카 준(戸坂潤)은 기술을 관념적 기술과 물질적 기술의 두 가지 부류로 구분했다. 전자는 기술의 주관적 존재 방식으로, 기법과 지력을 예로 들 수 있으며, 후자는 기술의 객관적 존재 방식으로, 기계, 도구를 예로 들 수 있다.

8   本多修郎, 『技術の人類學』.
9   宋健 主編, 『現代科學技術基礎知識』(科學出版社, 1994).
10   本多修郎, 『技術の人類學』.

하지만 그는 관념적 기술은 단지 물질적 기술이 주관적으로 존재하는 방식일 뿐이므로 진정한 기술이 아니라고 보았다. 도사카 준에 따르면 "기술은 대공업을 거쳐 중요한 노동 수단(또는 생산 수단)인 기계 또는 기타 수단으로 실현된 것으로서, 노동 과정에 침투된다." 이러한 관점으로부터 영향을 받아 일본유물론연구회의 많은 사람들은 기술을 생산 수단 체계 또는 노동 수단 체계라고 간주한다.

당시에는 기술의 생산 수단론에 대해 반대 의견을 가진 학자들도 많았는데, 그들은 "카를 마르크스(Karl Marx) 본인은 결코 기술에 대해 이러한 정의를 내리지 않았다. 이러한 견해는 오히려 기계론자 니콜라이 부하린(Nikolai Bukharin)의 관점에 접근해 있는 것이다"라고 주장했다 예를 들면 아이카와 하루키(相川春喜)는 기술의 개념을 자연과학, 사회과학, 철학, 이 세 가지로 나누어야 한다고 지적했다.[11] 아이카와 하루키에 따르면 사회과학의 관점에서 "기술은 생산 과정 중에 존재하는 노동 수단이며, 과정 중에 존재하는 수단의 개념이다". 다케타니 미쓰오(武谷三男)는 "기술은 인류가 생산의 실천에서 객관적인 법칙을 의식적으로 적용한 것"이라고 간주했다.[12] 일본 철학계의 많은 사람들은 이로부터 기술에 대한 철학적 연구를 전개했다.

1960년대 경제개발협력기구(OECD)의 고문 에리히 얀치(Erich Jantsch)는 기술 예측 문제를 연구하면서 기술의 정의에 대해 다음과 같이 논의한 바 있다. 즉, 기술은 의식적으로 물질, 생명, 행위 과학을 적용하는 광범위한 영역(의 지식)을 의미하며, 따라서 기술은 의학, 농업, 경영 및 기타 영역의 하드와 소프트를 포함하는 전체 기법을 지칭한다는 것이다.[13]

---

11 相川春喜, 『技術論入門』(三笠書房, 1941).

12 武谷三男, 『武谷三男著作集I(辯証法の諸問題)』(勁草書房, 1968), p.139.

13 Erich Jantsch, *Technological forecasting in Perspective*(OECD, 1967); 이 책의 일본어판 日本經營管理中心 譯(經營管理中心出版部出版, 1968), p. 15.

브래드버리(F. R. Bradbury)는 자신의 책 『기술 발전의 경제학(Economics of Technology Development)』에서 "기술은 만드는 방식이며", "기술 발전의 가치는 그 기술이 자원을 사용하는 방식을 개진시켜 인류의 수요 충족에 도움을 주는 데 있다"라고 지적했다.[14]

1979년에 출판된 일본 『유히카쿠 경제사전(有斐閣經濟辭典)』은 기술에 대해 다음과 같이 해석하고 있다. "기술은 인류 생활(의 수준)을 풍부하게 만들고 제고하기 위해 자연을 편하게 이용하는 수단을 제공하는 과정이다. 기술에 대한 해석은 대체로 두 가지 종류로 나뉘는데, ① 객관 규율의 의식적 이용, ② 노동 수단의 체계이다."[15]

『콘사이스 브리태니커 백과사전(Concise Encyclopedia Britannica)』 1985년 중국어판에는 기술에 대해 "인류가 객관 환경을 변화시키거나 통제하는 수단 또는 활동"이라고 묘사되어 있다.[16]

일본의 노무라종합연구소(野村綜合研究所)는 1990년에 『2000년의 기술 전략』을 발표하면서 "인류 과학의 기술 조류"를 중시할 것을 호소했으며,[17] 아울러 기술의 정의와 범위가 변화하는 것이 1990년대 기술 발전의 동향이라고 지적했다. 이 보고서는, 과거에는 물리, 화학 등 자연과학을 기초로 하는 하드 기술이 중시되었다면, 21세기에는 인류 과학을 기초로 하는 소프트 기술이 발전할 것으로 전망했다. 소프트 기술은 자연물을 인공물로 바꾸는 것을 주요 임무로 삼는 기술로서, 물질을 통제하는 기술이다. 또한 미래의 하이테크는 심리학 등을 기초로 사람의 마음을 통제하고 사람의 마음을 장

---

14 特雷弗·威廉姆斯(Trevor Williams) 著, 張承平 外 譯, 『技術史』 第六卷(中南工業大學出版社, 1989), p.67.
15 中山伊知郎 外 編, 『有斐閣經濟辭典』(有斐閣, 1971), p.88.
16 『簡明不列顚百科全書』 第4冊(中國大百科全書出版社, 1985), p.233.
17 日本野村綜合硏究所, 『2000年の技術戰略』(1990).

악하는 기술, 또는 집단이나 조직을 관리하는 기술이 될 것이다.

영국의 기술사가 찰스 싱어(Charles Singer)는 『기술의 역사(A History of Technology)』에서 기술에 대해 인류가 자신이 원하는 방향에 따라 자연계에 존재하는 대량의 원료와 역량을 활용할 수 있는 기량, 능력, 수단 및 지식의 총화라고 정의 내렸다.[18]

『윈-윈 세계 건설하기』의 저자이자 '윤리시장 미디어(Ethical Markets Media)'의 창시자 헤이즐 헨더슨은 광의적 기술에 대해 "인류가 목적을 달성하는 데 적용되는 인류의 지식"이라고 이해한다. 헨더슨은 기술에는 정치 시스템, 경제 시스템, 소프트웨어 및 사회 안전의 설계 등이 포함된다고 간주한다.[19]

기술에 대한 이 같은 다양한 연구를 통해 볼 때 기술의 개념은 줄곧 진화되어 왔음을 알 수 있다.

기술의 개념이 정식으로 출현한 후 2000여 년간 실행을 거치면서 사람들은 기술에는 도구, 기계 장비와 기타 노동 수단 등의 하드한 부분뿐만 아니라, 규칙 체계, 활동 과정, 예술 같은 소프트한 부분도 포함되어 있음을 점진적으로 인식했다. 예를 들면, 플라톤의 획득술은 곧 '소프트'한 기술이며, 에리히 얀치는 행태과학의 응용을 기술에 접목시켰다. 일본 노무라종합연구소의 보고서는 하드 기술과 소프트 기술을 구별하면서 소프트 기술을 미래의 하이테크로서 사람의 마음을 통제하고 장악하는 기술이자 집단 또는 조직을 관리하는 기술이라고 정의 내렸다.

그런데 산업혁명에 진입한 이후 기술에 대해 '자연을 지배하고 통제하는 수단', '자연과의 능동적인 관계', '생산 수단 시스템', '객관적 환경을 변화시

---

18   Trevor Williams, 『技術史』第六卷, p.67.
19   헤이즐 헨더슨이 2002년 8월 저자에게 보낸 서신. www.hazelhenderson.com.

키거나 통제하는 수단' 등을 강조하는 경향이 점차 부각되었다. 기술의 역사를 다룬 동서양의 수백 권의 연구 저작은 과학 기술사 연표, 근대 기술사 등을 포함해 모두 자연과학 기술을 연구한 것이었다.

이는 공업화 시대에는 물질 생산이 줄곧 중요한 지위를 차지했고, 이로 인해 물질을 담지체로 하는 자연과학과 기술이 물질 생산율을 제고하는 데 기여한 바가 더욱 뚜렷하게 부각되었기 때문이다. 특히 과거 2세기 동안 증기 기관, 전력 기술, 철강, 화학공업, 전화, 무선 통신, 트랜지스터, 컴퓨터와 대규모 집적 회로 등 수많은 신기술이 발명되고 매우 광범위하게 응용되었는데, 이는 생산력의 발전을 크게 추동했으며 인류의 생존 조건과 생활 모델을 바꾸었다. 그 결과 지식에 대한 사람들의 이해도 자연과학 지식에 편중되었고, 자연과학 지식을 응용해 물질 생산 문제를 해결하는 과정에서 형성된 규칙이나 방법, 수단을 기술이라고 점차 일컫게 되었으며, 기술을 발전시키는 데서도 자연을 이용하고 개조하는 데 중점을 두게 되었다. 예를 들면 현대 중국어 사전에는 기술이 "자연을 이용하고 자연을 개조하는 과정에서 얻은 경험과 지식"이라고 정의되어 있으며, 기술 혁명은 "생산 기술상의 근본적인 변혁", 기술 혁신은 "기계 구성 과정에서의 개선 등과 같은 생산 기술의 개선"이라고 되어 있다.[20] 그리고 일본 『유히카쿠 경제사전(有斐閣經濟辭典)』에서는 기술에 대해 "자연을 이용하는 수단을 제공해 주는 것"이라고 정의되어 있다.[21]

20세기 후반에 진입한 이후 인류가 직면하고 있는 수많은 문제 가운데에는 기술을 불공정하게 사용하고 인류의 생존 환경이 파괴되고 있는 문제도 포함되는데, 이는 인류가 기술을 인식·응용하는 과정에서 자연에 대한 개조

---

20   『現代漢語詞典』(商務印書館, 1991), p.533.
21   『有斐閣經濟辭典』, p.88.

및 지배만 과도하게 중시하고 인류를 둘러싼 기술에 대해서는 경시한 것이 아닌지 반성하게 만든다. 주관적 환경을 변화·통제하는 기술에 대해서는 심도 있는 연구가 부족한 상황이다. 인류는 플라톤의 기술 원점으로 돌아가 기술을 새롭게 인식할 필요가 있다.

2. 기술 재인식: 소프트 기술에 대한 인식

오늘날 우리는 공업 선진국이 핵심 경쟁력으로 숭상하고 있는 이른바 '기술'에 대해 새로운 인식을 가질 필요가 있다.

자연과학 지식에서 유래한 많은 하드 기술이 소프트화하고 있으며, 하드 기술이 소프트 기술로 바뀌고 있다

현대의 경제·사회 발전에서 중대한 추동 작용을 하는 일부 하이테크와 전통적 의미에서의 기술 간에는 차이점이 있다. 예를 들면 소프트웨어 기술은 오늘날 국가의 경제 발전과 국방안보에서 전략적 기술이 되고 있다. 2000년 글로벌 정보 산업의 소프트웨어와 하드웨어에서 창출된 총생산 가치는 5877.1억 달러였는데, 그중 소프트웨어의 생산 가치는 61%였으며 하드웨어의 생산 가치는 39%였다.[22] 2008년까지 전자정보 산업의 글로벌 생산 가치는 243조 엔으로,[23] 대략 2조 1504.4억 달러이다(당시 1달러는 약 113엔이었다). 중국의 소프트웨어 산업은 1980년대 중반부터 발전하기 시작했는데, 1990년 2.2억 위안에서 2001년에 이미 750억 위안의 판매액을 달성했으며,

---

22   瑰綬, 中國宏觀經濟信息网, http://www.macrochina.com.cn/info.shtml(2000.11.3).

23   Japan Electronics and Information Technology Industries Association(JEITA)(2007.12.19).

10년간 줄곧 두 자릿수의 성장을 유지했다. 중국 정보산업부(信息産業部)의 통계에 따르면,[24] 2007년 중국 소프트웨어 산업의 규모는 5834억 위안, 즉 약 822억 달러로, 전년 대비 21% 증가했다. 소프트웨어 산업은 중국에서 가장 빠르게 성장하고 있는 하이테크 산업으로, 전 세계에서 제4위에 랭크되었으며, 산업 규모는 미국, EU, 일본 다음이었다.

그러나 소프트웨어 기술이 사람들의 주목을 받는 경제 성장점이 된 것은 결코 '신'기술이기 때문만은 아니다. 소프트웨어를 설계·제작·응용하는 과정에서 서로 다른 문화, 언어, 예술, 사유 방식, 공작 방식, 프로세스 등을 기술과 융합해 성공적으로 일체화시켰고, 이로써 소프트웨어 생산품은 인간성과 지역성을 구비하게 되었기 때문이다. 즉, 소프트웨어 기술은 이미 전통적 의미에서의 기술이 아닌 것이다. 또한 성공적인 소프트웨어는 상술한 비기술적 요인을 적절하게 주입해 인간미까지 느껴지도록 만들어내고 있다. 소프트웨어 자체는 이미 서비스로 변했는데, 그 전형적인 예로는 리눅스 (Linux)를 들 수 있다.

그밖에 적지 않은 하이테크 생산품의 주요 부가가치는 서비스에서 비롯되며, 일부 하이테크 산업은 점차 서비스업으로의 전환을 촉진하고 있다. 일부 자연과학에서 비롯한 기술도 갈수록 소프트화하고 있으며, '사람'과 관련된 요소가 점차 많이 주입되고 있다.

권위 있는 기관이 아시아·태평양 지역의 컴퓨터 사용자를 대상으로 진행한 조사에 따르면, 컴퓨터 생산품 하드웨어에 컴퓨터 사용자가 지출한 비용은 전체 비용의 21%에 불과하며, 나머지 비용은 생산품의 사용, 유지, 업그레이드 등 서비스 영역의 비용이었다. 현재 성공적인 소프트웨어 기업에서는 통상적으로 경영 전문가가 기술 전문가보다 더 많다. 중국에서는 '컴퓨터

---

24   http://www.sohu.com(2008.7.4).

통합 생산 시스템(Computer Integrated Manufacturing System: CIMS)'을 장기적으로 실행하고 있는데, 이러한 기술이 성공하기 위한 핵심은 소프트 기술 – 하드 기술의 통합, 즉 각종 정보, 자동화, 가공 기술이 이 기업의 조직, 기업 문화, 제도 및 기업 능력과 상호 통합되는 것이다.

하드 기술의 전환에는 상품화 및 산업화 과정에서의 기술이 포함되며, 이는 전통적 기술의 '프로세싱 기술'과 구별된다

현재 각국 정부는 국제 경쟁에서 우위를 차지하기 위해 하이테크에 많은 인력과 자원, 자금을 투입하고 있다. 하지만 동일한 기술이라도 적용되는 국가 또는 지역이 다르면 전환되는 속도가 다르며 발생하는 결과도 서로 다르다. 그렇다면 기술 전환에 영향을 미치는 요소는 무엇일까? 무엇이 기술을 생산품으로 변환시키며, 아울러 그 생산품을 시장에 출현하게 만드는 것일까? 무엇이 지식, 기술, 구상 등을 가치 있는 생산품, 서비스, 또는 결과로 바꾸는 것일까? 발명에서 생산품이 되기까지의 과정은 그 자체로 하나의 기술이 아닐까?

하나의 기술은 하드 기술 자체에만 의존해서는 생산품이 될 수 없으며, 시장을 확보하기란 더더욱 어렵다. 이러한 기술은 일련의 다른 기능을 필요로 한다. 예를 들면 정확한 전략을 제정하고 필요한 자금을 마련하며 서로 다른 고객의 심리에 부합하는 설계활동, 품질을 보장하는 활동, 비용을 절약하고 품질을 보증하는 구매 활동, 시장 규모를 확대하며 이윤을 획득하는 비용 통제 활동, 판매 촉진 활동 등과 같이 기업이 내부 관리에 활용하는 기술을 필요로 한다.

동시에 치열한 경쟁에서 생존을 확보하기 위해 기업은 협력, 연합, 매수, 합병, 대외 투자 등 각종 방식으로 생산품과 조직 구조를 조정한다. 그뿐만 아니라 기업 외부에서 전문가를 초빙해 도움을 받기도 하고, 광고나 홍보 같은 방식을 통해 기업 이미지를 홍보하기도 한다. 기업의 이러한 대외 활동을 규범화·절차화하는 것도 일련의 전통적 기술과 구별되는 기술을 형성한다.

사람들에게 익숙한 자동차 공업을 예로 들어보자. 자동차가 전 세계에서 가장 보편적인 교통수단이 된 것은 생산 기술과 조직 기술을 끊임없이 혁신했기 때문이다. 포드(Ford)사가 개발한 컨베이어 시스템에 기반한 생산 라인 기술, 도요타(Toyota)사에서 기원한 린 생산(lean manufacturing) 방식,[25] 산업 분업 모델의 혁명 및 플랫폼을 공유하는 전략 등은 전 세계 자동차 생산을 대규모, 소자본, 고품질을 향해 발전하도록 추동했다. 아울러 그러한 엔진 기술 또는 신소재를 사용한 것은 하드 기술이 이룬 기여에 필적하며, 이는 자동차 '일괄(batch) 생산'에서의 핵심 소프트 기술이다.

종합해서 논하자면, 가치를 개발하는 일련의 프로세싱은 기업이 기술을 전환하는 과정에서, 그리고 다른 기업과 경쟁하는 과정에서 형성된다.

각종 비즈니스 기술은 경제·사회 발전의 직접적인 추동력이 되었다

인류 사회와 경제 발전에 미친 영향이 지대하고 사람들에게 매우 익숙한데도 사람들이 기술이라고 인식하지 못하는 경우는 대부분 비즈니스 기술이다. 일찍이 출현한 복식부기(複式簿記)나 주식제도에서부터 오늘날 금융 파생 수단이나 전자 비즈니스(electronic business)에 이르기까지 모두 인류가 오랫동안 사회 및 경제 활동을 하는 가운데 발명한 활동 규칙이다. 인류의 생산 활동은 일종의 실험실로 기능했는데, 인류가 수행해 온 무수히 많은 시험과 실험을 통해 서로 다른 문화, 사회 제도, 기술 수준에 적용될 수 있는 각종 비즈니스 기술이 만들어졌다.

---

25 일본에서 도요타사가 개발한 생산기법으로, 적시에 제품과 부품이 공급되는 JIT(Just-In-Time) 시스템을 갖춤으로써 재고비용을 줄이고 종업원의 적극적인 참여를 유도하며 생산품질까지 제고하는 혁신적인 운영방식을 지칭한다. _옮긴이 주

수십 년 동안 홍콩은 비록 눈부신 최첨단 기술은 없었지만 세계가 주목하는 경제 발전을 실현해 냈는데, 여기에는 홍콩의 비즈니스 기술이 매우 크게 공헌했다.

미국 스탠퍼드대학교의 경제학자 찰스 존스(Charles Jones)는 19세기와 20세기 인류 생활상의 변화를 연구했다.[26] 그에 따르면 1790년 프랑스인의 평균 소비 수준은 로마 제국 시대의 로마인 평균 소비보다 결코 높지 않았지만, 19세기 말과 20세기 초에 이르러 인류의 생활수준이 갑자기 과거 수천 년 동안의 생활수준을 넘어섰다고 한다. 사람들은 전기, 자동차, 기차, 비행기를 이용할 수 있게 되었고, 인구, 교육 수준 등도 급변했는데, 그 원인은 매우 많은 국가들이 혁신을 장려했기 때문이다. 예를 들면 특허제도, 유한책임회사, 주식시장과 리스크 자본의 발전, 회사와 정부 내에 연구개발기구 건립 및 확대, 연구와 개발에 대한 감세 및 특혜 조치 등이다. 찰스 존스는 혁신을 고무한 것이 사회 발전의 동력이라고 보았다.

과거 200여 년 동안 미국인의 평균 국내총생산(GDP)과 각종 비즈니스 기술의 관계에 대해 고찰한 바에 따르면,[27] 〈그림 1-2〉에서 제시된 바와 같이, 1910년부터 1950년까지 40년 간 미국인의 평균 GDP 성장(1929년에 시작된 전 세계적 경제 쇠퇴로 인해 1930년대 전반기에는 마이너스 성장이었다)은 1820년에서 1910년까지 90년간의 성장을 훨씬 웃돌았다. 그런데 1950년부터 1990년까지 40년간의 미국인 평균 GDP 성장은 이전 40년의 두 배를 능가했다. 특히 1940년대 이후에는 성장 폭이 계속해서 더욱 높아졌다. 이 두 시기의 특징은 과거 200년 동안 발명된 각종 기술이 종합적으로 응용되었다는 것이다. 그러한 기술 융합의 결과를 예로 들면 무선통신, 자동차 생산 라인,

---

26   Charles Jones, "Was an Industrial Revolution Inevitable? Economic Growth Over the Very Long Run", 미국 스탠퍼드대학교 경제학과의 워킹 페이퍼를 ≪科技日報≫(2000.1.18)에서 인용.

27   『蘇聯和主要資本主義國家經濟歷史統計集(1800~1982)』(人民出版社, 1989).

그림 1-2 | **소프트 기술의 변천과 미국인의 평균 GDP 추이**   단위: 게리 - 카미스 달러

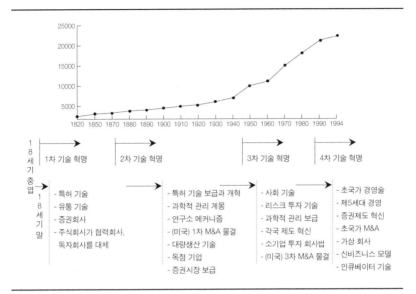

주: 게리 - 카미스 달러(Geary-Khamis dollars)는 게리 - 카미스 단위 환산 인자로 산출한 기준 화폐를 의미한다.

자료: Jin Zhouying, "Technology Driving Force: The Principle of Harmony and Balance", I3UPDATE (1997), http://www.skyrme.com/updates; *Idem.*, *World Forum 1999*(San Francisco, USA: October 1999); *Idem.*, "Technology Driving Force: The Principle of Harmony and Balance", *AI & Society*, Vol.16(2002) 安格斯·麥迪森(Angus Maddision), 李德偉·盖建玲 譯, 『世界經濟二百年回顧』(改革出版社, 1997).

철도의 전기화, 화력 발전소와 고출력 수력 발전소 및 비행기 등이다. 동시에 사회가 진보함에 따라 미국인의 평균 수명도 길어져, 르네상스 시대에는 35세, 18세기에는 36세, 19세기 말에는 45세, 1920년대에는 55세로 길어졌고, 1990년대에는 65세 이상으로 길어졌다(〈표 1-1〉 참조).

사람들은 이 200여 년 사이에 네 차례의 기술 혁명이 발생한 것으로 보고 있다. 즉, ① 18세기 중엽 이래 뉴턴 역학 및 기계 기술을 과학 기술의 기초로 하는 1차 기술 혁명, ② 1970년대에 시작된 전자(電磁) 이론과 전력 기술

표 1-1 | 인류 평균 수명의 증가 추이

연도	평균 수명
청동기 시대(BC2000)	18세
고대 로마 시대(BC500~AD400)	29세
르네상스 시대(15~16세기)	35세
18세기	36세
19세기 말	45세
1920년	55세
1980년	62.7세
1985년	61.74세
1990년	65.52세
1992년	65.9세
1995년	66.43세
1996년	66.71세
1997년	66.7세
1999년	66.25세
2000년	66.5세
2003년	66.8세
2007년	71세

자료: 청동기 시대부터 1920년까지 수치는 劉洪康·吳忠觀 主編, 『人口手冊』(西南財經大學出版社, 1988), p.71 참조. 1980~1997년의 수치는 劉洪 主編, 『國際統計年監1998』(1998); 『國際統計年監1999』(中國統計出版社, 1999); 『2009年世界衛生統計』참조.

을 기초로 한 2차 기술 혁명, ③ 20세기 중엽 현대 물리학과 컴퓨터, 핵에너지, 공간 기술 등 신기술의 응용을 기초로 한 3차 기술 혁명, ④ 1980~1990년대에 시작된 마이크로전자, 컴퓨터, 통신 기술의 결합 및 인터넷과 바이오 기술의 돌파를 지표로 하는 4차 기술 혁명이다. 하지만 이러한 기술 혁명과 미국인 평균 GDP 간 관계는 그렇게 직접적이지 않은 것처럼 보이거나 또는 사람들이 흔히 말하는 시차가 존재하는 것으로 여겨진다. 그렇다면 더욱 직접적인 원인은 무엇이고, 서로 다른 국가에서 이 시차는 어떻게 결정되는 것일까?

우리는 20세기에 미국인의 평균 GDP가 증가한 것과 관련된 더욱 밀접한 요인은 몇 차례의 소프트 기술 발전이라는 사실을 발견했다.

19세기 말에서 20세기 초까지 일련의 혁신을 격려하고 진작시킨 비즈니스 기술은 미국에서 창조적으로 발전·응용되었는데, 이 시기에는 경제 제도도 현저하게 혁신되었다. 예를 들어, 발명자 및 지적재산권의 특허 기술을 보호하는 것은 15세기부터 시작되었지만, 1883년에 이르러 공업소유권을 보호하는 '파리 협약(Paris Convention for the Protection of Industrial Property)'이 통과됨에 따라 공업화되고 있던 국가에서 보편적으로 응용되었으며, 미국은 1870년에 특허 제도를 대담하게 개혁했다(제2장 참조).[28] 또한 주식회사 제도는 17세기 초에 시작되었지만 20세기 초에 이르러 미국에서 크게 발전하기 시작했다. 연구소 메커니즘은 19세기 중엽에 시작되었으나 실제로 활성화된 것은 20세기 초에 이르러 수많은 공업 R&D 실험실이 미국에서 건립되기 시작하면서부터였다. 한편 홍보 기술에서는 미국은 1920년대에 세계에서 라디오 방송 및 홍보를 선도적으로 응용했고, 1930년대에 네온사인 광고 등을 도입했다.

1950년대에는 현대적 경영 기술, 대중 홍보[29] 기술, 대형 합병, 리스크 투자가 발전했으며, 그리고 병참[30] 기술 등과 같은 일부 군사 기술을 민간 차원에서 활용하는 작업이 미국에서 새롭게 발전하기 시작했다. 주목할 점은 미국의 이민 정책과 인재 제도는 혁신 환경을 창조했고, 이로 인해 미국은 제2차 세계대전 이후 세계 각국으로부터 많은 과학자와 엔지니어 기술자를 흡

---

28 Christoph-Friedrich von Braun, *The innovation War*(Prentice Hall, 1997). 이 책의 중국어판 科學技術部國際合作司編 譯, 『創新之戰』(機械工業出版社, 1999).

29 기업이 경쟁과 생존 능력을 제고하기 위해 취하는 방책과 행동으로 기업 경영 수단 중의 한 가지다. _옮긴이 주

30 후방에서의 병참 보급을 의미한다. _옮긴이 주

수할 수 있었다는 사실이다. 그 결과 1980년대에 시작된 제3차 비즈니스 기술 물결에서도 미국이 선도적인 역할을 담당했다.

1990년대 미국의 신경제 발전에서는 소프트 기술 발전의 제4차 물결과 정보 기술의 추동력을 같이 논할 수 있다(제2장 참조). 일련의 소프트 기술 혁신은 정보, 네트워크, 바이오 등의 관련 기술이 글로벌 시장에서 신속하게 응용되고 생산율을 제고할 수 있는 조건을 만들어냈다.

사회 활동을 혁신하는 과정에서 발생하는 기술: 사회 기술

20세기의 과학 기술은 경제 발전 및 인류의 풍부한 물질생활에 크게 기여했지만, 어두운 유산도 많이 남겼다. 예를 들면 경제 이익을 과도하게 중시하고 정신, 윤리, 교육, 심리 영역에 미치는 나쁜 영향을 소홀히 한 것이다. 이러한 문제는 지역사회 개발이나 도시화의 공공정책, 토지, 교통, 규획에서 나타나기도 하고, 경제 개발의 생태와 환경을 둘러싸고 나타나기도 하며, 질병의 예방이나 치료, 국민 건강 같은 문제로 나타나기도 한다. 즉, 오늘날에는 수많은 "경제 외적, 산업 외적인 사회 문제"[31]가 출현하고 있다. 이러한 문제는 단지 자연과학 기술에만 의존해서는 해결하기 어려우며 사회과학, 비(전통)과학 및 학제적 지식과 기술의 협조를 받아 해결해야 한다.

또 다른 관점에서 보면, 우리는 새로운 사회 변혁의 시기에 처해 있다. 사회는 경제, 문화, 심지어 제도 영역에서도 전례 없이 빠르게 변하고 있으며, 이에 따라 생산의 사회 문제에 대해 아래로는 개인에서부터 위로는 글로벌 전략에 이르기까지 모두가 철학과 사회과학 영역에서 해답을 찾는 데 골몰하고 있다. 현대 사회과학의 특징, 즉 종합성, 현실성, 국제성, 호환성 등에 대해 지역 및 국내의 관점에서 주목해 총체적으로 연구해야만 우리 사회의

---

31   日下公人, 『新·文化産業論』(東洋經濟新報社, 1978).

복잡한 문제를 해결하는 방안을 찾아낼 수 있을 것이다. 이러한 상황은 철학과 사회과학이 경제와 기술의 발전을 위해 더 많은 책임이 지도록 만들고 있다. 한편으로 현대 사회과학이 응용, 발전, 정책 결정에 기여하는 관련 서비스를 제공하는 것은 명백한 추세가 되고 있다.

상술한 인식에 기초해 사람들은 점진적으로 사회과학 지식을 응용함으로써 사회 문제를 해결하는 방법과 수단, 절차를 정리한 후 이를 '사회 기술'로 귀납했다.

그런데 사회 기술은 사회 활동을 혁신하는 과정으로서, 사회과학을 응용하는 기술에 국한되지 않는다. 제2절에서는 사회 기술의 개념과 의의에 대해 좀 더 자세히 서술할 것이다.

문화 예술 활동을 혁신하는 과정도 기술이다: 문화 기술

모든 자연과학 지식과 마찬가지로 문화 지식이나 문화 자원도 저절로 가치 있는 생산품 또는 상품으로 변하는 것은 아니다. 신중하게 재창조·개발·가공·생산해야만 문화 지식과 문화 자원 및 가치를 최종 소비자가 즐기고 사용하고 소비하는 생산품, 상품, 서비스로 전환시킬 수 있으며 그 진정한 가치가 실현될 수 있다. 문화 지식과 문화 자원을 생산품, 상품, 서비스로 전환시키는 수단과 과정, 즉 문화의 가치에 경제 가치와 사회 가치를 실현시키는 수단과 방법을 일컬어 문화 기술이라 할 수 있다.

이러한 의미에서 문화 기술은 문화를 창조하고 문화를 혁신하는 기술이다. 이른바 문화를 창조하는 것은 시대의 발전에 근거해 사회 진보에 유리한 새로운 문화 자원과 가치관을 창조·갱신·개발하는 것을 지칭한다. 한편 문화를 혁신하는 것은 문화 내용, 문화 자원 등을 사회 및 경제 가치를 지닌 생산품과 서비스로 변화시키는 것으로, 문화의 부가가치를 제고하는 것을 의미한다. 문화 자원에는 교육, 과학, 예술, 윤리, 법률, 관습, 신앙, 자연환경,

역사 유산 등이 포함된다. 세계화의 진전은 문화 혁신에 대해 더욱 많은 함의를 제공했다. 즉, 서로 다른 문화가 공존하고 융합하는 과정에서 핵심은 취하고 찌꺼기는 버리도록 만들었다. 미국의 미래학자 대니얼 벨(Daniel Bell)이 말한 것처럼, "문화의 구개념은 연속성을 기초로 했으나, 문화의 현대화 개념은 다양성을 기초로 한다. 기존의 가치관은 전통이었으나, 오늘날의 이상은 서로 다른 문화의 결합이다."[32]

문화 기술의 이중성에 대해서는 제5장을 참조하기 바란다.

사회의 진보는 기술과 예술의 융합을 요구한다: 예술 기술의 발전

근대 사회에서 사람들은 보편적으로 예술 기술은 기술로 여기지 않는다. 하지만 예술과 기술은 서로 분리할 수 없는 일체이다. 기술을 뜻하는 영어 단어 technology는 그리스어 *techne*(기능)와 *logos*(이야기)가 합쳐진 데서 유래되었는데, 이는 조형 예술과 응용 기술에 대해 논한다는 것을 의미한다.[33] 일찍이 기원전 400년에 플라톤은 예술적 창조를 기술로 열거했다. 19세기 영국의 인류학자 에드워드 테일러(Sir Edward Taylor) 역시 "우리는 예술과 정신문명의 성취에 근거해 문화를 연구해야 할 뿐만 아니라, 각국 발전 단계의 기술과 도덕적 완벽함에 근거해 문화를 고찰해야 한다"[34]라고 지적했다.

그러나 19세기 중엽부터 인문학자와 자연과학자 간에 세계관의 차이가 심화됨에 따라, 인문학자들은 자연과학 기술에 대한 관심이 옅어졌고 그에 대한 지식도 갈수록 결여되었다. 과학자들은 점차 고도로 전문화되어 자신

32   Daniel Bell, *The Coming of Post-Industry Society*(New York: Basic Books, 1973). 이 책의 중국어 판 高銛 外 譯, 『後工業社會的來臨』(商務出版社, 1984), p.211.

33   『簡明不列顚百科全書』第4冊(中國大百科全書出版社, 1985), p.233.

34   『簡明不列顚百科全書』第7冊(中國大百科全書出版社, 1986), p.644.

그림 1-3 | **과학 - 기술 - 예술**

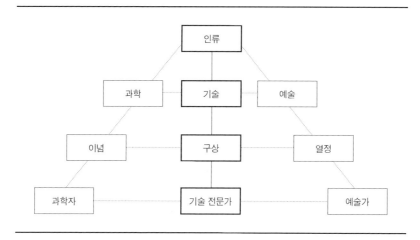

의 분야와 직접적인 관계가 없는 것들, 즉 예술, 미술, 사회 등의 문제에 대해서는 관심이 무뎌졌다. 이에 따라 "경제 시스템과 사회 제도를 건설적으로 비판하는 데 필수불가결한 두 지식인 그룹 간의 불화는 시대의 발전에 매우 커다란 손실을 초래했다".[35] 공업화 사회가 발전함에 따라 기술도 기계화되어 기술과 인간 본성이 갈수록 서로 동떨어지게 되었고, 한편으로 예술은 현실에서 벗어나는 방향으로 나아가버렸다.

　일본학자 혼다 슈로(本多修郎)는 플라톤의 사상을 계승해 기술과 예술을 하나로 통일한 광의적 기술론을 주장했다.[36] 그는 전통적인 의미에서 보면 협의적 기술은 '효용 기술'이고 예술은 '미적 기술'이지만, 예술이라고 해서

35　John Bernal, *Science in History*, 3rd Edition(London: C. A. Watts & Co., Ltd., 1965). 이 책의 일본어판 鎭目恭夫 譯, 『歷史における科學』(みすず書房, 1970), pp.338~339, 767~768.
36　같은 책.

단순히 아름다움을 받아들이거나 체험하는 것에 머물러서는 안 된다고 보았다. 다시 말해 "만약 과학이 이성을 탐색하는 것이라면, 예술은 정감을 창조하는 것이다. 과학의 이성과 예술의 열정이 상호작용해 구동한 상상력에 의해서만 새로운 기술을 발명할 수 있다". 따라서 기술은 단순히 주관적인 기능이나 지력이 아니며 객관적인 과학 기술 체계에 불과한 것도 아니다. 기술은 주관과 객관이 결합된 인류의 활동 체계이다.

이러한 맥락에서 문화 관련 생산품과 마찬가지로 예술 지식, 자원 및 심미관, 가치관을 재설계·개발·가공해 최종 소비자가 즐기면서 사용하고 소비하는 상품과 서비스를 만들어내는 프로세싱 또는 수단이 곧 '예술 기술'이다.

오늘날의 오락 기술은 음악, 영화, TV, 전자 게임, 인터넷을 매개체로 상호 융합된 것으로, 기술과 예술의 통합을 지향하며 미적 기술과 경제적 효용 기술을 일원화시킨 사례라고 할 수 있다. ≪아메리칸 사이언스(American Science)≫에 게재된 글 「오락 기술의 미래(The Future of Entertainment Technology)」에서는 기술과 예술의 융합이 "주인공 없는 상호 연동 기술", "전문 연기자 없는 영화", "가정을 플랫폼으로 하는 매체의 융합" 등을 추동하는 과정 및 이로 인해 나타나는 새로운 추세를 자세하게 논했다.[37] 이는 곧 문화 기술과 예술 기술을 포함하는 기술, 즉 소프트 기술에 대해 새롭게 정의를 내려야 할 필요가 있음을 의미한다. 기술과 예술의 새로운 결합은 새로운 소프트 기술을 발명할 것이며, 소프트 – 하드 기술을 혁신하는 데 끊임없이 이용되는 원천이 될 것이다(제5장 참조).

중국 의학의 진단 및 치료 기술: 중의학 지식의 독특한 문제 해결 방식
중국 전통의 중의학(中醫學) 방법론은 중국 문화를 구성하는 중요한 부분

---

37   "娛樂技術的未來", ≪日經科學雜誌≫(2001年 2月 號).

일 뿐만 아니라 소프트 기술이 인체 질병과 건강 영역을 해결한 성공 사례이다. 중의학에서 다루는 사람과 자연의 관계에 대한 개념이나 질병과 건강에 대한 개념은 깊이 연구하고 개발·응용할 가치가 있다.

중의학 경전 가운데 가장 오래된 이론 전문서적인『황제내경(黃帝內經)』이 세상에 나온 이후 2000여 년 동안 중의학은 체계적인 이론과 독특한 치료 방법을 형성·발전시켰다. 중의학은 인체를 장부(臟腑, 내장)와 경락(經絡, 기혈이 순환하는 통로)을 핵심으로 하는 유기적인 총체로 보고, 사람과 자연계의 모든 사물을 음양의 대립과 통일이라는 두 가지 영역으로 간주하며, 질병은 음양이 불균형 상태에 처한 것이고 사기(邪氣, 나쁜 기운)와 정기(正氣, 바른 기운) 간의 투쟁 과정이라고 여긴다.[38] 전체와 국부(局部)를 대하는 데 있어 중의학이 중시하는 것은 총체로서의 사람이며 그 중심은 총체적으로 인체를 돌보는 데 놓여 있다. 중의학에서는 '사람의 총체'로서의 수준에만 존재하는 기(氣), 신(神), 장상(藏象), 경락, 증(證) 등을 파악하는 데 주의를 기울이며,[39] 이를 통해 사람, 자연, 질병, 건강을 대하는 데 있어 독특한 이론을 형성했다. 이 같은 수천 년의 실행을 거쳐 중의학 이론에서는 독특하고도 효과적인 문제 해결 수단을 개발해 냈다. 그러한 예로는 진단 기술, 치료 기술, 건강 기술, 양생(養生) 기술, 수명연장 기술 등 전통적인 중의학 방법론을 들 수 있다.

중의학 임상에서 변증 논법을 통한 치료(변증논치) 및 시술(변증시치) 체계는 소프트 기술로서 전형적인 의의를 갖고 있다. 우선, 이 체계는 물어보기[문진(問診)], 살펴보기[망진(望診)], 만져보기[절진(切診)], 듣고 맡아보기[문진(聞診)]의 4진(四診)을 통해 건강 상태와 관련된 정보를 수집하고, 이 기초 위

---

38   程士德 主編, 王洪圖·魯兆麟 編,『素問注釋匯粹』上冊(人民衛生出版社, 1982), p.68.

39   計沙,『未來醫學思維』(北京: 中國醫學科學出版社, 1999).

에 팔강(八綱)[40] 변증, 장부(臟腑, 내장) 변증, 기혈 진액(氣血津液)[41] 변증, 육경(六經)[42] 변증, 위기 영혈(衛氣營血)[43] 변증 등의 변증 방법을 응용·분석해 징후를 얻어내며, 다시 징후에 근거해 치료 법칙을 확정하고, 그 이후에 약을 처방한다. 그중 변증 사고와 치료 규칙을 정할 때에는 주로 감지 및 합리적 추측을 통해 인체의 생태가 조화로운 상태에 이르도록 촉진하고 질병을 치료하는 소프트적 특징의 구체적인 방안을 확립하는 데 주안점을 둔다. 한 명의 우수한 중의 시술자가 지닌 탁월한 사변 능력과 체험 기술은 때로 선진적인 의료용 기기에 필적하기도 한다. 변증 논치 및 변증 시치를 토대로 한 중의학에서의 진단 기술과 치료 기술의 핵심은 소프트 기술이다.

다음으로, 조작 대상(〈표 1-2〉 참조)과 사고방식에서 볼 때, 중의학의 기본 이론과 조작 기술, 예를 들어 음양오행(陰陽五行) 학설, 장부경락(臟腑經絡, 오장육부 경락)[44] 학설, 기혈진액(氣血津液) 학설, 병인병기(病因病機)[45] 학설, 약성(藥性, 약의 성질) 학설, 양생강복(養生康復, 양생·건강회복) 학설 및 변증 방법, 치법치칙(治法治則, 치료 법칙·치료 원칙), 진단 기술, 침법구법(針法灸法, 침술·뜸질), 추나안마(推拿按摩, 지압 안마) 등의 치료 기술은 기본적인 사유 형식이 추상 사유나 형상 사유와 구별되는 구상(具象) 사유로,[46] 감각 기관을 통해 사물을 구체적으로 감지한다. 구상 사유에서는 사람이 겪는 고통,

---

40 질병의 진단 및 치료의 기준이 되는 음(陰), 양(陽), 표(表), 리(裏), 한(寒), 열(熱), 허(虛), 실(實)의 여덟 가지를 지칭한다. _옮긴이 주

41 기(氣), 혈(血, 혈액), 진액(津液, 타액·체액)을 지칭한다. _옮긴이 주

42 태양경(太陽經), 소양경(少陽經), 양명경(陽明經), 태음경(太陰經), 소음경(少陰經), 궐음경(厥陰經)의 여섯 경락(經絡)을 지칭한다. _옮긴이 주

43 청나라의 저명한 의학자 엽규(葉桂, 1666~1745)가 『온열론(溫熱論)』에서 급성 열병의 병리 현상과 관련해 제기한 것을 지칭한다. _옮긴이 주

44 경락은 경맥(經脈)과 락맥(絡脈)을 통칭하는 말로, 인체 내부의 기혈(氣血)이 운행하는 통로의 줄기와 갈래를 통틀어 일컫는 말이다. _옮긴이 주

45 병인(病因)은 병의 원인을, 병기(病機)는 병의 증세(症勢)를 각각 지칭한다. _옮긴이 주

46 劉天君, "實驗科學與体驗科學: 中西醫方法論比較", ≪中國中醫基础醫學雜志≫, 2(1)(1996).

공포, 자극, 쾌락, 불편함 등의 주관적인 경험에 대해 감각, 기분, 동작으로 인해 마음으로 느끼게 된 것으로 본다. 수천 년의 역사 속에서 중의는 내재적 그리고 개성화된 통찰력을 완성하는 것에 초점을 맞추어왔는데, 이것은 곧 감응 기술(feeling technology)과 사변 기술(speculative technology)이었다. 이리하여 전통적인 의미에서의 중의 관련 기술과 완전히 차별되는 하나의 기술을 형성했다.

기술의 매개변수라는 측면에서 볼 때, 중의학 이론에서 사람은 전체 자연과 사회에 속한 유기적 부분의 하나이기 때문에[47] 사람 요인, 사회 요인, 시간 요인, 지리 요인은 모두 중의 기술의 중요한 매개변수이다. 따라서 거의 모든 중의 이론과 기술적 작동은 사람(체질, 유전, 후천적 영양, 성격 등)에 따라, 시기(1년, 계절, 주야, 질병 유행 등)에 따라, 지역(방위, 지세, 일조량 및 습도, 온도, 물, 기타 자연 환경)에 따라, 사회 배경(인간관계, 인문 환경)에 따라 진단 결과와 치료 방안이 서로 다르다.

중의학 기술에서는 사람의 상태, 시기 구분, 지역 상황 등과 같은 특성을 분석함으로써 인체를 의식, 감정, 사상, 지혜를 지닌 생명으로 인식하며, 사람의 생명이 지닌 총체성을 존중하고 사람의 모든 신체와 살아있는 사람을 관찰과 사유의 초점으로 삼는다. 또한 사람은 자연과 사회의 일부분이라서 개성과 조건이 서로 다른 사람은 서로 다른 시간, 지리, 환경에서 서로 다르게 반응하고 표현하는 것으로 본다. 이로 인해 중의에서는 문제를 해결하는 방법(진단과 치료)을 표준화하지 않고, 개체의 차이를 인정하며, 한 종류의 현상에 대해 서로 다르게 해석한다. 따라서 강렬하고 독특한 그 지역적 편차에 대해서는 두말할 필요도 없다.

중화민족의 오랜 역사에서 중의는 중국 문화의 필수적인 부분을 구성하

---

47   邱鴻鐘, "論中醫的科學精神和人文方法", 《醫學與哲學》, 20(1)(2001).

고 있다. 그뿐만 아니라 중의의 진료 기술은 세계 의학 영역에서 중국 특유의 소프트 기술을 형성하고 있다. 수천 년에 걸쳐 중의와 중약(中藥)은 서로 하나로 합쳐지며 혁신과 발전을 거듭해 왔고, 병의 치료, 몸 상태 회복 기능, 독특한 치료 효과는 중의가 지니고 있는 소프트 기술의 가치와 왕성한 생명력을 잘 보여주고 있다.

또한 중국은 다민족 국가로서 중국의 민족 의학에는 몽의(蒙醫, 몽골족 의학), 장의(藏醫, 티베트족 의학) 등 수많은 소수민족의 의학이 포함되어 있다. 예를 들어 2000여 년의 역사를 지닌 티베트 의약학은 독특한 지리, 기후, 및 민족 문화가 융합되어 형성된 민족 전통 의학이다. 티베트족 의학 이론에서는 융(隆, 주요 호흡), 적파(赤巴, 열량), 배근(培根, 체액) 등의 3대 요소를 인체를 유지하는 물질 기초로 간주하는데, 3대 요소가 균형 잡히고 서로 협조하면 인체가 건강하지만 그 균형과 협조가 파괴될 경우 병에 걸린다고 본다. 장의는 이러한 이론에 근거해 변증적으로 치료 방안을 제정한 것이다. 최근 장의는 티베트족의 생존 지혜와 의약 경험의 결정체로 인식되어 장의 및 장약(藏藥) 산업이 형성되기 시작했다.

총체적으로 논하자면, 중의약은 중국 문화에서 실행력과 구세(救世) 정신을 갖고 있는 하나의 보물이다. 5000년 동안 중의약은 중화민족의 번식과 건강에 크게 기여해 왔다. 하지만 서양 의학이 중국에 진입한 이후 중국 의학은 나날이 쇠락했고, 심지어 중국 의학이 무술(巫術)이라며 배척하는 극단적인 관점까지 등장했다. 해방 초기에 중국 정부는 심지어 공식적인 규정을 통해 중의가 병원에 들어오는 것을 허용하지 않았고, 중의 의사에게는 서양 의학을 학습하는 것이 의무사항으로 요구되었다. 서양 의학을 학습함으로써 중의를 개조하는 과정에서 중의약은 줄곧 종속적 지위에 처해 멸절의 벼랑 끝에 서 있었다. 한편으로는 중의, 중약을 중점으로 연구하고 발전시킬 인력과 자원이 없었기 때문이기도 하고, 다른 한편으로는 중의 기술을 오늘날의 선진적인 과학 기술로 간주하지 않았고 여기에 신비적인 색채를 덧씌워 미신이 그 틈을 타고 들어오도록 만들었기 때문이기도 하다. 이 때문에 과학적 방법으로는 중의를 지지하고 발전시킬 수 없었고, 이로 인해 우수한 중의 인재에 단절이 생기고 말았다.

과거 50년간의 중국 의학과 서양 의학의 발전 상황을 비교해 보자. 1949년 중국의 중의 기술 인원은 27.6만 명이었는데, 1972년에 21만 명이 안 되는 수로 감소했다가, 1999년에야 33.7만 명으로 증가했다. 50년간 단지 6.1만 명이 증가했을 뿐이다(22.1% 증가). 하지만 1만 명당 인원으로 볼 때는 1950년대 초기에 비해 50% 넘게 감소했다. 반면 1949년 중국의 서양 의학 인원은 단지 8.7만 명이었으나 1999년에는 169.6만 명으로 늘어 50년간 18배가 증가했다. 1999년 중국의 종합병원은 1만 793개였는데, 중의 병원은 단지 2449개에 불과했다(의학대학 부속의 종합병원과 중의 병원은 포함하지 않은 수치이다). 2008년 중국의 병원 수는 1만 9712개로 늘었는데, 그중 종합병원은 1만 3119개이고, 중의 병원은 겨우 2688개로 증가했을 뿐이다.[48]

개혁·개방 이후 중의 정책은 일정 정도 수정되었다. 1980년대 초에 중의약을 발전시키는 조항이 중국 헌법에 포함되었으며, 1986년에 국가중의관리국(國家中醫管理局)이 설립되었고, 그로부터 2년 후에 국가중의약관리국(國家中醫藥管理局)이 설립되었다. 하지만 중의 발전에 대한 지지도는 여전히 대단히 낮은 실정이다. 1980년대 후기에 이르러서야 경락 연구 등이 국가 기초성 연구의 중대 관건 과제에 포함되었고, 1990년대 말기에 중약 연구 과제가 국가 하이테크 연구 발전계획에 포함되었다. 하지만 그 내용과 목표는 여전히 명확하지 않다.

중의 발전의 내용과 목표가 명확하지 않은 중요한 원인 가운데 하나는 과

---

48   『2009年中國全國衛生統計年鑑』.

학의 본질에 대한 연구가 부족했고, 중의학 방법론을 특수한 기술로 발전시키지 않았으며, 하드 기술의 틀 아래에서 하드 기술의 사고방식을 통해 중의라는 소프트 기술을 발전시키려 했기 때문이다. 이로 인해 유구한 역사와 풍부한 문화유산에 의지할 뿐 발전 플랫폼을 찾아내지 못했고, 심지어는 어이없는 일들이 발생하기도 했다. 예를 들면 2006년에 중의를 반대하는 경향이 출현했고, 「중의, 중약과 고별한다(告別中醫中藥)」라는 문장이 이러한 논쟁에 불을 붙였다. 그 이후에는 「전국 인터넷 독자들에게 보내는 공개서한(告全國網絡讀者的公開信)」이라는 글이 쟁점이 되었는데, 이를 계기로 중의를 반대하는 전문 블로거의 인터넷 사이트가 만들어졌으며 중의를 취소할 것을 요구하는 인터넷상의 서명 활동 등이 전개되기도 했다.

중의만의 독특한 장점이 있긴 하지만 의학 전문 영역으로서는 서양 의학보다 현저하게 못한 면이 있음은 부인할 수 없다. 예를 들면 응급한 병, 외상 치료, 일부 진단 수단 등에서 그러한데, 이는 서양 의학의 일부 영역이 중의보다 못한 것과 같은 이치이다. 따라서 중의 소프트 기술은 서양 의학 하드 기술과 결합되어 중의와 서양 의학이 긴밀하게 조화되는 길을 걸어야 한다. 하지만 결합으로 인해 중의 자체의 특징, 즉 핵심 소프트 기술을 상실해서는 안 된다. 중의약이 세계에서 공인받는 과학 지식과 기술이 되려면, 중의약을 중국 특유의 과학 기술로 만들고, 이를 중국의 전략 산업으로 조성하며, 과학과 기술에서 차지하는 중의의 위상을 연구해야 한다. 중의학이 스스로 발전의 길을 어떻게 걸어갈 것인지는 21세기 중의 발전이 직면한 첫 번째 도전이자 중국 문화에 대한 도전이기도 하다.

서양 세계는 문화의 차이, 사고방식의 차이로 인해 오랫동안 중의 이론 및 그 진단과 치료 기술을 받아들이고 이해할 방법이 없었다. 하지만 전 세계는 점차 중의 과학 기술과 전통의 과학 기술은 서로 다르다는 점, 중의는 과학이자 중국 문화와 전통이 통합된 산물이며 인문과 가장 밀접하게 연계된 독특한 기술이라는 점을 인식하게 되었다.

소프트 기술의 관점에서 중의 관련 이론 및 다양한 중의 기술을 연구하는 주요 이유는 중의의 사유 과정과 문제를 이해하기 위한 접근 방법과 관련되어 있다. 또한 모순을 대처하기 위해 중의에 의해 개발된 접근법들로부터 배울 수 있는 것이 많다. 이는 생명 시스템과 비생명 시스템을 대비하는 연구에 도움을 주고 사회의 복잡한 시스템에 대한 인식을 촉진할 것이다. 또한 사회-경제-환경-자원 시스템의 여러 요소, 그리고 소프트 기술 시스템과 전체 시스템의 관계를 인식하고 처리하는 데 일조할 것이다.[49] 어떤 의미에서 이는 또한 동양-서양의 협조·융합·균형, 동양-서양 문화의 상호 학습·침투·공존에 정치보다도 효과적인 플랫폼을 제공할 수 있을 것이다.

중의 기술은 21세기 중국이 '중국 브랜드'로 국제 시장에 진입시키는 영역이 될 수 있을 것이며, 조금 더 투자할 경우 새로운 다크호스로 등장해 독보적인 주도권을 행사하는 새로운 산업 기술이 될 수 있을 것이다.

개혁·개방 이후에는 중의 이론과 중의 소프트 기술 연구 분야에서 새로운 경향이 출현했다. 예를 들면 「구상 사유는 중의학의 기본적인 사유 방식이다(具象思維是中醫學基本的思維方式)」,[50]「실험 과학과 체험 과학: 중의-서의 방법론 비교(實驗科學與体験科學: 中西醫方法論比較)」,[51]『의학과 인류 문화(醫學與人類文化)』,[52]『미래 의학 사유(未來醫學思維)』[53] 등의 연구 성과를 들 수 있다.

49   Jin Zhouying, "Technology Driving Force: The Principle of Harmony and Balance", *AI & Society*, Vol. 16(2002).

50   劉天君, "具象思維是中醫學基本的思維方式", ≪中國中醫基礎醫學雜志≫ No. 1(1995).

51   劉天君, "實驗科學與體驗科學: 中西醫方法論比較", ≪中國中醫基礎醫學雜志≫, 2(1)(1996).

52   丘鴻鐘, 『醫學與人類文化』(長沙: 湖南科學技術出版社, 1993).

53   計沙, 『未來醫學思維』.

사람의 마음 및 심신 관계를 중시하는 기술: 심리 기술과 심신 기술

전술한 바와 같이, 기술은 인류가 두 발로 걷기 시작해 두 손을 도구로 사용하면서부터 발전했으며, 이후 도구를 제작하는 기술과 인공적인 도구를 사용하는 기술이 발전했다. 이러한 두 가지 종류의 기술(제작 기술, 사용 기술)이 발달함에 따라 점차 신체를 도구로 삼지 않게 되었다. 이는 이른바 경제학에서의 노동절약형 기술로서,[54] 점차 자동화 기술이 추진되었으며 로봇에 기초한 무인 생산을 추구하는 데까지 이르렀다. 이처럼 인류가 점차 신체기술과 기계 기술을 완전히 분리함에 따라 기술의 대상은 인간과 격리된 외부의 자연과 물체에 더욱 편중하게 되었으며, 사람의 정신, 심리, 감성, 감각 등은 등한시되었다.

문제를 해결하는 수단이라는 관점에서 볼 때, 기술은 곧 인류 능력이 확장된 것으로, 인류의 신체, 감각, 의식 등은 기술의 발전에 따라 외재화되고 확장될 수 있다. 오늘날 인체에 대한 과학 기술, 즉 의학 과학 및 기술은 인체를 복잡한 유기체 시스템으로 삼는 데 성공했다. 현대 의학 과학은 인체 구조(정태적 기능)를 세부화해 소화 시스템, 순환 시스템, 대사 시스템, 생식 시스템, 신경 시스템, 운동 시스템 등으로 나누었다. 현대의 생명 과학은 진일보해 사람의 기억 시스템, 세포, 유전자, 생명 원천 등을 연구하고 있다. 즉, 생명 과학 기술은 인체를 유기적인 '시스템'으로 간주하며, 특수한 '물질 구조'라는 인식하에 연구하고 있는 것이다. 하지만 전통적 기술에서 줄곧 '사람의 마음'은 배제되어 왔다.[55]

물질문명 수준이 높아질수록 사람들은 생활의 감각(시각, 청각, 미각, 후각, 촉각, 직각)에 더욱 관심을 가지며, 자신의 심정, 정서, 감정, 윤리, 도덕, 인

---

54   本多修郎, 『技術の人類學』.

55   栗原史郎, 『これからの技術哲學』(オーム社, 1987).

간의 존엄성이 존중받기를 희망한다. 이는 미래의 기술이 효율과 효용만을 강조하지 못하도록 요구하며, 그러한 효율을 일부 희생하더라도 우리의 생활과 업무 환경을 더욱 용이하고 편하게 만들고 사람의 정서와 감정을 더욱 존중하는 기술을 연구 발전시키도록 요청한다. 거꾸로 말하자면, 인류는 자신의 가치와 능력, 심신 관계에 대한 인식이 아직 매우 낮은 편이다. 이러한 문제는 수많은 하드 기술을 소프트화하는 동력이자 수많은 제조업을 서비스화하는 동력이며, 소프트 기술의 부가가치를 제고하는 중요한 내용이자 과제이다.

최근 들어 사람의 마음에 대한 각종 연구와 응용이 심도 있게 진행되고 있다. 갈수록 많은 전문가들이 사람에 대한 연구를 하나의 독특한 학문 분야로 인식하고 있다. 또한 예술과 음악에서 언어, 문학, 건축학에 이르기까지 모든 인류의 활동은 인류 대뇌 활동의 산물이며 이들은 독특한 규율을 따른다고 보고 있다. 이 때문에 수많은 사람들이 인류의 사유와 인지에 대한 비밀을 규명하기 위한 연구에 종사하고 있는데, 예를 들면 신경미학협회(Nerve Aesthetics Association)의 목표 가운데 하나는 인류 사유의 비밀을 밝혀내는 것이다.

인류가 지닌 감성의 수수께끼를 탐색하는 과학 연구도 매우 활발하다. 희로애락은 사람의 감성인데, 사람은 때로는 마음이 편안하고, 때로는 흥분이 가라앉지 않으며, 때로는 마음이 불안정하다. 이에 근거해 사람이 편안함을 느끼는 생산품을 개발하고 편안한 생활환경을 창조하는 것은 수많은 기업의 목표가 되었으며, 심지어 일부 기업은 사람에게 편안함을 주는 셔츠 등 감성에 기반한 상품을 개발하기도 했다. 오늘날 새롭게 부상한 맛 과학(taste science)은 인류가 맛을 받아들이는 방식을 고찰함으로써 참된 맛과 맛있는 음식을 연구할 뿐만 아니라, 사람들에게 서로 다른 맛을 체험케 해서 서로 다른 소비자의 입맛에 적합한 생산품을 만들어내기도 한다.

각종 심리학 방법론은 일찍이 임상에서 광범위하게 응용되었으며, 심리 과학에서 비롯된 조작 가능한 지식 시스템은 심리 기술로 정의되어 응용·발전하고 있다. 1991년 중국인 학자인 양신후이(楊鑫輝)는 중국에서 처음으로 심리기술응용연구소(心理技術應用研究所)를 설립해 심리 기술 응용 영역의 석사 및 박사를 양성했으며, 2000년에는 전국심리기술응용연구회(全國心理技術應用研究會)를 설립한 바 있다. 그는 『현대 심리 기술학(現代心理技術學)』에서 심리 상태의 측정·평가 기술, 사회 집단의 심리 상태 측정·조사 기술, 심리 관련 자문 및 심리 치료 기술, 경제 심리와 관련된 기술, 중국 고대의 심리 기술과 관련된 사상, 중국 의학의 심리 치료 기술 등을 자세하게 설명하고 있다.[56]

　　철학자 르네 데카르트(René Decartes)는 심신 이원론을 제기해 몸과 마음을 두 개의 관념으로 나누었는데, 이 이론은 과학, 교육, 의학 연구에 깊게 뿌리를 내려 장기간에 걸쳐 사람들의 신체에 대한 태도에 영향을 미쳐왔으며 아울러 수많은 편견을 만들어냈다.

　　새로운 건강 개념에 따르면 사람의 심리 활동은 순환, 대사 등의 생리 시스템과 서로 조화를 이루어야 한다. 즉, 심리(mind) 건강과 생리(body) 건강 간의 상호 협조가 필요하다는 것이다. 현대 사회에서 인류는 갈수록 복잡하고 심각한 사회 문제에 직면해 신경이 극히 쇠약해지고 있다. 보도에 따르면, 전 세계에서 각종 정신 질환을 앓고 있는 환자는 4억여 명이다. 이로 인해 보건에서 심신에 대한 의료 원칙을 운용할 필요성이 더욱 절박해지고 있으며, 심신을 다루는 의사가 더욱 많이 출현해야 할 필요성이 대두되고 있다. 심신 의학은 앞으로 하나의 의학 분과가 될 것이다.

　　실제로 유럽과 미국에서 18세기 말에 기원한 심신학(心身學, Somatics)은

56　　楊鑫輝, 『現代心理技術學』(上海敎育出版社, 2005).

장기간 서로 다른 학파를 탐색하고 논쟁을 거쳐 현재 일련의 이론과 방법 체계를 형성하고 있다.

미국 최대의 보건 기관인 카이저 병원(Kaiser Permanente)은 심신을 다루는 의사를 대거 보유하고 있으며, 심신 상호작용 기법을 운용해 만성병을 앓고 있는 환자에게 도움을 제공하고 있다.[57] 이곳에서 환자에 대한 교육 지도를 담당하고 있는 데이비드 소벨(David S. Sobel)은 "나는 의학계가 이토록 오랜 시간이 지나서야 두 가지의 명확한 사실, 즉 우리가 그동안 편협하고 분별력이 없었음을, 그리고 장기간 의학에서 심리와 생리 간의 상호 관계를 경시하고 분리해 왔음을 인식하게 되었다는 데 놀랐다"[58]라고 말했다. 심신 불균형은 사람의 심리나 정서로 인해 유발되거나 가중되는 실재하는 질병이다.

타이완 학자 린다펑(林大豊)과 류메이주(劉美珠)는 심신학을 심신 관계를 탐구하고 신체에 깃들어 있는 지혜를 체득하는 경험 과학으로 정의했다. 또한 내재된 경험을 깨닫고 반성하는 과정을 중시함으로써 인체 감각, 생체 기능, 외부 환경 3자간의 상호 연관된 관계를 탐색하는 하나의 예술이자 학문으로 보았다. 심신학을 연구하는 취지는 시스템적인 이론과 방법을 통해 몸과 마음이 상호 대화하고 이를 통해 인체의 감지 능력을 개발하며 환경에 대한 신체의 적응 능력을 증진하는 것이다.

심신학의 10대 기본 관점은 다음과 같다. ① 심신은 하나이다. ② 신체는 살아있는 유기체이자 사상과 지혜의 근원이다. ③ 제1인칭 관점에서 인체를 관찰한다. ④ 자신의 내재(self-inherence)에 의해 경험한다. ⑤ 과정의 흐름을 따른다. ⑥ 감지 능력을 개발한다. ⑦ 감지의 변화와 선택을 살핀다. ⑧

---

http://en.wikipedia.org/wiki/Kaiser_Permanente

58 Shari Roan, "The mind's role comes into focus", *The Los Angeles Times*(2003.1.20)[《參考消息》(2003.1.31)轉載].

접촉의 힘과 습관적 동작을 다시 패턴화하는 것에 주목한다. ⑨ 신체에 깃든 지혜를 존중하는데, 특히 신체에 내재되어 있는 마음과 지혜를 강조한다. ⑩ 자신과 외부 환경 간의 조화로운 상태를 유지한다.[59]

심신학은 이미 교육, 치료, 동작 훈련 등의 영역에서 응용되고 있다. 교육을 예로 들면, 심신학은 체육 과목이 심신 교육을 실시할 수 있는 가장 좋은 과목인 것으로 보고 있다. 미국보건체육교육자협회(AAHPERD)는 신체 적성(physical fitness)의 관점에 의거해, 건강에는 신체 적성, 정서 적성, 사회 적성, 정신 적성, 문화 적성의 다섯 가지 영역이 포함되어야 한다고 제기했으며, 이 다섯 가지 영역을 함양하기 위해 '개인의 성장 발전', '사람과 사람, 사회 및 문화 간의 상호작용', '사람과 자연, 그리고 사물을 마주하기'라는 세 가지 전인 교육을 제기했다. 심신학은 사람들에게 스스로 인지할 기회를 제공해 사람들로 하여금 자신의 신체에 대한 관점으로 바꾸게 하고, (감정·사회·환경에 대한) 신체의 감지 능력을 개발·개선하게 하며, 편안함과 스트레스를 관리하는 법을 학습·제고함으로써 심신 건강을 유지하게 만들며, 우수한 자세를 가르치고 동작의 효율을 향상시킴으로써 신체, 경험, 자신을 더욱 존중하게 만든다. 심신학은 신체와 소통하는 방법을 제공할 수 있으며, 몸과 마음을 일체시킴으로써 생명력을 증강시키는 것을 목적으로 한다.

한 가지 언급할 필요가 있는 것은, 비록 심신학이 서양 학자가 제기한 연구 영역이기는 하지만, 동양 문화의 수많은 신체 단련 방법도 서양 심신학자에 의해 새롭게 해석되고 있으며, 심신의 조화를 유지하는 데 훌륭한 기법으로 인정되고 있다는 점이다. 이러한 사례로는 중국의 기공, 태극, 정좌, 전통 양생법, 도인술(導引術), 무술, 일본의 합기도, 검도, 선좌, 인도의 요가, 정

---

59   林大豊·劉美珠, "心身學的意涵與發展之探究", ≪台東大學體育學報≫, 創刊號(2003), pp. 249~272.

좌 등을 들 수 있다. 이는 유구한 동양 문화가 심신 소프트 기술의 무궁한 보물창고임을 보여주는 것으로, 우리는 이를 체계적으로 정리·개발·응용할 필요가 있다.

소결: 기술의 개념을 갱신해야 한다

지금 우리는 지식의 급격한 증가(혹자는 이를 '지식 폭탄'이라고 부른다), 경제의 소프트화, 가치관의 변화, 예술과 과학의 새로운 통합, 지속가능한 발전을 위한 사명 등과 같은 변화에 직면하고 있다. 이러한 변화는 우리에게 기술에 대한 전통적인 인식을 바꾸어 새로운 기술 개념을 확립하고 기술의 개념을 협의적 기술에서 광의적 기술로 확장시키며, 소프트 기술을 연구·개발·응용할 것을 요구하고 있다. 수차례의 산업혁명을 거친 이후 인류는 기술의 개념을 갱신해야 하는 과제에 직면한 것이다.

3. 소프트 기술에 대한 정의

1) 지식 - 기술 - 소프트 기술의 상호 관계

기술은 한 국가의 지도자에서부터 기업 경영자에 이르기까지, 정치가에서부터 연구원에 이르기까지 모두에게 떼려야 뗄 수 없는 용어이다. 하지만 도대체 기술이란 무엇인가? 기술은 인류의 발전과 개인의 생활에 어떤 영향을 미치고 있는가? 우리는 인류의 지식 시스템 가운데 기술이 갖는 함의와 기능을 체계적인 사고로 정리할 필요가 있다.

1980년대에 진입한 이래 '지식을 기초로 하는 경제'라고 하는 새로운 경제현상에 대한 연구가 전 세계적으로 진행되고 있다. 각국의 학자는 지식이

표 1-2 | 광의적 지식으로서의 지식에 대한 인식

분류	내용
근원	· 과학 지식 / 비과학 지식 · 자연과학 지식 / 비자연과학 지식 · 선천적 지식* / 후천적 지식
성격	외재적 지식 / 내재적 지식
소유자	조직 지식 / 개인 지식
형태	원인을 아는 지식 / 무엇인지를 아는 지식 / 어떻게 하는지를 아는 지식 / 알고 있는 것이 누구인지를 아는 지식 / 누가 도와줄 수 있는지를 아는 지식 / 언제인지를 아는 지식 / 어디가 가장 좋은 곳인지를 아는 지식
수준	본토 지식 / 국제 지식
조작 가능성	조작 가능성이 있는 지식 / 조작 가능성이 없는 지식 / 조작 가능성이 비교적 낮은 지식(과학 지식과 기술 지식)

주: 선천적 지식이란 천부적인 지식으로, 예를 들면 영아가 모유를 빠는 것은 선천적 지식에 해당한다.

경제 사회 발전에 미치는 영향을 논증했고, 이로 인해 중요한 생산력 요소로서 지식이 가진 가치가 새롭게 인식되고 있다. 〈표 1-2〉는 근원, 성격, 소유자, 형태, 수준, 조작 가능성 등에 따라 지식을 서로 다른 시각에서 입체적으로 파악한 것이다.[60] 그중에서 지식의 근원과 조작 가능성에 대한 인식은 소프트 기술 연구에 더욱 직접적인 의의를 갖는다.

지식을 분류하는 근원에는 자연과학 지식뿐만 아니라 철학, 사회과학, 인지과학, 사유과학 등의 비자연과학 지식과, 예술, 종교 등의 비과학 지식도 있다. 앞에서 논한 바와 같이, 비자연과학 지식이나 비과학 지식이 경제 발전과 사회 진보에 미치는 영향 또한 직접적이고 강력하다.

조작 가능성 관점에서 보면 지식은 조작 가능성이 있는 지식(기술 지식), 조작 가능성이 없는 지식, 조작을 목적으로 하지 않는 지식(과학 지식)으로

---

60   金周英, "從另一個視覺看知識經濟", ≪科技日報≫(1998.11.14).

나눌 수 있다. 이러한 분류는 줄곧 도외시되어 왔다. 실제로 조작 가능성이 있는 지식 시스템은 광의적 기술이다. 여기서 조작 가능성이란 문제를 해결할 수 있는 잠재력 또는 창조적 가치를 갖고 있는 잠재력을 지칭한다. 광의적 기술은 나아가 하드 기술과 소프트 기술로 나눌 수 있다. 과학 지식과 기술 지식에 대한 이러한 인식은 상호 관련된 과학과 기술 발전을 설계하는 데 중요한 의의를 가지며, 기술이 지닌 심층적인 함의를 이해하는 데에도 도움이 된다.

2) 소프트 기술이란 무엇인가

장기간 사람들은 기술에 대해 신비한 분위기를 부여해 왔다. 그런데 실제로 기술은 문제를 해결하는 수단이자 도구이다. 현재 사회에서 문제를 해결하는 방안은 두 가지인데, 하나는 유형의 방안, 즉 생산품이며, 다른 하나는 무형의 방안, 즉 규칙, 절차, 과정이다. 우리는 전자를 일컬어 하드 기술이라고 하며, 후자를 일컬어 소프트 기술이라고 한다.

인류는 생존과 지속가능한 발전이라는 목적에 도달하기 위해 세계(자연계, 인류 자체와 인류 사회)를 개선하고 적응(일부 자연 규율은 단지 적응할 수밖에 없다)하고 장악하고 통제해야 한다. (광의적 의미에서의) 기술은 이 과정에서 문제를 해결하기 위해 이용하는 각종 기예, 도구, 방법, 절차, 규칙 등을 가리킨다. 비록 경제 발전과 사회 진보에 따라 소프트 기술 – 하드 기술의 경계도 앞으로 더욱 모호해지겠지만, 일반적으로 하드 기술은 물질을 담지체로 하며 그 지식은 대부분 자연과학의 조작 가능한 지식 체계에서 비롯되는 것에 반해, 소프트 기술은 사람의 심리와 사유 또는 사람의 행위를 담지체로 하며 그 지식은 비자연과학 및 비(전통)과학의 조작 가능한 지식 체계에서 비롯된다.

소프트 기술은 두 가지 속성을 포함해야 하는데, ① 기술 범주에 속해야 하며, ② 소프트의 특징을 갖고 있어야 한다.

기술의 속성으로는 다음과 같은 특징을 지녀야 한다. ① 조작 가능한 지식 체계에 속해야 하며, 문제를 해결하는 각종 도구, 절차, 규칙 체계(실행성 또는 실현 가능성)로 이용할 수 있어야 한다. ② 사회의 진보와 경제 발전을 위해 서비스를 제공할 수 있는 도구(서비스성)여야 한다. 이때 기술은 다원적인 목표를 위해 경제, 사회, 생태, 자원, 환경 효용을 제고시킬 수 있는 서비스를 제공하는 방안을 함께 고려해야 한다.

소프트의 속성으로는 다음과 같은 특징을 지녀야 한다. ① 조작 지식은 사람의 내재 의식 조작 활동에 뿌리를 두어야 한다. ② 조작 대상은 비물질 세계로서, 여기에는 사람의 내재된 심리 활동 과정, 사유 과정, 심리 활동(감성, 정감, 가치관 등)에 의해 지배·실현되는 사람의 행위 및 심신 관계의 영역이 포함된다. 따라서 기술 매개변수는 심리 요인, 사회 요인, 문화 요인이어야 한다.③ 소프트 기술이 서비스를 제공하는 방식은 생산품 외에 더욱 많게는 과정, 규칙, 절차 등 무형의 형식을 통해야 한다. ④ 소프트 기술의 내용, 기능, 특징은 객관 세계와 주관 세계에 대한 인류의 인식 수준과 능력에 근거하며, 내재 심리 활동과 자연, 사회 환경의 변화에 근거해 표현되거나 형성되거나 바뀐다는 것을 인식해야 한다.

필자가 '소프트 기술'[61]이라는 용어를 사용한 것은 다음 세 가지 이유에서이다. 즉, ① 상술한 소프트의 속성을 전통적인 의미에서의 하드 기술의 특

---

61 金周英, "知識經濟: 關鍵在於實踐", 『知識經濟與國家創新体系』(經濟管理出版社, 1998); 「S-863 軟科學研究報告: 戰略研究報告」(1999); 金周英, "知識經濟時代的高技術", ≪數量經濟技術經濟研究≫(1999); 金周英, "知識經濟與軟技術", '知識經濟與中國'國際會議(北京: 1999.11.3); ≪中國企業家報≫(1999.11.26., 1999.12.3); Jin Zhouying, "Soft Technology", *PFA Conference*(Kobe, Japan: February 2000); *Idem.*, "Soft Technology and Technology Innovation", *International Seminar on Technological Innovation*(Beijing: September 5~7, 2000); *Idem.*, "Soft Technology", *GIST Academic Journal Series*(Yokohama, Japan: GIST, 2000).

그림 1-4 | **지식 - 기술 - 소프트 기술 간의 상호 관계**

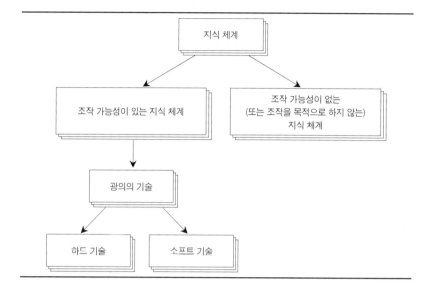

징과 구별하고, ② 소프트 과학이 국제적으로 점진적으로 승인되고 있음을
확인하며, ③ 소프트 기술을 사회 기술 및 일부 문헌에서 토론되고 있는 인
문 기술[62]과 구별하기 위해서이다.

우리는 소프트 기술을 다음과 같이 인식할 수 있다.

• 소프트 기술은 인류가 경제, 사회, 인문 활동을 하는 과정에서 발견하
거나 총결해 낸 공통된 규율이며, 객관 및 주관 세계를 대대적으로 개
선·적응·통제하는 데 가이드라인으로서 의미를 지닌 규율과 경험이
다. 소프트 기술을 의식적으로 이용하고 총결함으로써 각종 문제를 해

---

62   高亮華, 『人文主義視野中的技術』(中國社會科學出版社, 1996).

그림 1-5 | 광의적 의미에서의 기술

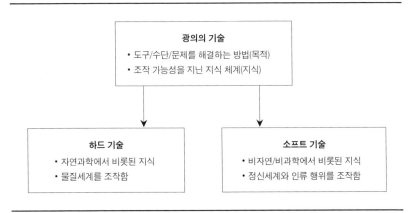

결할 수 있으며, 문제를 이해하고 인식하는 데 있어서의 규칙, 제도, 기제, 방법, 절차, 과정 등과 관련된 작동 가능한 지식 체계로 전환시킬 수 있다.

• 소프트 기술은 사람의 사유, 사상, 가치관, 세계관과 관련되거나 사람과 조직의 행위와 관련된 창조와 혁신을 진행하는 지식 기술 또는 무형의 기술이다.

• 소프트 기술은 경제, 사회, 철학, 문화 예술 등 다양한 영역에서 초점이 맞추어진 기술이다. 소프트 기술의 연구 목표는 각종 지식 시스템에서 전통 개념과 구별되는 지식, 기술, 가치관의 패러다임을 발견하고, 또한 이를 통해 복잡한 문제에 대해 분석·대처하며, 아울러 문제를 해결하기 위한 능력을 획득하는 것이다. 이 때문에 소프트 기술 연구는 인류가 직면한 수많은 도전을 다시 사고하고 반성하는 데 유리하며, 서로 다른 문화에 깊게 뿌리를 내려 지속가능한 발전을 촉진할 수 있으며,

학제적 영역의 연구도 촉진한다. 이러한 연구는 국가, 기업, 개인 등 다양한 차원에서 문제를 직면했을 때 폭넓은 통찰력과 효과적인 해결 방안을 얻는 데에도 도움이 된다.

3) 소프트 기술의 특징

소프트 기술을 더욱 심도 있게 이해하기 위해 먼저 기술의 특징을 알아보자. 하드 기술과 소프트 기술은 모두 기술이므로 다음과 같은 공통된 속성을 지니고 있다. ① 문제를 해결하는 도구, 규칙, 기제(메커니즘), 수단, 방법 및 절차이다. ② 기술의 목적은 사회의 진보와 경제 발전을 위해 서비스를 제공하는 것이다.

하지만 〈표 1-3〉에서 보듯, 소프트 기술과 하드 기술 간에는 근본적인 차이가 존재한다. 구체적으로 보자면 소프트 기술은 다음과 같은 특징을 지닌다.

① 소프트 기술은 하드 기술에 비해 인간, 문화와의 관계가 더욱 밀접하다. 그 이유는 소프트 기술은 인간의 내재 심리 활동과 외부로 드러나는 행위 모두를 조작 대상으로 삼기 때문이다. 또한 사물에 대한 조작 주체의 인식 수준, 사고 또는 행동 모델의 차이에 근거해 그 조작의 내용과 수준을 결정하며, 그 응용과 보급은 해당 시기 및 해당 지역의 도덕관, 문화 배경, 습관, 지식수준 등과 직접 관련되어 있기 때문이다. 동시에 소프트 기술의 조작 과정은 대상에 따라 서로 다른 특징을 띤다. 소프트 기술의 형성·표현·혁신은 인적 요인과 사회 환경에 의해 좌우된다고 할 수 있다. 이로 인해 소프트 기술은 사상과 관점이 있으며, 강렬한 개성을 지닌 기술이라고 할 수 있다. 또한 소프트 기술은 하드 기술의 응용 방향을 조종하고 있다.

② 인간에 대한 개념은 하드 기술과 소프트 기술에서 다소 다르다. 하드 기술은 대상의 초점이 인체의 바깥에 맞춰져 있다. 서양 의학과 오늘날의 생

표 1-3 | **소프트 기술과 하드 기술의 비교**

	하드 기술	소프트 기술
지식의 근원	자연과학에 기초한 지식	비자연과학과 비(전통)과학 지식
조작 대상	물질	인간의 내재 심리 활동과 외재 행위
조작 영역	실체 세계	정신세계
조작 목적	자연과 물질을 개조·통제	인간의 사상, 감정, 사유 방식, 가치관, 행위 방식 및 조직의 활동 모델을 장악·통제·관리
담지체	유형의 물질	무형의 비물질
기술 매개변수	물리적 요인	심리 요인, 문화 요인, 사회 요인
인간 요인 (human factors)	외재 행위의 영향	① 외재 행위의 영향: 심리 활동의 외재 표현 ② 내재 심리 활동의 영향: 감각, 감정, 정서, 사상, 문화, 가치관, 세계관, 전통, 개성
인체에 대한 인식	생물체(물체 또는 세포의 조합체)	의식·감정·사상을 지닌 생명, 문화 특질을 갖고 있는 인간
혁신의 원천	새로운 발명과 발견	새로운 발명·발견+인간의 관념, 생활방식, 가치관의 변화
혁신의 특징	파괴할 필요 없음 구 시스템과 공존할 수 있음	제대로 작동되지 않는 오래된 시스템의 혁신적 파괴와 창조적인 새로운 시스템 구축의 필요성
혁신 과정	재료 - 가공 - 생산품, 생산품 설계 - 제조 - 시장	① 고안/창조 → 시스템·모델·방법론 형성 → 운용·규범화 ② 시스템·방법론 설계 → 운용·실시 → 새로운 흐름의 육성 → 과거 시스템 교체 → 새로운 시스템 창조·구축
제도와의 관계	혁신의 조건	소프트 기술 혁신의 조건인 동시에 소프트 기술 혁신이 제도 혁신의 근거가 되기도 함
사유 모델	국부 → 전체	전체 → 국부
의지와의 관계	인간의 의지로 바뀌지 않음	인간의 지력, 사고 모델, 환경의 변화에 의해 틀이 잡히고, 발전하며, 영향을 받음
생산품	실물 형태	독립된 실물 형태 없음
문제 해결 수단	생산품, 서비스 등의 형식	생산품, 서비스의 형식+과정, 절차, 규칙, 기제, 제도 등의 형식
본성	중성	이중성
표준화	표준화 가능	일부 기술은 표준화되기 어려움
지역성	명확하지 않음	대단히 명확함

명과학에서는 비록 조작 대상이 인체라 하더라도 인체를 물체로 본다. 따라서 인체를 세포의 조합체 또는 한 무더기의 유전자(DNA)로 간주하며, 과학적 의미에서 심지어 복제할 수도 있는 것으로 인식한다. 그런데 소프트 기술에서 보면 인간은 하나의 생물체일 뿐만 아니라 이성과 감정, 목적, 사상, 가치관을 가진 하나의 생명체이며, 문화 특질을 가진 존재이다. 사람의 성장 및 인격의 형성은 단순히 유전자에 의해 결정되는 것이 아니며 다양한 종류의 유전자와 자연 환경, 사회 환경이 장기적으로 복잡하게 상호작용한 결과이다.

하드 기술도 사람의 요인을 대단히 중시하지만, 사람의 외부에 중점을 두거나 및 물체에 대한 반응과 능력에 중점을 둔다. 반면 소프트 기술에서는 상술한 요인 외에 감각, 사유 방식, 가치관, 전통, 습관 등 인간에게 내재되어 있는 심리 활동을 더욱 중시한다. 따라서 소프트 기술의 기술 매개변수에는 심리 요인, 사회 요인, 문화 요인이 포함된다.

③ 소프트 기술은 정신세계에 뿌리 내리고 있다. 정신세계는 사람의 내재된 의식 조작 활동에 기초한 3대 세계, 즉 추상 세계(抽象世界, 내재 심리 활동 과정을 거쳐 개념화되는 대상), 표상 세계(表象世界, 인간의 의식이 사물에 대해 형성하는 기억이나 상상이 뇌 속에서 재현하는 형상), 구상 세계(具象世界,[63] 인간의 감각 자체, 예를 들면 아픔, 공포, 쾌락 등)를 포함한다. 그중에서 추상 사유는 개념을 조작하는 것이고, 표상 사유는 형상을 조작하는 것이며, 구상 사유는 감지하는 감각 자체를 조작하는 것이다. 구상 사유의 개념은 예술계에서 이미 응용되고 있는데, 이를 다시 세 개의 하위 그룹으로 구분하면 감정 사유, 감각 사유, 동작 사유로 나눌 수 있다.

---

63 劉天君, "體驗科學方法論的框架", ≪中國中醫基礎醫學雜志≫, 2(3)(1996); 『論具象思維: 禪定中的思維操作』(人民體育出版社, 1994).

하드 기술이 작동되는 영역은 실체 세계인데, 여기에는 자연계와 인공적 영역이 포함된다. 소프트 기술이 조작하는 지식은 정신세계에 뿌리를 내리고 있는데, 여기에는 '내재적 조직화 행위 시스템(inner orchestration-action system)'과 '외재적 행동 시스템(outer behaviour system)'이 포함된다. 전자는 추상 영역(개념, 양태, 시스템 등), 감지 영역(정감, 감정, 분위기/느낌)을 포함하고, 후자는 사회적 행위 영역(내재적 조직화 행위 및 가치관, 세계관, 윤리/도덕, 정념 등에 의해 지배를 받음)을 포함한다.

④ 소프트 기술은 중성적이지 않으며 이중성을 지니고 있다. 소프트 기술이 지닌 '기술'이라는 속성(자연 속성)에서 보면, 조작을 통해 부가가치를 창조할 수 있고, 핵심 기술로서 산업을 형성할 수 있다. 또한 하드 기술의 혁신을 위해 방향, 도구와 수단을 제공하고, 혁신 효율(생산력에 속함)을 제고한다. 소프트 기술이 지닌 '소프트'라는 속성(사회 속성)에서 보면, 소프트 기술은 혁신과 발전을 통해 새로운 제도의 함의를 결정하고 제도 개혁의 근거를 제공하며 혁신 수익의 분배 기제를 조정하거나 결정한다. 또한 경제 사회 활동에서 각종 관계를 변화시키고 제약하고 규율하기도 하는데, 여기에는 이익 관계(생산관계에 속함)가 포함된다. 소프트 기술의 이러한 기능은 소프트 기술의 이중성을 명확하게 표명한다. 정치경제학의 용어를 빌리면, 소프트 기술은 생산력일 뿐만 아니라 생산관계에도 영향을 미치는 것이라고 할 수 있다.

경제 이익의 최대화를 목표로 하는 기술 발전과 윤리·도덕규범이 결여된 기술 응용은 장기간 사람들에게 수많은 재난을 초래했다. 생태 환경을 파괴했을 뿐만 아니라 인류도 수많은 자연의 본성을 상실했다. 만약 우리가 공정하게 관찰할 경우, 원자력 기술, 유전자 기술, 바이오 기술, 나노 기술, 고에너지 물리 기술 등을 포함한 모든 기술에는 부정적인 영향을 미칠 개연성이 있다는 것을 상정할 수 있다. 예를 들어 20세기에서 21세기로 바뀌는 세기

교체기에 '밀레니엄 버그'가 발생해 전 세계적으로 혼돈을 겪은 일을 들 수 있다.

정보 기술에 기반해 형성된 정보 사회는 컴퓨터 중독자, 인터넷 중독자 및 인터넷 범죄를 만들어냈으며, 해커는 정보 네트워크에 가득 포진해 있다. 또한 금융 연금술을 숭배하는 경향은 다수의 주식 투기 중독자와 금융 범죄를 만들어내고 있다. 한편 바이오 기술에 통제를 가하지 않을 경우 인류는 무수한 새로운 종(species)을 제멋대로 창조해 낼 것이고, 생물 공장에서 일련의 유전자 변형 동물과 복제 동물을 마구 만들어낼 것이다. 또한 복제 인간이 비밀 무기로서 비밀리에 생산될 가능성이 있어 복제에 대한 공포는 더욱 커질 것이다.

그런데 우리가 이를 전부 기술 탓으로 돌리는 것은 공정하지 않다. 하드 기술의 응용에는 기술 결함이나 기술 위협도 포함되며, 이러한 위험은 전적으로 기술의 조정자, 즉 인류에 의해 결정된다. 게다가 인류 발전의 필요성에 입각해서 볼 때, 자연, 사회, 인류에 대해 한 걸음 더 나아가 인식하고 아울러 고도 공업화가 가져온 수많은 문제를 해결하는 문제와 관련해 새로운 기술을 발명하고 발전시키는 작업이 요청된다.

인류가 하드 기술을 효과적으로 통제하고 그 발전 방향을 결정하는 것은 소프트 기술을 통해서만 가능하다. 왜냐하면 소프트 기술은 혁신의 도구로서 하드 기술의 혁신을 조종하기 때문이다. 이러한 의미에서 소프트 기술은 사상과 관점을 지닌 기술이며, 문화 기술과 사회 기술이 표현하는 이중성처럼 도덕관, 가치관, 세계관의 영향을 받는다. 즉, 소프트 기술은 긍정적인 효과와 부정적인 효과를 동시에 가지고 있다.

따라서 정부와 사회는 소프트 기술의 확산 및 응용에 간여해야 하며, 제도, 법률, 법규, 표준, 정책 등을 통해 소프트 기술의 혁신을 고무하거나 규제해야 한다. 즉, 소프트 기술은 제도화 및 제도 혁신이 필요하다.

⑤ 소프트 기술은 사유 방식이다. 소프트 기술이 처리하고자 하는 현상과 문제는 모두 복잡할 뿐만 아니라 상호 의존하고 침투하는 시스템에 속해 있다. 따라서 문제를 해결하는 방안을 설계할 때에는 우선 문제의 배경, 원인, 영향 등을 명확히 할 필요가 있다. 또한 전체를 파악해야만 주요 모순과 그 돌파구를 찾아낼 수 있다. 따라서 소프트 기술 문제를 해결하기 위한 방안을 설계할 때에는 전체에서 부분으로, 거시적인 면에서 미시적인 면으로 진행해야 한다.

⑥ 소프트 기술은 표준화하기가 어렵다. 첫째, 소프트 기술에서 매개변수는 표준화 작업의 난이도를 결정한다는 특징을 지니고 있다. 둘째, 소프트 기술 역시 외부로 드러나는 외재적 기술과 내부에 감추어져 있는 내재적 기술의 특성을 갖고 있다.[64] 노나카 이쿠지로(野中郁次郎)의 정의에 따르면, 외재적 기술은 문자, 숫자, 표준화 절차로 표현될 수 있으며, 서적, 강좌, 훈련을 통해 전수·공유된다. 내재적 기술은 문자나 언어로 표현되기 어려우며 이를 소통하고 타인과 함께 공유하기 어렵기 때문에 표준화하기는 더욱 어렵다. 일부 소프트 기술, 예를 들면 체험 기술, 중의학 진단 기술 등은 함축 지식을 갖춘 기술이라고 할 수 있다.

⑦ 소프트 기술은 경계가 모호하다. 모든 소프트 기술은 인간 요인과 긴밀하게 연관되어 있다. 따라서 4절에서 소프트 기술에 대해 분류를 시도하고 있는데, 서로 다른 유형의 소프트 기술은 그 경계가 대단히 모호하며 서로 영향을 미치면서 침투한다.

⑧ 소프트 기술이 작용하고 전환한 결과가 모두 생산품으로 체현되는 것은 아니다. 다수의 소프트 기술은 하드 기술과 마찬가지로 산업을 형성하기도 하고 생산품과 서비스를 제공하기도 하는데, 그 예로는 금융 파생 도구,

---

64   野中郁次郎·竹內弘高 著, 楊子江·王美音 外 譯, 『創新求胜: 智價企業論』(台湾遠流出版公司, 1997).

인큐베이터, 문화 생산품 등이 있다. 하지만 소프트 기술은 유형의 생산품보다 효율, 결과, 과정, 절차, 기제, 또는 제도를 더 많이 제공한다.

⑨ 하드 기술은 새로운 발명과 기술의 출현으로 노화되는 반면, 소프트 기술은 사람들의 생활방식, 가치관, 수요, 사고 모델의 변화로 갱신되는 특징을 지닌다.

하드 기술에 비해 소프트 기술은 혁신·전파·응용되는 영역에서 상호 관련된 제도, 체제, 법규, 정책의 제약을 더욱 직접적이고 강력하게 받는다. 따라서 소프트 기술을 혁신하려면 우선 구제도와 법률을 창조적으로 파괴할 필요가 있다. 소프트 기술의 혁신 모델은 대부분 다음과 같은 과정을 따른다. 즉, 시스템/방법 설계 → 운행 시스템/방법 실시 → 구체적인 서비스 제공(운행/실시 과정은 이용자를 위해 서비스를 제공하는 과정이다) → 규범화를 통해 제도를 형성함으로써 응용을 확산·보급하는 방법 도모 → 창조적 파괴 → 새로운 제도 환경에서 조작과 운행 → 제2차 혁신이다.

⑩ 소프트 기술은 집합성과 통합성을 지닌다. 전술한 바와 같이, 하드 기술은 소프트 기술과 서로 융합되어야만 사회 가치와 경제 가치를 실현할 수 있으며(상세한 내용은 제4장 참조), 진보하는 소프트 기술과 서로 융합되는지 여부는 소프트 기술이 상품화와 산업화에 성공하기 위한 기초이다. 거꾸로 보면, 단일한 소프트 기술은 제 역할을 발휘하기가 어렵기 때문에, 서로 다른 조건과 수요를 감안해 상호 관련되어 있는 소프트 기술을 조합하고 종합적으로 운용해야만 비로소 목표에 도달할 수 있다. 예를 들면 새로운 기업 경영 모델 또는 비즈니스 모델을 형성하는 것과 같다. 이와 동시에 진보하는 하드 기술과 통합하는 것 또한 소프트 기술의 혁신 효율을 제고하고 소프트 기술의 하이테크화를 촉진하는 길이다.

⑪ 소프트 기술은 지역성을 지닌다. 문화, 경제 수준, 생활방식, 습관, 사유 모델이 다르면 개발해 낸 소프트 기술 역시 서로 다르다. 그렇기 때문에

소프트 기술은 서로 다른 지역에서 응용되어야 하며, 상술한 서로 다른 환경 조건에 적응하기 위해 그 조건에 부합되는 재개발과 혁신을 진행해야 한다.

⑫ 소프트 기술이 지닌 이중성은 소프트 기술과 제도 간의 긴밀한 관계를 결정한다. 하드 기술에서는 제도가 혁신의 조건이지만, 소프트 기술에서 제도는 혁신의 조건일 뿐만 아니라 소프트 기술이 연관된 제도, 체제, 법규, 정책 등이 혁신되어야 하는 근거를 형성하기도 한다. 거꾸로 보면, 수많은 소프트 기술의 발명, 전파, 응용 또한 밀접하게 연관된 제도, 체제, 법규, 정책으로부터 제약을 받는다.

⑬ 하드 기술에서는 전문가가 일반적으로 특정 전문 영역의 전문적인 인재를 지칭한다. 반면 소프트 기술의 인재는 범과학, 범부문에서 지식과 실행 경험을 가진 인재여야 한다(제4장 참조).

4. 소프트 기술의 분류

우리에게 익숙한 하드 기술은 서로 다른 표준에 의거해 서로 다르게 분류된다. 예를 들면 조작하는 물질에 따라서는 정보 기술, 재료 기술, 바이오 기술, 에너지원 기술, 해양 기술, 공간 기술 등으로 분류되고, 기술의 기능에 따라서는 자동화 기술, 환경보호 기술, 센스 기술(sense technology), 리모트 센스 기술(remote sense technology) 등으로 분류된다. 또한 특성에 따라서는 전용 기술, 통용 기술, 기초 기술로 분류되고, 산업에 따라서는 석유개발 기술, 방직 기술, 매탄 기술 등으로 분류된다.

그러나 소프트 기술을 분류하는 것은 상당히 어렵다. 우선 자연과학과 하드 기술에서는 인식과 조작의 대상이 실체 세계인 데 반해, 비자연과학과 소프트 기술에서는 인식과 조작의 대상이 바로 인식해야 할 주체와 조작 대상

그 자체이기 때문이다. 즉, 소프트 기술은 흡사 게임의 대상에 비유할 수 있는데, 한편 소프트 기술은 게임의 대상이기도 하고 게임의 내용이기도 하다(제4장 참조).

다음으로 각종 유형의 소프트 기술은 모두 인간이라는 요인을 담지체로 삼으며, 이로 인해 서로 밀접한 연계를 맺고 있다. 예를 들면 수많은 사회자원 또는 인적 자원에 초점을 맞추어 조작하는 소프트 기술은 비즈니스 기술과 엄격하게 구별되기 어려우며, 교육 기술은 지력 기술에 속해 있을 뿐만 아니라 사회 기술에도 속해 있다.

하지만 소프트 기술을 심도 있게 연구하고 소프트 기술 시스템을 창조·개발·응용하기 위해 소프트 기술에 대해 다음과 같이 분류를 시도해 보고자 한다.

1) 지식 원천에 따른 분류

기술이 조작 가능한 지식 체계라는 관점에서 보면 서로 다른 유형의 지식은 서로 다른 특징을 지닌 소프트 기술을 형성한다.

첫째 종류는 사회과학 지식에서 비롯된 기술인데, 각종 사회 기술과 비즈니스 기술이다(제2장 참조).

둘째 종류는 자연과학 지식에서 비롯되었지만 소프트한 특징을 갖고 있는 기술로, 정보 기술, 네트워크 기술, 소프트웨어 기술, 바이오 기술, 환경보호 기술, 인공지능 등이다. 이러한 기술은 자연과학 지식에서 비롯되지만, 생산품 또는 서비스 생산에서 창출되는 부가가치는 해당 기술의 소프트한 속성에서 비롯된다.

셋째 종류는 동양 문화의 전통과 의학 지식에서 비롯된 지식으로, 환경 변화에 대한 인간의 감응 기술, 중의 진단 및 치료 기술, 양생 기술, 심신 기술,

기공의 3조[조심(調心), 조식(調息), 조신(調身): 마음, 호흡, 몸을 고르는 법] 기술,[65] 수명 연장 기술, 민족 의료 진단 기술(예를 들면 티베트 의학) 등이다.

넷째 종류는 사유 과학 지식에서 비롯된 기술로, 사유 기술, 심리 기술, 건강 소프트 기술, 시스템 기술, 정책 결정 기술 등이다.

다섯째 종류는 비(전통)과학 지식에서 비롯된 기술이다. 예를 들면 언어학, 문학, 역사, 철학, 법학, 예술, 종교, 특정 환경 지식에서 비롯된 기술로, 각종 문화 기술, 본토 기술, 일부 사회 기술이 포함된다.

여섯째 종류는 상술한 여러 지식이 교차하는 영역에서 비롯된 기술로, 이는 가장 큰 잠재력을 지니고 있는 소프트 기술의 원천이다.

2) 조작 영역에 따른 분류

소프트 기술과 하드 기술의 가장 근본적인 차이는 조작 영역이다. 소프트 기술은 인간을 중심으로 하며 주로 정신세계를 조작하는 반면, 하드 기술은 물질을 중심으로 하며 주로 물질세계를 조작한다.

〈그림 1-6〉에서 보듯, 하드 기술은 자연, 자연 물질, 인조 물질, (물질로서의) 인체에 주안점을 맞춘 조작 기술로 구분될 수 있다. 반면 소프트 기술은 심리 조작 기술, 심리 활동에 의해 지배를 받으며 실현되는 인간의 행위 조작 기술, 심신 관계 조작 기술로 구분할 수 있다.

3) 조작 자원에 따른 분류

〈그림 1-7〉에서 보듯, 소프트 기술의 조작 자원은 경제 자원, 사회자원,

---

65   劉天君 主編, 『中醫氣功學』(人民衛生出版社, 1999).

그림 1-6 | **기술에 대한 일반 분류**

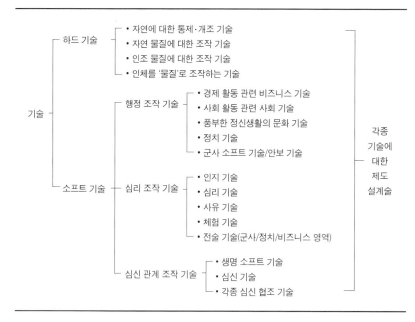

문화 자원, 자연 자원으로 구분할 수 있으며, 심리, 생명 및 심신 관계에 대한 조작 자원과 관련해 소프트화된 하드 기술 자원, 즉 인공 시스템 등을 이용할 수 있다.

　이른바 소프트 기술이 조작하는 영역은 실제로는 소프트 기술의 혁신 자원이므로 이러한 분류 또한 소프트 기술의 혁신 자원에 근거한 분류로 간주할 수 있다.

　① 경제 활동을 자원으로 삼는 소프트 기술은 주로 상업 기술이다. 경제 활동 효율을 제고하는 기술의 프로세스를 지칭하는 이 기술은 인류의 창조적 경제 활동에 초점을 둔다. 예를 들면 각종 무역 기술, 화폐 기술, 특허 기

그림 1-7 │ 조작 자원에 따른 소프트 기술 분류

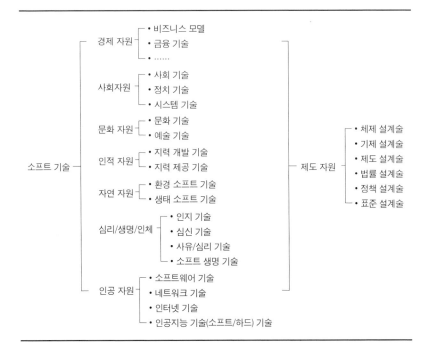

술, 회계 기술, 주식 기술, 광고 기술, 관리 기술, 시장 기술, 금융 파생 도구, 인큐베이터 기술, 공급 체인 기술 등이 있다. 비즈니스 기술도 경제 영역에서의 일종의 게임으로 간주할 수 있다.

② 사회 활동과 사회 문제 해결을 자원으로 삼는 소프트 기술은 주로 사회 기술이다. 사회자원을 개발·이용하고 그 가치를 창조하는 이 기술은 인류의 사회 활동과 사회관계에 초점을 둔다. 사회자원을 개발하는 방면에는 회의 기술, 토론 기술, 교육 기술, 훈련 기술, 학습 기술, 협조 기술, 연합 및 협력 기술, 사회 프로그램 기술, 대중 홍보 기술, 인간관계 기술, 조직 기술, 서비

스의 교환 기술 등이 포함되며, 사회 문제를 해결하는 방면에는 각종 시스템 기술, 기획 기술, 진단 및 평가 기술, 예측 기술, 정책 결정 기술, 전략선택 기술, 도시 기술, 사회 시뮬레이션 기술, 사회의 위기에 대응하기 위한 모니터링 기술, 제도 혁신술 등이 포함된다.

정치 기술도 사회 기술의 범주에 속한다. 정치 활동을 자원으로 삼는 이 기술은 주로 정부, 정당, 사회단체, 개인이 국제 및 국내 사회의 공공 사안을 관리하는 과정에서 또는 국제 관계에 관련된 활동을 처리하는 과정에서 사용한 문제 해결 방안 또는 응용 수단을 지칭한다. 여기에는 정치 시스템 설계술, 안보 기술, 군사 기술(물론 하드 기술과의 융합이 요구된다), 외교 기술, 유세 기술 등이 포함된다.

③ 문화 자원을 조작 자원으로 삼는 소프트 기술은 주로 문화 기술이다. 이 기술은 정신생활을 풍부하게 만드는 것을 주요 목적으로 하는 문화의 혁신 활동 과정이다. 문화 가치의 창조 과정, 생산 과정, 경영과 판매 과정, 고객에 대한 서비스 과정에는 모두 독특한 기술이 존재한다. 문화 기술은 문화 생산품의 설계 기술, 제작 기술, 경영 기술, 시장 기술 등으로 분류할 수 있다. 모든 문화 기술에는 뷰티 기술(제5장 참조), 예술 기술, 패션 기술, 미디어 기술, 엔터테인먼트 기술, 영화 및 TV 기술, 스포츠 행위, 오락 기술, 그리기 기술, 행위예술 기술이 포함되며, 심지어 요리 기법도 포함된다. 문화 기술은 서로 다른 문화 자원을 발굴하고 다시 설계와 제작 과정을 통해 '물화(物化)' 또는 '실화(實化)'함으로써 그 자원의 시장 가치와 사회 가치를 실현하는 과정이다.

④ 심리 활동, 생명과 인체를 조작 자원으로 삼는 소프트 기술에는 심리 기술, 장수 기술, 중의학의 진단 및 치료 기술, 심신 기술, 기공에서의 3조(三調) 기술, 소프트 생명 기술 등이 포함된다(제5장 참조).

⑤ 인공 시스템을 조작 자원으로 삼는 소프트 기술은 엔지니어링 소프트

기술이다. 오늘날 갈수록 많은 인공 시스템 틀이 인류의 사유 모델, 사회 시스템의 내용을 모의하는 데 사용되며 있으며, 이를 통해 인공 시스템, 즉 하드 기술이 점진적으로 소프트화되고 있다. 이렇게 형성된 소프트 기술에는 소프트웨어 기술, 네트워크 기술, 인터넷 기술, 인공지능 기술, 사회 공학, 시스템 공학 등이 포함된다.

⑥ 인적 자원을 조작 자원으로 삼는 소프트 기술은 (협의의) 지력 기술로, 주로 인적 자본을 둘러싸고 인적 자본의 가치를 개발·창조·응용하는 것을 목표로 하는 기술을 지칭한다. 연구의 편의를 위해 여기서는 이를 협의의 지력 기술이라고 부르기로 하며, 협의의 지력 기술은 대체로 지력을 개발하는 기술과 지력을 제공하는 기술로 구분된다.

- 지력 개발(intelligence-developing) 기술: 사람의 지력과 능력을 제고하고 개발하기 위해 활용되는 기술로, 교육 기술, 훈련 기술, 학습 기술, R&D 기술 등이 포함된다.
- 지력 제공(intelligence-providing) 기술: 지식, 지혜, 판단력, 통찰력, 경험을 통해 서비스 대상을 도와 문제를 해결하는 능력과 판단 능력을 제공한다. 상용되는 지력 제공 기술에는 자문 기술, 진단 기술, 설계 기술, 전술(tactics) 기술, 재산 증식 기술 등이 있다.

⑦ 자연 자원에는 하드 자본도 있고 소프트 자본도 있다(제3장 참조). 자연 자원을 조작 자원으로 삼는 소프트 기술은 특히 생태 시스템, 자연 환경을 둘러싸고 조작하는 소프트 기술을 지칭하는데, 여기에는 환경 소프트 기술과 생태 소프트 기술이 포함된다.

⑧ 제도 설계술은 제도 환경을 조성하는 설계술을 지칭하는데, 여기에는 거시적 체제 설계술, 메커니즘 설계술, 제도 설계술, 법률 설계술, 법규·정책 설계술, 표준 설계술 외에 서로 다른 소프트 기술과 하드 기술의 혁신적 제도 설계술도 포함된다(〈그림 1-6〉, 〈그림 1-7〉 참조). 규칙, 메커니즘, 제도,

법률, 법규, 정책 자체는 소프트 기술의 생산품으로, 이는 역으로 기술 발전과 기술 혁신을 촉진하거나 제약하기도 한다. 이 때문에 제도 설계술의 관건은 어떻게 혁신을 촉진할 것인지, 정당하지 못하거나 공정하지 못한 혁신을 억제하는 환경을 어떻게 조성할 것인지이다. 이는 각종 소프트 기술의 발전 추세를 추적·발견하고 이에 더해 총괄·전망·예측·분석해야만 비로소 획득할 수 있는 능력이다.

이러한 분석에 따르면 앞으로 소프트 기술 영역이 진일보 확대되고 구체화되리라는 것을 예견할 수 있다.

5. 왜 지금 소프트 기술을 제기하고 연구하는가

어떤 사람들은 "소프트 기술은 관리(management)를 말하는 것이므로 소프트 기술에 자연과학 기술 외에 인류의 지식을 대부분 포함시키는 것은 너무 광범위하다"라고 말하기도 한다.

무엇보다 관리는 비교적 이른 시기부터 발전해 왔기에 소프트 기술 영역 중에서도 가장 성숙된 영역이다. 또한 소프트 기술이 미치는 범위가 이처럼 광범위하고 어디에나 존재하기 때문에, 우리는 줄곧 의식적으로 그리고 시스템적으로 소프트 기술에 대한 연구를 경시해 왔다(이는 마치 장기간 물이 귀중한 자연임을 인식하지 못했던 것과 마찬가지이다). 최근 수십 년 동안에도 소프트 기술은 단지 비기술 요인으로만 간주되어 부분적으로 다루어지거나 또는 모든 것을 포괄하는 일종의 '블랙박스'로 치부되면서 논의가 이루어져 왔다. 하지만 이제는 그 베일을 벗기고 이를 상세하게 분석해서 시스템적으로 연구하고 응용해야 할 때이다. 하드 기술에 대해서는 수백 년 동안 전문적으로 연구가 수행되어 매우 다양한 학문 분야, 기술 시스템 및 산업이 형성되었고 하드 기술의 역사를 연구한 저작만 해도 수백 권에 달한다. 하지만 또 하나의 기술 패러다임인 소프트 기술에 대해서는 인식이 부족했다. 상황이 이러하므로 학문 분야로서 소프트 기술과 상호 관련된 기술 시스템 및 산업에 대한 조직적인 연구는 더욱 거론할 만한 상황이 아니었다.

소프트 기술은 새로운 연구 영역을 열었으며, 여기에서 가치를 창조하는 과정은 완전히 다른 패러다임이다

소프트 기술과 하드 기술의 지식 원천, 담지체, 조작 대상, 기술 매개변수 등이 모두 서로 다르기 때문에 소프트 기술에서 가치를 창조하는 과정 또는 문제를 해결하는 과정은 하나의 완전히 다른 패러다임이다. 그레이엄 미첼(Graham Mitchell)은 "기술을 정식으로 (하드/소프트) 두 가지 개념으로 정의해야 한다. 경제 성장의 정책 목표를 확정하는 데 있어 우리에게 요구되는 것은 필요한 하드 기술을 명확히 하는 것에 그치지 않는 것이다. 소프트 기술은 새로운 연구 영역을 개척해 냄으로써, 경제의 지속가능한 성장을 창출하고 유지하기 위해서는 어떠한 지식이 필요한지를 우리에게 명확히 보여주고 있다. 또한 기술에 대한 두 가지 정의는 서비스 영역의 기술을 비(非)신비화하는 데 특별한 의의를 갖는다. …… 미국에서는 서비스 부문의 기술이 폭발적으로 성장하고 있는데, 서비스 부문의 핵심 기술은 항상 소프트 목표에 응용되는 하드 기술에서 구성된다"라고 강조했다.[66] 소프트 기술의 연구는 서비스 영역의 핵심 기술을 식별·발전·혁신하기 위한 이론 근거와 방법을 제공해 준다. 그는 소프트 기술 문제가 엔지니어와 과학자들에게도 물론 중요하지만 정책 분석자나 계획 제정자에게도 매우 중요하며, 이 문제를 그

---

66   Graham Mitchell, Bladstrom Visiting Professor, Director, Wharton Program in Technological Innovation(April 16, 2001).

들이 일상적으로 직면하는 난제로 간주한다. 그들은 항상 미리 설계된 이론 틀에 따라 자원을 하드 목표와 소프트 목표에 조직적으로 배분한다. 하지만 제조업에서 가치를 창조하는 과정과 서비스 영역에서 가치를 창조하는 과정은 패러다임이 완전히 다르기 때문에 종종 곤경에 빠지곤 한다.

제조업은 일반적으로 원재료에서 시작해 생산품을 설계·제조하며, 마지막에 생산품을 판매함으로써 소요된 전체 비용을 메운다. 이 때문에 제조업의 연구 개발과 기술 포트폴리오는 일반적으로 세 가지의 핵심 요소, 즉 재료, 설계, 제조에 집중된다. 그리고 여기에서 이루어지는 개선은 소요되는 최저 비용의 규모에 직접적으로 영향을 미친다. 하지만 금융, 운수, 도소매 무역, 통신, 전력 등 대형 서비스업에서 가치를 창조하는 과정은 이와 다르다. 서비스업에서는 우선 시스템 또는 네트워크를 만든 이후 이 네트워크를 효과적이고 경쟁력 있게 운영함으로써 고객에게 서비스를 제공하는데, 여기에서 고객들은 가장 일반적인 대중이다. 이 때문에 대형 서비스업에서는 연구 개발과 기술 기능을 시스템 또는 네트워크를 설계하는 데, 그리고 사용자에 대한 서비스를 설계·운영·제공하는 데 집중한다. 즉, 하드 기술의 응용 과정은 부분에서 전체로 향하는 반면, 소프트 기술의 응용 과정은 전체에서 부분으로 향한다. 소프트 기술에서는 전체 시스템의 설계 → 조작·실시 → 표준화 → 창조적 파괴 →새로운 시스템 설계 등의 순서로 진행되는 것이다.

생산품을 통해 가치를 창조하는 과정이 비물질 생산 영역과 물질 생산 영역에서 서로 확연히 다르다는 것은 명백한 사실이다. 그렇기 때문에 비물질 생산 영역에서의 기술 혁신을 격려하고 뒷받침해야 한다.

인류가 직면한 도전과 소프트 기술의 특징

21세기에 인류가 직면한 도전은 과거와 다르다. 인류는 전 지구적인 자원

위기, 환경 위기, 인구 위기, 농업 위기, 식량 위기, 생존 위기 등에 직면해 있으며, 이로 인해 다음과 같은 몇 가지 문제를 고려해야 한다.

첫째, 인류는 물질적 부를 최우선적으로 추구하는 발전 모델을 반성하기 시작했다. 특히 20세기 후반 들어 지속가능한 발전을 목표로 하는 사회 운동이 일어나면서 지속가능한 발전은 국제적으로 통용되는 담론이 되고 있다. 하지만 지속가능한 발전을 어떻게 실현할 수 있는지는 계속 고민해야 한다.

둘째, 세계화는 생산의 세계화에서 점진적으로 경제, 기술, 정보의 세계화로 확장되고 있으며 이러한 현상은 점차 심화되는 추세이다. 이에 우리는 세계화의 강점을 충분히 이용해야 하는 도전에 직면해 있다. 예를 들면 여러 종류의 자원(물질 자원, 화폐 자원, 기초 시설 등의 하드 자원과 자연 자원, 문화 자원, 사회자원, 인적 자원 등의 소프트 자원)이 국경선을 넘어 이동하는 것은 글로벌 자원의 공유 및 합리적인 분배에 이익이 되며, 동시에 국경을 뛰어넘어 발생하는 금융 리스크, 국제 범죄 및 재해의 글로벌화 등 각종 리스크를 피할 수 있도록 만든다. 또한 각국의 발전 수준이 다르고 빈부 격차가 나날이 확대되고 있으므로 지역 경제 발전과 문화 다양성을 보호하는 한편, 평등하고 공정하며 합리적인 원칙을 지키도록 주의해야 한다.

셋째, 구경제에서 지속가능한 발전에 적합한 신경제로 전환해야 한다. 수백 년 동안의 실천을 통해 세계는 구경제에 적응해 왔다. 즉, 자연을 정복하고 통제하는 가운데 이익을 획득하는 공업 경제, 생산품의 제조와 판매를 핵심으로 하는 생산품 경제, 경제 이윤을 최고의 목표로 하는 경쟁 경제, 대량 생산 - 대량 소비 - 대량 폐기와 원료 - 제조 - 폐기의 기계식 발전 모델을 발전시켜 온 것이다. 그렇다면 이제 우리는 수익구조의 패턴이 완전히 다른 경제, 즉 수익이 인간성과 자연 사이의 조화로부터 실현되는 경제, 절대적 경쟁에서 호혜적 상생으로 전환되는 경제, 적정한 소비·재활용을 내용으로 하는 '재활용 사회'와 함께하는 이른바 '조화로운 경제'를 어떻게 발전시킬 수 있을 것인가? 이를 위해서는 궁극적으로 국가 발전 및 지역 개발의 형태를 단순하게 '경제 이익' 제일주의를 추구하며 GDP에 초점을 맞추는 것(금융 위기가 주기적으로 발생할 리스크가 내재되어 있다)에서 벗어나 경제, 사회, 환경, 자원 등 네 가지 영역에서의 상호 협조를 통한 발전 모델[국가 발전의 '4중 저선'(四重底線)[67]로 점진적으로 전환할 필요가 있다.

넷째, 기업은 다음과 같은 전면적인 도전에 직면하고 있다. 기업의 비즈니스 모델을 신경제에 어떻게 적응시킬 것인가? 조화로운 사회에 어떻게 적응할 것인가? 어떻게 경제 이익을 창조하는 동시에 사회 책임과 환경 책임을 질 것인가? 기업 문화와 가치관을 어떻게 기업의 변화된 위치에 적응시킬 것인가(즉, 기업이 어떻게 단순한 경제 실체에서 국제 사회의 한 구성원이 될 것인가)? 기업의 핵심 경쟁력을 어떻게 다시 구조 조정할 것인가?

다섯째, 문화와 가치관의 도전이다. 상술한 몇 가지 도전에 대처하기 위한 근본적인 전제는 새로운 문화와 가치관을 정립해야 한다는 것이다. 예를 들어, 사람과 자연의 관계에서는, 지구는 단 하나이고 자연 자원의 생산력은 한계가 있으므로 사람과 자연계는 조화로워야 함을 인정해야 하며, 사람과 사람의 관계에서는, 인류는 지구에서 공존하고 공유하며 공동으로 보호해야 함을 인정해야 한다. 세대 간의 문제에서는, 어제, 오늘, 내일의 관계를 잘 처리하고 다음 세대에 무엇을 남겨줄 것인가를 고려해야 하며, 자본의 인식과 관련해서는, 맑고 푸른 하늘, 깨끗한 물과 토양은 자연 자본이므로 GDP·사회 자본·인적 자본과 마찬가지로 국가 자본의 중요한 구성 요소임을 인식해야 한다. 또한 급속한 공업 발전 속에 사회 발전이 정체되고 있는

---

67   Jin Zhouying, "Towards a quadruple bottom line: achieving sustainability in China", Project of 'A New Mindset for Corporate Sustainability'(UK: October 2007).

부정적인 현상을 반성해야 한다. 이와 동시에 사회생활의 방식에서 절제 있는 소비 모델을 만들고 자원을 재활용하는 문화를 형성해야 한다.

　종합해 보면, 인류는 과거에 이처럼 준엄한 도전에 직면한 적이 없었다. 이러한 문제가 과학 기술을 통해서만 해결되지는 않는다는 것은 무수한 실천을 통해 증명되고 있다. 이 같은 복잡한 도전에 대해 하드 기술이 지닌 유형의 해결 방안으로 대처하는 것은 일부 문제를 경감시키는 데 그칠 뿐이다. 환경오염 문제를 예로 들면, 녹색 기술은 오염 문제를 근본적으로 해결할 수 없다. 왜냐하면 각종 오염의 근원은 결코 기술 자체에 있지 않으며 녹색 기술은 때로는 체계적인 환경보호 방안을 회피하는 구실이 되기도 하기 때문이다. 실제로 300여 년 간의 급속한 공업화는 수많은 폐해를 낳아왔다. 그 이유는 그동안 인류가 물질문명만을 맹목적으로 추구했기에 평화적으로 공존하고 향유할 수 없었기 때문이기도 하고, 또한 하드 기술만 일방적으로 숭배하면서 자연을 자의적으로 정복하고자 하여 혁신의 방향을 잘못된 방향으로 이끌었기 때문이기도 하다. 이로 인해 우리의 보금자리는 더욱 심각하게 파괴되고 지구는 짓밟혔으며 환경 재난에 더욱 일찍 직면하는 상황에 처하게 되었다. 그런데 오늘날의 모든 사회 행위와 심리 활동은 제도, 문화, 국제 환경 등의 요인에 의해 구성되는 소프트 환경의 제약을 받는다.

　소프트 기술이 지닌 여러 가지 특징은 이 같은 도전에 적응할 것이다. 예를 들면 소프트 기술이 문제를 해결하기 위해 채택하고 있는 것은 전체에서 부분으로 향하는 사고방식인데 이는 시스템 설계에 적합하고, 조작 영역은 정신세계에 초점이 맞추어져 있으며(하드 기술은 물질세계에 초점이 맞추어져 있다), 조작 대상은 사람의 심리 활동과 사회 행위이다. 또한 문제의 해결은 주로 과정, 거버넌스 또는 조정, 규칙, 제도를 통해 이루어지며, 기술 매개변수는 사회, 문화, 심리 요인 등이다. 이밖에 소프트 기술의 영역을 뛰어넘고 학문 분야의 경계선을 넘나드는 지식의 원천은 통찰력, 창조적 사고, 계몽적 구상을 획득하는 데 유리하다. 종합해서 말하자면, 소프트 기술, 소프트 환경, 소프트 자본(제5장 참조)과 우리가 익히 알고 있는 하드 기술, 하드 환경, 하드 자본이 상호 통합되는 노선을 채택하면 우리가 직면한 위기를 이해할 수 있을 것이며, 각종 지식과 기술이 상호 통합된 시스템적인 방안과 21세기에 직면한 도전을 해결하는 방안을 설계해 낼 수 있을 것이다.

기술 진보와 혁신 방향 파악하기: 소프트 기술의 조작과 소프트 환경 기술에 대한 정확한 이해

"21세기의 가장 유력한 기술인 로봇, DNA 엔지니어링, 나노 기술이 현재 인류가 궤멸되는 방향으로 나아가도록 위협하고 있다"라는 빌 조이(Bill Joy)의 경고[68]로 인해 기술 진보가 인류를 멸망시킬 것인지를 두고 논쟁이 벌어진 바 있다. 사실 이러한 논쟁은 수백 년 동안 줄곧 끊이지 않았다. 빌 조이의 우려는 일리가 있다. 예를 들어 생명과학과 바이오 기술은 인류에게 축복을 베푸는 방면에서 거대한 잠재력을 갖고 있으며, 인류가 생존과 건강, 식량 부족, 자원과 에너지 부족, 환경오염 등의 중대한 문제를 해결하는 데 전례 없는 새로운 희망을 가져다주었다. 이와 동시에 이들 연구의 대상이 생명이기 때문에 기술을 응용하는 목적이 부정하거나 그 기술을 남용한다면 예기치 않은 각종 위험이 초래될 것이다. 이러한 위험에는 유전자 조작 작물의 잠재적인 위험, 복제 인간이 현대 사회의 윤리에 가져올 거대한 충격, 생물 무기의 위협 등이 포함되는데, 이러한 위험은 인류를 멸망시킬 수도 있을 만큼 위협적이다.

그런데 인류는 자연계를 끊임없이 탐색하고 사회를 깊이 연구함으로써 자신들이 직면한 많은 문제를 해결했으며, 이로 인해 사회는 진보해 왔고 생

---

68   Bill Joy, "Why the Future Doesn't Need Us", *Wired*(April 2000).

활의 질은 개선되었다. 하지만 우리가 해결해야 할 문제는 여전히 너무 많으며, 따라서 하드 기술을 더욱 신속하게 발전시키기 위해 노력해야 한다. 실제로 모든 기술의 사용 방향은 사람에 의해 결정되며, 수많은 기술은 긍정적인 응용 방식과 부정적인 응용 방식을 모두 갖고 있다. 핵 기술이 핵무기의 제조에 이용될 수도 있고 원자력 발전에 이용될 수도 있는 것처럼, 컴퓨터, 유전자 기술, 로봇은 사용하는 목적에 따라 인류에 이익을 줄 수도 있고 해를 끼칠 수도 있다. 하드 기술은 중성적인 성격을 지니고 있으므로 기술의 사용 방향과 방식을 결정하는 관건은 바로 소프트 기술이라고 할 수 있다.

기술을 숭상하는 사람들은 인류가 새로운 기술을 만들어낼 수 있으며 이를 효과적으로 통제할 수 있을 것으로 여긴다. 하지만 새로운 기술(한 단계 높은 하드 기술)에 의존하는 것만으로 진정 기술을 통제할 수 있을까?

지구의 환경 문제를 사례로 들어 설명하겠다. 중국 학자 탕하오(唐昊)는 「환경 문제를 기술로 해결하는 길(環境問題的'技術解決'之路)」이라는 글에서 기술 진보에 의존해 오늘날의 환경 문제를 해결할 수 있는가라는 의문을 제기하고 있다.[69] 만약 녹색 기술에 대한 기대가 현재 환경을 파괴하는 구실이 된다면 이는 너무나 황당하고 잘못된 것이다. 녹색 기술은 그 기술을 필요로 하는 이 세상에서 영향을 발휘할 방도가 없는데, 이는 곧 문제의 근원이 결코 기술 자체에 있지 않음을 설명해 준다. 아이러니하게도 우리 눈앞에 닥친 생존의 위기는 대부분 자연을 정복하는 인류의 기술이 전례 없이 발달했기 때문에 발생한 것이다. 기술이 발달하지 않았다면 인류는 이렇게 효율적으로 자신의 보금자리를 파괴하지 않았을 것이고 지구를 짓밟음으로써 스스로를 멸망의 벼랑 끝으로 내몰지 않았을 것이다. 예를 들면 화석 원료의 광범위한 사용은 온실 가스의 배출을 극도로 증가시켰고, 토지의 과도한

---

69   唐昊, "環境問題的'技術解決'之路", ≪中外對話≫(2007.11.21), http://www.chinadialogue.net.

개발은 북방 지역 토지의 사막화 속도를 가속화시켰다. 또한 해상 항해와 포획 기술의 발전은 고래가 멸절되는 지경에 이르게 만들었고, 하이테크를 이용해 건설한 초대형 댐은 주위 수십 만 평방킬로미터의 생태 환경을 바꿔 버렸다. 이뿐만 아니라 환경이 오염될수록 오염을 처리하는 기술도 점차 시장을 형성한다. 이밖에 기술의 불균형 발전도 인류 윤리의 마지노선을 위태롭게 하고 있다. 환경보호 전문가는 일찍이 이른바 '생물 연료'에 대해 본질적으로 반인류적이라며 비판한 적이 있다. 수억 명이 기아 상태에 처해 있는 상황에서 막대한 규모의 식량을 연료로 불태워 버리는 것은 윤리적으로 말이 되지 않는다. 전 세계적으로 기술 협력 시스템을 만들어 새로운 기술을 응용할 때면 이 시스템을 조직적·계획적·법률적으로 준수하도록 유도해야 한다. 이를 통해 새로운 기술의 응용이 새로운 환경 재난을 가져올 수 있는지 평가함으로써 기술에 대한 통제력을 상실하지 않아야 한다. 물론 상술한 기술은 실제로는 하드 기술을 지칭한다.

2008년 말에 시작된 세계 금융 위기 속에서 심층적인 원인에 의해서든, 아니면 금융 파생 상품에 의한 혁신이라는 도화선에 의해서든, 우리는 각종 차원의 소프트 기술을 조작하는 과정에서 초래된 재앙에 직면해 있다.

종합하자면, 소프트 기술에도 '나쁜 게임'이 존재하며, 혁신이 반드시 좋은 것만은 아니다. 기술 진보와 혁신의 방향은 올바른 가치관하에 사회의 제약을 받아야 하며, 상업적 이익에 따라서만 움직여서는 안 된다. 앨버트 아인슈타인(Alvert Einstein)은 일찍이 "문화를 중시하던 이 시대가 어쩌다가 이렇게나 부패하고 추락했는가? 나는 갈수록 관용과 박애 정신을 모든 것 위에 두고자 하는데, …… 한 무리의 사람들에 의해 마구 추켜세워진 우리의 모든 기술 진보, 즉 우리의 유일한 문명은 마치 병적 심리 상태에 빠진 범죄자의 수중에 든 날카로운 도끼와 같다"[70]라고 경고한 바 있다.

하드 기술을 혁신하는 데 있어 소프트 기술이 지닌 중요한 사명 가운데 하나는 건전한 도덕규범에 근거해 서로 다른 기술에 대해 각각의 해결 방안을 설계해 내야 하고, 기술을 표준화하고 통제함으로써 기술 발전의 부정적인 면을 피해야 하며, 아무런 잘못이 없는 하드 기술이 사악하게 변질되어 인류가 바라지 않는 방향으로 발전하지 않도록 도와야 한다는 것이다. 이와 동시에 기술 응용의 긍정적인 측면을 장려해 사회 진보에 도움이 되고 성공적으로 문제를 해결하는 소프트 환경을 설계해 내야 한다. 즉, 소프트 기술에는 인류의 발전에 불리한 면을 규제하는 제도 설계가 포함되어야 한다.

비기술 요인을 명확히 하고 총요소생산성을 드러내기

사람들은 일찍이 사회·경제 발전에서 과학 기술 외에 다른 각종 요인도 영향을 미치고 있으며 어떤 때에는 그러한 요인이 과학 기술의 제1생산력을 뛰어넘는 작용을 한다는 것을 발견했다. 그 요인들은 매우 광범위하고 그 영향 또한 강력하지만 어떤 전통 기술의 범주에도 속하지 않기 때문에 단지 비기술 요인이라고 통칭하는 수밖에 없다.

1970년대 중반 미국 국방부가 수행한 전문적인 연구에 따르면, 소프트웨어 개발에서 발생한 문제 가운데 70%는 관리가 제대로 이루어지지 않았기 때문이지, 기술이 충분히 발휘되지 않았기 때문은 아닌 것으로 보고되었다. 켈빈 윌러비(Kelvin Willoughby)는 1960년대 이후 기술이 지역 경제 발전에 미친 영향에 대해 집중적으로 연구했는데, 그 결과 농업, 물 공급, 에너지 같은 영역이든 소규모 제조업이든 간에 기술을 둘러싼 비기술 요인(그는 당시 이를 '기술 실행'이라고 불렀다)이 프로젝트의 성공 또는 실패를 판가름하는 결정적인 요인이었다는 사실을 발견했다.[71]

---

70   Helen Dukas and Banesh Hoffman, eds., *Albert Einstein: The Human Side*(New Jersey: Princeton University Press, 1981). 이 책의 중국어판 高志凱 譯, 『愛因斯坦論人生』(北京: 世界知識出版社, 1984), p.78; 何中華, "現代語境中的大學精神及其悖論", ≪文史哲≫ 第1期(2002).

국가, 도시, 기업의 경제력 제고는 사실 발전 전략, 자원 배치, 현재 보유한 기술 혁신에 의해 더 많이 결정된다. 기술 경쟁력으로 인해 국가 간, 지역 간 격차가 나날이 확대됨에 따라 과학 기술 외의 성장 요인이나 구동력을 모색하는 것은 이미 발전의 새로운 시각이 되었다. 혹자는 심지어 이러한 기술 이외의 구동력을 제2추동력이라고 부르기도 한다. 그렇다면 이러한 비기술 요인 또는 이른바 생산력의 제2추동력은 무엇을 의미할까?

주의를 기울일 점은, 탈공업화 사회 또는 21세기 신경제 시대가 도래함에 따라 비기술 요인의 역할이 갈수록 중시되고 있으며, 이에 따라 기존의 보수적인 경제학자들도 자신들의 견해를 수정하고 있다는 것이다.

미국 ≪뉴욕타임스≫는 2005년에 "한 국가의 생산율을 제고시킬 수 있는 것은 기술만이 아니다"라는 기사[72]에서 다음과 같이 지적했다. 1990년대 말 경제학자들은 당시 미국의 노동 생산율이 증가하는 속도가 향상된 것을 두고 상당 부분 정보 기술과 관련된 생산품을 제조하는 기업(예를 들면 델, 인텔, 마이크로소프트) 및 그 이용자들의 공로라고 간주했다. 하버드대학교 교수 데일 조겐슨(Dale Jorgenson)은 "1995년에서 2000년까지의 성장 회복에서 대략 절반은 정보 기술에 공로를 돌려야 한다"라고 말했다. 1990년대에 고조된 기술 투자는 2000년에 급속하게 감소했는데, 수많은 분석가들은 생산율이 낮아져 성장이 멈추게 될 것을 걱정했다. 그런데 2000년 이래 생산율 증가 속도는 1990년대 말보다 더 높아졌으며 그 기세 또한 더욱 맹렬했다. 이에 일부 경제학자는 관점을 바꾸었다. 그들은 생산율 성장이 한층 가속화된 것은 정보 기술이 새로운 돌파구를 찾았기 때문이 아니라고 보았다.

---

71 Kelvin Willoughby, "Technology Choice: A Critique of the Appropriate Technology Movement" (1990).

72 Daniel Gross, "What Makes a Nation More Productive? It's Not Just Technology", *The New York Times*(2005.12.25)[≪參考消息≫(2005.12.29)轉載].

데일 조겐슨은 "생산율이 대폭 성장한 것은 결코 연구 개발 때문이 아니다. 바로 경쟁, 규제 이완, 시장 개방, 세계화 등의 요인이 진정한 추동력이다"[73] 라고 분석했다.

매킨지글로벌연구소의 조사에 따르면, 기술 투자가 갑자기 감소한 이후 몇 년 동안 기술 부문 외의 기타 부문이 생산율 성장을 추동했다. 2000년에서 2003년까지 생산율 성장에 가장 크게 기여한 다섯 개 부문은 모두 서비스 업종이었는데, 여기에는 소매, 도매, 금융 부문이 포함되어 있다. 이러한 사실에 사람들은 매우 놀랐다. 왜냐하면 경제학자들은 보편적으로 서비스업은 제조업보다 생산율을 대폭 높이기가 더 어렵다고 여겼기 때문이다.

매킨지글로벌연구소 소장 다이애나 패럴(Diana Farrell)은 "정보 기술은 매우 효과적인 도구이기는 하지만, 만약 사람들을 혁신하도록 유도한 치열한 경쟁이 없었더라면 이처럼 성장하지 않았을 것이다"라고 말했다. 예를 들면 월마트와 경쟁하기 위해 각 소매상은 규모를 확대하고 공급 체인망에 대한 관리를 개선하며 물류의 효율을 높이고 공급업자 및 직원과 담판함으로써 더욱 유리한 조건을 조성할 것이다. 이와 유사한 추동력은 금융업의 생산율도 대폭 제고했다. 이러한 성장은 상당 부분 경쟁과 구조적 개혁에 그 공을 돌릴 수 있을 것이다. 이밖에 미국이 생산율 방면에서 줄곧 유럽보다 훨씬 앞서 있는 것도 하나의 의문인데, 이는 또 다른 종류의 역량, 즉 규제의 영향 때문이라고 할 수 있다.

랜들 레이더(Randall Rader)는 "미래와 혁신 및 기술에 대한 정책 결정은 중요한 관계를 지니고 있으며, 세계 경제는 새로운 생산품과 진보적인 해결 방안을 통해 추동된다"라고 강조했다.[74]

---

73 같은 글.

74 Randall Rader, *Speech in the International Forum on 'WTO: IPR Issues in Standardization'* (2007).

최근 들어 비기술 요인에 대해 주목하는 연구가 갈수록 많아지고 있다. 어떤 전문가는 중국 기업은 정보화 과정에서 비기술 요인을 그다지 중시하지 않아 비기술 요인에 대한 관리가 부족하며, 이로 인해 정보화 프로젝트의 성공률이 높지 않은 것으로 보고 있다.[75] 전문가들은 리더십, 조직 개혁과 변혁 관리, 프로젝트 관리, 응용 관리 등의 네 가지를 주요한 비기술 요인으로 간주한다. 어떤 학자는 기업 문화, 브랜드, 국제 이미지, 판매 전략 등의 요인을 중국 기업의 국제경쟁력에 영향을 미치는 비기술 요인으로 간주해 분석하기도 했다. 또한 어떤 전문가[76]는 중국의 우주발사체 엔진인 창정(長征) 계열의 미사일 운반 및 탑재 기술의 혁신을 사례로 들며, 기술 혁신 및 기술 확산 능력은 기업의 지식 축적과 인재 구조에 의해 결정될 뿐만 아니라 상당 부분 정책 환경과 기술 혁신과 관련된 조직 구조로부터 영향을 받는다는 사실을 구체적으로 서술하고 있다. 또 다른 전문가는 비기술 요인이 반테러에서 담당하는 역할,[77] 병원 네트워크 안전에 미치는 영향,[78] 원격 진단 시스템 발전에 미치는 영향[79] 등에 대해 연구하고 있다.

다시 경제학의 관점에서 경제 성장에서 비기술 요인이 차지하는 위상에 대해 관찰해 보자.

중국의 중대형 규모인 공업 기업의 생산율 증가를 분석한 한 연구[80]는 첨단 기술 발전의 배후에 있는 진정한 추동력을 분석했다. 해당 연구에 따르면, 생산율 증가에 영향을 미치는 기술은 대단히 광범한 함의를 갖고 있는

---

75 閔慶飛·唐可月, "重視企業信息化的非技術因素", ≪科技管理研究≫ 第23卷 第1期(2003).

76 張沁生, "技術創新與技術擴散的非技術因素影響分析初探", ≪導彈與航天運載技術≫ 第1期(2002).

77 徐凌·馬樂, "非技術因素在科技反恐中的作用", 第23卷 第9期(2007).

78 沈康, "影響醫院網絡安全的非技術性因素", 『第9屆全國醫藥信息學大會論文集』(北京, 2002).

79 Mariusz Duplaga et. al., "Technical and Non-Technical Factors Influencing the Process of Teleconsultation Services Development Carried Out in Krakow Centre of Telemedicine", http://portal.ics.agh.edu.pl:8001/papers/TR-03-4.doc.

80 涂正革·肯耿, "中國的工業生産力革命", ≪經濟研究≫(2005.2.14).

데, 여기에는 선진적인 공예, 특허, 기술 혁신, 첨단 장비와 인재 등의 직접적인 기술 요인뿐만 아니라, 경제 주기도 포함되어 있다. 또한 사유기업의 발전, 국유기업 제도 개혁의 진전, 세제 개혁, 외국인 투자, 세계무역기구(WTO) 가입 등 경제·사회·법률 제도의 변천 같은 비기술 요인은 기술 요인과 함께 모두 생산에 직접 영향을 미치고 생산율 제고에 영향을 주는 것으로 보았다. 이 연구는 첨단 기술 발전의 배후에 자리한 각종 요인을 다음 4대 요소로 귀납하고 있다. ① 업종 내 각 기업 간의 치열한 경쟁은 첨단 기술의 진보를 유발하는 시장의 압력이고, ② 세계화와 외국인 직접투자는 첨단 기술의 진보를 유발하는 원천이며, ③ 소유제 구조의 변혁은 첨단 기술의 발전을 유발하는 내재적 동력이고, ④ 경제가 확대되는 시기는 첨단 기술이 발전하는 외부 환경을 조성한다.

중국사회과학원의 한 연구[81]는 생산력 연구를 통해 요소 생산율의 성장률(이른바 기술 진보) 문제를 새로운 관점에서 해석했는데, 전통적인 의미에서의 기술 진보 요인 외에 기타 요인이 더 많은 비중을 차지했으며, 이러한 결과가 발생한 요인이 바로 소프트 기술과 소프트 환경이라고 지적했다. 경제학에서 전체 요소 생산율의 성장률이란 경제 성장과 투입 요소 기여도 간의 차이를 말한다. 예를 들면 자본과 노동이라는 두 가지 요소가 투입된 상황하에서 이루어진 성장의 요인은 노동의 기여, 자본의 기여 및 (경제학적 의미에서의) 기술 진보의 기여로 나눌 수 있는데, 후자는 다시 총요소생산성의 성장률로 일컬어진다. 그 함의가 비교적 모호하기 때문에 일반적으로 자금, 노동 등 수량화해서 투입할 수 있는 기여를 제외한 나머지는 모두 기타 기여로 이해되며, 이는 통칭 '블랙박스' 또는 '솔로 잔차(Solow residual)'라고 불린다.

---

81   金周英·蔣金荷·雛飛鴻, 『長遠發展戰略係統集成與可持續發展』(社會科學文獻出版社, 2006).

세계은행의 한 연구[82]는 잔여분(즉, 솔로 잔차)이라는 용어를 사회 자본, 인적 자본으로 귀결하고 있다. 그런데 최근의 연구 결과에 따르면 그러한 블랙 박스 또는 잔여분에는 R&D, 교육, 생태 환경 등 수량화할 수 있는(형태가 있는) '기술 진보에 대한 투입'의 기여(수량화할 수 있는 사회 자본, 인적 자본이 포함된다)뿐만 아니라, 소프트 환경과 소프트 기술 혁신 능력 등 수량화하기 어려운(형태가 없는) 소프트 요인의 기여도 포함된다. 전통적 의미에서 보면 '기술 진보에 대한 투입'의 기여율은 투자 규모와 환경이 개선됨에 따라 점진적으로 상승하겠지만, 중국의 상황하에서 향후 50년 동안 (블랙박스에서) 소프트 요인이 기여하는 비중은 앞으로 60% 이상을 지속적으로 유지할 것이다. 이를 통해 경제학에서 말하는 기술 진보가 결코 전통적 의미에서의 기술 진보가 아니며, 광의적 의미에서의 기술의 진보라는 것을 알 수 있다. 왜냐하면 최근 연구가 채택하고 있는 것은 시나리오 분석인데, 이로부터 획득한 데이터가 항상 정확하지는 않지만 이 연구는 기술이 생산력의 제고에서 실질적으로 기여하는 바와 비기술 요인이 경제 성장에서 미치는 역할을 설명해 주며, 이를 통해 경제 발전 전략과 투자 중점을 유리하게 조정할 수 있기 때문이다.

실제로 이러한 비기술 요인은 소프트 기술과 소프트 환경을 혁신하는 능력이다. 경제, 사회, 환경, 또는 기업 발전에 영향을 미치면서 하드 기술에 속하지 않은 요인을 비기술 요인으로 대략 귀납시켰다. 하지만 비기술 요인의 중요성을 알기만 할 뿐 그 본질과 영향에 대해 연구하지 않는다면 혁신을 촉진하는 데 도움이 되지 못할 것이다.

---

82   J. Dixon et al., "Explaining the Measure of Wealth: Indicators of Environmentally Sustainable Development", *Environmentally Sustainable Development Studies and Monographs Series*, 17(Washington, D.C.: Environmental Protection Bureau of World Bank, 1997). 이 책의 중국어판 張坤民 外 譯, 『擴展衡量財富的手段』(北京: 中國环境科學出版社, 1998), p.160.

지적 자본이 지닌 창조적 가치의 본질 표출

21세기는 지식 사회라고 일컬어지고 있다. 수십 년 동안 일부 우수한 학자와 기업가의 부단한 노력을 통해 지적 자본에 대한 연구는 점차 하나의 학문 분야를 이루었으며, 개념, 측정, 관리 및 지적 자산의 창출 등 여러 분야에서 일련의 이론을 형성하고 많은 경험을 축적했다.

지적 자본(intellectual capital)이라는 개념은 1969년 저명한 경제학자 존 갤브레이스(John Galbraith)가 폴란드의 한 경제학자에게 보낸 편지에서 처음으로 제기되었으며, 이타미 히로유키(伊丹弘之)의 『무형 자산을 통한 경쟁우위의 확보(Mobilizing Invisible Assets)』(1980), 데이비드 티세(David Teece)의 『기술 혁신 중에서의 이익 창출(Profiting from Technological Innovation)』(1986), 카를 스베이비(Karl Sveiby)의 『경영 노하우(Managing Knowhow)』(1986), 토머스 스튜어트(Thomas Stewart)의 『지적 자본: 조직의 새로운 부(Intellectual Capital: The New Wealth of Organizations)』(1994), 패트릭 설리번(Patrick Sullivan)의 『지적 자본을 이용해 이익 얻기: 혁신으로부터 가치 획득하기(Profiting from Intellectual Capital: Extracting Value from Innovation)』(1998), 노나카 이쿠지로(野中郁次郎)의 『지식 창조 회사(知識創造公司)』(1995) 등 우수한 학자들의 저서와 세계 최고 수준의 지적 자본 관리자 레이프 에드빈슨(Leif Edvinsson) 등의 기여로 지적 자본에 대한 이론이 형성되었다. 지적 자본을 실행하는 영역에서 보자면, 도량(度量) 방면에서는 루도 피스(Ludo Pyis), 알렉산더 웰즐(Alexander Welzel) 등이 활약하고 있고, 관리 측면에는 야스니토 한나도(Yasunito Hannado), 세라핀 탈리사온(Serafin Talisayon) 등이 있으며, 창조 측면에서는 고든 매코나치(Gordon McConnachie), 대럴 만(Darrell Mann) 등이 활동하고 있다.

오늘날 지적 자본을 관리하는 것은 우수 기업이 경쟁력을 창조하는 데 있어 핵심이 되었다. 수많은 기업에서 지식 관리를 전담하는 관리자를 설치하고 있고, 각국에는 지식재산권과 관련된 관리 기구가 있으며, 제네바에는 세계지식재산권기구(World Intellectual Property Organization: WIPO)까지 창설되어 있다. 하지만 지적 자본의 발전은 여전히 갈 길이 멀다.

지적 자본은 어떻게 가치를 창조하는가? 지적 자본이 지닌 가치의 함의는 무엇이며, 어떻게 해야 더 큰 가치를 창조하는가? 소프트 기술에 대한 연구는 이러한 문제에 새로운 시각을 제공해 준다.

지적 자본에 관한 정의는 다양하다. 예를 들어, OECD는 지적 자본을 실물 담지체에 의존하지 않으며 미래 가치를 창조하는 데 활용될 수 있는 자원이라고 보며, 스코틀랜드의 지적자본센터 책임자 고든 매코나치는 그러한 가치를 개발하는 데 활용될 수 있는 모든 지식을 지적 자본으로 간주한다. 하지만 다른 전문가들은 지적 자본의 분류에 대해 일반적으로 비슷한 관점을 지니고 있는데, 즉 지적 자본에는 인적 자본(개인 차원과 전체 조직 내부), 관계 자본(외부와 네트워크 차원), 조직 또는 구조 자본(내부 또는 기업 차원)이 포함되는 것으로 간주한다.

소프트 기술의 관점에서 볼 때, 각종 지적 자본은 기업 차원의 소프트적 자본에 속한다(제4장 참조).

그러나 소프트 자본이든 하드 자본이든 간에 자본은 단지 잠재적 가치에 불과하다. 즉, 자본은 혁신을 위한 자원으로, 사용되거나 응용되지 않으면 가치를 창조할 수 없다. 여기서 말하는 사용이란 이러한 자본을 기술적으로 조작함으로써 그 가치를 실현하는 과정을 뜻한다. 이 과정을 거쳐야만 지적 자본은 비로소 지적 자산 또는 지식재산권으로 변환된다. 이를 위해 우리는 다음과 같은 사실을 명확히 해야 한다.

① 자본은 가치와 동일하지 않다. 개념을 정립하는 단계에서 '자본'과 가치 창조를 목적으로 자본과 가치를 조작하는 과정, 즉 '기술'을 구분해야 한

다. 지적 자본이 가치를 창조하는 과정, 즉 혁신의 과정을 이해해야만 비로소 지적 자본을 종합적이고 시스템적으로 개발할 수 있으며, 지적 자본을 관리해야만 더욱 효과적으로 지적 자산을 창조할 수 있고 더욱 많은 비즈니스 기회와 취업 기회를 가질 수 있다.

② 가치를 창조하는 도구를 명확히 해야 한다. 지적 자본의 가치를 창조하는 프로세싱 기술 또는 가치를 창조하는 수단에는 소프트 기술과 하드 기술이 포함된다. 하지만 소프트 기술은 또한 하드 기술을 혁신하는 도구이기 때문에(제5장 참조), 소프트 기술의 혁신 및 소프트 – 하드 기술의 통합 혁신은 지적 자본의 가치를 창조하는 핵심 수단이다(〈그림 1-8〉 참조).

③ 지적 자본이 지닌 가치의 함의를 파악해야 한다. 우수한 기업 문화가 추구하는 가치는 단순한 경제 이윤 또는 단일 기업 차원의 가치를 뛰어넘어야 한다. 즉, 지속가능한 발전, 사회 산업의 발전 및 국제 사회의 한 구성원으로서의 21세기 기업의 위상을 고려해야 하는 것이다. 이 때문에 지적 자본을 개발하기 위해서는 경제 가치를 추구해야 할 뿐만 아니라 문화 가치, 사회 가치, 생태 환경 가치도 창조해야 한다. 지적 자본의 가치에 대한 이러한 인식은 지적 자본의 가치를 창조하는 공간을 확대시킬 뿐만 아니라 지적 자본의 가치를 가늠하기 위한 다른 종류의 가치 식별 기준 및 판단 기준도 제공해 준다.

④ 소프트 환경의 혁신은 더욱 많은 지적 자본 가치를 창조하는 기초이다. 성공적인 지적 자본 가치를 창조하는 과정은 광의의 혁신 과정이어야 한다(제5장 참조). 가치를 창조하는 과정은 소프트 환경의 혁신, 특히 소프트 기초 시설의 혁신과 서로 결합되어야만 최대의 가치를 창출할 수 있다.

⑤ 소프트 기술 재산권을 중시한다. 소프트 기술은 이미 기술의 또 하나의 패러다임으로, 지적 자산과 지식재산권에는 유형의 재산권(하드 기술 재산권)과 무형의 재산권(소프트 기술 재산권)이 포함된다. 후자는 장기간 경시

그림 1-8 | 지적 자본이 가치를 창조하는 과정

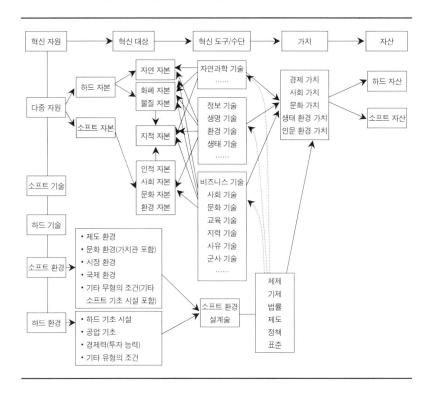

되어 왔지만 끝없이 지적 자산을 창조해 낼 잠재력을 갖고 있다.

종합하자면, 소프트 기술에 대한 인식을 제고하는 것은 지적 자본의 가치를 창조하는 과정을 이해하고 지적 자본을 관리하는 본질을 드러내어 소프트 기술의 혁신 효율을 제고하는 데 도움을 줄 뿐만 아니라, 지적 자본의 가치 연쇄망을 창조하는 작업을 널리 충실케 하는 것은 물론 확대시키기도 한다. 이와 동시에 지적 자본의 관리, 특히 지적 자본을 가늠하는 영역의 진전은 소프트 기술 혁신의 측정 문제를 심도 있게 연구하는 데 유용한 발상을 제공해 준다.

소결

소프트 기술을 연구하는 것은 결코 추상적인 원리나 개념을 제기하기 위함이 아니다. 이는 오늘날 사회·경제 발전의 추세와 내재적 수요에 기초한 것이다. 소프트 기술과 소프트 환경을 연구하는 작업은 관련 기술에 대한 개념을 혁신시키고 인류의 지식 시스템을 인식하도록 만들 것이다. 각급 정책 결정자는 21세기 소프트 기술이 주역이 될 것이라는 점을 이해해야 하며, 하드 기술과 하드 기술 환경에 과도한 인력, 자원, 정책을 투입해 온 전통적인 업무 처리 방식에서 소프트 – 하드 간의 균형을 잡는 형태로 점차 전략 체계를 조정해야 할 것이다.

소프트 기술이 발전해 온 역사도 인류에 있어 하나의 창조적 역사이다. 만약 우리가 과거에는 기술로 간주하지 않았던 소프트 요인을 새로운 패러다임의 기술로 귀납시키고 그 혁신을 시스템적으로 심도 있게 발전·촉진시킨다면, 사유 모델 및 교육 창조성의 전환에 도움이 될 것이다. 또한 이를 통해 국제 사회 및 수많은 국가가 직면하고 있는 지속가능한 발전, 세계화 및 신경제 영역의 기본 문제(즉, 혁신, 제도, 경쟁력, 또는 각종 격차)를 새롭게 인식하도록 사람들의 사고와 반성을 유도할 수 있을 것이다. 아울러 세계 기술 역사에서 지금까지 결여되어 있던 또 다른 절반을 보완할 수 있을 것이다.

6. 소프트 기술의 발전 동향과 미래 도전

소프트 기술은 오늘날 세계 기술 발전의 중요한 추세 가운데 하나로, 소프트 기술의 발전은 다음과 같은 몇 가지 특징을 현저하게 보여준다.

소프트 기술은 하드 기술에 침투해 하드 기술의 성질을 변화시키고 있다

정보, 인터넷, 사물인터넷(IoT), 생물 정보, 인공 지능(AI) 같은 기술 및 산업의 신속한 발전은 소프트 기술에 절반 이상 힘입고 있다. 본래 이러한 부류의 기술은 소프트적 특징을 갖고 있는데, 이러한 기술을 생산품화·상품화하는 과정에서 소프트적 특징을 혁신했고, 그 결과 그 생산품이 무수히 변화하는 시장의 수요에 적응했으며, 이는 부가가치를 창조하는 주요 원천이 되었다. 휴대전화 업종을 그 예로 들 수 있다. 1990년대 말 실제 가치가 1400프랑이던 최신형 파나소닉 휴대전화는 프랑스 슈퍼마켓에서 단 1프랑에 판매되었는데, 그 목적은 고객을 이 회사의 고정적인 사용자로 만듦으로써 더 많은 유상 서비스를 판매하기 위해서였다. 프랑스의 주간지 ≪르 누벨 옵세르바퇴르(Le Nouvel Observateur)≫는 신경제의 10대 성공 요령을 정리하면서 첫째 항목으로 든 것이 "서비스를 더욱 잘 판매하기 위해 설비는 그냥 버리는 셈 쳐야 한다"였다. 2000년에 일본 시장에서 수많은 휴대전화는 단 100엔으로 구입할 수 있거나 돈을 지불하지 않고도 얻을 수 있었지만, 서로 다른 네트워크 진입 방식과 서비스는 각기 비용을 지불하도록 요구했고, 또한 이를 이용하려면 휴대전화를 장기간 사용해야 했다. 휴대전화를 판매하는 것은 더 이상 휴대전화 거래의 핵심 내용이 아니며, 휴대전화 업종의 이윤은 주로 서비스에서 나오기 때문에 휴대전화업은 사실상 서비스업이 되었다. 현재 중국의 휴대전화업도 보편적으로 이러한 모델을 채택하고 있다.

근래 들어 설비 산업은 서비스 업종에 진출해 서비스 부분을 증가시키고 있다. 또한 생산품의 성능에서 취미적·오락적·인간적 기능을 향상시킴으로써 다수의 고객을 흡수하고 시장을 창조하며 부가가치를 증가시키는 주요 수단이 되었다. 동시에 교육, 유통, 정보 서비스, 문화 예술 같은 부문의 기업은 네트워크 생산품과 인터넷 서비스를 점차 비즈니스 활동을 제고·확대하는 수단으로 삼고 있다.

점차 많은 소프트 기술이 신산업을 창조해 내고 있다

우리에게 가장 익숙한 소프트적 산업은 관리 기술을 전문화·산업화한 것일 것이다. 각종 관리 기능과 더불어 관리 방법 또한 매우 빠르게 전문화되고 있다. 관리 기술을 주요 생산품 또는 서비스로 삼는 서비스 회사가 증가하는 중이며, 관리 방법을 주요 내용으로 하는 교육과 훈련도 나날이 중시되고 있는데, 그 예로는 재무 회사, 전문 관리 회사, 평가 회사 등을 들 수 있다.

오늘날에는 각종 정보 서비스가 전문화되는 것 외에, 소프트 기술에 각종 문화 기술, 사회 기술이 포함되고 있으며, 이 기술들이 핵심 기술로서 하나의 산업을 형성하고 있다. 산업 혁신의 규모와 발전 속도도 놀라울 정도이다. 근래 핫이슈로 폭넓게 논의되고 있는 이른바 창조 산업이 이를 증명한다(제5장 참조).

새로운 소프트 기술 영역이 빠르게 부상하고 있다

1980년대 이후 경제 정보화 추세에 적응하기 위해 출현한 새로운 소프트 기술은 무궁무진하다. 비즈니스 기술 영역에서 보면, 전자 비즈니스 기술, 인큐베이터 기술, 가상 기술, 현대 금융 기술 등이 정보 서비스업의 신속한 발전을 추동하고 있으며, 전통적 소프트 기술의 세대교체를 촉진하는 한편 소프트 기술의 발전이 새로운 단계에 진입하도록 만들고 있다. 그 예로 주식 시장에서 나스닥 시장, 다국적 기업의 합병, 벤처 기업의 합병, 새로운 비즈니스 모델 등 다양한 형태가 끊임없이 출현하는 것을 들 수 있다. 그런데 오늘날에는 21세기의 여러 도전에 대응하기 위해 세계화, 지속가능한 발전, 산업의 전면적인 소프트화 등과 관련해 제5차 비즈니스 기술의 물결이 일어나고 있다(제2장 참조).

비즈니스 기술이 비약적으로 발전함에 따라 사회 기술 등 다른 유형의 소프트 기술도 시작되거나 새롭게 중시되고 있다. 문화 기술, 특히 오락 기술의 혁신은 나날이 새로워지고 있다. 또한 현재 인류는 자신을 자연의 일부로 다시 인식하고 사람을 정보의 원천, 정보의 담지체, 에너지와 생명의 원천으로 간주해 연구하고 있으며, 심리 과학과 심리 기술은 정책 결정과 건강 영역에서 갈수록 중요한 위상을 차지하고 있다. 이와 관련해 중의학 이론과 중의 기술의 연구 및 응용은 일부 돌파구를 만들어내기도 했으며, 자연과 인간의 일원화를 추구하는 천인합일(天人合一)의 인문 생태관은 의료·보건뿐만 아니라 심지어 농업 방면에서도 새로운 기술을 개발해 내고 있다. 이 모든 것은 더욱 많은 새로운 소프트 기술의 개발과 응용을 가속화시킬 것이다.

갈수록 많은 소프트 기술이 하이테크로 변화하고 있다

소프트 기술과 하드 기술이 융합되는 사례는 셀 수 없이 많다. 오늘날 음악 기술, 인터넷, 소프트웨어, 현대 물류, 사물인터넷 등이 흔히 볼 수 있는 사례이다. 그런데 소프트 기술과 하드 기술이 광범위하고도 신속하게 통합·융합됨에 따라 무한한 비즈니스 기회가 창출되고 소프트 기술의 지적 차원의 함량이 갈수록 높아지고 있으며, 이로 인해 소프트 기술은 오늘날의 하이테크가 되고 있다. 생산품 설계, 특히 소프트웨어 설계, 광고 설계, 영화와 TV, 의류 설계, 환경 설계 등의 영역에서 하이테크와 문화, 예술, 미학 등은 갈수록 일체가 되고 있다. 하이테크는 하드 기술만의 특허 사항이 아니며 소프트 기술도 하이테크를 보유하고 있는 것이다.

신용카드가 출현하고 나서 과거 50년 동안 고깃집 등에서 이용되는 가장 간단한 형태의 결제 카드에서부터 시작해 오늘날 100여 종이 넘는 신용카드가 전 세계에서 광범위하게 이용되면서 대용 화폐로 발전하고 있다. 신용카드는 이미 매우 큰 업종으로 발전했다. 현재 한 사람이 7~8개 종류의 신용카드를 소지하는 것은 매우 보편적이다. 지식의 함유량은 개인의 서명이 들어가 있는 한 장의 종이쪽지를 갖고 있는 데서 시작해 오늘날에는 대용량 메모

리칩이 내장된 형태로 발전했다. 지금은 각종 정보와 기능이 포함된 스마트 카드는 물론 신용카드를 응용한 새로운 형태도 개발되어 현대인의 생활에 침투하고 있다. 신용카드 기술이 하이테크가 아니라고 누가 감히 말할 수 있 겠는가?

전자 비즈니스는 네트워크를 기초로 하는 전자 무역 방식으로, 광고, 주문, 대금 지불, 발주 등의 무역 과정이 모두 전자 데이터를 교환함으로써 완성된다. 따라서 전자 비즈니스는 무역에 소요되는 비용을 줄여 종이가 불필요한 무역을 실현했고 무역의 효율을 제고했으며 무역 과정을 투명하게 만들었다. 뒤집어 보면, 전자 비즈니스 형태의 무역 도구를 사용한 것은 전통적인 무역 기술에 혁명적인 변화를 가져왔는데, 이로 인해 각종 전표와 영수증은 그 의의를 상실했다. 그리고 네트워크를 통해 고객을 끌어들이고 이를 통해 완전히 새로운 비즈니스 모델을 이끌어 나아가며, 낡고 진부한 기존의 상품 무역 기술이 지력 밀집형의 하이테크로 탈바꿈되고 있다. 전자 비즈니스는 무역의 하이테크라 할 수 있다.

소프트 기술의 지식재산권이 보호되고 있다

소프트 기술 영역에서는 어떻게 혁신을 고무할 수 있을까? 소프트 기술에 대한 지식재산권과 저작권은 각종 형식으로 승인되어야 하며 적당한 대가가 주어져야 한다는 것, 그리고 소프트 기술 활동에 종사하는 기업과 개인, 단체가 지속적으로 혁신하도록 격려해야 한다는 데에는 의심의 여지가 없다. 하지만 소프트 기술 영역의 특허를 어떻게 식별하고 정의내리고 보호할 것인가? 실제로 금융 영역의 여러 가지 금융 상품 및 새로운 비즈니스 모델은 이미 미국에서 지식재산권으로 보호를 받고 있다. 물론 하드 기술 영역과 마찬가지로 소프트 기술의 지식재산권에도 어떤 것은 보호해야 하고 어떤 것은 보호하면 안 되는지에 대한 문제가 존재한다.

그런데 미국의 특허 관련 시스템에서 생겨난 혁명적인 사건은 소프트 기술을 제도화하는 데 있어 설득력 있는 사례로 간주할 수 있다. 미국에서는 "태양 아래에서 인류의 손을 통해 개발한" 것은 유용하고 구체적이고 형태가 있는 결과이기만 하다면 모두 특허를 신청할 수 있으며, 특허에 올릴 수 없는 것은 "자연 규율, 자연 현상과 추상적 구상"이라고 규정한다.[83] 1998년 미국 회사 스테이트 스트리트(State Street)는 비즈니스 방법과 비즈니스 기술을 특허 보호 대상으로 삼고자 노력했는데, 이러한 부류의 특허는 특허 신청에서 최초의 선례가 되었다. 1999년 7월부터 미국 연방최고법원은 미국 스테이트 스트리트 은행(State Street Bank)이 시그니처 금융 그룹(Signature Financial Group)에 대해 제기한 소송과 관련해 전자 비즈니스 모델도 특허권을 부여받을 수 있는 주체라고 판결을 내렸는데, 그 이후에 각종 비즈니스 모델 특허, 시장 전략, 개념 혁신 등의 사례가 크게 증가했다.[84]

미국 특허상표청(USPTO)은 자동화 비즈니스 데이터 처리 기술 방면의 특허와 관련해 심사를 담당하는 업무팀을 조직했다. 2000년 3월 29일 USPTO는 전자 비즈니스와 비즈니스 기술의 특허 심사를 어떻게 개선할 것인가에 대한 의견을 공포하고, 아울러 『자동화 금융 또는 관리 데이터 처리 방법』이라는 제목의 백서를 발표했다. 해당 백서에서는 비즈니스 데이터를 처리하는 기술 특허의 역사를 회고하면서 미국이 현재 특허 기술 변화의 선도에 서 있다고 지적했다. 이 업무의 창시자, 즉 USPTO는 이러한 무역의 발전을 촉진시키기 위해 노력함과 동시에, 이러한 특허 기술의 심사 수준을 개선하고 전자 비즈니스 모델을 '현대 비즈니스 데이터 처리'라고 명명한 뒤, 그 특허

---

83   James H. Morris, "An Update: U.S. Patents on Business Methods", Licensing Executive Society Annual Conference(South Africa: May 1, 2001).

84   Kevin Rivette and David Kline, *Rembrandts in the Attics: Unlocking the Hidden Value of Patents* (Boston: Harvard Business School Press, 2000), p.16.

를 '클래스705(class705)'(현대 비즈니스 데이터 처리)에 정식으로 편입시켰다.

USPTO가 비즈니스 방법에 특허를 부여한 이후에 2000년에만 접수된 특허 신청 건수가 7800여 건이었는데 그중에서 899건이 특허로 등록되었다. 미국의 '특허개선법(PIA)'은 2001년 3월에, 그리고 '미국 발명가 보호법'은 2000년 11월 27일에 USPTO의 방향에 대해 지지를 표명했다.

다시 말해, 미국 정부가 소프트 기술의 특허를 비준한 것이다. 물론 이러한 활동은 일찍이 매우 큰 논쟁을 불러일으켰다.[85] 최근 들어 특허 방면에서는 설비가 갖추어진 또는 형태가 있는 발명이 아닌, 비즈니스 과정에서의 '기술 방법'이 논쟁의 중심이 되고 있다.

미국의 특허 제도에서 발생한 이러한 사건은 소프트 기술 제도 방면에서의 혁명이라고 할 수 있다. 물론 지금도 현존하는 문제가 매우 많다. 예를 들면 현재 비즈니스 기술의 특허는 주로 금융 서비스 영역에 집중되어 있으며, 게다가 대다수가 컴퓨터 기술의 응용과 관련된 것이다. 이와 관련해 비즈니스 기술인가 아닌가, 비즈니스 방법 또는 비즈니스 기술은 무엇인가, 유용한 법률적 한계는 무엇인가, 비즈니스 혁신을 그러한 전통적 기술 혁신과 마찬가지로 처리할 수 있는가 등의 질문이 제기된다. 그런데 수백 년간 특허가 하드 기술 영역에 국한되어 왔다는 사실을 고려하면, 이 사건은 소프트 기술 발전의 역사에서 또 하나의 이정표인 셈이다.

실제로 전체 특허 및 저작권의 관리 영역에는 전면적인 혁명이 필요하다. 이론상 특허를 포함한 모든 지식은 인류가 함께 창조하고 보유하는 재산이며 응당 일반 대중이 폭넓게 함께 누려야 한다. 실제로 소프트 기술의 혁신자를 포함해 창조자를 격려해야 하는데, 혁신자의 사회적 공헌을 인정해 주어야 할 뿐만 아니라 그들이 경제적 보상을 받도록 해야 한다. 이러한 관점

---

85   같은 책.

에 입각해 전통적 특허 제도를 소프트 기술 영역에 완벽하게 도입하는 것이 어렵다고 하더라도 소프트 기술의 혁신은 보호를 받아야 한다. 이는 소프트 기술의 혁신 가운데 존재하는 중대한 도전이라고 할 수 있다.

소프트웨어 관련 영역에서 미래를 내다보는 긴 안목을 갖춘 일부 전문가들이 현재 '일반 공중 사용 허가서(General Public License: GPL)'를 연구하고 있으며, 아울러 개방적인 형태의 특수한 재산권 허가증에 해당하는 카피레프트(copyleft)를 보급하기 위해 노력하고 있다. 하지만 GPL은 아직 소프트 기술의 혁신자에게 경제적으로 보상하는 문제를 해결해 주지 못하고 있다.

소프트 기술이 미래에 도전하고 있다

소프트 기술의 발전은 아직도 다음과 같은 수많은 도전에 직면해 있다. 첫째, 소프트 기술은 개념에서 학술 방면에 이르기까지, 일반적인 학문 분야를 초월해 존재하는 영역의 기술이기 때문에, 전통적인 과학 기술과 관련된 학문 분야 및 관리 부문으로부터 인정을 받지 못하고 있다. 둘째, 소프트 기술의 혁신을 측정하는 방법을 구축해야 한다. 소프트 기술의 혁신을 측정할 수 있는지에 대한 기준도 마련해야 한다. 셋째, 소프트 기술의 혁신을 보호하고 촉진하는 방안과 (중성이 아닌) 소프트 기술의 특징을 감안해 소프트 기술 혁신을 진작시키거나 규제할 표준을 확립해야 한다. 넷째, 소프트 기술 영역에서 지식재산권을 식별하고 관리하는 것과 관련된 문제이다. 소프트 기술의 지식재산권을 관리하는 것은 하드 기술의 지식재산권과 마찬가지로 (아마도 문제가 더욱 첨예할 테지만) 이론과 실행 방면에서 이중의 압력에 직면해 있다. 마지막으로 다섯째, 새로운 소프트 기술의 영역을 계속해서 연구·개발해야 한다.

제 2 장 소프트 기술의 발전사

모든 소프트 기술의 발명 과정은 인류의 창조성이 발휘되어 온 역사이다.

인류는 생산 활동을 시작하면서부터 소프트 기술을 사용했다. 중국 고대의 『손자병법(孫子兵法)』, 중의의 진단과 치료 기술, 회계 기술, 보험 기술, 16~17세기의 주식 기술, 19세기의 연구소 제도에서부터 오늘날의 금융 파생 수단, 가상 기술, 인큐베이터 기술은 소프트 기술의 발전사이며, 이는 하드 기술과 마찬가지로 유구한 역사를 갖고 있다.

이 장에서는 흔히 아는 상업용 기술과 사회 기술을 사례로 사람들로부터 줄곧 기술로 간주되지 않았던 소프트 기술의 발전이 어떻게 인류의 진보를 추동했는지를 회고할 것이다. 이와 동시에 기술들은 어떻게 발명되었는지, 인류는 일상적인 생활에서 어떻게 창의성을 발굴하는지, 각종 문제를 해결하는 가운데 어떻게 새로운 게임(즉, 소프트 기술)을 창조하고, 나아가 (제도와 관련된) '게임 규칙'을 만들어내는지를 살펴볼 것이다.

1. 다양한 소프트 기술의 발전 과정

1) 화폐 기술

교환 기술은 인류 발전사에서 가장 오래되었을 뿐만 아니라 지금도 발전하고 있는 기술로서, 인류가 교환 기술을 발전시키는 과정은 경제와 사회가 발전하는 과정이라고 말할 수 있다. '유무상통(有無相通, 있는 것과 없는 것을 서로 융통하기), 물물교환, 상호 무역'은 "인류가 공유하는, 그리고 인류만이 지닌" 기본 요소이다.[1] 인류는 여러 가지 형태의 교환 기술을 개발했다. 다음에서는 이 인류에게 가장 익숙한 교환 수단인 화폐를 예로 들어 교환 기술의 역사를 짚어보고자 한다.

이른바 화폐 기술이란 가치가 유동되는 수단과 방법으로, 가장 기본적인 교환 기술이다. 가장 원시적인 화폐 기술은 물물 교환인데, 이는 대단히 직접적이고 효율적이지만 무역하는 한쪽이 상대방이 필요로 하는 물품을 갖고 있지 못하거나 수량이 부족한 상황에서는 무역이 성립하기 어렵다.

이러한 불편을 극복하기 위해 새로운 교환 수단으로 물물 교환의 매개물을 발명했는데, 그것은 바로 '필수품 화폐'이다. 이른바 필수품은 서로 다른 문화에 근거해 있기에 다 같은 것은 아니지만, 교환의 매개물이 되기 위해서는 보편 가치를 갖고 있어야 한다. 예를 들면 남아프리카의 일부 부족은 소를 필수품 화폐로 삼았으며, 중남미의 과테말라는 옥수수를, 남태평양의 파푸아뉴기니를 중심으로 한 멜라네시아 부족은 돼지를 교환 매개물로 삼았다.[2] 고대의 중국은 일찍이 직물을 필수품 화폐로 삼았으며, 일본에서는 중

---

1   亞當史密斯(Adam Smith), 郭大力·王亞男 譯, 『國民財富的性質和原因的研究』(商務印書館, 1997), pp.1~12.

2   加藤秀俊, 『技術的社會學』(PHP研究所, 1983), p.248, 262.

세기까지 궁정에 항상 비단을 헌상품으로 올렸다.

필수품 화폐 가운데 그 자체로 사용 가치도 있고 교환 가치도 있는 것은 소금인데, 소금은 장기간 보존 가능했으며 생활필수품이기도 하다. 에티오피아, 이집트, 고대 로마 시대에는 모두 소금을 교환 수단으로 삼았다. 월급을 뜻하는 영어 단어 salary의 어원은 바로 소금(salt)이다. 당시 로마 병사의 봉급은 소금으로 지불되었다. 그리스에서 노예를 매매할 때에도 그 체중에 상당하는 소금을 지불했다. 경제학 용어를 빌리자면, 필수품 화폐는 사용 가치와 교환 가치의 이중성을 갖고 있어야 한다.

필수품 화폐에서 한 단계 진화한 것은 장식 화폐인데, 장식 화폐는 희소성이 있으면서 미관이 좋고 공예품으로 겸용될 수도 있는 특징을 지니고 있다. 예를 들면 태평양 미크로네시아 군도에 있는 야프섬의 돌 화폐, 중국, 일본, 아프리카와 일부 유럽 국가에서 일찍이 광범위하게 사용되었던 조개 화폐가 이러한 유형의 예이다. 한자에서 매매(賣買)자나 화폐의 화(貨)자, 재산의 재(財)자에 모두 조개 패(貝)가 포함되어 있는데, '보패(寶貝)'는 당시 중국의 주요 장식 화폐였다. 진시황이 화폐 제도를 통일하기 이전에 중국에서는 칼 모양 화폐 체계, 천 화폐 체계 외에 각 지방에서는 각종 실물(實物) 화폐와 칭량(稱量) 화폐가 유행했다. 예를 들면 실물 화폐로는 진주, 구슬, 거북이, 조개, 직물, 금, 은, 주석 등이 활용되었다. 또한 진(秦)나라 정부는 칭량 화폐에 해당하는 황금을 상폐(上幣)로, 원형 안에 사각형 구멍이 뚫려 있는 동전을 하폐(下幣)로 규정했는데, 하폐는 정부가 독점적으로 주조하면서 다른 화폐의 사용을 금지했다.[3]

지폐를 발명하기 전까지 황금은 줄곧 세계적으로 이용되는 교환 수단이었다. 지금도 금 보유고 및 금 가격은 여전히 중요한 국제 금융의 지표이다.

---

3   『金融知識百科全書』(中國發展出版社, 1990), p.2097.

세계에서 가장 일찍 지폐를 사용한 국가는 중국이다. 송나라와 금나라 시기(약 11세기)에 군비 지출이 많고 무역으로 다수의 금과 은이 해외로 유출되자 사람들은 지폐를 발명했는데, 당시에는 이를 '교자(交子)'라고 불렀다.[4] 약 13세기에 이르러 이탈리아와 프랑스의 공예가들은 문자가 적힌 지장(紙張)으로 일정 수량의 황금을 받았음을 표시했다. 한 장의 증서로 '가치의 유동'을 손쉽고 간편하며 안전하게 표시했던 것이다.[5] 이것이 유럽 최초의 지폐이다.

후에 은행이 출현했는데, 은행에 충분한 금을 보존하고 있기만 하면 지폐를 발급해 필요할 때 언제라도 교환할 수 있도록 보장되었으며, 지폐는 일종의 태환권(兌換券)에 따라 발행되었다. 이러한 태환권의 전통은 제1차 세계대전이 종식될 때까지 계속되었다. 이후 태환권이 아닌 지폐가 출현해 전 세계적으로 확대·보급되었다. 중국에서는 쑨원(孫文)이 1912년에 순지폐(純紙幣) 유통을 실행하자는 주장을 제기했는데, 그는 화폐가 천[布], 비단[帛], 칼[刀], 조개[貝]에서 금, 은으로 발전하고 다시 지폐로 발전하는 것은 자연스러운 진화라고 지적했다. 중국에서는 이를 '화폐 혁명'이라고 부른다.

지폐 단계에 이르자 화폐는 오로지 교환 가치만 갖게 되었고 사용 가치와 분리되어 독립적으로 존재하게 되었다. 이처럼 지폐가 더 이상 태환권의 성질을 갖지 않고 충분한 금 보유량에 의한 보증이 뒷받침되지 않자, 지폐를 발급한 국가에 대한 신용에 따라 가치가 서로 달라졌다. 다시 말해, 지폐는 신용의 산물이 된 것이다.

노벨상 수상자 로버트 먼델(Robert Mundell)은 세계화되는 경제에 적응하기 위해 세계화된 화폐가 필요하다고 여겼다. 그는 줄곧 전 세계의 화폐를

---

4   王鴻生, 『世界科學技術史』(中國人民大學出版社, 2001).

5   같은 책.

통일하기 위한 구상에 열중하고 있으며, 아울러 1969년에 유럽 통합 화폐인 유로에 대한 구상을 제기했고 1999년 유로의 탄생을 추동했다.

정보화 시대에 진입해 전자 비즈니스를 광범위하게 응용함에 따라 무역 방식, 교환 수단 및 경로에 근본적인 변화가 발생했고 사람들은 전자화폐에 대해 논의하고 이를 사용하게 되었다.

1999년 베르나드 리에테르(Bernard Lietaer)는 『미래 화폐: 새로운 부, 새로운 직업, 그리고 더욱 현명한 세계를 창조하기』[6]라는 책을 출간해, 오늘날 국가 화폐 시스템이 지닌 결함을 보완할 수 있는 보충화폐(complementary currency) 시스템에 대해 분석했다. 비록 보충화폐의 초기 형태는 고대 식민지 시대로까지 소급될 수 있지만, 현행 보충화폐 시스템의 효시는 1934년 스위스에서 사용된 지역 화폐 WIR(Wirtschaftsring Genossenschaft)[7]이다. WIR은 통화의 명칭이면서 동시에 경제 그룹을 의미한다. 1982년에는 캐나다에서 만들어진 지역무역 시스템(Local Exchange Trading System: LETS)에서 보충화폐가 응용되었다. 1999년 기준으로 12개 선진국에서 2000여 종의 보충화폐 시스템이 운영되고 있다.

일본에서는 노령화 사회가 급진전함에 따라 후생성은 일찍이 노인, 환자와 장애인에 대한 돌보기 등의 방면에서 이른바 '건강 돌보기 통화(通貨)', '마음과 마음 잇기 표증(表證)'을 실시했는데, 이러한 봉사단체에서 제공하는 서비스는 봉사 시간과 종류에 따라 누적 시간으로 기록된다. 이러한 누적분을 환산하는 단위는 전통적인 엔화가 아니라 서비스를 제공한 시간이다. 봉사를 한 본인이나 가족, 또는 기타 지정인이 마찬가지의 도움이 필요할 때에는 이 누적 시간상의 화폐를 필요로 하는 서비스와 교환할 수 있다. 가토 도

---

6   Bernard A. Lietaer, *The Future of Money: Creating New Wealth, Work and a Wiser World* (London: Random House, 1999).

7   '경제적 상호 부조 그룹'을 의미한다. _옮긴이 주

시하루(加藤敏春)는 이 같은 각종 화폐를 '생태 화폐(eco-money)'라고 명명했다. 이미 일본에서는 복지, 의료, 교육, 재난 방지, 환경보호, 노인 돌보기, 문화 교류, 환자 돌보기 등의 사업에 이러한 생태 화폐가 광범위하게 응용되고 있으며, 일부 지역에서는 건강보험 정보를 포함한 생태 화폐와 엔화를 동시에 사용할 수 있는 스마트카드 실험이 진행되고 있다. '일본 미래 공동체 네트워크 프로그램(The future community network programme of Japan)'은 향후 물품 구입 카드, 전화 카드, 장거리 전화 우대 서비스, 자동차 오일 같은 물품에 대한 할인 서비스, 지하철 카드, 공공버스 카드, 비행기 마일리지 카드 등을 점차 보충화폐 시스템에 통합할 예정이다.

보충화폐는 정보화로 인한 스마트카드, 인터넷 지갑 같은 화폐의 진화와 비교하면 주목을 덜 받고 조용히 진행되는 것으로 인식되고 있지만, 이는 더욱 획기적인 화폐 혁명이다. 이를 통해 화폐라는 오래된 소프트 기술이 혁신되고 발전되는 중임을 알 수 있다.

종합하자면, 화폐 기술은 세계에서 가장 광범하게 응용되는 소프트 기술이자 신뢰와 상상력을 하나로 응집한 소프트 기술로, 교환 수단과 가치 척도로서 상품 개념, 시장 메커니즘, 가치 메커니즘을 구축하고 개선하는 데 커다란 역할을 하고 있다.

또한 금융 도구로서 화폐의 형태가 진화하고 발전하며 혁신되는 것과 더불어, 화폐의 응용 방면에서의 부단한 혁신과 (금리와 환율 조작 등의) 국가 통화 정책은 오늘날 경제, 사회 및 국제 관계에 갈수록 큰 영향을 미치고 있다. 적절한 관리·감독이 결여된 화폐 기술 혁신은 고삐 풀린 야생마처럼 금융 버블의 원인이 되기도 한다. 특히 2008년의 금융 위기는 화폐의 조작이 중요한 영향을 미쳤으며, 그 결과 전 세계적으로 화폐 제도가 개혁되었다.

2) 회계 기술

회계는 모든 경영 활동에서 떼려야 뗄 수 없는 비즈니스 용어로, "경제 정보를 확인하고 계량하고 전달하는 방법이며, 정보 사용자에게 경제 정보에 의거해 판별하고 의사결정하도록 만드는 과정이다".[8]

수메르족 문화는 약 기원전 3200년 메소포타미아에서 시작되었는데, 이 시기의 그림에서는 회계 기록의 일부 부호가 발견되었다. 기원전 3000년경 고대 바빌론 왕국과 고대 이집트에서는 회계를 담당하는 관리에게 학교에서 회계 훈련 과정에 해당하는 학습을 시켰다.

고대 그리스(BC1400)에서는 통상적으로 노예에게 회계와 장부에 대한 조사 업무를 부여해 책임을 지도록 했고, 관련 업무의 처리에서 부주의한 노예는 언제라도 처벌을 받을 수 있었다. 한편 당시의 법률은 이 같은 복잡한 업무를 하지 않을 수 있도록 자유인(free people)을 보호했다. 하지만 후에 그리스에서 회계는 점차 영예로운 업무가 되었고, 정부 건축물 비용에 대한 여러 형태의 회계 기록이 건축물에 새겨 넣어졌다.

다리우스(BC521~BC486, 고대 페르시아 제국 국왕) 통치하의 페르시아는 일찍이 통치 지구의 회계를 감사하는 전문 관리를 두었다. 히브리 문화에도 이와 유사한 회계 감사를 담당하는 관리가 있었는데, 당시의 주요 감사관은 정부에서 둘째로 중요한 지위를 차지했다.

4세기 초 비잔틴 제국의 콘스탄티노플에는 공공관리 학교가 건립되었는데, 이 학교에는 회계 과정이 있었다. 샤를마뉴 대제(742~814) 통치하의 신성 로마 제국은 로마와 페르시아의 회계 감사 제도를 계속해서 사용했는데, 그가 사망한 이후에는 회계 제도, 감사 조직 제도가 철폐되었고 제국은 곧

---

8   American Accountants Association, *Essential Accounting Theory Bulletin*(1996), p.1.

와해되었다.[9]

중세기에는 회계 제도가 쇠퇴했다가 이탈리아 종교전쟁 기간에 이르러 다시 부흥하기 시작했다.

복식부기(複式簿記)는 14세기에 출현했는데, 1340년 제노바의 회계 기록에 맹아 상태로 나타난 것이 최초의 복식부기였다. 당시 영국에서는 재정 관련 부처가 설치되었다.

15세기에 이르러서는 메디치은행의 지점이 매년 피렌체의 총본부에 연도 재산 부채표를 보고해서 올려야 했다.

1631년 미국은 식민 통치를 받던 시기였는데, 매사추세츠(Massachusetts)에 위치한 도시 플리모스(Plymouth)의 투자자들은 네덜란드에서 한 명의 회계사를 초빙해 그곳의 부채가 나날이 증가하는 원인을 조사하도록 했고, 이를 통해 신대륙의 사람들은 최초의 회계 심사를 경험했다.

수천 년 동안 대규모의 회계 활동은 주로 정부 활동, 특히 세수 활동과 밀접한 관계가 있었다. 그런데 산업혁명은 또 다른 회계 수요를 가져왔다. 기업 규모가 점차 확대됨에 따라 필요한 자금이 나날이 증가했고 경영 관리 업무도 갈수록 복잡해져, 투자자와 관리자가 점차 분리되었다. 따라서 투자자에게 투입한 자본의 운영 상황을 알리기 위해 관리자가 회계 정보(연도 재무표와 유사)를 보고할 필요가 있었다. 동시에 회사의 관리 담당자도 회계 정보를 분석할 필요가 있었는데, 이는 곧 회계 관리의 발전을 촉진했다.

20세기 초에 이르러서는 프레더릭 테일러(Frederick Taylor)가 창안한 과학적 관리 시스템이 광범하게 응용되었다. 과학적 관리 시스템을 적용하고 기업의 생산 효율 및 업무 효율을 제고하기 위해 우선표준 비용 제도, 예산

---

9   Robert N. Anthony, James S. Reece and Julie H. Hertenstein, *Accounting: Text and Cases*, Ninth Edition(Boston: McGraw-Hill College, 1995). 이 책의 중국어판 駱珣 外 譯, 『會計學』(北京大學出版社, 2000), pp.7~8.

통제, 차이 분석 등의 전문 기법을 기존의 회계 시스템에 도입했으며, 1950
년대 이후에는 현대적인 관리회계(management accounting)가 형성되었다.
현대 회계는 재무 회계와 회계 관리로 분리되어 있다. 회계 기술을 광범하게
응용하는 가운데 각국은 국제적 관련 표준을 수립했을 뿐만 아니라 회계
(accounting)와 회계감사(auditing)가 체계적인 학문 분야로 발전했다.[10]

20세기 후반 소프트적 자본, 특히 지적 자본의 역할에 대한 인식이 심화
됨에 따라 무형의 자본을 계량화하고 회계 처리하는 것은 회계 기술의 발전
에서 최대의 도전이 되었다.

3) 특허 제도

기술에 대한 특허를 보유하는 것이 곧 경제적 이득과 연결된다는 것은 누
구나 아는 사실이다. 1985년 구사카 기민도(日下公人)는 "일본의 투자인가,
아니면 미국의 지혜인가(Japanese Technology or American Wisdom)"[11]라는
글에서 대니얼 벨(Daniel Bell) 하버드대학교 교수의 말을 인용했는데, 벨은
제2차 세계대전 이후 37년 동안 미국은 과거 200년 동안 발명된 모든 것을
일본에 이전했지만 미국은 단지 400억 달러의 대가만 받았을 뿐이라고 보았
다. 당시 일본의 GDP는 1조 2000억 달러였는데, 판매 수입의 3%를 특허
사용비로 지불하는 표준에 따라 계산해 보면 일본은 발명에 대한 사용비로
매년 400억 달러를 미국에 지불해야 했다. 물론 이 이야기는 미국이 거의 무
상으로 제공한 대량 기술이 일본의 전후 경제 발전에 크게 기여했음을 설명
하기 위해서이다.

---

10   尉京紅·周雅璠·齊金勃 主編, 『管理會計學』(中國農業科技出版社, 2000), pp.3~8.
11   日下公人, "日本の技術かアメリカの知惠か", ≪潮≫ 7月號(1985).

특허 제도는 발명가의 창조를 진작시키고 발명가와 그 지식재산권을 보호하기 위해 이용되는 수단으로, 일정한 기한 내에 확인된 발명에 대해 국가의 강제력을 사용해 발명자의 권리를 보호하는 한편, 공식적인 허가를 받지 않고서는 상업적으로 사용하지 못하도록 하는 것이다. 왜냐하면 모방자가 시장에 신속하게 진입해 시장을 점유할 경우, 최초의 제작자 또는 특허 보유자가 돌려받을 수익은 일반적으로 그 초기 비용 및 특허 소유권의 상실 리스크를 보상해 주기에는 부족하기 때문이다. 특허 제도는 경쟁자가 동일한 종류의 발명을 상업적으로 응용할 시간을 강제적으로 지연하는 작용을 하기 때문에 일정한 기간 내의 경쟁을 감소시킨다. 따라서 창조자는 독점 이윤을 획득할 수 있다. 이 때문에 사람들은 발명과 창조에 더욱 긍정적으로 임한다. 만약 시장 요인에만 의존할 경우에는 이러한 현상이 일어날 수 없다. 따라서 특허는 "혁신과 모방 간의 시간 간격을 벌려서 사람들의 혁신을 독려하는"[12] 작용을 한다. 특허에는 기술 발명의 보호 외에 저작권, 상표, 상호, 미술 디자인, 공업 디자인, 비즈니스 모델 등의 배타적 보호도 포함된다.[13]

간략하게 말하자면, 특허는 정부가 어떤 발명에 대해 일정 시간 동안 제작·사용·판매를 제한하는 독점적 권리를 부여하는 것이다. 특허의 지속 기한은 국가별로 서로 다르지만 대다수 국가는 WTO의 규정을 채택해 최소 20년으로 하고 있다.

가장 일찍 출현한 특허는 기원전 5세기경으로, 아테네 국왕이 한 명의 요리사에게 그가 발명한 요리 방법에 대해 독점적으로 사용할 수 있는 특권을 부여하면서 비롯되었다. 영국의 왕 헨리 3세는 1236년 일찍이 보르도의 한

---

12   克雷格·彼得森(Craig Petersen)·克里斯·劉易斯(Cris Lewis) 著, 吳德慶 譯, 『管理經濟學(Managerial Economics)』(中國人民大學出版社, 2000), p.431.

13   Fritz Machlup, *An Economic Review of the Patent System*(Washington D.C.: US Government Printing Office, 1958). 이 책의 일본어판 土井輝生 譯, 『特許制度の經濟學』(日本經濟新聞出版社, 1975).

시민에게 염색한 천을 15년간 제작할 수 있는 독점권을 주었으며, 1331년 에드워드 3세(1327~1377)는 플랜더스(Flanders) 출신의 존 켐프(John Kemp)에게 직포(織布)에 대한 독점권을 제공했는데, 이는 모두 특허의 원시적인 초기 형태이다.[14]

기록으로 남아 있는 공업 발명과 관련된 최초의 특허는 피렌체 공화국이 1421년 건축가이자 엔지니어인 필리포 브루넬레스키(Filippo Brunelleschi)에게 부여한 것이다. 이 특허는 상하로 기어를 움직여 대리석을 운송하는 데 활용되는 장치로, 거룻배를 제작하는 데 이용되었다.[15]

세계 최초의 특허법은 1474년 베니스 공화국이 반포했다. 1624년 영국은 '독점법'을 제정해 특허 발명가에게 일정한 기간 내에 발명을 제조하고 사용할 독점 권리가 있음을 승인했다. 미국과 프랑스의 특허법은 이로부터 1세기가 훨씬 지난 1790년과 1791년에 반포되었다.[16] 그 이후 특허 기술은 제도화를 향해 나아갔다.

하지만 유럽에서 특허법 실시를 지나치게 강행하는 데 대한 반발이 일고 자유무역 운동에 대한 지지까지 더해져 1850년에서 1873년까지 영국, 독일 등에서 특허법을 반대하는 운동이 일어났으며, 네덜란드 정부는 심지어 1869년에 특허법을 금지하기도 했다.[17] 하지만 19세기 산업화 물결의 자극을 받아 전 세계적으로 더욱 많은 국가에서 특허법을 도입했다. 예를 들면 오스트리아는 1810년, 러시아는 1812년, 스웨덴은 1819년, 스페인은 1826년, 브라질은 1859년, 이탈리아는 1859년, 아르헨티나는 1864년, 캐나다는 1869년, 독일은 1877년, 일본은 1885년에 특허 제도를 실시했다.[18]

---

14   王昌亞 主編, 『專利學基础』(湖北科學技術出版社, 1985), pp.2~5.

15   『簡明不列顚百科全書』 第9冊(中國大百科全書出版社, 1986), p.541.

16   Fritz Machlup, *An Economic Review of the Patent System*.

17   같은 책.

특허 제도를 옹호하는 사람들의 지속적인 노력하에 결국 1883년 '공업소유권 보호를 위한 파리 협약'이 통과되었다. 이는 특허를 전 세계적으로 보호하기로 규정한 협약으로, 한 시대의 획을 긋는 커다란 의미를 지닌 사건이었다. 이로부터 특허 제도는 장족의 발전을 거듭했다. 통계에 따르면, 1900년 세계에서 특허 제도를 갖고 있던 국가는 단지 45개였지만, 1925년에 이르면 73개로 증가했고, 1958년에 99개, 1973년에 120개, 1980년에 158개 국가와 지역[19]으로 확대되었으며, 지금은 180여 개 국가와 지역에 달한다.

이제 특허 기술을 보호하고 존중하는 영국의 역사 및 특허 제도를 개혁하는 미국의 사례를 통해 특허 기술이 하드 기술에 대한 혁신이나 경제 발전에 미치는 중대한 영향을 살펴보자.

16세기 중엽 영국의 산업은 유럽 각국에 크게 뒤처져 있었다. 영국은 주로 양모 수입에 의존하고 있었고, 해상운수권은 스페인, 포르투갈, 네덜란드 등이 장악하고 있었다. 당시 영국의 왕실은 재력이 없었고 영국을 진흥시킬 효과적인 전략도 제시하지 못했다. 이에 영국의 여왕 엘리자베스가 채택한 경제 정책 중의 하나가 바로 기술 도입과 산업 보호이다. 16세기 후반은 유럽 대륙이 30여 년(1562~1598)에 걸쳐 전쟁을 치르고 있던 시기이다. 프랑스가 신교도를 박해해 국경 바깥으로 쫓아내고 다른 나라들, 특히 독일이 각 업종에서 유대인을 배척하던 그 시기에 영국은 도리어 규제를 풀었는데 여기에는 종교 방면의 제한도 포함되었다. 영국의 이러한 정책은 많은 수공업자, 상인 및 기술자를 끌어들였다. 예를 들면 이탈리아의 유리 제조 기술 전문가, 프랑스의 신교파 장인이 대거 영국으로 도피했다. 또한 네덜란드 남부의 '신접식(新摺飾)' 직조 비법을 보유한 직포공이 종교 박해를 피해 영국에

18   內田盛也, 『知的資本 : 21世紀への創造的技術戰略』(日刊工業新聞社, 1987).

19   李濟群 編著, 『專利學槪論』(中國紡織出版社, 1999), pp.11~13.

서 피난처를 찾았고, 네덜란드 농민은 배수(排水) 및 알뜰한 농업 기술을 가져왔으며, 스페인과 포르투갈에서 쫓겨난 유대인 후예는 장사 기법과 재정 관리법 및 자신의 경험을 가져옴으로써 영국의 과학 기술과 경제가 번영하는 데 기여했다. 그들을 안정시키기 위해 여왕은 발명자에게 독점권을 주도록 건의했으며, 아울러 특허권을 얻은 자에게는 일정한 시기 내에 영국에서 자신들의 특허를 응용하도록 요구했다. 외국 기술자들에게 특허장을 부여하자 영국 사람들은 크게 저항했지만 여왕은 자신의 절대 권위로 이를 밀어붙였다. 1599년에 이 제도가 개정될 때까지 발행된 55건의 특허장 가운데 21건은 외국 거주자 또는 국외에서 이식되어 온 기술에 대한 것이었다.[20]

물론 특허 제도가 완전하거나 결함이 없는 제도인 것은 아니다. 특허 제도가 경제 발전에 미치는 특수한 작용을 감안해, 1950년 미국 국회는 연방 상원 사법위원회 산하의 특허·상표·저작권부속위원회에 특허 제도를 연구할 것을 요구했다. 이 위원회의 고문 존 스테드먼(John Stedman)의 지도 아래 1956년에서 1958년까지 서로 다른 관점에서 15개의 연구 보고서가 작성되었다. 열다섯 번째의 보고서로 프리츠 마흘럽(Fritz Machlup)은 1958년『특허 제도의 경제학』을 발표했는데, 그는 이 책에서 특허 제도는 탄생하면서부터 심각한 경제적 모순을 안고 있었으며 각종 특허 형식에 의해 제한되는 독점을 극복할 필요가 있다고 지적했다. 스테드먼은 이 책의 서문에서 "경쟁에 의해 뒷받침되는 자유 경제에서는 각종 특허로 인해 제한되는 독점에 의한 고도(孤島, 외딴섬) 현상을 극복해야 할 뿐만 아니라, 특허 출원 또한 장려해야 한다. 미국 산업의 역사상 이러한 특허는 300만 개이다"[21]라고 적고 있다. 미국의 한 경제 주간지에는 「지식재산권: 새로운 문제와 새로운 해결 방

---

20   內田盛也,『知的資本』.

21   Fritz Machlup, *An Economic Review of the Patent System*.

법」이라는 제목의 글이 실렸는데, 이 글에서는 "1세기 남짓 동안 지식재산권을 보호하는 시스템은 예술가와 발명가의 창조성 배양에 도움을 주었다. 하지만 현재 이 시스템은 두 가지의 전 지구적 도전에 직면하고 있다. 첫째는 거대한 국제 복사기로 간주되고 있는 인터넷망이며, 둘째는 개발도상국의 관점에서 볼 때 효과가 높은 특허 약물이 너무 비싸서 초래되는 글로벌 차원의 의료 위기이다. 이제는 지식재산권을 어떻게 운영해야 할지에 대해 새롭게 심사하고 주시해야 할 때이다"[22]라고 지적하고 있다.

1970년대에 미국 산업은 점차 과거의 경쟁력을 상실해 갔다. 1980년대에는 많은 과학 연구 자금이 효과적인 자본을 형성하지 못해 학술 기구와 산업 간 관계가 비협조적으로 바뀌었다. 미국 의회의 로버트 돌(Robert Dole)과 버치 베이(Birch Bayh) 의원은 특허 제도가 경쟁력 저하를 유발하고 연구 결과의 전면적인 응용을 가로막는 주된 장애라고 보았다. 물론 연방 정부가 자금을 지원하는 연구 계획에 혁신이 결핍되어 있지는 않다. 하지만 특허 소유권이 정부에 속한다고 규정하고 있기 때문에 이러한 혁신이 성공적으로 응용되기 어려운 구조이다. 특허권이 정부의 소유이기 때문에 기업이 특허를 사용할 때에는 관료 기구와 소통을 해야 한다. 따라서 정부가 보유한 혁신 성과 가운데 절대 다수는 방치해 둔 채 사용되지 않고 있다. 로버트 돌과 버치 메이 의원이 제기한 새로운 특허 제도는 학술 기구와 산업계 간의 기술 공생 관계에 변화를 가져왔다.

1980년 12월 미국 의회는 '돌 - 베이 법안'을 통과시켰고, 연방 특허 정책을 수정함으로써 대학의 기술 이전이 성공할 수 있는 토대를 마련해 주었다. 이 법안의 요점은 아래와 같다.

22　Jeffrey E. Garten, "Intellectual Property: New Answers to New Problems", *Business Week*(April 2, 2001).

- 대학과 소기업은 과학 연구 과제를 선택해 연방 정부의 자금 지원 아래 혁신할 수 있다.
- 대학은 혁신 사항에 대해 특허를 신청해야 한다.
- 대학의 연구원은 공개적으로 발명하고 아울러 특허 신청을 제출해야 한다.
- 대학과 산업 부문 간의 협력을 진작시키고 연방 정부의 자금 지원 아래 이루어진 발명에 대한 이용을 촉진해야 한다.
- 대학은 특허권 사용에 대한 대가를 발명가와 나누어야 한다.
- 대학은 자금 원조를 제공한 기구에 대해 발명의 사용 현황을 보고할 의무가 있다.
- 소기업과 제조업은 발명의 우선 사용권을 향유한다.
- 대학은 연방 정부의 자금 지원 아래 개발된 '비독점 특허'에 대해서는 전 세계적으로 사용되지 않도록 한다.
- 정부는 징용·징발의 권리를 보류한다.

이처럼 특허 기술 발전의 역사는 특허 기술의 개발 → 제도화 → 특허 제도를 통한 기술 및 산업 혁신 촉진 → 특허 제도 개혁이라는 과정을 거쳐왔다. 경제 세계화와 정보화 시대에 특허 기술의 부정적인 영향은 더욱 현저하게 부각되고 있으며 새로운 도전에 직면하고 있다. 미래의 특허 제도는 예술가와 발명가의 이익뿐만 아니라 사용자와 공중의 이익도 고려해야 한다.

중국은 1985년부터 특허법을 실시해 오고 있다. 2005년 중국이 신청한 특허 건수는 17만 건을 초과해 일본과 미국의 뒤를 이어 세계 제3위의 특허 신청국이 되었다. 2007년 중국의 국제 특허 신청 수는 5456건에 달해 세계 7위였고, 2009년에는 세계 5위로 약진했다. 세계지식재산권기구가 2007년 발표한 보고서에 따르면 최근 10년 간 중국의 특허 신청 수는 여덟 배 증가했다. 중국 국가지식재산권국(國家知識産權局, SIPO) 국장 텐리푸(田力普)는 1990년대 초 중국이 접수한 국내 발명 특허 신청 수가 전 세계 발명 신청 수의 약 40%에 불과했지만, 2003년에 50%에 도달했다고 말했다.[23] 이는 중국의 자주 혁신 능력이 증강되어 왔으며, 특허 신청이 질적으로 제고되었음을 보여준다.

4) 선전 기술로서의 광고 기술

선전 기술은 새로운 정보, 새로운 사고방식과 생활방식을 제공함으로써 사람들의 행동 방식(각종 차원의 의사결정)에 영향을 미치는 기술이다.

광고 기술은 가장 흔히 이용되는 선전 기술로, 신문, 방송, 포스터, TV 등의 매체를 통해 생산품과 서비스를 소개하고 그 관점과 개념을 확장함으로써 공중의 주의를 끌어내거나 소비자 행동을 유도하고 변화시키는 기술이다. 광고를 뜻하는 영어 단어 advertise는 라틴어 *advertere*에서 비롯하는데, 이는 주의, 유도 등의 뜻을 갖고 있다.

광고는 정보를 전파하는 도구로서 유구한 역사를 지니고 있다. 기원전 1550년 이집트에서는 풀밭 위에 문자로 쓴 광고가 등장한 바 있다. 고고학자들은 고대 그리스 테베성의 폐허에서 약 3000년 역사를 지닌 문자 광고를 발견했다. 이 광고는 도망친 노예를 잡는 데 순금으로 만들어진 화폐를 현상금으로 내건 것이었다.

중국에서 가장 일찍 출현한 상업 광고물 가운데 하나는 960년에서 1127년까지 존재한 지난(濟南)의 류자스(劉家什) 상점 광고판인데, 그 광고판에

---

23   세계지식재산권기구가 발표한 '2018년 국제 특허출원 건수'에 따르면, 미국이 5만 6142건으로 1위, 중국이 5만 3345건으로 2위, 일본이 4만 9702건으로 3위를 기록했다. 중국은 2017년 처음 일본을 추월해 2년 연속 2위를 차지했다. _옮긴이 주

는 상표인 백토도약(白兎搗藥, 약 방아 찧는 옥토끼) 그림이 그려져 있다. 이 광고판은 현재 상하이박물관에서 소장되어 있다.

1450년 독일의 구텐베르크가 활판 인쇄기를 발명함에 따라 염가로 신속하게 대량의 문자 광고를 인쇄할 수 있게 되었다. 1473년 영국의 인쇄가 윌리엄 캑스턴(William Caxton)은 종교를 선전하는 수많은 서적의 광고 포스터를 런던 길거리에 붙여 서양 인쇄 광고의 선례를 열었다.

1525년 독일에서는 최초의 신문 광고가 출현했는데, 1800년에 이르자 영국의 ≪더 타임스(The Times)≫지는 매년 100개의 광고를 실었다.[24]

1610년 영국에서는 가장 초기 형태의 광고 대리점이 출현했는데, 이는 제임스 1세가 두 명의 기사를 시켜 만든 것이다.

19세기는 상업 광고가 확장된 시기로, 산업혁명이 일어나 공업 생산품이 대량으로 생산됨에 따라 광고는 생산품의 판로를 확장하는 중요한 수단이 되었다. 1812년에는 세계 최초의 광고 전문 회사가 런던에서 개업했다. 1841년 미국 필라델피아에서는 미국 최초의 광고 회사가 설립되었고, 1865년에는 광고 도매대리점이 출현해 광고 업무는 점차 하나의 업종을 형성했다. 1868년에는 현대적 의의를 지닌 최초의 광고 회사 N.W.아이어앤선(N. W. Ayer & Son)이 설립되었다. 이 회사는 신문사를 대신해 신문사의 고객으로부터 위탁을 받아 광고 업무를 수행했으며, 신문사로부터는 수수료를 받았다.

20세기 들어 방송은 신속한 전파 속도와 동시성, 광범위한 전파 공간, 저렴한 가격 등의 특징을 지니게 되었고 이로 인해 광고는 시장을 점령하고 통제하는 유력한 수단이 되었다. 방송이라는 매체를 통해 처음으로 광고를 한 것은 미국으로, 1902년 최초로 영업 허가증을 받은 방송국인 피츠버그의 웨

---

24   楊榮剛, 『現代廣告學』(經濟科學出版社, 1987).

스팅하우스전기회사가 전파를 발송했다. 미국의 뒤를 이어 각국은 연이어 방송국을 설립했으나 광고를 방송하는 상업 프로그램은 없었다. 1903년 미국의 심리학자 월터 스콧(Walter D. Scott)은 『광고 이론』이라는 책을 출간했는데, 이는 광고를 하나의 학술 대상으로 연구한 최초의 저서로 간주되고 있다.[25]

최초의 네온사인 광고는 프랑스의 조르주 클로드(Georges Claude)가 파리 황궁에 설치한 것이었다. 1923년 네온사인 광고는 미국에 진입했고 1930년에 널리 보급되었다.[26]

TV는 언어, 음악, 화면을 하나로 집약하기 때문에 광고를 전파하기에 가장 이상적인 매체였다. 이로써 광고 기술은 새로운 발전 시기를 맞았다. 1936년 영국에서는 세계 최초의 TV 방송국이 설립되었다. 미국에서는 1939년 미국 최초로 TV 방송국이 설립되었으며 1941년부터는 상업 TV 프로그램을 방송하기 시작했다.

광고 기술이 발전해 온 역사는 소프트 기술과 하드 기술의 통합이 광고 기술 발전의 관건임을 분명히 보여준다. 새로운 기술이 출현할 때마다, 예를 들면 활판 인쇄술, 전파 기술, 네온사인 기술, TV 기술, 인터넷 기술, 휴대전화 기술이 출현할 때마다 광고 기술은 새로운 단계로 올라섰으며 거대한 발전 잠재력을 보였다.

현대 사회에서 광고 사업의 발전 수준은 한 국가 또는 지역의 경제 발전 수준을 측정하는 중요한 지표 중의 하나이다. 지난 수년간 세계 광고 영업액 상위 10대 기업은 모두 선진국이다.[27] 미국 광고업의 규모는 세계 1위로, 그 수입은 1997년 1067억 달러에서 2006년 1630.36억 달러로 10년 동안 53%가

---

25   趙育冀 編著, 『現代廣告學』, pp.6~7.

26   『簡明不列顚百科全書』第3冊(中國大百科全書出版社, 1985), p.524.

27   ≪參考消息≫(2008.1.21).

증가했다. 중국 광고업의 규모는 세계 2위인데[TNS 미디어 인텔리전스(TNS Media Intelligence)의 데이터에 따르면, 2006년 중국 광고 시장의 총액은 2875억 위안으로, 미국, 일본에 이어 영국과 함께 세계 3위이다], 1997년 광고업 수입은 겨우 36.8억 달러였지만 2006년에는 485.18억 달러로 급증해 10년 동안 12배 증가했다. 일본은 3위이지만 1997년에서 2006년까지의 10년 동안 334.26억 달러에서 343.4억 달러로 2%가 증가했을 뿐이다. 그 뒤를 영국, 독일, 브라질, 멕시코, 프랑스, 이탈리아, 캐나다가 잇고 있다.

5) 보험 제도

보험 기술은 대단히 복잡하고도 정교하게 설계되어 있는 메커니즘이다. 인류 사회가 존재한 이래 사람들은 재난을 방지하고 화를 피할 수 있는 방법을 모색해 왔다. 비록 각종 재해를 완전히 피하는 것은 불가능하지만 사람들은 손실을 보완하는 방법을 찾아냈다. 보험 제도는 발생할 수 있는 불확정적인 사건에 대해 확률적으로 예측하고 보험비를 거둠으로써 보험 기금을 건립하는 것으로, 리스크를 특정 개인에게서 단체로 이전시킴으로써 단체의 모든 구성원이 그 손실을 공평하게 분담케 하는 것이다. 대다수 사람이 소수의 손실을 공동으로 분담하는 메커니즘은 경제 제도이며 법률관계이기도 하다.[28]

보험의 원시적인 형태는 기원전 4500여 년경 고대 이집트로 거슬러 올라간다. 가장 일찍 출현한 보험 형식은 선박저당(shipping mortgage) 계약이다. 이는 기원전 3세기의 설형(楔形)문자 문헌에서 발견된 것으로 선주(船主)에게 돈을 우선 건네주는 형식을 채택했으며 건네준 돈에 대한 상환 방식

---

28   孫祁祥, 『保險學』(北京大學出版社, 2000), pp.20~36.

은 항해를 안전하게 마친 이후에 정했다. 이는 후에 점차 '해양 운수 보험'으로 발전했고, 중세 말기에는 유럽에서의 이러한 보험이 육로 보험으로까지 확대되었다.[29]

제노바의 상인 게오르기우스 레카벨룸(Georgius Lecavellum)은 제노바에서 마초카(Macciocca)에 이르는 '산타클라라(Santa Clara)호의 항해'로 유명한데, 게오르기우스 레카벨룸이 1347년 10월 23일 발급한 보험 증서는 최초의 보험 증서로 알려져 있다. 1400년에 이르자 해상 대여와 손실 보증금 업무는 두 개의 전문 업종으로 분리되어 해상 보험을 전문적으로 경영하는 상인이 출현하기 시작했다. 16세기에 이르러 해외 무역이 신속하게 발전함에 따라 보험 계약 매매가 매우 보편화되었다.[30]

보험에 대한 최초의 법령으로는 1435년 '바르셀로나 칙령'을 들 수 있는데, 그 이후 다시 '베니스 칙령'이 출현했다. 1523년에 피렌체는 비교적 완벽한 해상 보험 조례를 제정하고 표준적인 보험 정책을 마련했다. 보험 중개인 제도는 1556년 스페인 국왕 필립 2세가 제정한 보험법에서 확립되었다. 영국 엘리자베스 1세는 1601년에 해상 보험과 관련된 법률을 최초로 제정했다.[31]

화재보험을 발명한 과정은 소프트 기술의 혁신에 매우 큰 의의를 갖고 있다. 1666년 9월 2일 런던시 황실 소유의 빵집에서 화로가 과열되어 불이 났는데, 화재는 5일 밤낮 동안 이어져 1만 3000여 채의 주택이 소실되고 이재민이 20만 명에 이를 정도로 손실이 참담하고 심각했다. 이를 계기로 사람들은 화재 손실에 대한 보상의 중요성을 깨달았다. 치과 의사인 니콜라스 바본(Nicholas Barbon)은 1667년 출자해 세계 최초의 화재보험회사를 설립했다.

---

29   『不列顛百科全書』第8卷(中國大百科全書出版社, 1999).

30   『中國大百科全書: 財政稅收金融價格』(中國大百科全書出版社, 1993), p.8.

31   같은 책.

최초의 화재보험 주식회사는 1710년 영국의 찰스 포베이(Charles Povey)가 세운 태양보험회사(The Sun Insurance Corporation)이다.

인구통계 과학 및 통계학이 발전함에 따라 화재 – 생명보험의 합자회사가 출현했다. 1762년 영국은 세계 최초의 생명보험회사 '에퀴터블(Equitable) 생명보험회사'를 런던에 설립했는데, 이 회사의 설립으로 현대 생명보험 제도가 형성되었다.[32] 이 회사는 사망표(table of mortality)에 의거한 '평균 보험비' 이론을 채택해 보험비를 계산했으며, 아울러 표준에 부합되지 않는 보호에 대해서는 별도로 비용을 받았다.

19세기에 이르자 보험 기술도 현대화되어 보험 대상과 경영 범위가 재산 손실, 사망 보험, 생존 보험, 책임 보험, 신용 보험, 재보험 등으로 확대되었다. 현재 보험 활동은 완정한 보험학 이론과 기술 시스템을 형성하고 있다.

통계에 따르면, 전 세계 보험비 총수입은 1950년에 210억 달러, 1976년 2500억 달러, 1985년 6305억 달러였으며(소련, 동유럽 국가, 중국은 포함되지 않은 수치이다), 1995년에 이르러 2조 달러를 돌파했고,[33] 2003년에는 2조 9406.7억 달러에 도달했다. 그중에서 공업화 국가가 전 세계 시장의 89.32%를 차지했으며, 신흥시장 국가와 지역은 10.68%, 중국은 1.6%를 차지했다.[34] 1986년 이래 세계 보험의 평균 발전 속도는 4.7%로(통화 팽창과 환율 변동 요인을 제외한 실제 증가율), 이는 같은 시기 전 세계적으로 국민 생산총액이 증가한 속도보다 높다.[35] 2002년 보험비 수입 순위는 미국, 일본, 영국, 독일, 프랑스, 이탈리아, 한국, 캐나다, 네덜란드, 스페인 순이다. 2004년 미국 보험비 수입은 1조 978억 달러에 달해 전 세계에서 33.84%의 비중을 차지했

32　姚海明·段昆 編著, 『保險學』(復旦大學出版社, 1999), pp.35~37.

33　程德玉 編著, 『保險學敎程』(人民交通出版社, 1997), p.15.

34　Swiss Re-insurance Company, *Sigma*, No.3(2004).

35　方賢明 編, 『保險指南』(上海科學技術出版社, 1989), p.39.

으며 일본은 15.18%로 2위에 해당했다.

보험 침투율(보험비 수입에서 국내생산 총액이 차지하는 비중)을 보면, 2003년 전 세계 평균 보험 침투율은 8.06%였으며, 세계 랭킹 10위의 국가 또는 지역은 순서에 따라 남아프리카공화국(15.88%), 영국(13.37%), 스위스(12.74%), 벨기에(11.61%), 타이완(11.31%), 파파타사(11.29%), 일본(10.81%), 네덜란드(9.77%), 한국(9.63%), 미국(9.61%)이었다. 중국은 88개 국가와 지역 가운데 44위를 차지했으며 보험 침투율은 3.33%였다.

보험 밀도(1인당 평균 보험 비용)를 보면, 2003년 전 세계 보험 밀도는 469.6달러였다. 스위스가 5660.3달러로 1위를 차지했으며, 그 뒤를 쫓고 있는 영국은 4058.5달러였다. 그중에서 공업화 국가의 평균은 2763.5달러였으며, 신흥시장 국가의 평균은 58.7달러였다. 중국은 71위로 평균 36.3달러였다.[36]

중국은 1980년대에 보험 업무가 다시 개시되었는데, 전국 보험비 수입은 겨우 4.6억 위안에 불과했다. 2000년 중국의 보험비 수입은 1596억 위안에 달했고 연평균 34% 증가했지만, 보험업의 발전 수준은 아직 상당히 낮다. 2005년에 이르러 보험회사는 93개가 되었고 보험 수입은 4927억 위안에 달했다. '11차 5개년 규획 강요(規劃綱要)'에 따르면, 중국은 2010년까지 보험 침투율이 약 4%에 도달할 것이며, 보험 밀도는 750위안가량 될 것으로 보인다.

이러한 분석을 통해 살펴보면 보험 사업은 한 국가의 경제·사회의 발전 수준을 보여주는 일종의 '증명사진'임을 알 수 있다. 보험 기술과 보험 제도의 발전은 인류의 활동 영역이 확대되고 각종 사회관계와 경제 교류가 복잡해짐에 따라 자신의 안전과 각종 리스크에 대한 사람들의 우려도 나날이 증

---

36 Swiss Re-insurance Company, *Sigma*, No.8(2004).

가하고 있음을 증명하는데, 이는 보험업이 신속하게 발전하는 동력이 되고 있다. 따라서 인류의 사회적·경제적 생활에서 발생하는 각종 문제와 욕구 자체가 소프트 기술의 풍부한 원천이라고 할 수 있다.

6) 관리 기술

관리 기술은 협조, 균형, 통제의 능력을 제고하기 위해 사용된다. 관리 기술의 범위와 내용은 대단히 광범위한데, 위로는 국가 사무와 국제 관계가 여기에 해당하며, 아래로는 산업, 기업, 가정과 개인에 이른다. 따라서 관리 기술 및 관리와 밀접하게 서로 관련된 일련의 소프트 기술은 관리의 차원에 따라 거시, 중간, 미시의 세 가지 차원, 또는 개인, 기업, 산업, 국가의 네 가지 차원으로 구분할 수 있다.

관리 기술은 비교적 일찍 개발된 특수한 소프트 기술로, 다음과 같은 특징을 지니고 있다.

첫째, 행태과학이 거의 모든 사회과학 영역에 침투해 있는 것처럼 관리 기술 또한 거의 모든 경제, 사회, 조직과 기술 영역에 침투해 있다. 관리의 대상이 결국 사람이기 때문에 관리는 기술일 뿐만 아니라 하나의 예술이기도 하며, 관리자의 판단력, 통찰력, 매력 등은 개인의 특징(실행 능력)이나 품성과 밀접하게 관련되어 있다.

둘째, 관리 기술은 소프트 기술이지만 모든 소프트 기술이 관리 기술에 속하지는 않는다. 예를 들면 교육 기술, 설계 기술, 문화 기술, 사회 기술 및 다수의 비즈니스 기술은 관리 기술이 아니다. 갈수록 많아지는 환경 요인을 기업, 산업 등의 경영 주체가 통제하고 관리하는 것이 불가능하다는 점을 감안하면, 모든 것을 관리 기술에 귀결시키는 것은 합리적이지 않으며 소프트 기술의 발전에도 이롭지 않다.

관리를 하나의 과학과 기술로 여기기 시작한 것은 20세기부터이다. 상업과 공업의 역사를 보면, 소유권과 경영권이 분리되지 않았던 시대에는 주로 경영자 개인의 경험에 의지해 기업을 관리했는데, 이를 '경험 관리' 시대라 한다. 기업의 경영자에게는 특정한 업종과 기업에서 관리 문제로 간주되는 문제에 직면했을 때 참고할 수 있는 합리적인 자료가 장기간 없었기 때문에 자기 자신이나 동료, 선배 관리자의 경험에 근거해 문제를 처리할 수밖에 없었다.

산업이 끊임없이 발전함에 따라 분업은 점차 세분화되었고, 경영 활동에서 직면하는 문제도 복잡해졌다. 그런데 경영자들은 방직, 철로 등 완전히 서로 다른 분야의 기업이더라도 수많은 공통된 문제가 존재한다는 사실을 발견하게 되었다. 1832년 찰스 배비지(Charles Babbage)가 발표한 「제조업의 경제에 대하여(On the Economy of Machinery and Manufactures)」는 비용 계산, 장려 제도 등 공통되는 문제를 논의했다.

1950년대 미국의 우수한 철로 관리자, 예를 들면 대니얼 매캘럼(Daniel MaCallum), 앨버트 핀크(Albert Fink), 에드거 톰슨(Edgar Thomson) 등에 의해 제기되고 실행된 사상은 관리 이론이 형성되는 데 큰 도움을 주었다. 19세기 후반에 이르러 헨리 토네(Henry Towne), 헨리 멧커프(Henry Metcalfe), 프레더릭 핼시(Frederick Halsey) 등 미국의 엔지니어와 제조업자들은 현재 '시스템 관리'라고 불리는 운동을 이끌면서 현대 관리 기술의 발전을 추동했고, 아울러 테일러의 과학 관리를 위한 기초를 마련해 주었다.[37] 19세기 말에 이르러 자유 자본주의가 독점 자본주의로 이동함에 따라 공업 생산의 규모가 확대되었으며 자본주의 경제도 새로운 발전 단계에 진입했다. 기업 간 경쟁은 더욱 큰 범위 내에서 전개되었으며, 기업주들은 국내외 시장을 쟁탈하

---

37   特雷弗·威廉姆斯(Trevor I. Williams), 『技術史』 第六卷, p.37, 147.

기 위해 전문적인 기술과 인재의 도움을 빌려 생산 효율을 제고하고 생산 비용을 낮추어야 했다. 이는 경영권과 소유권이 점차 분리되는 방향으로 나아가게 만들었다. '과학적 관리의 아버지'라고 불리는 테일러는 자문을 직업으로 삼은 최초의 인물이다. 그는 40여 개의 특허를 갖고 있어 탁월한 발명가로 계속 살아갈 수도 있었지만, 1890년 '효율적인 엔지니어'의 신분으로 독립적인 자문 사업을 시작해 근대적 자문 사업의 창시자가 되었으며 관리를 전문으로 하는 과학과 기술이 발전하는 데 탁월하게 기여했다. 그가 1911년 발표한 「과학적 관리의 원직(The Principles of Scientific Management)」[38]는 관리의 역사에서 이정표로 간주되고 있다.

관리에 대한 교육, 즉 경영 교육의 발전은 경영 기술이 체계적으로 발전하고 확산하는 데 중요한 역할을 했다. 1881년 미국 펜실베이니아대학교는 경영 교육을 처음으로 실시했고, 1898년 시카고대학교와 캘리포니아대학교는 경영대학원을 증설했으며, 1908년 하버드대학교는 경영대학원을 설립해 경영학과가 정식으로 대학 교육에 도입되었다.

20세기는 경영계의 거물들이 배출되고 관리 사상이 혁신되는 시대였다.

1910년대 헨리 포드(Henry Ford)는 테일러의 과학적 관리의 원칙에 근거해 대량생산에 적합한 컨베이어 벨트 생산라인을 설계해 냈다. 이는 20세기의 대량생산 모델에 매우 큰 영향을 미쳤으며 1915년에 이르러 포드는 100만 대의 자동차를 생산해 냈다.

그러나 테일러나 포드는 조직 문제에 대해서는 그다지 중시하지 않았다. 1920년대 앨프리드 슬론(Alfred Sloan)은 조직을 연구하면서 '부서 경영 (division management)'이라는 개념을 제기했는데, 이는 대기업의 조직 혁신에 중대한 영향을 미쳤다. 당시 미국의 듀폰, 제너럴 모터스 등의 대기업은

---

38   『簡明不列顚百科全書』第7冊(中國大百科全書出版社, 1986), p.641.

생산품의 다각화 경영과 지역을 넘나드는 경영에 대한 필요를 느껴 사업부 제도를 기반으로 조직 기구를 채택했으며, 이 제도는 1960년대에 세계 각국에서 광범위하게 응용되었다.

1920년대 중반, 하버드대학교는 시카고에 위치해 있는 미국의 웨스팅하우스전기회사 산하의 한 공장에서 유명한 '호손 효과(Hawthorne effect)'를 실험했다. 이 실험은 관리에 있어 인간관계 및 감정을 존중하고 비공식 조직의 기능을 중시하는 방면에서 중요한 이론적 근거를 제공해 주었다.

1920년대에는 마케팅이 크게 발전했다. 2차 산업혁명 이후 기업은 보편적으로 생산과 재무에 중점을 두었으며, 상품의 유통은 전부 도매상이 책임졌다. 제1차 세계대전 이후 미국 경제가 국내 시장형으로 전환되자 기업은 점차 시장을 획득하고 지배하는 문제에 주목하게 되었다. 경쟁 전략 측면에서 가격 경쟁의 교훈을 거쳐 비가격 경쟁을 중심으로 하는 조직화·시스템화를 통해 해결 수단을 추구하기 시작했는데, 예를 들면 포장, 광고, 상표 등을 무기로 삼아 시장을 통제한 것이다.

1910년 버틀러(R. S. Butler)는 최초로 시장 유통(market distribution)이라는 용어를 제기했으며, 1912년 아치 쇼(Arch Shaw)는 「유통 시장에서의 몇 가지 문제(Some Problems in Distribution Market)」라는 논문에서 처음으로 '시장 유통론'을 비교적 체계적으로 논술했다. 이 시기는 시장 유통이 탄생한 시기이다. 1920년대 들어 제1차 세계대전이 종식되고 해외 수요가 감소하자 정부는 산업 효율의 제고, 생산품의 표준화, 대량 생산 체제의 추진을 적극적으로 전개했다. 하지만 어떻게 시장을 개척할 것인지, 어떻게 대량의 생산품을 판매할 것인지는 기업이 줄곧 직면한 중대한 경영 과제였다. 이에 사람들은 1920년대를 '고압적 마케팅(high-pressure marketing)' 시기라고 부른다.

1929년 갑자기 세계적인 경제 공황이 발생하자 시장 점유율을 유지하기 위해 기업들이 소비자 태도에 대한 시장 조사를 벌이거나 서비스를 중시하는 판매 활동을 전개했다. 이를 계기로 기업은 '소비자는 왕'이라는 개념을 수립했다. 1930년대 이후 이른바 '저압적 마케팅(low-pressure marketing) 시기'[39]에 진입했다[로버트 바텔스(Robert Bartels), 로버트 키스(Robert Keith), 로버트 킹(Robert King) 등은 시장 유통의 발전을 이처럼 몇 단계로 구분했다].

현재 마케팅은 경영과학에서 하나의 독립적인 분과가 되었다. 그중에서 시장 기술은 수요 창조, 소비 창조의 방법으로서 발전했다. 이는 소비 행위, 소비 심리 같은 고객의 지식을 연구하는 기초 위에 새로운 시장, 새로운 고객, 새로운 판로를 개척하는 것이다. 예를 들면 고객 기술은 어떻게 소비자를 획득할 것인지, 어떻게 시장을 창출할 것인지, 어떻게 고객을 위한 생산품 및 서비스를 개발할 것인지, 그리고 어떻게 고객을 유지하고 만족시킬 것인지 등에 대한 방법을 다룬다. 이를 위해 소비자가 파트너, 무역 대리인, 또는 생산품 대리인이 되기도 한다.

1950년대는 현대 관리가 발전한 또 하나의 이정표이다. 당시 미군의 점령 하에 있던 일본은 미국식 비즈니스 및 경영 기술을 대거 도입했다.[40] 여기서 주목할 것은, 제2차 세계대전 와중에 미국 육군은 처음으로 품질 관리 개념을 제창·발전시켰는데, 이후 데밍(W. E. Deming)의 이론과 함께 1954년 7월 일본에서 이 개념을 활용해 매우 큰 성공을 거두자, 이 개념은 일본 기업 경영의 독특한 특징이 되었다는 점이다. 이 시기에 미국에서는 경영학회 (Management Science Association)가 설립되었고(1953), 학술지 ≪경영과학 (Management Science)≫이 간행되었다. 한편 에이브러햄 매슬로(Abraham Maslow)는 인류의 『욕구 단계론(Motivation and Personality)』(1954)을 발표

---

39   田內幸一·村田昭治, 『現代マーケティングの基礎理論』(同文館出版, 1985).

40   岸本義之, "マネジメントの世紀", ≪一橋商業評論≫(2000).

했으며, 더글러스 맥그리거(Douglas McGregor)는 X이론과 Y이론을 발표해 기업 관리에서 사람을 존중하고 인간관계를 중시하는 방면에 이론적 기초를 제공해 주었다.

1950년대에 진입하자 미국에서는 전략(전략은 본래 군사 영역에서 나온 용어이다)을 기업 경영에 응용하는 일이 많아졌다. 1960년대에는 이론과 실행 방면에서 수준 높은 경영 전략 저작이 출간되었는데, 예를 들면 앨프리드 챈들러(Alfred Chandler)의 『경영 전략과 구조(Strategy and Structure)』(1962), 피터 드러커(Perter Drucker)의 『창조적 경영자(The Creative Manager)』(1964), 이고르 앤소프(H. Igor Ansoff)의 『기업 전략(Corporate Strategy)』(1965), 조지 슈타이너(George Steiner)의 『최고위층 경영관리 계획(Top Management Planning)』 등이다.[41]

1970년대에는 기업 지도자의 자질, 경영자의 직무 능력 등이 관리 수준과 기업 성공을 제고하는 중요한 요소로 주목을 받았다. 한 예로 1973년 헨리 민츠버그(Henry Mintzberg)가 발표한 『경영자의 사명(The Nature of Managerial Work)』을 들 수 있다.

1980년대는 전면적인 품질 관리 시대였다. 일본이 제2차 세계대전 이후 30년 동안 경제 기적을 이루고 대량의 일본 생산품이 각국 시장을 점령하자 각 선진국, 특히 미국은 매우 놀랐다. 미국 공업에서 맹아가 싹튼 마이크로 전자 및 이 업종에서 진전된 트랜지스터, 반도체 메모리 칩, 대형 및 소형 컴퓨터 등은 모두 미국에서 발명되었고 이 업종의 대기업도 모두 일찍이 미국 회사였지만, 1979년에 이르자 관련 시장을 일본에 양보하고 말았다.

소비자 가전 산업의 역사는 미국 회사가 연이어 철수하는 역사였다. 예를

---

41 Alfred Chandler, *Strategy and structure*(1962); Peter Drucker, *The Creative Manager*(1964); Igor Ansoff, *Corporate Strategy*(1965); George Steiner, *Top Management Planning*(1969).

들면, 1955년 미국이 판매한 라디오 가운데 95%는 미국에서 제작된 생산품이었는데, 1975년에 이르자 모두 전멸해 미국에서 생산된 라디오는 더 이상 팔리지 않게 되었다. 미국 TV 산업은 절정기에 60억 달러의 판매액을 기록해 일찍이 전 세계 소비자 가전제품 판매액의 22%를 차지했다. 하지만 1987년에 이르자 미국은 제니스(Zenith) 한 회사만 TV를 생산하게 되었고 TV 시장에서 겨우 15%를 차지했다. 비디오는 미국의 특허였지만 이 또한 일본에 자리를 양보하고 말았다. 자동차의 대량 생산은 미국에서 발명되었지만, 유럽과 일본의 자동차 회사는 고급 자동차와 저가 자동차 두 가지 방면에서 자동차 시장을 점령했고, 최종적으로 그들의 경쟁 상대인 미국의 자동차 회사를 좌절시켰다. 이러한 역사는 발상, 기술(하드 기술), 심지어 특허가 아무리 훌륭하더라도 제대로 관리하지 않으면 좋은 생산품으로 전환될 수 없다는 교훈을 안겨준다.

1980년 미국 NBC는 〈일본에서는 가능한데 왜 우리는 할 수 없는가?〉라는 프로그램을 방영해 전 세계적으로 일본식 경영 관리 이론과 실행을 연구하고 학습하는 바람을 불러일으켰으며, 이와 동시에 데밍의 품질 관리가 전 세계적으로 보급되었다.

1970~1980년대는 경쟁 기술이 크게 발전한 시기였다. 전형적인 저작으로는 마이클 포터(Michael Porter)의 『경쟁 전략: 산업과 경쟁자를 분석하기 위한 기법(Competitive Strategy: Techniques for Analyzing Industries and Competitors)』(1980), 『경쟁 우위: 탁월한 업적 창출 및 지속(Competitive Advantage: Creating and sustaining superior performance)』(1985), 『국가들의 경쟁 우위(The Competitive Advantage of Nations)』(1990)를 들 수 있다.[42]

---

42   Michael Porter, *Competitive Strategy: Techniques for Analyzing Industries and Competitors* (New York: The Free Press, 1980); Michael Porter, *Competitive Advantage: Creating and Sustaining Superior Performance*(The Free Press, 1985); Michael Porter, *The Competitive*

이 중에서 『국가들의 경쟁 우위』는 11판까지 나왔으며 12개 언어로 번역·출간되었다. 또한 이 시기에는 비즈니스 철학과 기업 문화 이론도 크게 발전했다. 이처럼 성공한 기업은 기업 내에서 공통의 가치 관념을 형성하기 위해 힘을 쏟았고 노동자의 적극성과 창조성을 추동함으로써 기업의 경쟁력을 증강시키기 위해 노력했다.

1990년대에 이르러 정보 기술이 새롭게 응용되고 경제의 세계화가 진전됨에 따라 기존의 관리 모델은 큰 충격과 준엄한 도전을 받았다. 21세기의 새로운 관리 모델에 적응하기 위해 재조직 기술 등 관리와 관련된 각종 신개념과 신기술이 제기되었는데, 대표적인 저작으로는 제임스 챔피(James Champy)와 마이클 해머(Michael Hammer)의 『기업 재조직하기(Reengineering the Corporation)』(1993), 찰스 새비지(Charles Savage)의 『제5대 관리: 휴먼 네트워크를 통한 기업 통합(Fifth Generation Management: Integrating Enterprises through Human Networking)』(1990) 등이 있다.[43]

20세기는 과학 기술이 급속하게 발전한 시기로, 과거 수백 년간 이루어진 발명과 창조가 대부분 이 한 세기 동안 산업에서 응용되었는데, 이는 20세기 관리 기술이 끊임없이 혁신되었기 때문이다. 일본 학자 기시모토 요시유키(岸本義之)는 20세기의 대표적인 관리 기술 혁신을 총결산하면서 20세기를 '관리의 세기'라고 일컬었다.[44]

21세기에 진입하면서 지구와 인류는 지속가능한 발전이라는 도전에 직면했고 인류의 생존과 발전 모델, 국가 발전 모델, 경제 개념, 가치의 함의, 또는 기업의 위치를 새롭게 정의하고 철저하게 전환하도록 요구받고 있다.

Advantage of Nations(The Free Press, 1990).

43   James Champy and Michael Hammer, _Reengineering the Corporation_(New York: Harper Business, 1993); Charles Savage, _Fifth Generation Management: Integrating Enterprises through Human Networking_(Bedford, MA: Digital Press, 1990).

44   岸本義之, "マネジメントの世紀".

7) 주식 기술과 증권 기술

주식제도는 출자 방식을 통해 서로 다른 사람의 자금을 한 군데로 집중시켜 경영을 통일하고 주식에 따라 주식의 이자 또는 배당금을 획득하는 경제 조직 형식이다. 이는 상품 경제가 일정한 단계로 발전하며 나타난 산물로, 생산과 발전에서 긴 역사 과정을 거쳤다.

주식제도와 그 조직 형식, 즉 회사는 중세기 중기의 유럽에서 기원했다. 12세기 초 이탈리아에서는 수많은 독점자본 기업과 공동출자 기업이 출현했다.

16~17세기에 이르자 가내 작업장을 이용하거나 형제와 친척에게 의지해 자금을 모으는 것으로는 대량의 기계와 장비를 구매하는 데 필요한 자금을 조달할 수 없게 되었다. 이러한 상황에서 사회로부터 자금을 광범위하게 모금하기 위해 주식 기술이 발명되었으며, 수많은 주식 투자자의 자금을 제도적으로 관리하기 위해 주식회사 제도가 만들어졌다.

1553년 영국에서는 처음으로 출자 형식의 해외무역 특허회사인 머스코비(Muscovy Company)가 설립되었는데, 그 주식을 보유한 사람은 지주, 왕과 귀족, 상인, 교회 등이었다. 1581년 영국에서 최초로 주식 제도로 건립된 해외 무역회사는 '레반트 회사(Levant Company)'로 일명 '터키 회사(Turkey Company)'라고도 불렸다. 주식 투자자는 242명이었는데, 이 회사는 증권 방식으로 주주를 끌어모아 자금을 모았다.[45] 1602년 세워진 네덜란드 동인도회사(당시 그들은 동양과 서양 사이를 항해했는데 동양에서 후추 등의 특산물을 구입해 서양에 판매했다)도 주식회사였다.[46] 그 이후 연이어 영국과 스웨덴 등

---

45   於紀渭, 『股份制經濟學槪論』(復旦大學出版社), pp.62~248.

46   『証券100問100答』(日本經濟新聞出版社, 1988).

에서 여러 주식회사가 출현했으며, 주식회사는 금융업, 운수업, 광업, 공용사업, 제조업에서 신속하게 발전하기 시작했다. 18세기 말에 이르러 주식회사는 거의 모든 공동출자 기업과 독점자본 기업을 대체했다.

19세기 후반에 이르러 영국의 각 전통 산업은 발전 속도가 둔화되기 시작한 반면, 독일과 미국의 산업은 급속하게 성장했다. 당시 독일 및 미국 경제의 산업적 변혁을 촉진시킨 계기는 기존에 내부적으로 자본을 충당했던 소규모 기업 간의 경쟁이 협력을 통해 설립된 대규모 합동 출자의 주식회사로 전환되었다는 것이다. 이들 주식회사는 20세기 초반을 특징짓는 거대한 독점기업으로 발전했다. 이러한 변화가 비교적 두드러지게 나타난 분야는 수많은 기업가를 보유하고 있는 금속 산업, 기계 산업, 그리고 과학자의 지지 아래 성장한 화학공업과 전기공업이었다.

켈빈, 에디슨, 지멘스 형제, 브루넬 부자 등은 모두 과학자가 사업가로 변신한 사례이다. 각 대기업은 증권 시장 방식으로 발전에 필요한 자금을 대거 모았고, 이렇게 해서 모은 자금으로 다시 과학 기술의 응용을 대대적으로 촉진했는데, 여기에는 내연기관 기술과 운수 기술을 응용해서 추동한 운송 혁명이 포함된다. 이 시기의 또 다른 특징은 전쟁에 과학 기술이 대규모로 적용되었다는 것이다. 잠수함, 어뢰, 고성능 폭탄, 대포, 전쟁의 기계화 등은 기술의 발전을 한층 더 촉진했다.[47]

20세기 초 미국, 독일, 프랑스 등 각국의 국부(國富) 가운데 4분의 1에서 3분의 1은 주식회사에 의해 장악되었으며, 주식회사는 각국 국민경제에서 지배적인 지위를 차지했다.[48] 1980년대에 이르러 미국 주식회사는 271만 개로 전체 기업 수의 16%에 불과했지만, 그 자산은 총액의 85%, 판매액의 89%,

47   J. D. Bernal, *Science in History*. 이 책의 일본어판 『歷史上的科學』, pp. 338~339, 767~768.
48   章剛柱 編著, 『股份公司: 創立, 組織, 管理』(中國經濟出版, 1988), pp. 13~19.

순수입의 80%를 차지했다. 1990년대에 이르러서는 주식회사의 비중이 18.5%로 증가하고 판매 수입의 90%를 차지했다.[49] 1984년 일본 국내의 일반 법인 가운데 주식회사는 53.5%에 불과했지만 자본금이 1억 엔이 넘는 회사는 거의 전부 주식회사였다.[50]

증권 기술의 발명과 교묘한 설계는 주식 기술의 발전과 보급에 매우 우수한 무대를 제공해 주었다. 실제로 주식은 증권의 일종에 불과하다. 재산의 형성, 사용, 증식, 관리 방면에서 가장 성공한 기술은 바로 증권 기술이다. 이른바 증권이란 법률상으로는 '재산과 관련된 권리와 의무 사항을 기록하고 있는 서류'를 지칭한다. 증권은 단순히 일정한 사실을 증명하기 위해 사용되는 증거(證據) 증권과, 권리, 의무의 발생 또는 전이 시의 조건을 설명하기 위해 사용되는 유가(有價) 증권으로 구분된다. 후자는 권리와 의무에 근거해 상품 증권, 화폐 증권, 자본 증권으로 분류할 수 있다.[51] 자본 증권은 다수의 출자자로부터 동일한 조건으로 대량의 자금을 조달하기 위해 자금을 접수한 측에서 발행하는 것이다. 증권을 발행해 사회 각 개인의 수중에 분산되어 있던 소액의 화폐를 집중시킴으로써 자금을 접수하는 측이 특정한 목적을 위해 필요로 하는 자금 규모를 확보하는 것이다. 한편 출자하는 쪽의 관점에서 논하자면, 증권을 구매하기 위해 지불되는 소액 자금은 일반적으로 각종 이유로 인해 잠시 놀려두는 화폐이다. 하지만 이 같은 방식을 통해 자금을 접수하는 쪽에 유의미한 규모로 자금이 집중된 후에는 자금 사용자 측의 수익에 상응하는 수익을 보상받을 것으로 기대된다. 자본 증권은 수익의 성격에 따라 채권과 증권으로 구분된다. 증권은 수익 증권이면서 주식회사가 자기 자본을 조달하는 수단이기 때문에 주주의 각종 권리를 표명하는

---

49 趙濤, 『股份制: 現代企業的重要形式』(經濟科學出版社, 1997), pp.5~6.

50 福光寬, 『金融自由化時代的証券市場』(日本經濟評論社, 1986).

51 같은 책.

것이기도 하다.

주식회사가 왕성하게 발전하는 와중에 1613년 네덜란드 암스테르담에서는 증권 장사를 하던 한 상인이 증권거래소를 설립했다. 1657년 영국에서는 비교적 안정적인 증권 거래조직이 출현했다.[52] 19세기 말에 이르러 증권 시장은 공업화 국가와 지역에서 광범위하게 발전했다. 〈표 2-1〉은 20세기 말 기준 전 세계 최대 규모인 10개 증권거래소의 설립연도를 정리한 것이다. 오늘날의 증권 시장은 채권 시장과 증권 시장, 발행 시장과 유통 시장, 거래 시장과 장외거래 시장 등으로 구분할 수 있다.

20세기에 진입하면서 증권 시장이 자본 시장에서 미치는 영향이 갈수록 커짐에 따라 주식 시장의 리스크를 예방하기 위해 회사의 상장 조건이 갈수록 엄격해지고 있다. 그 결과 소기업, 특히 리스크가 비교적 큰 과학 기술 분야의 작은 회사가 상장할 수 있는 가능성이 거의 없어졌다. 따라서 중소기업과 하이테크 기업의 발전을 지원하기 위해, 그리고 이러한 부류의 기업에 대한 융자에 유리한 자본 시장을 만들기 위해 전 세계적으로 이른바 '세컨드 마켓(second market)'을 탐색하고 있다. 1971년 미국은 새로운 증권 시장, 즉 나스닥 시장을 열었는데, 이는 융자 기술을 혁신한 것이자 리스크 투자의 운영 메커니즘을 혁신한 것이기도 했다. 나스닥 시장은 소기업이 상장할 수 있도록 토대를 마련해 주었다. 특히 1992년 이후 상장한 기업의 자본금이 낮아졌는데, 상장 기업이 3년 동안 연속해서 이익을 달성해야 한다는 조건도 취소했다. 이는 상장할 수 있는 문턱을 대대적으로 낮추었을 뿐만 아니라 경쟁적인 시장조성자(market maker) 제도를 열었다.

증권 시장의 이러한 혁신은 중소기업, 특히 하이테크 벤처 기업(venture corporation)의 발전에 대단히 유리한 환경과 조건을 제공해 주었으며, 이로

---

52   何志勇 主編, 『股份制創新』(西南財經大學出版社, 1997), pp. 2~5.

제2장 소프트 기술의 발전사   147

표 2-1 | 전 세계 최대 증권거래소 및 설립연도

증권거래소 명	설립연도
독일 증권거래소	18세기 초
파리 증권거래소	1724년
뉴욕 증권거래소	1792년
런던 증권거래소	1801년
호주 증권거래소	1837년
토론토 증권거래소	1878년
도쿄 증권거래소	1878년
세인트 폴 증권거래소	1890년
홍콩 증권거래소	1891년
미국 나스닥	1971년
유럽 12개국 증시	1996년
한국 코스닥	1996년
일본 OTC	1991년

자료: ≪科技日報≫(2000.6.4).

인해 각국은 자국의 상황에 근거해 서로 다른 명목의 신형 증권 시장을 잇달아 발전시켰다. 1999년 말까지 전 세계에는 4829개의 회사가 나스닥에 상장했는데 그중 약 2000개가 과학 기술 및 네트워크 관련 기업이다. 이와 동시에 유럽 12개국(1996), 영국(1995), 독일(1997), 일본(1991)과, 아시아의 신흥시장 국가 및 지역, 예를 들면 싱가포르(1987), 말레이시아(1997), 한국(1996), 태국(1999), 홍콩(홍콩의 차스닥은 1999년 11월에 개설되었는데 2001년에 상장 규칙을 수정해 상장의 문턱을 높였다), 타이완(1994) 등에서도 나스닥을 모방해 전문적으로 중소 하이테크 기업에 서비스를 제공하는 증권 시장이 설립되었다.[53] 이러한 증권 시장의 혁신 포인트는 상장 기업의 유망성을 중시함으로써 상장 표준을 낮추고, 시장조성자 제도 같은 방법을 추진해 중소

기업, 특히 과학 기술형 소기업이 상장하기 위한 문턱을 낮추며, 전자 거래로 거래 비용을 낮추고 효율과 투명성을 높임으로써 55개 국가와 지역을 아우르는 26만 개의 컴퓨터 단말 이용자로 구성된 네트워크를 형성하는 것이었다. 실제로 나스닥은 혁신 기업의 인큐베이터가 되었다.

증권 시장이 발전함에 따라 증권거래소를 둘러싸고 발생하는 각종 증권 관련 범죄도 확대되고 있으며 증권 시장도 상장 회사가 법률과 법규를 위반하는 무대가 되고 있다. 이로 인해 증권 시장의 새로운 제도 혁신이 필요해졌으며, 중국 증권감독회는 증권범죄정찰국(証券犯罪偵察局)을 출범시켰다.

이상의 분석을 통해 주식회사 제도와 증권 시장은 하드 기술의 실용화·생산품화·상업화에 다른 기술로 대체할 수 없는 큰 영향을 미쳤음을 알 수 있다. 이와 동시에 주식 기술과 증권 기술 역시 다른 기술과 마찬가지로 끊임없는 혁신이 필요함을 알 수 있다.

8) 합병 기술과 인수 기술

기업 합병은 기업 조직 기술에 속하는데, 기업은 다른 기업의 자산을 구매(인수)하거나 하나의 소유권 아래에서 다른 기업과 연합(합병)하는 데 동의함으로써 공동 발전을 추구할 수 있다. 합병의 동기는 시장에 대한 통제 능력 증강, 기술적·경제적 규모 확대, 무역 비용 저감, 리스크 분산 등 모두 경쟁력 증강을 주요 목적으로 하고 있다. 기업 합병은 실제로 기업의 외부 성장 방식이다. 이러한 합병에는 인수 합병, 매수 합병, 양수 합병, 혼합 합병, 흡수 합병 등이 포함된다.

합병 기술의 작용을 한층 깊이 인식하고 아울러 합병 기술의 발전을 통해

---

53   陶德言, "二板市場, 新經濟的助推器", ≪參考消息≫(2000.6.7).

소프트 기술과 제도 혁신의 관계를 탐구하기 위해 미국 산업계에서 일어난 네 차례의 합병 물결을 분석해 보도록 하겠다.[54]

제1차 합병 물결은 1898~1902년에 일어났다. 남북전쟁 이후 미국에서는 전국 철도망의 건설과 새로운 생산 기술 도입으로 인해 각 업종의 지역 시장이 전국적 시장으로 변화하는 추세가 나타났다. 그러한 전국적 생산 능력을 갖춘 기업, 특히 석유, 담배, 철강 업종은 수평적 합병을 통해 경쟁을 피하고 효율을 제고했을 뿐만 아니라 독점적 이윤을 누리는 목적을 달성했다. 예를 들면 1878년 미국 석유 생산 총액의 90% 이상을 차지했던 스탠더드 오일 회사는 동종 기업과의 합병을 거쳐 1880년에 세계 석유 생산량의 5분의 2를 점유하는 특대형 독점 기업이 되었다. 하지만 규모의 효과를 얻기 위한 과도한 독점은 수많은 부작용을 가져왔다. 이처럼 수평적 합병에서 발생한 기업의 각종 행위를 규제하기 위해 미국 정부가 제정한 법률이 1914년의 '반(反)트러스트법'이다.

제2차 합병 물결은 1925~1929년에 일어났다. 독점에 반대하는 각종 법률 때문에 수평적 합병은 매우 큰 제한을 받았다. 하지만 기업가들은 수직적 합병[상류 부문(upstream) 기업과 하류 부문(downstream) 기업 간 합병 또는 생산 기업과 판매 기업 간 합병]을 통해서도 기업의 규모를 확대할 수 있으며 이는 매우 잠재력 있는 발전 경로임을 발견하게 되었다. 1929년 전 세계적인 경제 쇠퇴가 일어나기 전까지 미국에서는 증권 투자의 붐과 함께 제2차 합병 운동이 일어났다. 제2차 합병의 특징은 독점 시장을 창출하고 수직적 합병 등의 수단을 통해 시장을 확대하며 비용을 낮춘 것이었다. 기업의 합병 행위를 규제하기 위해 미국 정부는 '증권법'(1933년)과 '증권거래법'(1934년)을 제정해 상장 회사에 재무 내용을 공개하도록 강제적으로 요구하는 정책

---

54   村松司叙, 『合併・買收と企業評価』(同文館出版, 1987).

을 실시했다.

1966~1968년 미국에서는 제3차 합병 물결이 일어났다. 그 배경은 경제 호황과 증권에 대한 지속적인 투자 열풍이었다. '반트러스트법'에 저촉되지 않기 위해 이 시기의 기업은 주로 시장 확대형 또는 경영 다각화를 목적으로 하는 대재벌 기업 합병(이를 혼합 합병이라고 일컫는다)을 채택했다. 즉, 상호 관련성이 크지 않은 서로 다른 업종 간의 기업 간 합병을 통해 매우 많은 대재벌 기업을 형성하는 것이었다. 하지만 당시에는 합병에 대한 과세와 관련된 법률이 아직 제정되지 않았기 때문에 비과세 합병은 당연히 합병 기업 간 주식을 교환하는 데 유리했다. 이에 따라 매우 많은 전략가들이 금융 수완을 발휘해 부당하게 기업을 인수했으며, 심지어 작은 물고기가 고래를 잡아먹는 식의 합병이 발생하기도 했다. 일부 회사는 8년 동안 125차례나 합병을 반복하기도 했다. 이러한 기업의 행태는 1968년 미국 의회가 '윌리엄스법(Williams Act)'을 통과시키고, 1969년 새로운 조세 개혁을 하도록 유도했다.

1970년대 중반에서 1980년대까지 지속된 합병 열풍은 제4차 합병 물결이라고 부를 수 있다. 이 시기에는 비록 합병된 기업의 수는 감소했지만 대기업 간의 합병을 특징으로 하고 있어 전체 산업계에 매우 큰 반향을 일으켰다. 혹자는 이를 일컬어 초대형 합병이라고 부른다. 1985년에는 합병이 고조되어 전 세계적으로 3000여 건의 합병이 발생했다.

1990년대부터 시작된 기업 합병의 가장 큰 특징은 다국적 합병이다. 서양 선진국은 19세기 전반기부터 기업의 합병 및 인수 기술을 사용했지만, 국내 기업을 확장하기 위한 다국적 합병은 제2차 세계대전 이후 다국적 직접투자가 증가함에 따라 발전했다. 다국적 합병은 1991~1992년에 침체기를 거친 이후 1993년부터 다시 증가하기 시작했다. 1995년에 이르러 전 세계 다국적 인수와 합병 거래액은 1988년 대비 두 배로 증가해 2293억 달러에 도달했으며, 1997년의 다국적 합병액(3340억 달러)은 전년 동기 대비 45% 증가해 세계 대외 직접 무역의 총액 비중에서 58%를 차지했다.[55] 1998년에 이르러 다국적 합병액은 6046억 달러에 도달했다. 한 보도에 따르면, 1999년 한 해 동안 인수와 합병을 선포한 거래액은 3.3조 달러(그중에 다국적 합병액은 8627억 달러)에 달해 1990년에서 1995년까지의 거래액 총액을 초과했다.[56] 그중에서 거래액이 가장 많았던 업종은 통신 산업으로 5610억 달러였으며, 2위는 은행업으로 2970억 달러였다. 인수 거래 횟수가 가장 많은 기업으로는 마이크로소프트가 1위로 45차례였고 거래액은 130억 달러였으며, 2위는 인텔로 35차례였고 거래액은 50억 달러였다.

이를 통해 다국적 합병 기술이 세계 경제를 성장시키고 해외 직접투자를 증대시키는 추진체이며 또한 경제 세계화의 중요한 지표가 되었음을 알 수 있다.

21세기 들어서도 전 세계적 기업 합병 물결은 가라앉지 않았으며 다수의 기업이 합병을 통해 회사 가치를 극대화하고자 함에 따라 합병 범위와 규모가 갈수록 커지고 있다. 2001년 휴렛팩커드와 컴팩이 합병함으로써 564억 달러의 자산을 보유하게 되었으며, 규모가 더욱 확대된 휴렛팩커드의 한 해 영업액은 874억 달러가 되었다. 2002년 세계 1위의 대형 제약회사 파이저는 미국의 파마시아를 약 595억 달러의 증권으로 교환하는 방식으로 합병했다. 2004년 12월 중국의 롄샹(聯想)은 12.5억 달러로 IBM을 합병해 '뱀이 코끼리를 잡아먹는' 다국적 합병의 사례로 업계에 큰 충격을 주었다. 2005년 1월 프록터앤겜블(P&G)은 570억 달러의 가격으로 질레트를 인수해 세계 최대의 생활용품 제조 회사가 되었다. 2007년 4월 영국의 바클레이은행(Barclays Bank)이 주도하는 컨소시엄은 네덜란드 은행 경영진과 협의한 끝에 이 컨소

---

55   趙京霞, "跨國幷購: 國際直接投資主流", ≪跨國公司硏究≫(1998).

56   "1999: New Record for Global Enterprise Merger", EFE(New York: December 23, 1999).

시엄은 약 908억 달러로 네덜란드의 은행[57]을 인수하고자 했다. 하지만 그 이후 스코틀랜드 왕립은행(Royal Bank of Scotland)이 주도하는 컨소시엄이 970억 달러로 네덜란드 은행을 인수하고 싶다는 의사를 표명했다.

100여 년 동안 합병 기술은 수평적 합병 → 수직적 합병 → 하류 부문 연합 → 상류 부문 연합 및 혼합 합병에서 다국적 합병으로 발전했고, 나아가 협력자와의 합병, 경쟁자와의 합병으로 발전하고 있다.

이제 합병은 이미 단순한 기업의 외부 조직 기술이 아니다. 다국적 합병은 일부 다국적 기업을 국적이 명확하지 않은 글로벌 기업으로 만들고 있으며 경제와 기술의 세계화를 강력하게 추동하고 있다. 또한 세계의 경제 구도를 변화시키고 정치 구도에도 영향을 미치고 있다. 기업 합병의 역사는 합병 기술을 원활하게 운용하는 것이 기업 경쟁력을 제고하는 데 유리한 수단이며, 합병 기술을 발전시키면 기업의 경쟁과 상관된 제도의 혁신이 촉진된다는 사실을 보여주고 있다. 그 예가 바로 '반트러스트법', '증권거래법', '세법' 등이다. 합병의 역사를 돌아보면 제도 혁신은 소프트 기술의 응용 및 발전과 병행되어야 한다는 것을 알 수 있다.

9) 리스크 투자술

리스크 투자는 리스크가 비교적 크지만 수익이나 성장 잠재력 또한 비교적 큰 것으로 평가되는 프로젝트에 대해 투자함으로써 높은 수익을 획득하는 리스크 활동을 지칭한다.

현존하는 기록에 따르면, 가장 일찍 출현한 리스크 투자회사는 1945년 영국의 공상금융회사(Industrial and Commercial Finance Corporation: ICFC)이

---

57   ABN AMRO Bank를 지칭한다. _옮긴이 주

다. 1946년 설립된 미국연구개발회사(American Research and Development Corporation: ARD)는 최초로 공개 거래를 실시한 폐쇄형 투자회사이며 아울러 금융가에 의해 관리되었다.

1946년 휘트니(J. H. Whitney)는 최초의 개인 리스크회사를 설립했는데 처음에는 자본금 약 1000만 달러로 시작해 리스크 투자(Venture Capital)라는 새로운 용어를 만들어냈다. 그는 주식을 공유하는 방식으로 리스크 투자를 진행한 최초의 인물이다.

1952년 영국과 프랑스가 합자해서 설립한 차터하우스 캐나다 투자회사(Charterhouse Canada Limited)는 캐나다 최초의 리스크 투자회사이다.

1958년 미국 정부는 '소기업 투자회사법'을 통과시켰는데, 수많은 소기업 투자회사가 출현했고 그 소기업들은 당시 리스크 자금의 주요 출처였다.

1962년 설립된 드레이퍼 앤 존슨(Draper & Johnson) 투자회사는 지금까지 광범위하게 사용되는 리스크 기금 관리 모델을 개창했다.

1973년에는 미국국가리스크투자협회(NVCA)가 창설되어 리스크 투자가 미국 국민경제에서 하나의 신흥 업종이 되었음을 알렸다.[58] 1983년 유럽 40개 리스크 투자기금은 유럽리스크투자협회(EVCA)를 설립했다.

현재 한 국가에서 리스크 투자업의 발전 수준은 해당 국가의 최첨단 기술 및 산업의 발전 수준과 미래를 대표한다. 예를 들면 영국 리스크 투자업은 일찍 시작되었지만 발전 속도는 비교적 느렸다. 1980년에 이르러 영국 정부가 세수 우대, 대출 담보 계획, 기업 확대 계획 등 리스크 투자 발전을 진작시키는 일련의 정책과 조치를 취하자 리스크 투자업이 영국에서 비로소 다소 활기를 띠게 되었다. 영국리스크자본협회(BVCA)의 통계에 따르면, 1979년 영국 리스크 투자액은 8억 파운드였고 1995년에는 약 25억 파운드에 달

---

58   劉曼紅 主編, "序言", 『風險投資: 創新與金融』(中國人民大學出版社, 1998), pp.1~51.

해 같은 기간 국민총생산액의 0.4%를 차지했다.[59]

세계에서 하이테크의 발전이 가장 빠르고 기술 경쟁이 줄곧 1위를 유지하고 있는 미국도 리스크 투자 기술의 발전이 가장 빠른 국가이다. 1950년대와 1960년대는 미국 리스크 투자업의 첫 번째 절정기였다. 미국의 ≪아메리칸 벤처 캐피털(American Venture Capital)≫에 따르면, 1970년에서 1979년까지 리스크 투자의 지원을 받아 설립된 하이테크 회사는 1만 3000개 이상이었다고 한다. 1980년대에 이르러 정부 세제 개혁 및 하이테크 기업의 신속한 발전의 영향을 받아 리스크 투자액은 1975년의 14억 달러에서 1985년 115억 달러, 1995년 400억 달러로 급속히 발전했다. 1998년에는 미국의 리스크 투자 기구가 2000여 개, 투자 규모는 600억 달러에 달했으며, 매년 약 1만 개의 하이테크 프로젝트가 리스크 투자의 지원을 받았다.[60]

1990년대 이래 리스크 투자업은 전 세계적으로 장족의 발전을 보였다. OECD의 계산에 따르면 1996년 전 세계 리스크 자본 총액은 이미 1000억 달러에 달했다. 프랑스, 독일, 호주, 인도, 이스라엘 등의 국가들은 잇달아 조치를 취해 리스크 투자업의 발전을 촉진했다. 프랑스는 일련의 리스크 투자를 진작시키기 위한 정책을 선포했고 세수 제도와 회사 제도에 대한 규제를 다음과 같이 한층 더 완화했다. 즉, 새로운 회사가 설립된 후 발기인 주식에 대한 우대를 7년에서 15년으로 연장했고, 동시에 특혜주식 제도를 진작시키고 개선해 투명도를 한층 제고했다. 또한 증권 형식으로 투자한 생명보험회사는 총액의 5%를 리스크 투자에 이용하도록 규정했고, 혁신 기업 자산의 증가액을 재투자에 이용할 경우 징세를 늦추는 등의 규제 완화가 포함되었다. 독일은 1997년 4월부터 첨단 기술 관련 회사에 투자한 리스크

59   任天元 編著, 『風險投資運作與評估』(中國經濟出版社, 2000), pp. 20~58.
60   李建良 編著, 『風險投資操作指南』(中華工商聯合出版社, 1999), pp. 16~21.

투자가가 주식 거래를 통해 이익을 획득할 경우 세금을 면제해 주고 있다. 이 정책이 시행되자마자 프랑크푸르트에는 첨단 기술 기업과 관련된 두 개의 증권 거래 시장 노이어 마르크트(Neuer Markt)와 이스닥(EASDAQ)이 만들어졌으며, 지멘스, 도이체 텔레콤(Deutsch Telecom), 바스프(BASF), 다임러(Daimler), 벤츠 등 기업의 거두가 잇달아 첨단 기술 리스크 투자업에 진출했다.[61]

현재 리스크 기술은 이론과 실행 방면에서 끊임없이 혁신하고 있다. 예를 들면 리스크 투자의 조직, 투자 제도의 안배, 운영 메커니즘, 벤처 기업의 관리 및 리스크 투자 유지 시스템을 뒷받침하는 것과 관련된 일련의 이론과 전형적인 사례를 형성하고 있다. 각국은 자국의 상황에 부합하는 리스크 투자 관련 법률, 법규, 융자 제도(증권 시장 포함), 정책과 회사 제도를 제정했다. 리스크 투자의 함의에도 변화가 발생해 리스크 투자는 이미 모든 개인 지주회사의 주주권에 대한 융자 활동을 아우르고 있다. 이와 동시에 리스크 기술에서는 새로운 추세가 대거 출현하고 있다. 예를 들면 리스크 투자의 세계화, 리스크 투자회사 간의 합병과 인수 사례 증가, 리스크 투자의 투입과 퇴출에서의 증권화, 리스크 투자 관리의 규제, 리스크 자본 출처의 다원화 등이다.

10) 물류 기술

전통적 의미에서 물류 기술은 원료와 생산품이 기업 - 공급업자 - 고객 간에 유통되고 순환하는 과정에서 서비스 수준을 높이고 비용을 낮춤으로써 더욱 큰 부가가치를 창출하는 기술을 일컫는다.

---

61 같은 책.

물류의 가장 원시적인 함의, 즉 물리적 이동의 의미라는 관점에서 논하자면, 물류의 역사는 인류의 역사와 마찬가지로 유구하며 인류 문명의 탄생과 함께 발전해 왔다. 즉, 상품 유통이 출현하기 훨씬 이전부터 인류가 노동 도구를 휴대하고 수행한 활동이 물류에 속한다. 인류 사회가 상품 생산을 개시한 이후 생산과 소비는 점차 분리되었고 생산과 소비를 연결하는 중간 단계, 즉 유통이 생겨났는데, 유통 영역을 통해 상업 거래 활동과 실물 운동 활동이 분리됨으로써 물류 기술이 진일보 발전했다.

초기에 물류 기술이 규범화되고 발전한 데에는 병참(logistics) 기술이 군사 영역에서 응용된 데 힘입은 바 크다. 병참 기술이란 한 조직이 정상적이고 효율적으로 돌아가기 위해 필요로 하는 물질 조건과 서비스를 제공하는 기술을 일컫는다. 병참이라는 용어는 군대에서 '후방 근무'를 약칭하는 형태로 가장 먼저 출현했다. 고대의 전쟁이나 제2차 세계대전, 1991년 발생한 현대 걸프전에 이르기까지 병참이 지원되지 않는 군사 활동은 전혀 상상할 수 없다.

기원전 520년 『손자병법』의 「작전편(作戰篇)」에서 초기의 병참 사상과 병참 기술의 응용을 살펴볼 수 있는데,[62] 당시에 이미 병참을 보장하는 것이 군대의 존망과 전쟁의 승부를 결정하는 것으로 인식했다.

서양의 사례를 보면, 기원전 11세기부터 기원전 9세기까지 고대 그리스 사회와 문명을 반영한 『호메로스 찬가(The Epic of Homer)』[63]와 가장 일찍 저술된 군사 저작인 고대 그리스의 『아나바시스(Anabasis)』[64]에도 군사 병참과 관련된 내용이 있다. 19세기 구미의 일부 국가의 군대에도 상설 병참 기구가 있었다.[65]

---

62 施芝華, 『孫子兵法新解』(學林出版社, 2000).

63 荷馬(Homer) 著, 王煥生 譯, 『荷馬史詩』(人民文學出版社, 1997).

64 色諾芬(Xenophon) 著, 崔金戎 譯, 『長征記』(商務印書館, 1983).

18세기 후반, 영국인들은 소비 시장과 원료가 일체화된 국제 유통망을 구축했다. 이는 영국을 1차 산업혁명의 중심으로 만드는 데 매우 크게 기여했다.

1917년 미국 해군 중령 조지 소프(George Thorpe)가 집필한『순수 병참학: 전쟁 준비의 과학(Pure Logistics: The Science of War Preparation)』이 출간되었는데, 이는 군사 병참과 관련된 세계 최초의 이론 서적으로 사람들에 의해 공인되고 있다.

제1차 세계대전이 벌어지는 중이던 1918년 영국에서는 인스턴트 딜리버리(Instant Delivery Co. Ltd.)가 설립되었다. 이 회사의 취지는 전국 범위에서 상품을 제시간에 도매상, 소매상, 사용자의 수중에 보내는 것이었다.

그러나 제2차 세계대전 이전에는 사람들의 병참 기능에 대한 인식이 제한적이었으며, 전문적인 병참 부서를 설치한 조직 또는 기업은 매우 적었다. 제2차 세계대전 기간 중에 미군은 군수품의 공급을 해결하기 위해 사이버네틱스와 컴퓨터 기술을 운용해 물자에 대한 공급, 운수 노선, 무기의 사용, 재고량 등을 과학적으로 계획해 군사 공급 및 보장 시스템을 만들었는데, 이를 '로지스틱스(logistics)'라고 불렀다. 전쟁에서의 수요가 군사 병참 기술의 발전을 추동해 군사 물자 인수량의 확정, 구매, 보관, 운수, 재고 관리 등이 하나의 시스템으로 처리되었다.

제2차 세계대전 이후 세계 경제가 발전하고 기업 경쟁이 나날이 치열해짐에 따라 병참과 관련된 기업 비용을 절약하기 위해 서양의 대기업은 잇달아 군사상의 병참 사상과 방법을 생산 관리에 운용했다. 하지만 이때의 기업 로지스틱스는 운수 및 보관 영역의 비용 통제를 강조하는 데 그쳤다. 로지스틱스 기술이 발전함에 따라 이는 더 이상 기업 또는 군사 영역의 로지스틱스

---

65   孟隰生 主編,『現代後勤槪論』(長城出版社, 1997), pp.1~15.

서비스에 국한되지 않고 모든 물자 유통과 관련된 영역에 응용되었으며 이를 '물자 유통 기술'이라고 바꿔 부르게 되었다(원래 의미는 '실물 배송'이다).

실제로 물자 유통이라는 용어가 정식으로 등장한 것은 1912년 미국에서 쇼(A. W. Shaw)가 쓴 『시장 유통에서의 몇 가지 문제(Some Problems in Market Distribution)』라는 책에서였는데, 그는 "물자는 시간 또는 공간에서 이동을 거치면서 부가가치를 만들어낼 수 있다"라고 지적했다. 여기서 물자의 시간 및 공간에서의 이동은 곧 물자 유통을 지칭한다.

1935년 미국판매협회(American Marketing Association)는 일찍이 물자 유통에 대해 "판매 중인 물질에 대한 서비스를 포함하며, 생산지에서 소비 지점에 이르는 과정에 수반된 각종 활동"이라고 정의를 내렸다.

1956년 하버드대학 교수 하워드 루이스(Howard T. Lewis), 제임스 컬리턴(James W. Culliton), 잭 스틸(Jack D. Steele)은 『물자 유통에서의 항공 화물 운송의 역할(The Role of Air Freight in Physical Distribution)』이라는 책에서 최초로 물자 유통 관리에서 총원가를 분석하는 개념을 도입했다.

1963년 미국에서는 미국물류관리협의회(National Council of Physical Distribution Management: NCPDM)가 설립되어 이 영역의 발전을 촉진했다.

1970~1980년대는 기업 물류가 제도화된 단계로 인식되고 있다. 에너지 위기와 미국 채무 시장의 과도한 팽창으로 인해 기업 이윤이 대폭 하락하고 경제 경쟁이 심화되면서 기업의 경영이 더욱 어려워졌다. 이로 인해 기업은 물류 관리에 더욱 엄격해졌고 나아가 각종 조직의 로지스틱스 서비스와 관리에 대해 규범화를 추진했다.[66]

시대의 변천과 기술이 진보함에 따라 물류 기술도 정부, 기업, 사회단체 등 모든 조직이 갖추어야 할 기초적 기능이 되었으며, 물자 유통 자체도 내

---

66   王玲·羅澤濤 外 編著, 『現代企業後勤學』(經濟科學出版社, 2000), pp.1~7.

용과 요구가 서로 달라졌다. 이를 위해 물류업계는 물자 유통을 물류로 고쳤으며, 1986년 미국물류관리협의회는 미국물류협회(The Council of Logistics Management: CLM)로 명칭을 바꾸었다.

일본은 1964년부터 물류라는 개념을 사용하기 시작했다. 1981년 일본종합연구소가 펴낸 『물류 핸드북』에서는 물류를 다음과 같이 해석하고 있다. "물질을 공급자에게서 소비자에게로 옮기는 물리적 이동으로 시간적·장소적 가치를 창조하는 경제 활동이다. 물류에는 포장, 하역, 보관, 재고 관리, 유통 가공, 운수, 배송 등의 각종 활동이 포함된다."[67]

도요타의 실시간 물류 관리 전략[68]은 JIT 생산 체제 및 판매 네트워크와 결합되어 원활한 판매 시스템을 만들었으며, 생산품을 소량으로 나누어 간편하고 신속한 속도로 판매하고 생산품이 유통 영역에서 소요되는 비용을 한층 낮추었다. 이와 동시에 전체 대리점을 교육 훈련하고 시장으로부터 피드백되는 정보에 근거해 대리점의 판매 촉진 정책을 실시하고 경영상의 문제를 해결하도록 지도함으로써 판매 효율을 제고했다. 훈련 내용에는 상품 지식에 대한 안내, 판매원 훈련, 경영 관리 또는 재무 지도, 점포 설계, 광고 홍보 자문 등이 포함되었으며, 인원과 기술의 측면에서 판매 및 애프터서비스를 진행하는 것을 도와주었다. 일본 도요타의 실시간 물류 시스템은 화물이 신속하게 유통되도록 만들어 재고율을 낮추고 재고 보충 시간을 더욱 정확하게 함으로써 비용을 낮추었으며, 서비스 수준을 제고하고 경영을 정밀화했다.

전자 비즈니스의 부흥은 물류에 더욱 광범위한 비즈니스 기회를 개척해주었다. 일본의 소매업과 운수업은 창조성이 대단히 풍부한데 전자 비즈니

---

67   崔介何 編著, 『物流槪論』(中國商業出版社, 1988), pp. 1~3; 王之泰, 『現代物流學』(中國物資出版社, 1995), pp. 26~59.

68   柳長立, "豊田公司的實時後勤管理戰略", 中國後勤網(2003. 10. 13).

스를 통해 전체 업계에 물류 혁명이 일어났다. 인터넷으로 물품을 구입할 때 고객들이 가장 불만스러워하는 점은 화물 운송이 매우 느리거나 물품이 도착할 때 구매자가 집에 없는 경우가 많다는 것이었다. 그런데 일본에는 24시간 영업하는 상점이 각 대도시의 주택 지구 내에 분포되어 있는데, 이러한 상점에서는 온라인 주문을 취급하고 있어 인터넷을 통해 물품을 구입할 수 있고 심지어 인터넷을 활용한 은행 업무까지 처리할 수도 있다. 일본에는 4만여 개의 편의점이 있는데, 이 편의점들은 인터넷을 통해 최종 소비 업무의 물류망을 형성했다. 예를 들면 로손 소매 체인점은 7400개로, 점차 고객이 인터넷을 통해 물품의 구매를 신청하는 지역센터가 구축되고 있다. 그 이후에 전자 상거래 기업이 물품을 구매 소비자로부터 가장 가까운 위치에 있는 소매 체인점의 배송 센터에 제공하고, 해당 배송 센터는 당일 해당 물품을 구매 소비자에게 전달한다. 비록 전자 상거래 기업이 상점 측에 일부 대행 수수료를 지불하긴 하지만, 운송비를 대폭 절약할 수 있다.

또한 운수업을 예로 들면 다이와운수(大和運輸)는 3.2만 대의 화물차를 전자 비즈니스 기업 측에 사용하도록 제공해 주었다. 그뿐만 아니라 우편 서비스 부문도 성공적으로 하나의 인터넷 플랫폼을 운영하고 있어, 이용자는 이 플랫폼에서 자신의 온라인 비즈니스를 무료로 개설할 수 있다. 다이와운수는 전자 상거래 기업의 모든 업무를 접수하는데, 보관, 포장, 화물 공급, 지불 업무를 수행할 뿐만 아니라 고객의 민원도 처리해 준다. 다이와운수의 경쟁 상대이자 일본에서 둘째로 규모가 큰 우편물 발송 회사인 사카와급편(佐川急便)은 새로운 정보 시스템에 450억 엔을 투입해 회사의 모든 화물 운송 차량에 소형 컴퓨터 단자를 장착시킴으로써, 고객이 언제라도 자신의 우편물 위치를 추적할 수 있도록 했다.[69]

69   "Logistics Revolution", *Handelsblatt*(Germany: September 25, 2000)[≪參考消息≫(2000.10.16)轉

현재 물류는 이미 하나의 학문이자 기술로 발전했다. 물류의 의미에는 생산품이 공장에서 출하되는 데서 시작해 생산자에서 소비자에게 물류를 배송하는 과정뿐만 아니라 원재료 구입, 가공 생산, 생산품 판매, 애프터서비스에서부터 폐기물 회수까지의 전체 물류 유통 과정이 포함된다. 합리적인 비용의 물류는 거대한 경제 효과를 창출하기 때문에 물류 영역은 원재료, 연료 등 자연 자원과 인적 자원의 뒤를 잇는 '세 번째 이윤의 원천'으로 간주된다. 특히 자연 자원과 인적 자원에서 이윤을 올릴 수 있는 잠재력이 갈수록 작아지고 이윤 창출이 어려워지는 상황이기 때문에 물류는 '21세기 최대의 업종'이라고 일컬어지고 있다.

전자 비즈니스과 공급망 기술의 발전, 중간 시장으로서의 '3자 물류(Third Party Logistics: 3PL)' 업무의 신속한 발전은 기존의 진부한 물류 기술에 새로운 생명력을 불어넣고 있다. 여기에서 이른바 '1자 물류(1PL)'는 생산 기업 자체가 화물을 보관하고 운송하는 것을 말하며, '2자 물류(2PL)'는 외부의 인력과 창고를 차용하는 방법으로 화물의 운송과 보관을 수행할 수 있는 능력을 제공하는 것을 말한다. '3자 물류'는 중간상 또는 전문 물류 서비스 업자를 통해 원스톱 방식의 물류 해결책을 조율하고 제공하는 것을 지칭한다. 3자 물류 서비스 회사는 서비스 센터로 승격했고, 그것은 창고 관리, 배송 시설, 수리 서비스, 전자 위치 추적 등 고객이 필요로 하는 모든 부가가치 서비스를 제공하고 있다. 따라서 물류 기술에는 이용자 서비스, 수요 예측, 주문 처리, 배송, 재고 관리, 통제, 운수, 창고 관리, 공장과 창고의 배치 및 장소 선택, 운반하역, 구매, 포장, 정보 서비스 방면의 하드 기술과 소프트 기술이 포함된다. 공급망의 세계화와 인터넷 기술의 발전에 따라 '공급망 통합자' 역할을 강조하는 '4자 물류(4PL)' 개념까지 출현하고 있다.

載].

물류업의 발전은 한 국가 또는 한 지역의 상업이 발전하기 위한 기초 요소가 되었다. 중국의 물류비용이 전체 GDP에서 차지하는 비중은 1996년에서 2005년까지 평균 19.57%였으며, 같은 기간 미국은 9.45%였다.[70] 3자 물류가 전체 물류 지출에서 차지하는 비중도 지속적으로 상승하고 있다.

11) 공급망 기술

1980년대는 공급망 기술의 발전 초기로, 공급망 기술이 기업 내부에서의 하나의 물류 과정에 국한되었으며, 주로 자재 구입, 재고관리, 생산과 판매 등 여러 부문의 협조를 통해 업무 공정을 최적화함으로써 물류비용을 낮추고 경영 효율을 제고하는 것과 관련되었다. 정보 기술, 제조 기술, 운수 기술이 신속하게 발전함에 따라 공급망은 전체 생산품의 이동 과정을 아우르게 되었다. 또한 정보흐름, 물류, 자금흐름을 통제함으로써 공급회사, 제조회사, 운수회사, 도매상, 소매상, 최종 이용자를 하나로 연결시키는 기능적 네트워크를 형성시킨 '핵심기업'의 진화가 주목을 끌게 되었다.

이에 따라 공급망 관리도 물류 관리에서 전체 공급망의 관리 또는 통합형 공급망의 관리로 업그레이드되었을 뿐만 아니라, 협력 파트너 간의 상호작용 관리에서 기업 전략의 관리 차원으로 업그레이드되었다. 전체 공급망을 통합하기 위해 기업은 내부 자원의 통합을 강화해야 할 뿐만 아니라 외부 자원의 이점을 통합하는 것에 관심을 기울여, 생산과 운영에 소요되는 비용을 감소시키고 시장에 대한 반응 능력을 제고하며 공급망의 경쟁력을 제고해야 한다. 따라서 성공적인 공급망을 설계하려면 모든 이익상관자(stakeholders)와 연합해 그 공급망을 어떻게 이익공동체로 만들어낼지 고민해야 한다. 공

---

70   雋娟, "中美物流成本的比較研究", ≪北方經濟≫ 第10期(2007).

급망의 구성원은 정보의 공유 및 자금과 물질 방면에서의 협조와 협력을 통해 종합적으로 성과를 극대화할 수 있는 가상 기업(virtual enterprise)을 형성할 필요가 있다.

공급망 기술도 끊임없이 발전 중이다. 예를 들면 공급회사와 고객이 서로 상세한 정보를 공유하고, 공급회사의 조기 참여 등을 통해 공동 개발·이익 공유 계획의 목표를 공동으로 세우며, 공급회사의 수량 및 고객을 능률적으로 줄이고, 선정된 고객과 파트너 관계를 구축하고, 경쟁 상대와 협력하면서 새로운 사고를 확대하며, 혁신 공간과 혁신 루트를 확대시키고 있다. 현재 공급망 기술이 성공한 사례는 아주 많다. 그 예로 창고의 재고량이 50% 감소하기도 하고, 기한대로의 교부율(交付率)이 40% 제고되기도 하며, 재고 주기율이 두 배 제고되고 물품 부족 사례가 아홉 배 감소하기도 한다. P&G, 월마트, 크라이슬러, 델, IBM, 지멘스, 3M과 제록스(Xerox) 등은 모두 공급망 관리에서 성공한 기업이다. 실제로 공급망 기술도 비즈니스 모델이다.

12) 인큐베이터 기술

인큐베이터 기술은 신형 중소기업의 성장을 위해 체계적인 지원 서비스를 제공하고 발전시키는 것이다. 인큐베이터의 원래 의미는 새가 알을 부화시키는 것과 마찬가지로 신형 기업의 성장을 위해 우수한 성장 환경을 제공함으로써 기업의 생존율을 제고하는 것이다.

한 국가의 관점에서 보자면 소규모 회사의 신속한 발전을 촉진하는 것, 특히 비교적 높은 수준의 지식 기반 중소기업이 신속하게 성장하도록 고무하는 것은 전체 경제의 활력과 혁신 능력을 유지하는 중요한 조치이며, 경제 구조의 조정에도 도움이 된다. 이러한 의미에서 인큐베이터가 왕성하게 발전하는 것은 해당 국가 경제의 번영을 상징한다.

미국인 조지프 만쿠소(Joseph Mancuso)는 세계 최초로 기업 인큐베이터 개념을 제기했으며 1956년 뉴욕의 바타비아에 최초의 기업 인큐베이터를 설립했다. 1995년까지 미국에는 소유 주체(정부, 학술 기구, 개인, 공사 합작 등), 경영 목표, 서비스 내용이 각기 다른 인큐베이터가 750개 있었으며, 이어서 이 인큐베이터는 전국 42개 주에 보급되었다. 인큐베이터의 서비스 내용에는 사무실 공간, 사무실 서비스, 비즈니스 계획, 자금 조달, 훈련과 교육, 인원 초빙, 관리 지원 등이 포함되었다. 미국은 또한 전국기업인큐베이터협회를 설립했는데, 여기에는 인큐베이터의 소유자와 관리자, 인큐베이터 창시자, 경제 개발 전문가, 선출직 공무원, 부동산업자, 리스크 자본가와 투자자, 기업 컨설팅 전문가 등이 포함되었다.[71]

창업의 관건이 창업가 개인의 역량과 자금이기 때문에 수많은 인큐베이터는 비즈니스 발전 모델의 제정, 비즈니스 전략의 개선을 돕는 것 외에, 창업 기업에 융자를 해주고 인재 선발도 지원하고 있다.

미국 트리턴 벤처(Triton Ventures) 리스크 투자회사의 로라 킬크리스(Laura Kilcrease)는 인큐베이터 기술에 대한 연구와 실행을 거쳐 인큐베이터를 개방식 상업화 인큐베이터, 회사식 인큐베이터, 개인 인큐베이터, 리스크 투자 인큐베이터, 가상 인큐베이터 등 다섯 가지 종류로 분류했다. 또한 타츠노 세리단(Tatsuno Sheridan)은 실리콘밸리에 드림스케이프 글로벌(Dreamscape Global) 회사를 건립하고 가상 인큐베이터 기술을 발전시켰으며 동시에 여덟 개 가상 인큐베이터를 조작했다.[72] 그는 시드 자금 제공, 상업 계획 제정, 법률 서비스, 경영 관리, 훈련, 기술 이전 등 전 방위적인 서비스를 통해 기업가를 부화시켰다. 혹자는 인큐베이터의 서비스 범위와 정도

---

71   『北京科技企業孵化器年度報告』(1999).

72   Tatsuno Sheridan, *The 2000 Annual Conference of Institute of Innovation, Creation & Capital*(Austin, Texas, 2000).

를 기준으로 인큐베이터를 분류하기도 한다.

현재 인큐베이터 기술은 기업을 부화시키는 데서 기업가를 부화시키는 것으로, 인큐베이터의 전문화에서 세계화로 확대되고 있다. 세계 각국은 이미 수천 개의 인큐베이터를 발전시키고 있다. 최초의 중국식 인큐베이터는 1987년 설립된 우한(武漢)의 둥후창업자센터(東湖創業者中心)이다. 2000년 말까지 중국에는 110개의 인큐베이터가 생겨났으며, 이를 통해 부화된 기업은 총 1785개이고, 부화 중인 기업은 5000개가 넘었다. 2001년에 이르자 인큐베이터는 465개에 달했고, 부화 중인 기업은 1만 5449개였으며, 인큐베이터 과정을 모두 이수한 기업은 3887개였다. 그중 상장 기업은 32개였다.

13) 전술 기술

전술은 역사가 매우 오래되었으며 고대에서 현재에 이르기까지 강력한 생명력을 갖고 있다. 전술이라는 용어는 군사 용역에서 가장 흔히 응용되는 것으로, 중국의 『손자병법』, 『삼국연의(三國演義)』 등에서 묘사되고 있는 다양한 전술 사상은 세상 사람들에 의해 광범위하게 칭송받고 있다. 예를 들면 중국에서 '위위구조(圍衛救趙)'라는 전술 기법은 전국 시대(기원전 4세기)의 저명한 전술가인 손빈(孫臏)이 창시한 것이다. 그는 조나라가 자신보다 강한 위나라를 공격할 때 제나라 군대를 이끌고 이를 도왔는데, 이때 적군의 약한 곳을 골라서 공격해 조나라를 구원했을 뿐만 아니라 위나라의 국력을 약화시켰다.

인류 역사의 거대한 물줄기에서 사람들은 다양한 모순 및 충돌을 해결하는 풍부한 역사적 경험을 축적해 왔다. 이른바 전술이란 서로 다른 이익집단이 각자의 이익에 입각해 축적한 '이익 투쟁 시스템'[73]을 관리·통제하는 경험, 법칙, 지혜를 지칭한다. 전술의 본질은 복잡한 이익 간의 모순 또는 권력

투쟁을 해결하는 과정에서 지혜를 발휘하는 것이며, 전술의 기본 기능은 쌍방의 경쟁 구도에 전환을 발생시키는 것이다.

현재 전술과 전술 기술은 군사 영역을 뛰어넘어 정치, 경제, 경영, 외교, 스포츠 경기 등의 각 영역에서 전략, 작전, 전술 등 각 차원에서 광범위하게 응용되고 있다. 1999년에 출판된 『경영전술 100법(經營謀略100法)』[74]은 중국과 해외에서 성공한 100가지 종류의 전술을 정리한 책으로, 사람들에게 익숙한 전술, 예를 들면 '심모원려(深謀遠慮, 주도면밀한 계획과 원대한 생각)', '일전쌍조(一箭双雕, 화살 하나로 두 마리의 새를 맞추기)', '선발제인(先發制人, 선수를 써서 상대방을 제압하기)', '후발제인(後發制人, 상대방이 먼저 공격해 오기를 기다렸다가 제압하기)', '출기제승(出奇制勝, 상대방이 생각하지 못한 기발한 방법으로 승리하기)', '지기지피(知己知彼, 자신을 알고 상대방을 파악하기)', '위곡구전(委曲求全, 그럭저럭 양보하며 보전을 꾀하기)' 등의 전술이 어떻게 기업 경영에 응용되는지를 정리하고 있다. 전술을 제대로 응용했는지 여부는 전쟁의 승부와 관련되어 있을 뿐만 아니라 사업의 승패를 가르는 관건이기도 하다. 하나의 묘책은 전쟁에서 승리하도록 만들 수 있고, 하나의 발상은 한 기업을 구해 낼 수 있으며, 하나의 방책은 한 사업을 성취해 낼 수 있고, 하나의 계책은 패배를 승리로 전환시키고 리스크를 상쇄시킬 수 있다.

중국 학자 뤄즈화(羅志華)는 「모략 기술 도론(謀略技術導論)」[75]에서 전술 기술에 대해 심도 있게 탐색·논의했다. 이 책은 군사과학 영역의 연구에 중점을 두고 있지만 전술 기술의 본질을 이해하는 데 큰 도움을 준다. 그 내용을 정리하면 다음과 같다.

---

73   羅志華, "謀略技術導論", ≪中國謀略科學網謀略周刊≫ 第5期(2007).

74   周樹群·張國偉·楊丰明 編著, 『經營謀略100法』(河南人民出版社, 1999).

75   羅志華, "謀略技術導論", ≪中國謀略科學網謀略周刊≫ 第5期(2007).

- 전술 기술은 이익 투쟁에서 통용되는 제승(制勝, 승리 쟁취) 기술로, 이익 집단 간의 이익 충돌을 처리하고 경쟁 구조를 전환시키는 실천 속에서 통용되는 방법, 기교, 규칙 및 절차 등의 활용이 가능한 지식 체계이다. 전술은 이익이 충돌하는 과정에서 발생하는 사람의 심리, 사유, 행위를 조작 대상으로 삼으며 경쟁 국면 및 방향을 제어함으로써 최종 승리를 획득하게 만든다.
- 전술 연구는 새로운 사유 연구의 영역을 열었다. 이 영역에서 전술 사유의 과정은 일련의 지표를 통해 측정하고 특징지어질 수 있다. 전술 사유의 내용, 방향 및 옳고 그름은 명확한 판단 근거와 논리적 관계에 입각해 표현될 것이다. 현대 과학지식을 활용해 『손자병법』의 전술을 재정리하고 표준화할 수 있을 것이며, 이를 통해 전술 학습의 좋은 조건을 창출함으로써 전술 기술을 한층 더 발전시키는 데 이바지할 것이다.
- 실행적 의미에서의 전술 기술의 연구는 각종 이익 모순을 해결하는 과정, 경험, 방법, 절차를 정리·귀납·표준화해 하나의 시스템으로 제고시킬 것이다. 전술 기술의 연구는 우리가 유사한 모순에 직면했을 때, 더욱 분명한 사유 방식으로 이익 관계를 합리적으로 통제하고 순조롭게 정리하며 더욱 좋은 방도를 찾아내 더욱 유리한 조건을 만들어냄으로써, 경쟁에 소요되는 비용 또는 희생을 최대한 낮출 수 있을 것이다. 비유적으로 말하자면, 극단적인 경우 한 명의 장수가 전술 기술 차원에서 자행한 사소한 실수로 인해 유혈이 낭자해지는 심각한 결과가 초래될 수도 있다.
- 전투기를 시험 비행하는 것은 전문적인 기술과 관련된 문제이다. 만약 우리가 복잡한 '이익 투쟁 시스템'을 통제하는 것을 경험, 상식, 열정에 기반해 처리할 수 있는 문제로 간주하지 않고 전문적인 기술 문제로 간주한다면, 전술 능력을 양성·제고하는 것은 '전문적인 학습·훈련·숙련'

의 문제로 전환될 것이다. 따라서 전술 기술을 연구·육성하는 것은 전술 훈련을 강화하고 전술 기술 수준을 제고하며, 군사, 경제, 정치, 외교 등의 정책 결정자에게 중요한 의미를 갖는다.

• 전술 기술이라는 개념은 전술의 학습과 훈련에 정확한 절차와 표준을 세울 것이다. 뛰어난 화가나 음악가가 되려면 먼저 회화 기술이나 음악 기술을 마스터한 후 이를 창조적으로 운용해 남다른 회화 예술과 음악 예술을 형성해야 한다. 이와 마찬가지로 전술가도 우선 전술 기술을 훈련한 후 전술 기술을 창조적으로 운용해야만 실제 상황에 근거해 실행을 지도할 수 있는 전술 예술가로 성장할 수 있다. 물론 전술 기술과 전술 예술은 차원이나 관점이 서로 다른 지식 체계이지만, 이들은 서로 상호 보완할 수 있다.

• 수천 년의 인류 역사에서 경쟁 승부의 기본 규율은 강자가 승리하고 약자가 패배하는 것이었다. 이로부터 승리를 쟁취해 강자가 됨으로써 약자를 제압하는 방법이 생겨났다. 하지만 이익을 다투는 과정에서 자신이 강하고 상대방이 약한 상황은 자연적으로 출현하는 것이 아니다. 그리고 강자와 약자가 바뀌는 과정은 자신을 강하게 만들고 상대방을 약화시키는 과정과 다름없다. 이러한 의미에서 경쟁에서 승리를 거두는 기술로서의 전술은 강자와 약자가 바뀌는 과정으로서의 기술로 이해될 수 있다. 물론 여기에는 강자와 약자에 대한 기준 및 판정과 관련된 문제가 존재한다.

새로운 세기에 진입함에 따라 지속가능한 발전, 조화로운 사회, 조화로운 세계의 이상은 전술 기술에 새로운 도전을 제기한다. 미래 세계의 신질서와 새로운 발전 모델은 경쟁하거나 이익이 모순되는 쌍방에게 새로운 규칙과 공존 방식, 새로운 발전 모델을 준수할 것을 요구하고 있다. 이러한 관념과 가치관을 전술 기술의 설계와 실시에 어떻게 융합시켜 원원 또는 멀티원을 실현할 것인지는 전술 연구의 새로운 과제이다. 2001년 중국은 이미 '군사 전술학'을 군사과학 체계에 편입시켰으며,[76] 중국인민해방군 군사통주학회 (軍事統籌學會)는 모략연구센터(謀略研究中心)를 설립했다.

14) 비즈니스 모델과 경영 모델

이른바 비즈니스 모델이란 부가가치의 최대화를 목표로 하는 비즈니스 방안을 지칭하며, 각종 비즈니스 기술을 종합한 결과이기도 하다. 사회·경제·문화 환경에서 중대한 변화가 발생하는 상황에서는 기업 간의 거래에 새로운 규칙과 새로운 방식, 새로운 채널이 필요하다. 예를 들면 이러한 종합적인 혁신의 수익이 기존의 수익보다 높다는 것이 확인되면 이 혁신은 기업 또는 조직에 의해 준수되고 점차 규범화된다. 이렇게 해서 새로운 비즈니스 모델이 만들어지는데, 이는 기업의 지속가능한 생존과 발전을 최종적으로 결정하는 관건이다. 성공한 기업들, 예를 들면 삼성, 디즈니, 월마트 등은 모두 자신만의 독특한 비즈니스 모델 또는 경영 모델을 갖고 있으며, 이러한 경영 모델은 기업의 핵심적인 사업 기밀이자 지적 자본이다.

사람들에게 익숙한 각종 마켓 경영 기법과 맥도널드가 보급한 패스트푸드 발상을 포함해 레스토랑의 경영 기법은 모두 서비스업에서의 비즈니스 모델의 사례이다. 현재의 추세는 비즈니스 모델 혁신의 부가가치가 점차 생산품과 기술(하드 기술) 혁신의 가치를 뛰어넘고 있기 때문에 비즈니스 모델 혁신은 서비스업에 국한되지 않고 농업, 제조업, 심지어 모든 소프트적 산업과 하드적 산업으로 확대되고 있다. 즉, 부가가치 중심으로의 이동은 비즈니

---

76   "'軍事謀略學'列入軍事科學体係", ≪解放軍報≫(2001.12.18).

스 모델을 끊임없이 혁신시키는 구동력이 되고 있다. 현재 열띤 논쟁이 벌어지고 있는 창조 산업도 비즈니스 모델 혁신의 사례이다.

IBM은 다국적 회사의 비즈니스 모델을 혁신한 성공적인 사례이다.[77] IBM은 21세기에는 글로벌 통합 기업(Globally Integrated Enterprise: GIE)이 다국적 회사를 대체해 세계 속의 경쟁에 참여할 것으로 보았다. 또한 IBM은 글로벌 기업의 발전 과정을 다음과 같이 나누었다. 즉, 19세기부터 1914년(제1차 세계대전 발발)까지는 국제적 회사가 발전한 단계로, 독립적 기업이 해외 시장을 개발했고 주요 업무는 원재료를 수입하고 생산품을 수출하는 국제무역이었으며, 1914년에서 2000년까지는 다국적 회사가 발전하는 단계로, 업무가 확대됨에 따라 다국적 회사는 세계 각지에 다양한 기능을 갖춘 지사를 설립했고 각 지역의 센터가 본사의 기구와 기능을 대체했으며, 2000년 이후로는 GIE의 발전 단계로, GIE는 국가의 한계를 뛰어넘을 것이고 회사의 물류, 판매, 제조, 서비스는 각지의 비교 우위에 기초해 결정될 것이라고 전체적으로 결론지었다. 그들의 원칙은 가장 적당한 곳에서 가장 적합한 일을 한다는 것이다. 이렇게 해서 IBM은 구매센터는 300개에서 3개로, 네트워크는 31개에서 1개로, 155개 데이터 센터는 10개로 각각 축소시켰다. 이처럼 효율을 제고하고 비용을 절약함으로써 전 세계가 하나의 바둑판처럼 서로 연결되어 있는 가상 회사를 형성했고 이를 통해 하드웨어 위주의 기업에서 서비스 및 솔루션 위주의 기업으로 전환했다.

IBM의 GIE 모델이 성공한 데에는 지도층의 창업 정신, 예리한 통찰력, 탁월한 전략 실시 능력 외에 다음 세 가지도 큰 역할을 했다. 첫째, 세계화의 진전이다. 세계화(제1장 참조)의 심화는 비즈니스 모델 혁신에 큰 공간을 조성했고, 이에 따라 비즈니스 모델이 창조한 가치가 생산품과 기술의 혁신 가

---

[77]　涂松柏, "軟性制造: 創新增加制造的價值", IBM, 『軟性制造』(東方出版社)發布會(2008.12).

치보다 높아졌다. 이로 인해 사람들은 의식적으로 비즈니스 모델을 혁신하고 그 제도화를 서둘렀다. 심지어 미국에서는 대량의 새로운 비즈니스 모델이 지식재산권을 획득하기도 했다. 둘째, 인터넷 기술의 기여이다. 정보 기술과 인터넷 기술은 다양한 종류의 자원이 전 세계적으로 이동하고 합리적으로 공유되고 배치되는 데 효율적인 도구이자 간편한 채널이다. 현재 세계는 거의 모든 사물이 데이터화되고 서로 연결되는 시대를 실현하고 있으며, 인류는 정보 자원을 최대한 이용해 전례 없는 능력을 획득하고 있다. 아울러 스마트 시스템을 구축함으로써 전체 사회와 이용자는 높은 효율, 낮은 에너지 소모, 낮은 리스크, 저비용, 친환경 비즈니스 등의 수요에 적응하게 될 것이다. 셋째, 소프트 기술(솔루션)의 메커니즘화와 제도화이다. 본질적으로 말해 소프트 기술과 하드 기술을 통합하는 혁신은 이러한 비즈니스 모델의 혁명을 주도했다. 하지만 가장 관건은 소프트 기술을 의식적으로 혁신하고 이를 제때에 제도화하는 것으로, 즉 솔루션의 절차를 기업 또는 조직의 제도로 변화시키고 기업의 문화로 융합시키는 것이다.

선전(深圳)의 화웨이(華爲)는 1988년에 설립된 민영 회사이다. 세계지식재산권기구의 통계에 따르면, 이 회사가 2008년에 신청한 국제 특허는 모두 1737건으로, 처음으로 일본의 파나소닉, 네덜란드의 필립스 등을 제치고 전 세계 선두 기업으로 비약했으며, LTE 관련 특허 수는 전 세계의 12%를 차지했다. 현재 화웨이의 생산품과 솔루션은 전 세계 100여 개 국가에서 응용되고 있으며, 아울러 전 세계 50위 내의 관련 운영 기업 가운데 36개 기업에 서비스를 제공하고 있다. 화웨이가 이처럼 신속하게 성장할 수 있었던 것은 이 회사의 비즈니스 모델이 연구, 개발, 생산, 판매의 전통적인 방식으로 통신 생산품을 경영하던 데서 통신 솔루션의 공급회사로 적시에 전환하고, 전통적인 생산품을 고객의 수요에 맞추어 조립하며 일대일 솔루션으로 고객에게 양질의 서비스를 신속하게 제공했기 때문이다.

다음에서는 전통적 영역의 비즈니스 모델에서 혁신을 이룬 하나의 사례를 다루어보고자 한다. 2000년 초 일본 상업계에서는 큰 뉴스가 있었다. 바로 민간 체인점 세븐일레븐이 일본 경제의 지속적인 정체와 엔화의 급격한 절상이라는 불리한 상황을 극복하고 소매액과 이윤이 각각 전년 동기 대비 4%와 15% 증가했으며, 2001년에 이르러 슈퍼마켓 체인점 분야의 거두인 다이에이(The Daiei)를 제치고 일본 최대의 소매상이 된 것이다. 엄격한 관리 덕분이기도 했지만, 다양한 종류의 인터넷 판매 수단을 활용해 일본에 넓게 분포한 8500여 개 상점을 연계함으로써 고객의 수요를 면밀히 파악해 매일 추세를 예측하고 공급업체의 이익을 제고하며 판매 네트워크와 제조회사가 재고를 통제한 것이 크게 기여했다. 혹자는 이를 슈퍼마켓 혁명이라고 일컬었다. 전통적인 산업이든 정보 기술 산업이든 간에 기존의 경영 모델을 바꿀 때에만 기업은 비로소 경제 사회 환경의 변화에 적응할 수 있는 것이다.

이상 공업과 서비스업의 비즈니스 모델을 둘러싼 사례를 살펴보았다. 공업 경제 시대에는 농업의 비즈니스 모델이 중시받지 못했다. 하지만 농업의 비즈니스 모델 혁신은 농업이 부가가치를 제고하고 다양한 종류의 기능을 발휘하며 농업 위기를 막거나 미래 인류 문명을 세우는 데 대단히 중요하다. 현재 전 세계적으로 성공한 농업 모델 혁신이나 지속가능한 발전의 농업과 관련된 사례는 매우 많다.[78] 제5장에서는 농업과 관련된 비즈니스 모델 가운데 성공한 몇몇 사례를 논의할 것이다.

21세기의 우수한 비즈니스 모델은 친환경 비즈니스 모델이어야 한다(제4장 참조). 전자 비즈니스를 기초로 한 새로운 거래 방식은 기업에 많은 기회를 가져온다. 이와 동시에 인터넷의 개방성, 공유성, 연결성 등의 특징은 경

---

78   E-Square Inc., *Sustainable Agriculture Survey*(Japan: December 2007). 이 책의 중국어판 北京軟技術研究院未來研究中心 譯, 『本來農業的道路』(新華出版社, 2008).

영 모델을 전환하도록 거대한 압력을 행사한다. 예를 들면 영화 제작사는 하이테크와 융합되어야 하고, 제조업은 정보 생산을 지향하며 변환되어야 한다. 이와 동시에 네트워크의 복잡한 형태는 전통적인 기업 관리에서 매우 큰 도전이기도 하다.

주의할 사항은 비즈니스 모델의 혁신, 특히 GIE와 유사한 모델의 성공이 경제 방면 외에 전 세계 하드 환경과 소프트 환경에 미치는 영향, 심지어 미래 문명에 미치는 영향(긍정적인 영향과 부정적인 영향)을 측정할 수 없다는 것이다. 다시 말해 비즈니스 모델의 혁신을 통해 GIE의 재력, 인재, 조직 능력이 점차 강대해짐에 따라 많은 이익, 권력, 재산, 기술, 관리자, 심지어 정치가와 전문가 등 각종 자원을 통제할 것이고, 국경과 국가 주권을 뛰어넘어 전 세계적으로 투자를 진행하고 공장을 설립하고 기술을 이전하고 무역을 실시해 전 세계 무대에서 주역이 될 것이며, 심지어 세계화된 시장을 좌우할 것이다. 일부 영역에서 GIE의 능력은 심지어 일부 국가의 역량과 영향을 초월하고 있으며, 막대한 영향을 미치고 있다. 한편 세계화와 정보 기술의 발전에 따라 각종 정보가 국제 관계를 통하지 않고 GIE의 내부 정보인 '인스턴트 메시지'를 통하기만 해도 전 세계 각지에 전파될 수 있는데, 이러한 정보 전파는 조직적 기반을 지닌다. 이러한 작용은 글로벌 거버넌스와 국제질서를 수립하는 데 간과할 수 없는 잠재적 요인이 될 것이다.

2. 사회 기술의 발전 과정

1) 공업화 국가에서 발생하는 사회 문제에 관한 연구

제2차 세계대전 이후 서양 자본주의 국가의 경제는 장족의 발전을 이루었다. 하지만 물질생활이 부유해지면서 각종 사회 문제가 오히려 나날이 심각해졌다. 미국을 예로 들면, 1960년대 말 들어 통화 팽창, 실업, 공해 등의 문제가 미국 사회를 곤경에 빠뜨렸다. 오랫동안 미국이 과학 기술을 발전시키면서 채택한 방식은 전통적인 정부 주도형이었다. 가령 1930년대의 TVA 계획(1933년 루스벨트 대통령이 비준한 테네시강 유역 개발 계획), 1940년대의 맨해튼 계획, 1950년대의 방어 무기 개발 계획, 1960년대의 아폴로 계획 등은 모두 정부가 추진하고 미국의 이상과 국위를 제고하는 것을 목적으로 한 국가 계획이었다. 이러한 성과는 산업 부문에 효과적으로 파급되었고, 국민들에게 많은 취업 기회를 제공함과 동시에 미국의 기초과학 진보를 촉진했다.

그러나 공익 연구 기구의 이러한 성과가 민간 기업으로 기술 이전되는 효율은 급속하게 낮아지고 있으며, 특히 아폴로 계획(1961년 5월에서 1969년 7월 20일까지 240억 달러가 소요되었다)이 개발해 낸 '시스템 기술'은 민간 기업으로 이전되었지만 기대했던 낙수효과를 거두지 못했다. 이는 다음과 같은 문제, 즉 경제와 사회 환경의 새로운 변화로 인해 사회가 필요로 하는 과학 기술이라고 해도 국방 및 우주 개발 프로젝트에 막대한 비용이 투입되고 있다는 사실을 간과해서는 안 된다는 것, 국민의 부담이 상대적으로 적으며 소비자의 다양한 수요를 만족시킬 수 있는 프로젝트여야 한다는 사실을 사람들에게 각성시켰다. 이로 인해 소비자의 수요에 부합하는 국가 프로젝트를 어떻게 개발할 것인지가 의제로 떠올랐다. 또한 순이익을 추구하는 기업의 성향, 사회 수요를 고려하지 않는 경영 사상과 기업 행위도 대중으로부터 비판을 받았다.

이 시기에 로마클럽(The Club of Rome)은 역사적 의의를 지닌 보고서 『성장의 한계(The Limits to Growth)』를 발표해, 선진국의 경제 발전이 새로운 문제에 직면하고 있으며 개발도상국은 여전히 자원 소모형 모델을 토대로 고속 발전하고 있다고 지적했다. 이로 인해 전 세계적으로 공업화, 인구, 경제 발전 모델, 과학 기술의 발전 목표, 자연 환경 등의 문제를 둘러싸고 각종 도전과 가치관이 대립하게 되었다고 역설했다.[79]

이러한 배경 아래에서 미국은 1950~1960년대부터 사회 문제의 해결을 목표로 하는 기초 연구에 투자하기 시작했고, 사회 문제의 해결에 필수적인 기술의 예측, 평가, 계획 같은 이른바 지식 기술도 신속하게 발전했다. 학술계는 이러한 영역을 '정책 과학'[80]이라고 불렀는데, 이는 새로운 사회 수요에 어떻게 적응할 것인가에 중점을 두었다. 이 시기의 특징은 범과학, 범부문의 연구를 강조하고, 과학 기술, 사회 경제 시스템, 인류문화 시스템, 환경 시스템의 인터페이스 및 이들 간의 관계와 상호작용에 대한 종합적인 연구를 강조한 것이다. 이는 연구 체제도 상당히 크게 전환하도록 요구했다. 예를 들면 과거의 범과학 연구 또는 범부문 연구는 주로 전통적인 학과 분류에 따라 이공 학과, 생물 학과, 사회과학, 신형 과학 등 여러 학문 부문 간에 수행되는 협력 연구였다. 하지만 사회 문제를 해결하는 데에는 여러 학문의 협력 연구와 전통을 뛰어넘는 초학제적 개념이 필요하다. 이로 인해 과거의 관점에서 볼 때, 전문 영역이 완전히 다르거나 상당히 거리가 있는 전문 연구원 간에 서로 협력해야 하는 연구 체제가 만들어졌다. 이러한 연구는 학부제와 학과제 위주의 기존 대학 체계와 연구 체계를 타파하고 범과학적이고 범영역적인 교육과 연구 시스템을 만드는 데 긍정적인 영향을 미쳤다.

이 방면에서의 대표적인 기구로는 1948년 설립된 랜드(Research and Development Corporation: RAND), 1955년 설립된 바텔 기념 연구소(The Batelle Memorial Institute: BMI), 스탠퍼드연구소(Stanford Research Institute,

---

79   Dennis Meadows, et al., *The Limits To Growth: A Report for the Club of Rome's Project on the Predicament of Mankind*(New York: Universe Books, 1972). 이 책의 중국어판 李寶恒 譯, 『增長的 极限: 羅馬俱樂部關於人類困境的報告』(吉林人民出版社, 1997).

80   未來工學研究所, 「日本型科學技術開發係統的基本設計: 美國的軟科學現狀與動向」, 一次報告書 各論(4)(1973.3.31).

1952년 스탠퍼드대학교에 '행태과학 고급연구센터(Behavior Science Advanced Research Center)'가 설립되었으며, 다른 대학에서도 연이어 행태과학을 연구하는 전문기구가 설립되었다. 템포(Technical Military Programming Organization: TEMPO) 등을 들 수 있다. 이러한 기구는 국방계획 기술, 관리 기술, 시스템 개발, 아폴로 계획의 보조 통신 시스템 개발, 외교 영역에 응용되는 관리 기술, 도시 재개발 등을 둘러싸고 실효성 있는 연구와 개발을 대거 진행했다. 이로 인해 연구 체제와 교육 체제 개혁이 강력하게 추진되었고 범과학·범영역의 종합형 인재를 육성하는 문제도 중시되기 시작했다.

1960~1970년대에 수행된 정책과학 관련 연구는 크게 두 가지로 분류될 수 있다. ① 과학 기술 발전의 효율 촉진을 목적으로 기술 예측, 평가, 계획 등 지력 기술을 연구 개발했고, ② 과학 기술(하드 기술) 진보가 사회 시스템에서 인류의 생활과 감정 방면에 미치는 영향 및 이로부터 유발되는 사회 문제를 해결하는 방법을 연구했다. 예를 들면 1969년 미국 의회의 하원은 「시스템 분석과 컴퓨터 기술을 사회과학과 사회 문제에 응용하기」라는 장편의 보고서를 발표했다. 이 보고서에서는 이 시기의 중대한 과제와 관련해 미국이 수행한 예측·평가·계획 영역에서의 연구 상황을 열거하고 있는데, 이는 당시 사회 기술 영역에 대한 미국의 인식을 반영한다. 그 내용은 다음과 같다.[81]

① 여론 조사 기술과 델파이 기법을 포함한 공중의 의견에 대한 조사 기술은 랜드연구소와 MIT가 맡는다. MIT는 집단 대화와 사회적 선택 기술을 개발했다.
② 평행 및 연속 연구 개발 전략(the Parallel and Sequential R&D Strategy) 프로젝트는 1969년 스탠퍼드대학교 윌리엄 아바나시(William Abanasie)

---

81   같은 책.

교수의 주도 아래 '평행 및 연속 연구 개발 모델'을 발표했다.

③ 사회 개발 계획의 새로운 시스템은 스탠퍼드대학교 브루스 루시그넌 (Bruce B. Lusignan)이 맡는다.

④ 사회 문제 해결 방법의 연구는 캘리포리아대학교 주립대학 로스앤젤 레스 분교(UCLA)의 모셰 루빈스타인(Moshe Rubinstein)이 맡는다.

⑤ 사회 개발의 조사 센터는 캘리포니아 주립대학교 버클리분교가 맡는 다.

⑥ 사회 개발의 데이터 센터는 미시건대학교(University of Michigan)의 주 도 아래 ICPR(Inter-University Consortium for Political Research)이 맡 는다.

⑦ 기타

이 시기에 세계 각지에서도 사회 기술을 응용해서 국내외 정치, 경제 및 사회 문제를 해결하는 것을 중시했으며, 각종 현대적 싱크탱크가 생겨났다. 1968년 로마클럽의 탄생과 인류가 처한 곤경에 대한 로마클럽의 연구는 좋 은 사례이다. 이 로마클럽은 수많은 저명한 경제학자, 정치학자, 환경학자, 자연과학자, 사회 활동가를 모아 중대한 국제문제와 세계 발전 전략을 연구 하는 종합적 연구 기구였다. 이밖에 1972년 12개 국가가 공동으로 출자해 오스트리아에 국제응용시스템분석연구소(IIASA)를 창설했다. 이 연구소의 연구 중점은 전 인류의 문제, 지구 자원, 인류 자원, 인류 사회, 경제 기술 방 법론 등이다. 영국에서는 1958년에 런던전략연구소가 세워졌다. 1971년에 이 연구소는 국제전략연구소(IISS)로 정식으로 개명해 '국제관계와 안보 네 트워크(ISN)'의 분파 기구가 되었으며, 주요 업무는 국제상의 각종 정치, 경 제와 사회 문제에 대해 명확한 판단을 내리는 것이었다. 독일 뮌헨에 본부를 둔 롤랜드 버거 국제경영컨설팅(Roland Berger and Partner GmbH

International Management Consultants, 1967년 설립)은 글로벌 차원에서 고급 경영 컨설팅 서비스를 제공하는 회사이다. 1965년 세워진 일본의 노무라종합연구소(野村綜合研究所)와 1970년 세워진 미쓰비시종합연구소(三菱綜合研究所, MRI)는 일본의 저명한 싱크탱크이다.

2) 사회과학 및 사회 기술의 혁신 필요성 대두

사회과학은 약 200년 동안 장족의 발전을 해왔다. 특히 1949년 시카고대학교에서 열린 과학적인 회의 이후 행태과학이 최종적으로 형성되었다. 행태과학의 충격 아래 사회과학 각 학과 간의 경계선이 타파되어 상대방의 이론과 관점, 방법을 차용해 하나의 상통하는 과학 복합체(scientific complex)가 되었다. 하지만 자연과학 기술의 뛰어난 성과에 비해 사회과학 기술의 낙후는 전 세계적으로 보편적인 문제이며 사회와 경제의 발전을 지속적으로 가로막는 장애물이 되고 있다.

1955년 일본 학자 미스미 쥬지(三隅二不二)는 "현대 사회의 불행은 자연 기술학의 놀라운 진보에 비해 사회 기술학이 매우 낙후해 있다는 점인데, 오늘날 발생하는 많은 불행의 원인은 이 두 가지 기술이 불균형하다는 데 있다"라고 지적했다.[82]

1966년에는 미국 학자 올래프 헬머(Olaf Helmer), 버니스 브라운(Bernice Brown), 시어도어 고든(Theodore Gordon)이 사회 기술의 사명을 설명하면서 다음과 같이 지적했다.

현대 세계의 수많은 난점은 사회과학 영역의 진보가 자연과학 영역에 비해

---

82   三隅二不二, 『社會技術入門』(白亞書房, 1955).

크게 낙후되어 있다는 점을 통해 해석될 수 있다. 우리가 사회과학 영역에서 직면하고 있는 엄준한 도전에는 사회 변화가 가져온 심각한 고통을 어떻게 경감시킬 것인가, 빈곤한 사람들에게 먹을 것과 거주할 곳을 어떻게 제공할 것인가, 사회 제도와 가치관을 어떻게 향상시킬 것인가, 혁명적인 변혁에 어떻게 대응할 것인가, 평화를 어떻게 유지할 것인가 등이 있다. 하지만 자연과학 분야에서는 실패를 하는 것이 일반적으로 일의 진행이 다소 늦어지는 것을 의미하는 반면, 사회과학 분야에서는 주요 목표의식의 견지에서 논하자면 실패가 용납되지 않는데, 왜냐하면 실패를 하면 사회에 직접적이고 재난적인 영향을 미칠 수 있기 때문이다.[83]

중국에서 중대한 정책 결정, 예측, 거시 관리에 실패해 거대한 손실이 초래된 사례는 아주 흔하지만, 주지하는 바와 같은 이유로 사회과학을 정치로 혼동해 함께 논하는 일이 종종 있다. 심지어 적지 않은 사람이 사회과학을 학문 분야로 간주하지 않고 있기 때문에 사회 기술의 발전에 대해서는 두말할 필요도 없다. 또한 이는 경제 및 사회 발전에서 실제로 존재하는 문제들을 해결하는 관점에 입각해 사회과학과 기술을 체계적으로 연구하는 것을 어렵게 만들고 있다. 2007년 기준 중국에는 과기부(科技部)가 설립한 국가중점실험실(國家重點實驗室)이 221개, 국가엔지니어기술연구센터(國家工程技術研究中心)가 141개, 국가발전과 개혁위원회(國家發展與改革委員會)가 설립한 국가엔지니어연구센터(國家工程研究中心)가 124개이다. 하지만 국가의 중대한 전략 정책 결정과 관련된 사회 기술이나 사회 공학을 전문적으로 연구하는 학제적 연구센터는 한 군데도 없다.

---

83   Olaf Helmer, Bernice Brown and Theodore Gordon, *Social Technology*(New York: Basic Books, 1966).

하드 기술이 비약적으로 발전하는 오늘날, 사회 기술의 혁신은 도리어 크게 낙후되고 있는데, 그 원인을 분석하면 다음과 같다.

- 사회과학 지식은 소프트 기술의 중요한 원천 가운데 하나이지만, 사회과학은 과학으로서 충분한 발전이 이루어지지 않았고, 사회과학의 학과 분류도 매우 구식이다. 비록 최근 들어 범과학적 연구 활동이 활발해지고 있지만 여전히 사회과학 내부의 학술 이론 연구에 속해 있어 자연과학과의 결합은 뒤처져 있다.
- 구교육 체제가 배출한 자연과학자와 엔지니어 기술자는 보편적으로 사회과학 지식이 부족하며, 경제학자와 사회학자는 대부분 현대 기술의 발전 상황을 이해하지 못하고 있어 분야 간의 간극이 매우 크다.
- 가장 커다란 정신적 장해물은 기술에 대한 편견이다. 대부분의 경우 사회과학 연구자들은 과학의 한 학문 분야로서 소프트 기술의 다양한 구조와 영역을 연구하는 데 집중하고 있지만, 소프트 기술을 기술로 간주하는 것은 차치하고 소프트 기술의 방법론, 수단, 규칙을 정리·통합하는 데에도 실패하고 있다. 이로 인해 사회과학을 실행 영역에 의식적으로 적용하는 것은 계속해서 뒤처지고 있다. 사람들에 의해 전통적으로 폭넓게 받아들여지고 있는 기술을 편협하게 이해하는 것은 사회과학의 잠재적 타당성을 오해하도록 유발하고 있으며, 비자연적 과학 지식으로부터 비롯되거나 파생될 수 있는 기술을 발견해 내지 못하고 장님이 되도록 만들고 있다.

3) 사회 기술과 사회과학의 구별

과학과 기술, 특히 정보 기술이 진일보 발전함에 따라 과학과 기술의 한계가 갈수록 모호해지고 있다. 한편으로 하나의 과학 이론이 제기되고 기술상의 돌파를 거쳐 생산에 적용되는 데 이르는 주기가 갈수록 짧아지고 있고, 새로운 학문 분야가 등장해 상호 교차하는 접점에서 새로운 프런티어 학문 분야가 출현하고 있으며, 서로 다른 학문 분야가 상호 통합되어 정보, 재료, 환경, 생명과학 등의 종합적인 학과를 만들어내고 있다. 다른 한편으로는 "과학 개념의 함의가 확대되어 사회과학, 사유과학, 인지과학 등이 과학 개념에 포함되고 있을 뿐만 아니라 과학을 판별하는 기준도 발전하고 있다. 예를 들면, 과학 이론과 관련해 엄밀하고 반복해서 입증할 수 있는 요건에 대한 요구는 다소 완화되어야 할 것이고, 일반 원리는 법칙이나 이론에서처럼 과학에서도 중요한 지위를 가질 것이며, 가치 정향(value orientation)은 논리나 경험에서처럼 과학에서도 핵심 작용을 할 것이다".[84]

사람들은 보편적으로 20세기의 과학이 이미 소과학에서 대과학으로 발전했다고 인식하고 있는데, 이러한 대과학은 전통적으로 이해되는 과학과 비교해 보면 다음 네 가지 중요한 특징을 갖고 있다.[85] ① 전통적 과학은 다른 실험자들에 의해 복제될 수 있는 지식만 드러내는 반면, 새로운 유형의 과학은 재현할 수 없는 행위를 과학 탐색의 중요한 대상으로 간주한다. ② 전통적 과학은 사회에서 과학을 운용하는 문제를 과학 영역 외부의 사회 문제로 간주하는 반면, 새로운 유형의 과학은 이를 과학 탐색의 과정에 포함시킨다. ③ 전통적 과학은 가치 요인을 간과하거나 폄하해 가치 자유의 방향성에 대한 탐구를 단순화시키는 반면, 새로운 유형의 과학은 가치 요인을 고려한다. ④ 전통적 과학의 지식 시스템은 시스템 자체에 간섭하지 않는 반면, 새로운 유형의 과학 지식 시스템은 시스템 자체의 지식에 관계되어 있다. 만약 이처

---

84   金吾倫, "科學的目的是求知·求眞", ≪光明日報≫(1997.4.12).
85   董光璧, "中國文化戰略的思考", ≪光明日報≫(1996.1.13).

럼 새로운 유형의 과학을 과학의 기본 형식으로 본다면, 전통적 과학은 심각하게 제약을 받고 있는 제한된 형식이라고 할 수 있다. 이처럼 새로운 과학 유형이 야기된 것은 과학의 총체적 패러다임이 전환되는 징후라고 간주할 수 있다. 과학이 이러한 새로운 특징을 보이는 것은 과학과 인문이 융합되는 추세를 의미한다. 전통적인 과학에서의 이성은 도구 이성과 실험 이성에 국한된 반면, 새로운 과학 유형은 가치 이성을 과학 이성의 중요한 요인으로 간주하며 이는 과학적 합리성의 구조를 크게 변화시키고 있다.

이러한 배경 아래에서 과학과 기술을 구별하지 않는다면 과학과 기술의 발전에 불리할 것이다. 한 일본 학자는 일찍이 일본의 최대 실수는 과기(科技)라는 용어를 발명한 것이라고 한탄하기도 했다. 과학과 기술은 본질, 특성, 작용, 발전 과정과 발전 규율 등에서 본질적으로 다르다. 과학과 기술을 개념부터 응용까지 혼동할 경우 좋지 못한 결과가 초래되고 이는 다방면에 영향을 미친다. 과학 윤리 문제를 예로 들면, 물질적 이익 및 과학의 가치를 맹목적으로 추구할 경우 정신 가치가 약화되고 과학적 개념, 과학적 사고, 과학적 태도가 사라질 것이다. 다른 한편으로 기술과 엔지니어링을 위해 정책, 수단 및 윤리적 원칙을 활용하는 기술을 규제하면 자유로운 탐구의 과학 정신이 상실되고 과학의 영역이 제한될 것이다. 여기에 과학 윤리와 과학자의 도덕적 책임을 구별하는 문제가 발생한다. 물론 과학자는 사회의 한 사람으로서 사회의 모든 사람이 짊어지는 도의적 책임을 져야 한다. 또한 과학자는 과학적 성취 및 기술적 성과의 남용으로 인한 나쁜 결과를 일반인보다 더욱 잘 알고 있기 때문에, 이 위험성에 대해 세상에 알려야 할 더욱 큰 책임을 갖고 있다.[86] 기술을 발전시키는 데 필요한 도덕규범과 관련해서 이제 기술 진보의 방향과 소프트 기술 문제를 논의할 것이다.

---

[86] 金吾倫, "必須劃淸科學與技術的界限", ≪科技日報≫(2000.12.15).

중국 학자 둥광비는 과학과 기술 간의 구별을 다음과 같이 귀납했다. "지식의 관점에서 볼 때, 과학은 이론적 지식이고 기술은 조작 가능한 지식이다. 방법의 관점에서 볼 때, 과학은 발견에 속하고 기술은 발명에 속한다. 활동의 관점에서 볼 때, 과학의 목적은 인식하는 데 있으며 기술의 목적은 실행하는 데 있다."[87]

사회과학과 사회 기술을 예로 들면 본질적인 사회과학 문제에 대한 연구가 부족하다. 예를 들면 20세기 과학 기술, 특히 로봇, 유전, 생물 등의 기술이 비약적으로 발전함에 따라 인문·사회과학에 전례 없는 도전이 제기되고 있다. 과학 기술 발전 및 그 응용은 사회·윤리·법률 문제에 대한 논쟁을 유발했으며 인문·사회과학이 이러한 문제를 해결하는 방안을 제공해 주기를 절실하게 요구하고 있다. 하지만 이러한 문제에 대한 인문과학 및 사회과학 연구는 심각하게 뒤처져 있으며 다학제적·초학제적 방법을 응용해 오늘날 과학 기술이 사회에 미치는 영향을 진지하게 연구할 수 없고, 더욱이 하드 과학 기술의 발전과 응용에서의 규범성과 관련된 전략 문제를 제기할 수도 없다. 이로 인해 인문과학 및 사회과학의 연구 수준을 제고하도록 요구받고 있는데, 복잡한 사회관계, 다양해지는 가치 선택 및 비선형 사회 추세, 첨예한 가치, 신앙, 윤리, 환경, 안전 등의 문제에 대해 수준 높은 연구 성과를 제시해야만 비로소 앞에서 언급한 문제를 해결하는 충분한 지식을 제공할 수 있다.

또한 현대 사회에서 빈번하게 발생한 금융 위기, 특히 2008년에 시작된 글로벌 경제 위기는 오늘날 경제학, 정치학, 사회학 등에 엄준한 도전을 제기했다. 그뿐만 아니라 인문·사회과학계가 새로운 세계 질서, 인류 발전의 모델 등 근본 문제에 대해 양질의 답안을 제공할 것을 강렬하게 요구하고 있

---

87   董光璧, "中國科學現代化的歷史和前瞻", 『科技發展的歷史借鑒與成功啓示』(科學出版社, 1998), p.59.

다. 이론이 결핍되면 정확한 해결 방안을 구할 수 없다.

그럼에도 불구하고 사회과학 영역에서 사회 기술과 사회과학을 혼동해 이를 함께 논의하거나 대량의 사회 기술 관련 문제를 정책 문제 또는 전략 문제로 치부하며 일괄적으로 처리하는 것은 사회과학의 발전에 영향을 미칠 뿐만 아니라 사회 기술의 발전에도 영향을 미친다. 기술 범주에 속하는 그러한 지식 시스템을 사회과학에서 올바로 분리해 내고 이를 체계적으로 발전시키며 나아가 제도화하는 작업이 어느 때보다 절실하다.

물론 사회과학 지식에 기초해 있는 기술은 사회 기술에 국한되는 것이 아니다. 여러 비즈니스 기술, 예를 들면 시장 교환 기술, 화폐 기술, 회계 기술, 주식 기술, 상업 계약술, 금융 파생 도구 등 인류 사회에 막대한 영향을 미치는 기술의 발명 또한 사회과학 지식에 속하는 조작 기술이다. 다만 이 책에서는 조작 자원의 분류에 근거해 사회과학 지식에 기초한 기술들을 비즈니스 기술로 삼고 있을 뿐이다.

4) 사회 기술의 의의 및 가치

(1) 사회 기술에 대한 인식

필자는 제1장에서 사회 기술은 결코 사회과학을 응용한 기술이 아니라고 지적한 바 있다. 실제로 사회 기술이 인식되기 시작한 것은 약 반세기 전이며 사회 기술은 현재 지속적으로 발전하는 과정에 있다.

일본의 미스미 쥬지(三隅二不二)는 1955년에 발표한 『사회 기술 입문: 집단 토론』[88]에서 사회에서 인간관계 또는 정신 현상을 통제하는 기술을 사회 기술로 개괄하면서 쿠르트 레빈(Kurt Lewin)이 1940년대에 제기한 집단역

---

[88] 三隅二不二, 『社會技術入門』.

학(group dynamics) 개념에 근거해 사회과학과 사회공학 두 가지 방향에서 연구했다. 그는 사회공학의 의의에 입각해 집단역학, 집단공학의 방법을 응용하는 것을 사회 기술이라고 명명하고 공식 회의, 비공식 회의, 소형 회의, 대형 공개 회의를 포함한 각종 회의에서의 운용 기술을 탐구했다. 또한 회의 토론 과정에서의 집단의 기능 및 개인의 기능, 그리고 집단의 기능 중에서의 문제 해결 기능 및 과정 관리 기능의 유형 등에 대해 연구했다.

1966년 헬머, 브라운, 고든은 함께 『사회 기술(Social Technology)』[89]이라는 책을 출간했다. 이들은 사회 기술은 사이버네틱스 방법, 델파이 방법, 전문가 시스템 등을 포함하는 사회과학의 방법론이라고 보았으며 아울러 랜드 연구소의 『장기 예측 연구와 자기 평가 방법을 통해 여론 조사의 신뢰성을 제고하기』라는 보고서에서 상술한 기교를 운용해 어떻게 장기 예측하는지를 설명했다.

1967년 OECD 고문 에리히 얀치는 올래프 헬머 등이 제기한 사회 기술에 관한 방식을 인용하면서, 사회 기술은 사회에 본질적 의의를 갖고 있는 기술을 총칭하며 사회 기술은 대다수 사회적 발명에 기초하고 있다고 보았다. 이른바 사회적 발명이란 사회 시스템 및 사회 기술의 전환 단계에 중대한 충격을 가져오는 발명을 지칭하며, 사회 공학은 사회 기술이 전이되는 과정에서 효과적이며 방향성을 갖고 있는 인류 활동을 지칭한다.[90]

1989년 중국 학자 둥광비는 「사회 기술을 논함(論社會技術)」[91]이라는 글에서 사회 기술에 대해 논의했다. 그는 자연 기술 지식이 도구, 기구, 설비 중에 구체화되는 것과 유사하게, 사회 기술 지식은 사회 조직 중에 실체화되

89   Olaf Helmer and Bernice Brown, Theodore Gordon, *Social Technology*.
90   Erich Jantsch, *Technological Forecasting in Perspective*. 이 책의 일본어판 日本經營管理中心 譯, p.15.
91   董光璧, "論社會技術", ≪自然辯証法報≫ 第269期(1989.5.19).

는 것으로 본다. 정치 조직(정부, 의회, 법원 등), 경제 조직(공장, 농장, 상점, 은행, 보험회사 등), 문화 조직(학교, 병원 등)은 모두 사회 기술의 담지체이다. 각종 사회 조직의 운영 절차는 사회 기술이며, 이는 곧 조작 가능한 사회 지식이다.

2000년 일본 문부성(文部省)은 사회 기술 연구 프로젝트를 비준하면서 사회 기술에 대해 "안심되고 충실한 사회를 만들도록 자연과학과 사회과학의 기술을 종합적으로 응용하는 것"이라는 해석을 내렸다.[92] 일본학술회의 의장 사이카와 히로유키(齋川弘之)는 사회과학의 대상은 개인이나 집단의 본성 또는 행위이기 때문에, 사회 기술을 연구하고 개발하는 의의는 "인문 사회과학 지식을 응용해 과학 기술과 사회를 협조하는 데 있다"라고 보았다. 일본 문부성은 2001년 4월 '사회 기술'이라고 명명한 연구 프로젝트를 가동하기 시작했는데, 2001년의 예산액은 15억 엔이었다. 최초의 프로젝트는 사고에 대비해 원자력 관련 장비를 시스템적으로 설계하는 것이었다.

모두 '사회 기술'이라는 용어를 사용하지만, 이를 이해하고 해석하는 데에는 매우 큰 차이가 있음을 알 수 있다.

필자는 사회 기술을 각종 사회자원을 개발하고 응용하는 프로세싱, 즉 사회자원의 가치[值]를 창조 또는 실현하는 과정이자 방법, 절차, 시스템이며 사회 효율을 개선하고 사회 문제를 해결하는 것이라고 본다.

(2) 사회 기술의 유형

사회 기술은 대체로 상호작용하는 두 가지 유형으로 구분할 수 있다.

첫째 유형은 사회자원을 개발하는 과정과 방법으로, 일반적으로 각 부류의 사회 활동 자체를 지칭한다. 여기에는 회의 개최 기술, 토론 기술, 협조

---

92   "社會技術的開發目標: 實現充實感和安全感", ≪朝日新聞≫(2001.2.2).

기술, 연합 및 협력 기술, 대중 홍보 기술, 관계 기술, 조직 기술, 서비스 교환 기술, 정보 교류 기술, 보충화폐 기술 및 커뮤니티, 지역사회의 각종 운행 방식, 운영 메커니즘의 설계 등이 포함된다.

둘째 유형은 사회 문제를 해결하고 사회 관련 사안을 처리하는 방법론이다. 여기에는 각종 시스템 기술, 계획 기술, 진단과 평가 기술, 예측 기술, 의사결정 기술, 전략적 선택 기술, 도시 기술, 사회 시뮬레이션 기술, 사회 위기 감지 기술, 제도 혁신술 등이 포함된다. 그중에 제도 혁신술은 사회 문제의 체제·기제·법률·법규·정책·표준을 설계하는 기술, 분석 기술, 진단 기술, 운영 기술을 지칭한다. 현재의 수많은 소프트 과학 방법론은 소프트 기술의 관점에서 볼 때 대부분 사회 기술의 범주에 속하며, 소프트 과학 방법론의 다수는 서로 다른 차원의 의사결정자에게 서비스를 제공한다. 올래프 헬머와 시어도어 고든이 연구한 사회 기술은 사회 문제를 해결하는 방법론에 기반하고 있다.

사회 기술을 실시하는 단계, 즉 이른바 사회 공학 단계에 이르러 사회 문제를 해결하는 데에는 두 가지 방법이 있다. 첫째는 각종 사회 문제에 주안점을 두고 각 문제를 구분해 중점으로 삼으며, 각 문제를 해결하는 데 필요한 사항에 근거해 상응하는 기술(하드 기술)을 개발 또는 탐색하는 것이다. 둘째는 사회 활동과 사회 문제가 상호 관련되어 있고 상호 견제하기 때문에 개별 문제를 뛰어넘어 공간 범주 또는 지역 범주에 따라 전체 설계 및 계획을 진행하고 아울러 전체 시스템을 순조롭게 운영하기 위해 해결 방안을 모색하는 것이다. 전자는 하드 기술이 사회의 발전에서 응용되는 것에 해당한다. 이는 우리가 수백 년 동안 상용해 온 루트로, 엄격하게 말해 사회 기술에 속하지 않는다. 후자는 사회 공학의 방법론에 속한다. 무엇보다 이것은 총체 혹은 전체의 수준에서 해결책을 모색한 후 부분의 수준에서 시스템적 해결 방안을 찾는 것으로, 어떤 종류의 하드 기술을 이용할지, 이른바 하이테크를 사용할지 여부는 목표의 수요에 의해 결정되는데, 이것이 사회 기술 혁신의 매력이다. 생태 규획 기술 및 엔지니어링은 그 사례 가운데 하나이다. 사회 공학 단계에 이르러 경계해야 할 것은 하드 기술 엔지니어링의 틀과 발상 아래에서는 사회 공학을 실시할 수 없다는 것이다. 또한 사회 기술이 단순히 사회과학 지식에 기초한 시스템이거나 조작 가능한 시스템이 아니라는 점을 명확히 할 필요가 있다. 사회 기술의 취지를 감안하면 사회 기술의 개발과 응용은 경제 자원 및 사회자원과 환경 개발이 균형 잡힌 지속가능한 발전의 원칙을 견지해야 한다.

사회 기술은 소프트 기술의 중요한 구성 부분으로, 하드 기술과 현저하게 구별되는 점은 환경의 변화에 근거해 개진해야 하고 심지어 혁명적 변혁을 필요로 한다는 것이다. 또한 사회자원의 이중성을 감안해 사회자원의 부정적인 면을 제한하고 긍정적인 면을 발휘하는 것은 사회 기술을 발전시키는 데 있어 중요한 임무 중 하나이다.

새로운 시기에 사회 기술은 관념에서 방법론에 이르기까지 철저한 혁신을 수행해야 하는 막중한 임무에 직면해 있다. 예를 들면 현재까지 공식적인 정책 결정 기술은 여전히 하드 속성을 띠는 경향을 상대적으로 보여주는데, 객관적 요인에 대한 분석을 매우 강조하며 정량적 형식(quantitative format)이 더욱 과학적인 접근법으로 간주되곤 한다. 비록 그러한 분석이 핵심적인 주관적 요소를 간과하고 있어 잘못된 결과를 만들어내고 있지만 말이다. 이는 시어도어 고든이 필자에게 보낸 편지에서 쓴 내용과도 같다.

나는 일찍이 1997년 세계 미래 전망 보고서에서 현재와 미래의 문제를 해결하기 위해 전 세계적으로 정책 결정 과정을 개진해야 한다고 제기한 바 있다. 오늘날 정책 결정 기술은 비용 수익 분석(cost benefit analysis)과 극대치 최소화 정리(mini-max theorem) 등의 기법을 이용하는 경제학의 관점에서 논구되고 있다. 하지만 나는 가까운 미래에 훌륭한 정책 결정이 경제학의 범주를 훨씬 뛰어넘을 것으로 생각한다. 예를 들면 앞으로 정책을 결정하는 과정에는 인간 직관의 역할, 리스크 감수 성향, 가치(무엇이 올바른 일이며 무엇이 올바른 결정을 추구하기 위한 올바른 모델인지에 대한 판단), 그리고 정책 결정의 과정에서 인간의 마음이 어떻게 작용하는지에 대한 고려, 특히 인간의 마음이 데이터와 정보를 어떻게 왜곡시킬 수 있으며 비논리적이고 모순적인 결정에 도달하는지에 대한 고려가 포함될 것이다. 인지과학 영역도 어떻게 인간의 미음이 결과를 만들어내는지와 관련된 모델(하나의 결정에 도달했을 때 받아들여지거나 거부되는 작고 신속한 시나리오들)을 제시함으로써 일정한 역할을 발휘할 것이다.[93]

구사카 기민도도 일찍이 정책 결정 과정에서 심리적 작용 또는 주관적 요소가 미치는 중요성에 관해 주목했다. 그는 1963년부터 시작된 일본의 고도 경제 성장과 당시 자국 경제에 대한 일본 사람들의 신뢰가 매우 컸다는 데 주목했다. 그는 "고도 경제 성장은 비록 경제학 용어이지만 관건은 이를 믿는지 여부이다. 당시 수많은 일본의 사장들은 주저하지 않고 개인 재산을 담보로 설비에 투자했는데, 그 이유는 투자가 수익을 올릴 수 있을 것이라고 믿었기 때문이다"라고 말했다.[94]

(3) 사회 기술의 가치

사회 기술의 특징 가운데 하나는 대중을 사회 기술의 설계와 실시에 참여시킬 수 있으며 국민의 아이디어를 통해 사회를 더욱 공평하고 합리적이며

---

93   2000년 10월 29일 시어도어 고든이 필자에게 보낸 서신.

94   日下公人, "日本の技術か 〝アメリカの知恵か".

아름답게 만들 수 있다는 것이다. 이러한 사회 기술의 진보는 필연적으로 우리가 추구해야 할 목표이다. 하지만 사회 기술의 가치가 지닌 이중성을 감안해 사회 기술을 혁신·보급·응용하는 방향을 식별해야 한다.

사회 기술의 경제 가치는 사회 활동이 창조한 화폐로 측정할 수 있는 가치를 지칭한다. 장기간 사회 활동은 자금의 자체 조달, 각종 형식의 공공 자원과 투자의 재분배, 지원금의 개척 등 전통적 의미에서의 경제 활동을 수반했다. 이러한 경제 활동은 비즈니스 거래 위주의 전통적인 경제 방면에서 공공 투자나 지원금 등의 루트를 통해 유지될 수 있었다.

그러나 사회 문제를 해결하면 경제, 사회, 환경의 지속가능한 발전에 매우 많은 비즈니스 기회가 생긴다는 것이 최근 수십 년간 증명되었다.[95] 실제로 오늘날의 사회적 기업은 이러한 비즈니스 기회를 이용해 경제 가치를 창조하고 있다. 또한 70여 년 동안 사회 활동에서는 서로 다른 종류의 거래 활동이 형성되고 있다. 예를 들면 사회 활동 중에 발생하는 각종 거래 − 취업 서비스, 사회 서비스, 인터넷을 통한 상호 교환 서비스 등을 포함한 − 는 또 다른 종류의 교환 도구, 즉 보충화폐를 통해 전통적 의미에서의 경제(금융 자본에 의지해 물자 자원을 개발하는 것)와는 완전히 다른 경제 영역을 형성하고 있다. 사회가 진보함에 따라 이러한 경제 영역이 국민경제에서 차지하는 비중은 갈수록 커지고 있다.

사회 기술의 사회 가치는 다양한 루트를 통해 실현된다. 예를 들면 갈수록 많은 그리고 복잡한 사회적 사안을 처리하고, 인류의 생활을 풍부하게 만들며, 더욱 많은 지식, 기술 및 기회를 획득해 사람들의 사회적 열망을 만족시키고, 정부와 시장이 해결할 수 없는 윤리·도덕 방면의 문제를 포함한 사

---

95   David Grayson, Zhouying Jin, Mark Lemon, Sarah Slaughter, Miguel A. Rodriguez, Simon Tay, "A New Mindset for Corporate Sustainability", *White Paper sponsored by BT and Cisco*(2008).

회 문제를 해결하며, 창조성, 독창성, 책임감, 적극성을 배양하는 데 유리한 환경을 제공한다.

사회 기술에 대한 저자의 정의에 따르면, 사회 기술 가치를 탐구하고 논의할 때는 사회자원의 이중성에 주의를 기울여야 한다. 사회자원을 개발하는 것은 높은 수준의 경제 성장, 다양한 취업 기회, 각종 사회 효과를 가져오는 동시에 부정적인 영향을 초래할 수도 있다. 어떤 상황에서는 심지어 파괴적 작용을 일으킬 수도 있다.

알레한드로 포테스(Alejandro Portes)는 일찍이 사회자원의 부정적인 의의에 대해 네 가지 측면에서 토론한 바 있다.[96]

① 집단 구성원에게 이익을 가져다주는 긴밀한 연계는 집단 외부 사람이 집단으로부터 혜택을 얻지 못하도록 막을 수도 있다. 따라서 제한된 단결과 신뢰는 집단의 경제적 우위를 창출하는 핵심이다.

② 집단 또는 공동체가 지닌 폐쇄성은 그 구성원이 창업한 이후에 성공을 하지 못하도록 방해하기도 한다. 즉, 창조성을 제한하는 것이다. 대다수의 성공한 기업가는 지인들로부터 일자리를 제공해 주고 돈을 빌려 줄 것을 끊임없이 요구받는다. 이러한 요구는 통상적으로 대가족 또는 공동체 구성원 간에 상부상조해야 한다는 강력한 내부 규범에 의해 뒷받침되고 있다.

③ 공동체 또는 집단에 참여하는 것은 순응할 것을 필연적으로 요구한다. 이 특성은 사회 통제의 능력을 만들어내는 원천이기도 하다. 그러한 배경에서는 사회 통제 수준이 높을수록 개인의 자유를 제한하는 정도

---

96   Alejandro Portes, "Social Capital: Its Origins and Applications in Modern Sociology", Eric Lesser(ed.), *Knowledge and Social Capital: Foundations and Applications*(Boston: Butterworth Heinemann, 2000), chapter 3.

도 강해져 그 구성원이 창조성을 발휘하는 데 불리하다. 이는 청년들이나 독립적인 성향의 사람들이 항상 이러한 곳에서 떠나려 시도하는 이유라 할 수 있다.

④ 한 집단은 역경과 주류 사회의 반대를 함께 경험함으로써 집단 내부의 결속이 공고해지는 경향이 있다. 이 경우에 개인적 성공담은 집단의 응집력을 저해하는데, 왜냐하면 집단의 응집력은 개인적 성공이 발생할 수 없다는 가정에 기반하고 있기 때문이다. 그 결과 수준의 하향화를 유발하는 규범이 억눌림을 받는 집단 내부의 구성원들에게 작동하며, 이는 야심을 가진 구성원을 그 집단으로부터 이탈하도록 만든다.

그리고 나는 다음과 같은 부정적인 의의를 추가하고자 한다.

⑤ 서로 다른 네트워크 조직자와 조작자가 준수하는 내부 자원의 기준에 따라 사회자원의 사회 가치는 부정적인 측면으로 향할 가능성이 있다. 예를 들면 내부 규범을 이용해 사회 안정에 불리한 행위를 선동하는 것은 항상 효과적인데, 여기에는 폭력을 통해 사회 문제를 해결하는 것, 심지어 불법 수단을 통해 소수자 또는 소수 집단의 이익을 추구하는 것도 포함된다. 어떤 사회 조직의 핵심층이 공중 이익 및 공중도덕을 위배한 사람들에 의해 조종되거나 반사회적 목적에 기초해 네트워크가 건립되면 사회에 파괴적인 작용을 일으킨다. 극단적인 사례로는 종파주의, 종족주의, 조직범죄, 마피아, 사교(邪敎) 조직 등이 있다.

여기서 언급한 사회자원의 부정적인 작용은 각국의 공공 조직 및 사회 조직의 기본 시스템에 다양한 영향을 미친다. 예를 들면 중국은 사회를 안정시킨다는 이유로 사회단체와 민간이 창립한 비영리 기구의 발전을 엄격하게 제한하고 있다.

5) 사회자원

이 책의 정의에 근거하면 사회 기술은 각종 사회자원을 개발·응용하는 프로세싱이다. 즉, 사회자원은 자연적으로는 가치를 생산할 수 없으며 사회 기술을 응용해야만 가치가 창조되거나 실현된다. 그렇다면 사회자원을 어떻게 이해할 수 있을까?

서양의 수많은 학자는 사회자원을 사회 자본의 관점에서 연구했다. 예를 들면 피에르 부르디외(Pierre Bourdieu)의 「사회 자본(Le capital social)」,[97] 제임스 콜먼(James Coleman)의 「인적 자본이 창조하고 있는 사회 자본(Social Capital in the Creation of Human Capital)」,[98] 로버트 퍼트넘(Robert Putnam)의 「혼자 볼링하기: 하강 중인 미국 사회 자본(Bowling Alone: America's Declining Social Capital)」[99] 등이다. 2000년 에릭 레서(Eric Lesser)가 편저한 『지식과 사회 자본(Knowledge and Social Capital)』[100]은 사회 자본과 관련된 당대의 연구 성과를 총결하고 있다. 에릭 레서는『웹스터 대사전』에 근거해 자본이란 누적된 부, 특히 더욱 많은 부를 생산하는 데 이용할 수 있는 부이며, 이 때문에 사회 자본이라는 개념이 성립될 수 있다고 본다.

하지만 정치학, 사회학 및 경제 발전 분야의 연구에서는 사회 자본에 대한 개념 정의가 다소 혼란스러운 상황이다. 예를 들면, 폴 애들러(Paul Adler)는 사회 자본과 관련된 학자 18명의 개념 정의를 분석한 후에 "사회 자본은 개인과 집단적 행위자의 다소 견고한 사회적 관계망의 배열(configuration)과

97   Pierre Bourdieu, "Le capital social", *Actes de la Recherche en Sciences Sociales*, 31(1980).

98   James Coleman, "Social Capital in the Creation of Human Capital", *American Journal of Sociology* (1988).

99   Robert Putnam, "The prosperous community", *American Prospect*(1993);, Robert Putnam, "Bowling Alone: America's Declining Social Capital", *Journal of Democracy*(1995).

100   Eric Lesser(ed.), *Knowledge and Social Capital*(Boston: Butterworth Heinemann, 2000).

내용을 통해 만들어지는 것으로, 개인과 집단적 행위자를 위한 자원이다"[101] 라고 지적했다.

에릭 레서는 사회 자본을 개인의 사회관계로 인해 유발된 장점 또는 부로 간주한다. 사회관계는 세 가지 기본 차원에서 상호 이익에 영향을 미치는데, ① 사회관계의 구조, ② 구조(조직) 내부에 존재하는 개인 간의 역동성, ③ 구조 속에서 개인이 갖고 있는 공통되는 맥락과 언어이다.

사회 자본의 원천에 대해서는 사회학, 정치학, 개발경제학, 조직학의 연구에서 상당히 혼동되고 있다. 예를 들면 조직학 전문가는 사회 자본이 세 가지 방면에서 비롯되는 것으로 보는데, ① 구조 차원에서의 네트워크 유대(network ties), 네트워크 배치 및 적합한 조직, ② 관계 차원에서의 신뢰, 규범, 의무 및 정체성, ③ 인식 차원에서 공유되는 부호(codes), 언어 및 설명(narratives)이다. 폴 애들러는 사회 자본의 원천을 네트워크, 규범, 신앙, 공식적 제도 및 관례로 결론내리고 있다.[102]

사회 산업 연구에 편의를 도모하기 위해 이 책에서는 사회 기술에 대한 정의에 근거해 사회자원의 관점에서 사회 기술을 연구하는 한편, 사회자원을 내재와 외재의 두 가지 차원, 즉 내재적 사회자원과 외재적 사회자원으로 구분한다.

사회자원의 본질이 개인과 집단이 맺는 각종 관계이기 때문에 우리는 개인과 집단 간의 각종 네트워크, 각종 사회 조직, 사회 실체를 외재적 사회자원으로 간주할 수 있다. 여기에는 학교, 사단, 지역사회, 협회, 상공회의소, 병원, 각종 정치 조직(정당, 의회, 법원 등), 각종 비정부 조직, 사회적 기업, 가정, 공공시설 등의 공공 자원이 포함된다.

---

101   Paul Adler and Seok-Woo Kwon, "The Good, the Bad and the Ugly", Eric Lesser(ed.), *Knowledge and Social Capital*, chapter 5.

102   Eric Lesser(ed.), *Knowledge and Social Capital*, p.97.

내재적 사회자원은 사회자원을 생산하는 내재적 원천으로부터 고려한 것으로, 사회 네트워크와 조직을 형성하고 유지할 수 있는 내재적 요소에 근거해 분류한다. 예를 들면 각종 조직 활동을 통해 조직 내부 성원 간의 상호 신뢰를 만들어내거나 증가시키는 것이다. 거꾸로 말하자면 사람 간의 신뢰, 공동의 신앙과 가치관은 각종 사회 조직과 사회 네트워크를 형성시키는 기초이다. 이에 따라 제도(사회 규범, 법률을 포함), 신앙, 가치관, 도덕규범, 관습, 사람들의 각종 사회적 바람(일을 하고 싶어 하고, 이상을 실현하고자 하고, 높은 생활수준을 영위하고자 하고, 평화를 원하고, 안전을 원하고, 상호 신뢰를 원하고, 단결되고 화목한 환경을 원하는 것 등) 및 사람들의 마음가짐 등을 내재적 사회자원으로 간주한다.

다음에서는 연구소 제도, 가상 기술과 대중 홍보 기술을 사례로 사회 기술의 작용에 대해 설명하고자 한다.

6) 연구소 제도

사회자원을 개발하고 이용하는 관점에서 볼 때 연구소 제도는 R&D 자원을 조직하는 사회 기술로, 역사상 가장 성공한 조직 기술 중의 하나이다. 아인슈타인이 그렇게 많은 기술을 발명할 수 있었던 것도 연구소 제도 때문이라고 할 수 있다.

19세기 이전에는 과학 연구가 귀족들의 취미나 과학자 개인의 행위에 불과했다. 따라서 R&D는 줄곧 개인의 구상과 발명에 의존해 왔다. 당시의 위대한 과학적 성취와 수많은 창조 발명은 기본적으로 천재 과학자와 위대한 발명가(예를 들면 와트, 에디슨)가 개인적으로 이룬 성취였다. 1863년 독일의 철강왕 알프레트 크루프(Alfred Krupp)는 세계 최초로 화학 실험실을 건설했다.[103] 이어서 1876년 에디슨은 자신의 실험실을 만들어서 과거 과학자가 홀로 연구에 종사하는 관습을 깨고 전문 인재를 조직했다. 에디슨은 팀을 나누어 임무를 맡긴 뒤 함께 발명에 경주한 결과 1093개의 발명 특허권을 소유하게 되었고,[104] 이를 통해 과학 연구의 신시대를 열었다.

19세기 말과 20세기 초에 이르러서는 구미의 각 대형 회사와 기업, 즉 지멘스, 듀퐁, AT&T, 웨스팅하우스, 코닥, 스탠더드 오일 등도 에디슨의 방법을 모방해 R&D 실험실을 연이어 설립하기 시작했다. 실제로 산업 회사 중에서 연구소가 출현한 것은 지멘스, 에디슨 등의 발명가가 실업가(實業家)가 된 이후의 일로, 그들의 업무 공간 또는 개인 실험장으로서 성장했다. 엄격한 의미에서의 공업 관련 연구가 발전한 것은 1920년대 이후의 일이다. 1920년에서 1960년까지 공업 선진국의 산업계에서는 연구 성과가 약 100배 증가했으며, 80%의 산업 과학 기술은 상술한 독점 기업의 연구에 의해 장악되었고 절대 다수의 연구원은 산업 부문과 군사 부문의 연구 기구에 집중되었다.[105]

갈수록 많은 과학 기술 성과가 군사 목적으로 이용됨에 따라 각국 정부는 과학 기술에 대한 투입을 증가하고 간여를 강화했으며, 국립 연구 기구도 설립했다. 국립 연구 기구로 가장 일찍 출현한 것은 1887년 독일에서 설립된 물리공학연구소이다. 그 이후 각국 정부도 독일을 모방해 잇달아 국가가 뒷받침하는 연구 기구를 설립했다.

연구소 메커니즘은 과학 기술과 사회의 발전을 연동시키기 시작했으며 20세기에 과거 수백 년 동안 이루어진 대량의 과학 연구 성과를 산업화하고 경제 발전을 가속화하는 데 중대한 영향을 미쳤다.

20세기 말에 이르러서는 세계화 환경과 개혁 혁신의 추세에 적응하기 위

---

103   Christoph-Friedrich von Braun, *The innovation War*.

104   『簡明不列顚百科全書』第1冊(中國大百科全書出版社, 1986), p.256.

105   John Bernal, *Science in History*. 이 책의 일본어판『歷史上的科學』, pp.338~339, 767~768.

해 연구소의 조직 혁신에 가상 기술을 도입했다.

7) 가상 기술과 조직 혁신

가상 기술은 오늘날 가장 광범위하게 응용되는 성공한 소프트 기술이다.

가상이라는 용어는 컴퓨터 영역에서 사용되는 가상 주소, 가상 기기 같은 개념에서 비롯했으며, 근래 흔히 듣는 가상 기업, 가상 연구소,[106] 가상 은행, 가상 사무실, 가상 시장, 가상 제조, 가상 구매, 가상 대학, 가상 과학 단지 등은 모두 가상 조직 발전의 밝은 전망을 보여주고 있다.

(1) 새로운 환경과 조직 혁신

지식 시대에 진입함에 따라 정보 기술은 점차 전 세계 각지를 하나의 고속 정보망으로 연결하고 있으며, 현대 운송 기술의 발전은 대대적으로 국가 간 정보, 자본, 물류의 이동을 촉진하고 경제 세계화의 프로세스를 가속화하고 있다. 동시에 기술 개발과 상품화의 주기가 대대적으로 단축되고 있는데, 이는 고객이 시장에서 선택할 수 있는 여지를 크게 증가시켜 전 세계의 시장 경쟁을 더욱 치열하게 만들었다. 외부 시장 환경의 높은 경쟁 압력은 조직 내부의 기술 혁신, 업무의 개념, 경영 기술을 포함한 신기술의 수익 분배 등에 갈수록 큰 영향을 미치고 있다. 이와 동시에 조직 구조, 조직의 변화 적응 능력, 조직 내부의 기술 특허 보유자, 고급 관리 인원 및 내부 기업가의 관리 등을 포함하는 조직의 지식 및 인재에 대한 관리 능력과 조직의 기술 개발

---

106 金周英, "組織創新與虛擬研究所", ≪中國軟科學≫ 第四期(1998); Jin Zhouying, "Technology Driving Force: The Principle of Harmony and Balance", *I3UPDATE*(1997), http://www. skyrme.com/updates; "組織創新和虛擬研究所", ≪互聯网世界≫ 第二期(1999); "Organizational innovation and virtual institutes", *Journal of Knowledge Management*, Vol.3, No.1(1999).

주기, 기술 혁신과 기술 이전 효율 간 관계도 갈수록 밀접해지고 있으며 경쟁력에 직접적으로 영향을 미치고 있다. 조직은 갈수록 중요한 경쟁력 요인이 되고 있다. 이러한 환경 아래에서 기존의 재래식 조직 시스템은 경쟁력을 유지하기 어렵다는 것이 다양한 실천을 통해 이미 입증되었다. 조직 변혁은 급선무가 되었으며, 우리는 조직에 대해 새롭게 정의를 내리도록, 어떤 조직이 시장 상황에 대처하는 능력이 강한지, 경쟁 환경에서 생존하고 발전하는 데 유리한지를 탐구하고 토론하도록 요구받고 있다.

이를 위해 관리학계는 조직과 조직에서의 사람의 심리 및 행위의 규율성을 집중적으로 연구함으로써 조직 혁신을 이론적으로 지지했다. 예를 들면 1938년 체스터 바너드(Chester Barnard)는 조직의 본질, 조직의 특징, 조직 관리, 공식 조직과 비공식 조직 등에 대해 심도 있게 연구했다.[107] 현재 조직행동학은 이미 완정한 이론 체계를 이루었으며 우수한 조직행동학 학자들이 여러 명 배출되었다. 다른 한편으로 기업계는 실행을 통해서 각종 자원을 재조직하고 자원 배치를 최적화함으로써 조직 효율을 제고하는 수단과 방법, 즉 조직 기술을 개발해 내고 있다. 널리 알려진 직선식(straight-line) 조직, 기능식(functional) 조직, 직선/참모식(straight-line plus staff) 조직, 프로젝트(project) 조직, 매트릭스(matrix) 조직, 어망식(fishing net) 조직 등은 기업의 '내부 조직 기술'이며, 기업 합병술은 기업 구조의 재조직 기술로서 기업의 '외부 조직 기술'에 속한다. 전 세계적인 기업 규모 축소 및 기업 구조조정 과정을 살펴보면, 외부 자원을 통합하는 범위, 규모, 차원 등의 추세, 협력 및 합병 등의 흐름이 모두 조직 혁신을 위해 노력하고 있음을 잘 알 수 있다.

현재 폭넓게 전개되고 있는 가상 기업은 새로운 시대에 적응하기 위해 생

---

107 Chester Barnard, *The Functions of the Executive*(Harvard University Press, 1938). 이 책의 중국어 판 王永貴 譯, 『經理人員的職能』(機械工業出版社, 2007).

겨난 새로운 조직 모델이다.

다음에서는 가상 기업과 가상 연구소를 대상으로 가상 기술의 의의, 발전 추세, 직면한 문제에 대해 살펴보고자 한다.

(2) 가상 기업

가상 기업은 비교적 성숙한 가상 기술이 응용된 예이다. 케네스 프라이스 (Kenneth Preiss) 등은 1991년 미국 의회에 제출한『21세기 제조업 기업 연구: 산업 중심의 전망(21st Century Manufacturing Enterprise Study: An Industry-led View)』이라는 보고서에서 가상 기술이 제조업 기업에서 응용된 사례를 제기했다.[108] 1992년 윌리엄 다비도(William Davidow)와 마이클 멀론(Michael Malone)은 자신들의 저서『가상 기업: 21세기를 위한 기업의 구조화와 재활성화(The Virtual Corporation: Structuring and Revitalizing the Corporation for the 21st Century)』를 발표해 가상 기업의 함의를 풍부하게 했다.[109] 1994년 3월 마이클 멀론과 빌 다비도(Bill Davidow)는「가상 기업의 시대에 온 것을 환영한다(Welcome to the age of virtual corporations)」라는 글을 발표했는데,[110] 이 글에서 "3년 전에는 가상 기업이 이론상의 구상 또는 가상이었지만, 현재 가상 기업이라는 용어는 상업 활동에서 상용어로 변했다. 가상 기업은 하나의 회사와 비슷한 것으로, 유사한 회사들이 하나의 '메타 기업체(meta-enterprise)' 내에서 함께 연합해 공동 신뢰의 기초 위에서

---

108 1991년 케네스 프라이스는 리하이대학(Lehigh University)의 라코카연구소(The Lacocca Institute)로부터 변화하는 전 세계 산업 구조에서 미국이 담당해야 할 역할을 분석하는 일을 요청받았다. 그는『21세기 제조업 기업 연구』라는 보고서의 작성자인 동시에 스티븐 골드먼(Steven Goldman) 및 로저 네이글(Roger Nagel)과 함께 해당 보고서를 공동 편집했다.

109 William Davidow and Michael Malone, *The Virtual Corporation: Structuring and Revitalizing the Corporation for the 21st Century*(New York: Harper Collins Publishers, 1992).

110 Michael Malone and Bill Davidow, "Welcome to the age of virtual corporations", *Computer Currents*, Vol.12, No.1(March 17, 1994).

견고한 관계(연맹)를 수립한다. 그 구성원에는 제조회사, 공급회사, 판매회사, 고객 등이 포함된다. 가상 기업 혁명은 우리 시대의 상업 활동을 변화시킬 것이며, 수백 명이 업무를 진행할 가능성이 있다"라고 지적했다. 타이완의 ≪경제일보(經濟日報)≫는 "가상 기업은 생산, 판매, 설계, 재무 등의 전반적인 기능을 운용할 수 있지만 기업체 내에는 이러한 기능을 집행할 조직이 없다. 즉, 가상 기업은 가장 핵심적인 기능만 보유하고 있을 뿐이며, 나머지 기능은 자체의 한정된 자원 또는 부족한 경쟁력을 감안해 단념하거나 가상화한다. 따라서 가상 기업은 각종 방식으로 외부의 힘을 빌려 통합하고, 아울러 제조 기업 자체의 경쟁 우위를 창조한다. …… 가상 기업의 기본 정신은 기업의 한계를 돌파하고 기업의 계획을 확대하는 데 있으며, 이는 '외부 자원의 통합'을 차용한 책략이다"라고 보았다. 가상 기업은 시장 환경의 변화에 신속하게 반응하기 위해 이용되는 동태적 연합이다.

영국의 데이비드 스키르메(David J. Skyrme)는 1988년 현대 사회에서의 가상 업무의 필요성을 제기했으며, 1997년에는 「가상 조직의 25개 업무 원칙」을 발표했다.[111] 하지만 어떤 의미에서 보자면, 가상 기업의 발전은 더욱 긴 역사를 갖고 있다. 수십 년 동안 일본의 일부 가상 기업 및 가상 조직의 유형은 일본 대기업과 중소기업 간의 협력 방식에 반영되어 가상 생산과 가상 조직의 특징을 띠어왔다. 이는 아마도 과거 일본의 기업이 가상 기업에 대해 제대로 총결하지 않은 상황에서 거둔 일종의 성공 스토리로 볼 수 있을 것이다. 중국의 대형 프로젝트와 관련된 일부 조직도 가상 조직의 형태를 띠고 있는데, 행정적인 방식으로 조직·관리하고 있기에 가상 조직에서 기대되는 장점을 구현하지 못하고 있다.

---

111   David Skyrme, "Virtual Teaming and Virtual Organizations-25 Principles of Proven Practice", *I3 UPDATE*, No.11(June 1997).

종합해서 말하자면, 가상 기술의 발전과 응용은 기업이 자원을 최적화해서 조합하는 데 매우 밝은 전망을 제공해 주고 있다. 이는 전통적 기업의 한계를 돌파하고 기업 외부 또는 국외의 자원을 차용하도록 만들어 자신이 갖고 있지 못하거나 비교 우위가 별로 없는 자원을 가상화시킴으로써 기업의 경쟁 우위를 창출할 것이다. 이는 기업의 관점에서 볼 때 '대이전(大而全, 생산 규모가 크지만 독창성이 없으며 차별화된 특성을 발휘하지 못하는 진부한 생산 방식), 소이전(小而全, 생산 규모가 작지만 쓸모없는 설비가 많으며 전문화 수준이 낮고 뒤처진 생산 방식)'을 피하는 한편 자원을 공유하고 장점을 상호 보완하는 좋은 방법이다.

(3) 가상 연구소

경제에서의 경쟁이 국제 경쟁의 주요 내용으로 부상함에 따라 기술이 경제 경쟁에서 차지하는 지위가 현저히 높아졌다. 각국 정부는 기술 혁신을 강화하고 자주적인 지식재산권을 보유하며 첨단 기술의 근원을 파악해야만 경제 경쟁에서 주도권을 잡을 수 있다는 사실을 인식하게 되었다. 이를 위해 선진 기술 국가는 잇달아 각종 정책과 조치를 채택해 지식재산권을 보호하고 기술 독점에 의지해 시장을 독점하고자 시도하고 있다. 연구 기구는 지식과 기술이 생산·누적되는 주요 기구로서, 기술 혁신에서 주로 기술의 원천을 공급하는 역할을 맡는다. 연구 기구는 국가 경쟁력을 창조하는 중요한 일환으로, 연구의 수준과 효율은 국가의 종합 경쟁력에 직접적으로 영향을 미친다. 이러한 상황하에 조직 모델, 기능, 관리 방식, 연구 문화 및 건전한 연구 기풍 등을 포함한 미래형 연구 기구를 탐색하고 논의하는 것은 조직 혁신 자체를 뛰어넘는 의의를 지닌다고 할 수 있다.

가상 연구소와 가상 연구센터는 앞으로 연구 조직, 조직의 한계, 조직 형식의 개념을 철저하게 변화시킬 것이며, 연구 기구에 대변혁을 가져올 것이다. 이른바 연구소란 일정한 연구 목표와 시스템에 따라 건립된 집단으로, 연구원이 개인의 창조성과 집단적 지혜를 최대한 발휘할 수 있도록 환경을 조성한 곳이다. 가상 연구소의 특징은 어떤 연구 목표나 내용과 관련해 필요한 각종 연구 자원과 조직 기능을 제때에 유연한 형태의 새로운 연구소에 집중시키고 시간, 공간, 장소를 뛰어넘는 협력 연합체를 구축하는 데 있다. 가상 연구소는 다양한 학과, 분야, 부문의 전문가들로 구성되고, 국내외의 연구원은 물론 기업가, 정부 관료, 심지어 각 분야의 이용자를 고용할 수 있다. 가상 연구소는 또한 한 국가 차원은 물론 지역적 및 글로벌 차원에서 가동될 수 있고, 그 연구 범위와 규모는 수요에 따라 조정될 수 있다.

가상 연구소는 전통적인 연구소와 비교할 경우 연구소의 한계를 극복해 여러 조직이 서로 침투·확대되었으며, 방대한 외부 자원과 내부 자원을 통합할 수 있다. 이로 인해 자원이 더욱 풍부해지고 규모가 더욱 커져 더욱 큰 범위 내에서 최적화 조합을 진행하고 저비용으로 유연한 조직의 목적을 달성할 수 있게 되었다. 가장 핵심적인 연구 기능 외에 일부 기능, 예를 들면 로지스틱스 기능은 이러한 조직 내에 항상 존재하는 것은 아니지만 효율을 향상시키는 데 유리하다.

가상 연구소를 전통적인 연구팀과 비교해 보면 업무 방식이 일부 비슷한 점이 있지만, 전통적인 연구팀보다 관계가 더욱 긴밀하며 연구소와 유사한 기능을 구비하고 있다. 하나의 과제를 달성하면 바로 해산하는 임시 집단이 아니라, 공동의 신뢰와 연구 목표에 대한 컨센서스에 근거해 지식과 연구 조건을 공유함으로써 유한한 자원의 최적 이용과 높은 수준의 연구 성과에 도달하는 것을 목표로 하는 장기적인 연합인 것이다.

가상 연구소의 취지는 가장 낮은 비용으로 변화에 신속하게 적응함으로써 필요로 하는 바에 맞추어 연구 자원을 조직하고, 연구소 조직의 상호 교류, 유연성, 지혜의 통합, 참신한 연구소 문화, 개방성, 매력적인 연구 목표를 통해 인재를 폭넓게 흡수하며, 팀 정신과 개인 창조성의 적극적 발휘를 결합함으로써 연구 조직의 경쟁력을 제고하고 더욱 광범위한 혁신을 위한 조건을 창출해 내는 데 있다.

가상 연구 기구의 발전 배경과 의의를 총괄해 보면 다음과 같다.

- 협력 혁신의 연대: 국제화와 정보화가 진전함에 따라 창조성의 구현과 신기술의 도입에 소요되는 비용은 상승하고 있으며 불확실성과 높은 리스크는 과학 기술 연구의 중요한 특징이 되고 있다. 경쟁을 강화하기 전에 기술을 협력하는 것은 각국 회사가 연구과 개발 비용을 낮추고 리스크를 감소시키기 위한 수단이 되었다. 데브라 애미던(Debra Amidon)이 말한 바와 같이,[112] 21세기는 제5세대 연구 개발 시대이자, 지식을 자원으로 삼아 영역을 넘나드는 학습과 지식으로 협력·혁신하는 시대가 될 것이다.

- 지혜의 축적 및 초학제적 협력 연구의 환경 조성: 오늘날 과학과 기술이 복잡해짐에 따라 통합과 융합은 기술 발전의 주요 특징 중 하나가 되었다. 모든 발명이나 창조는 서로 다른 기술을 융합하고 여러 학문 분야에서 힘을 함께 합쳐야 가능한 일이다. 하지만 기술을 통합하고 지혜를 통합하는 것은 실제로는 인재를 통합하는 것이다. 가상 연구소는 학과나 기술 배경이 서로 다른 사람들을 일정한 목표와 시스템에 따라 팀으로 조직하고 범과학 연구를 진행함으로써 지혜를 집성하기 위한 우수한 환경과 조건을 창출해 낼 수 있다.

- 한계를 타파하는 연구 시스템: 정보화 시대에 진입하면서 연구·개발·응용에서 시장까지의 거리가 크게 단축되었고 기초 연구와 응용 연구

---

112   Debra Amidon, *The Ken Awakening*(Boston: Butterworth Heinemamm, 1997).

간의 구분이 모호해져 양자를 엄격하게 구분하기가 갈수록 어려워지고 있다. 이러한 상황 아래에서는 전통적인 학과 방식에 따라 분할된 연구 기구나, 연구·개발·생산과 상품화를 엄격하게 구분하는 조직 시스템은 더 이상 수요에 적응하기 어렵다. 가상 연구소는 수요에 근거해 연구·생산·응용을 하나로 연합시키기 때문에 상호 침투, 상호 확대하는 데 유리하며, 시스템 한계를 타파해 새로운 지식을 창조하는 데 유리하다. 또한 전통적인 조직 간에 각종 지식이 이동하는 데 작용하는 장애를 극복할 수 있으며, 이를 응용·전파하는 프로세스를 가속화하는 데 유리하다.

- 유연성을 유지하는 유연한 조직: 전통적인 조직의 폐단 가운데 하나는 변화하는 시장 환경과 기회에 신속하게 반응하지 못한다는 것이다. 이상적인 조직은 수요에 따라 언제라도 변할 수 있어야 한다. 하지만 현재는 기술 발전과 혁신 속도가 매우 빠르기 때문에 우리는 모든 종류의 수요와 생산품의 변화에 맞추어 일일이 새로운 기업을 세울 수 없으며, 출현하는 새로운 과제와 개념에 맞추어 일일이 새로운 연구소를 세울 수도 없다. 조직의 핵심은 사람이며, 불합리한 조직 조정과 인사 변동으로 인해 지불해야 하는 비용은 막대하다. 그렇다고 현행 조직을 확대해 대이전을 고수하며 모든 것을 포괄하는 조직으로 만들 수도 없다. 조직이 커질수록 변화에 대응하는 능력이 떨어진다. 가상 연구소는 등급에 기반한 조직이 아니기 때문에 조직의 구조조정은 더 이상 개인의 사회 지위와 복지 혜택에 영향을 미치지 않으며, 조직의 설립 또는 해산 역시 전통적인 조직 기구를 조정할 때 요구되었던 임명 또는 파면 절차를 필요로 하지 않는다. 사람들은 단지 연구 목표의 이로움과 폐단을 고려하면 되므로 '사람' 방면에서 비롯되는 장애는 매우 적다. 따라서 최저의 비용으로 외부의 수요에 민첩하게 조직을 변화시킬 수 있으

며, 수요에 따라 구성원을 증가시키거나 감소시켜 유동성을 보장하고 자원의 최적 분배를 실현할 수 있다.

- 상호 학습과 지식 공유의 집단: 현대 지식량의 급속한 증가와 신속한 지식 갱신으로 인해 갈수록 많은 일자리가 지식 밀집형이 되고 있다. 어떤 노동자도 교실에서 배웠던 지식에만 의지한다면 필연적으로 도태될 것이다. 고용인에 대한 훈련과 지식의 갱신은 현장에서의 훈련과 실제 업무 경험에 기반해 이루어져야 한다. 새로운 지식을 적용할 수 있는 고용인의 능력은 이미 연령, 학력, 자격증, 직위, 등급 등으로 판별할 수 없는 상황이 되었다. 가상 연구소는 문화를 공유하는 한편 국내외 및 전체 사회에 대한 개방성을 지니고 있어 연구를 위해 지식을 학습할 수 있는 기초 시설을 제공한다. 이를 통해 조직은 재교육할 수 있는 장소, 지식을 공유하고 평생 학습하는 장소가 되고 있다. 이렇게 해서 업무는 더 이상 사람들이 생활을 보장하기 위한 수단과 장소에 머무르지 않고 자아실현과 더욱 큰 즐거움을 추구하는 중요한 부분이 되고 있다. 반면 고정불변의 조직은 지식을 갱신하는 데 드는 비용이 높고 자기 사람만 배타적으로 중용하는 일종의 근친교배(inbreeding) 현상을 유발하기 쉽다.

- 네트워크식 평행 조직, 새로운 개념의 리더십: 성과가 창출되는 과정에서 한 조직이 직면하는 가장 커다란 위험 요소 중의 하나는 권위주의적 리더십이 확장되어 그 조직이 점차 일종의 관료 조직으로 발전하는 것이다. 이러한 경우 리더는 민주적인 절차를 무시하고 독재적인 결정을 내린다. 오늘날 조직 혁신의 핵심은 관리 과정을 간소화하는 데 있다. 즉, 위계질서 구조를 줄이고, 정보 채널을 축소하며, 의사결정 속도를 신속하게 만드는 것이다. 가상 연구소는 네트워크식 평행 조직이다. 가장 기본적인 연구 단위로서의 가상 연구소는 어떤 형태의 내부 위계질

서 구조도 더 이상 포함하고 있지 않은데, 이것은 가상 연구소가 퇴화해 행정 관료식 기구로 변질되는 것을 방지한다. 따라서 연구소 리더는 자신들의 리더십 스타일을 "지식과 경험을 교류하는 측면에서 볼 때 독재자 형태에서 촉진자, 지도자, 코치, 멘토, 고문 및 평등한 동료의 형태로 바꾸어야 한다".[113]

- 느슨한 환경과 팀 정신의 결합: 개인의 창조성을 발휘하는 한편 집단주의 정신을 견지해야 한다. 그런데 시대가 발전하고 사람들의 관념이 변화함에 따라 이러한 원칙은 향후 새로운 함의를 가지게 되므로 이는 조직 혁신의 영원한 과제가 될 것이다. 연구를 할 때에는 조직 기율이 엄격하기만 해서는 안 된다. 음악 작곡을 할 때처럼 느슨한 환경에서 자유분방하게 사고해야 하며 연구에 열정을 쏟아야 한다. 연구원은 전통적인 조직의 속박에서 벗어나 과거와 다른 환경에 있을 때 자신의 능력을 발휘하고 자신에게 적합한 위치를 발견할 수 있다. 하지만 기술 혁신 과정이 갈수록 복잡해짐에 따라 모든 발명이나 창조는 팀의 협력과 불가분의 관계를 갖는다. 가상 연구소는 개인주의의 천국이 아니며 팀 정신을 고취시킨다. 가상 연구소의 취지는 긴밀한 연합과 느슨한 환경 사이에서 균형을 찾고, 개인이 짊어질 수 없는 임무를 완성하는 데 있다. 바로 데이비드 스키르메가 말한 바와 같이, 이는 "조직 혁신과 긴밀한 협력 사이에서 균형을 시도하는 산물"[114]인 것이다. 팀 활동의 형식은 대면 교류 외에 현대의 모든 통신 수단을 활용해 시간, 공간 및 장소를 뛰어넘어 공동 연구의 목적을 달성하는 것이다.

---

113 David Skyrme, "Virtual Teaming and Virtual Organizations: 25 Principles of Proven Practice".
114 같은 글.

이를 통해 가상 연구소가 조직 혁신과 사회 발전 추세에 부응하고 있음을 잘 알 수 있다.

　개혁·개방 이후 중국에서는 대담한 시도하에 프로젝트와 관련된 조직 관리를 혁신하는 사례가 출현하고 있다. 이러한 사례는 대체로 두 가지로 나뉘는데, 첫째, 행정 부문의 감독 및 관리에서 정부로부터 지도를 받거나 정부의 개입을 받아야 하는 초학제적 연구 조직과 학술 단체이다. 이러한 조직은 임시로 구성되는 협력팀처럼 과제가 완료되면 해당 그룹이 해산되기도 하고 성과를 낼 경우 그 규모가 확대되기도 한다. 이에 따라 이러한 연구 조직과 학술 단체들은 기업이나 연구소의 몸집을 불리려는 병에 걸리게 된다. 예를 들면 일단 관련 상급 부문으로부터 인가를 받으면 필연적으로 상급기관에서 리더가 임명되고, 그 아래에 하급 관리 기구와 행정 부문을 설치해 전통적인 의미에서의 연구 기구 모델로 바뀐다. 둘째, 각종 민간 연구소 또는 민영 연구소로, 여기에는 일부 대학과 연구소를 기반해 설립되는 독립적인 연구 기구와 단체가 포함된다. 이 중 적지 않은 수가 가상 연구소의 형태를 띠고 있다. 이들 연구소는 이제 막 착수되었거나 관념상의 장애로 인해 발전 과정에서 어려움을 겪고 있지만 현재 간과할 수 없는 연구 역량을 보유하고 있다. 중국에서는 가상 연구소를 발전시키려면 다음과 같은 문제를 해결해야 한다. ① 혁신의 조직 모델로서 사회의 승인을 얻어야 한다. ② 연구 기구의 성격이 더 이상 권력 기구가 아니어야 한다. ③ 기층 연구소를 이끄는 지도자의 위상이 더 이상 독선적인 지휘자가 아니어야 한다. ④ 지식이 사회적으로 승인과 존중을 받고 가치와 상응하는 수익을 얻을 수 있어야 한다. ⑤ 사회 복지 수준 및 물자 조달 시스템의 사회화 정도가 더욱 제고되어야 한다. ⑥ 정보화 수준을 제고하고 사람들이 타지에서 업무할 수 있도록 (시간과 비용 두 가지 방면에서) 편의를 제공해야 한다. ⑦ 사회상의 겸직이 일정한 정도에서 규범화되어야 한다. ⑧ 직무 평가 제도가 개혁되어야 한다. ⑨ 연구 성과의 평가에서 (특히 소프트 과학과 소프트 기술 방면에서) 공정하고 객관적인 표준이 있어야 한다. ⑩ 전통적인 과학 연구 기구와 장기적이고 건강한 관계를 유지해야 한다. 이를 통해 중국에서 가상 연구소를 발전시키기는 아직 요원하다는 것을 알 수 있다.

종합해서 말하자면, 가상 조직의 형성과 발전은 사회 발전의 필연적인 추세이며, 기술 혁신에 따른 조직 혁명이다. 하지만 경제와 사회의 정보화, 네트워크화 수준, 물자 조달 및 복지 기능의 사회화 수준 등이 일정한 수준에 도달해야만 업무와 생활에 대한 사람들의 관념에 거대한 변화가 발생한다. 또한 각자 생존과 업무에 의지하고 있는 작동 시스템, 즉 조직을 변혁하는 것이 피할 수 없는 추세라고 다수의 사람이 인식할 때라야 비로소 가상 조직이 더욱 규범화되고 보급될 수 있을 것이다.

8) 대중 홍보 기술

대중 홍보(Public Relations: PR) 기술은 사람들에게 익숙한 관계 기술에 속한다. 관계 기술은 각종 관계를 순조롭게 조율하고 처리하기 위해 기술과 기술, 장비와 사람, 사람과 사람 간의 관계를 처리하는 표준 규범을 제공하는 것을 말하는데, 여기에는 국제 관계 외에 인간관계, 외교 관계, 가족 관계, 부부 관계 등과 관련된 기술을 제공하는 것이 포함된다. 이러한 기술은 사람들의 도덕관, 사회 관습, 문화 배경, 습관, 지식수준 등과 직접적으로 관련되어 있으며, 이로 인해 지역성을 갖고 있다.

관계 기술에서 PR은 이미 전문적인 학문 분야로 발전했으며 PR 기술의 발전을 촉진하는 것은 하나의 전문 기술이 되었고 아울러 PR을 전문으로 하는 업종도 형성되었다. PR 기술은 '사람의 심리를 감동시키고 영향을 미침으로써 그 행위를 바꾸려는 수단과 방법'이라고 개괄할 수 있다. 이를 응용하는 범위는 기업의 경영 활동에서는 국가의 정치 영역으로까지 확장되며, 비즈니스 활동에서는 사회생활이나 국제 정치 관계로까지 확장된다. 이에 따라 PR 기술은 비즈니스 기술에서 사회 기술과 지력 기술로 변화되는데, 여기에는 판매 기술(생산품 판매, 서비스, 사람과 정책), 정치 유세 기술 등이 포함되며, PR 업종의 경영 범위와 규모도 갈수록 커지고 있다.

『브리태니커 백과사전』에서는 PR에 대해 "해당 기관에 관심이 있는 대중으로부터 주의를 이끌어내려 도모하는 한 조직의 의사소통 또는 선의의 확대"[115]라고 정의내리고 있다.

현대 PR은 19세기 말과 20세기 초 미국에서 기원했다. 1882년 미국 변호사 도먼 이턴(Dorman Eaton)은 예일대학교에서 'PR과 법률 직업의 책임'이라는 제목으로 강연을 하면서 처음으로 현실적 의미에서 PR이라는 개념을 사용했다. 공개 출판물에서 처음으로 PR이라는 명사가 사용된 것은 1897년 미국의 『철로 문헌 연감(The Yearbook of Railway Documents)』에서였다.

1889년 미국 웨스팅하우스전기회사의 사장 조지 웨스팅하우스(George Westinghouse)는 피츠버그에서 활동하던 기자 하인리히(E. H. Heinrichs)를 고용해 당시 사람들이 직류 전기를 사용하지 못하도록 했다. 웨스팅하우스전기회사는 처음으로 PR을 전개한 기업이다.

1903년 아이비 리(Ivy Lee)와 조지 마이클(George Michaels)은 뉴욕에 세계 최초의 PR 컨설팅 회사를 설립했으며, 그다음 해에 정치 선전가 조지 파커(George Parker)와 함께 뉴욕에서 PR 회사를 경영하기 시작했다.

1908년 미국의 AT&T는 기업의 PR 업무를 전문적으로 수행하는 직원을 정식으로 두었는데, 신문 전문가 바일(T. N. Vail)을 초대 사장에 임명했다. 이 회사는 우선 광고를 이용해 회사의 이미지를 수립했으며 PR 부서도 설

---

115 『簡明不列顚百科全書』第3冊(中國大百科全書出版社, 1985), p.422.

립했다. 그 이후 미국의 수많은 회사는 잇달아 이를 모방해 PR 부서를 설립했다.

1923년 처음으로 에드워드 버네이스(Edward Bernays)가 쓴 PR 관련 전문 서적 『여론의 구체화(Crystallizing Public Opinion)』가 세상에 나왔고, 1937년 미국의 저명한 PR 학자 렉스 할로(Rex F. Harlow)는 스탠퍼드대학교에서 처음으로 PR 커리큘럼을 개설했으며, 1947년 미국 보스턴대학교는 최초의 PR 대학을 설립하고 PR 학사와 석사를 배출했다. 1948년에는 전국적인 PR 조직으로 미국PR협회(PRSA)가 설립되어 협회의 규정과 PR 전문가가 지켜야 할 수칙을 제정했다.

1920년 PR이 영국에 전해졌고 1948년 영국 PR협회가 런던에서 설립되었다. 이 협회는 50여 개 국가와 지역에 2000여 명의 회원을 보유한, 유럽 최대의 PR 조직이었다. 캐나다에는 1940년에 전해졌는데 캐나다에서 가장 일찍 출현한 PR협회는 1947년 설립되었다.

제2차 세계대전이 종식된 이후 세계 경제 질서가 회복되고 호전됨에 따라 PR은 이론과 실행 방면에서 새롭게 발전했다. 미국 전쟁정보국(Office of War Information)의 구성원은 전쟁 이후 상공업계로 진출해 PR 전문가로 활약했다. 이리하여 PR은 관리 영역에 진입했으며 자금, 장비, 인재와 함께 현대 기업의 4대 기둥이 되었다. 미국은 각 국가와의 교류에서 PR 전문가로 참여했으며 국내의 대통령선거에서도 PR이 크게 작용했다.

1955년 국제PR협회(IPRA)가 런던에서 설립되었고 60여 개 국가가 이 협회에 가입했다.[116] 1961년 이 협회는 '국제PR 행동규칙'을 통과시켰으며 1965년에는 '국제PR협회 세계대회 행동규칙', 즉 '아테네 규칙'을 통과시켰다. 1982년 중국 남방의 연해 지역에서는 PR 활동이 나타나기 시작했다.[117]

---

116   王輝·張進 編著, 『公共關係學』(光明日報出版社, 1989), pp.10~11.

1980년 미국 경제 전문지 ≪포천(Fortune)≫의 통계에 따르면 미국 전체 500개 대기업 중에서 436개 기업에 전문적인 PR 기구가 설치되어 있었다. 1990년대 미국 PR 고문 기구는 이미 2000개가 넘었으며, PR 책임자는 2만 여 명, PR 종사자는 14만여 명에 달했다.[118] 미국에는 모두 300여 개의 대학에 PR 커리큘럼이 개설되어 있다.

뉴욕에 본부를 둔 카를바이어 앤 어소시에이츠(Carl Byoir and Associates)는 1930년에 설립된 회사로, 현재는 세계 최대의 다국적 PR 회사이다. 이 회사는 1997년 PR에 대해 다음과 같이 새로운 해석을 내렸다.[119] 즉, PR 기술은 실제로는 인지 관리이며 "공중의 사물, 기업, 그리고 개인에 대한 견해를 관리함으로써 그들의 행동 방식과 의사결정을 바꾸도록 만들고 최종적으로 그들의 동의를 얻는 것이다". 다수의 대기업에서 최고정보책임자(chief information officer: CIO), 최고재무책임자(chief financial officer: CFO)를 두고 있으며, 또한 최고통찰책임자(chief perception officer: CPO)를 배치하고 있다.

세계 PR 대회는 전 세계적으로 최대 규모의 PR 전문 회의로, 1958년 이래 3년마다 서로 다른 국가에서 거행되고 있다.

3. 소프트 기술과 산업혁명

수백 년 동안 산업혁명은 인류 사회의 물질문명에 무엇과도 비교할 수 없이 크게 기여해 왔다. 하지만 산업혁명의 구동력에 대해서는 보편적으로 오

---

117   高偉江 主編, 『公共關係教程』(蘇州大學出版社, 1998), pp.27~29.

118   秦立春·周至宏 編著, 『公共關係學』(湖南科學技術出版社, 1995), pp.49~54.

119   李亦非, "公關新槪念: 認知管理", ≪科技日報≫(1999.1.24).

해가 존재한다. 일반적으로 산업혁명이 일어난 과정에 대해, 과학 기술이 엄청나게 진전해 산업 구조에 중대한 변화가 발생하고 이로 인해 경제, 사회 등 각 방면에서 매우 새로운 양상이 출현한 것으로 인식한다. 이에 따라 1차 산업혁명은 증기 기술과 면방직 기술을 특징으로 하고, 2차 산업혁명은 전력 기술을 주요 표지로 하며, 3차 산업혁명은 정보 기술을 상징한다고 여긴다. 하지만 여기서는 과학 기술의 기여만 강조할 뿐, 어떤 역량이 산업혁명을 최종적으로 추동했는지 간과하고 있다. 즉, 산업혁명에서의 또 하나의 추동력인 소프트 기술을 경시하는 것이다.

1차 산업혁명을 예로 들면 영국의 산업혁명은 면방직 공업에서 발생했다. 당시 인도는 세계 면방직 공업의 제1의 강국이었다. 영국의 면방직 공업은 인도와 면포와 경쟁하는 가운데 일련의 기술 발명과 혁신이 촉진되었다. 예를 들면 1733년 존 케이(John Kay)가 발명한 플라잉셔틀, 1765년 방사·방적공 제임스 하그리브스(James Hargreaves)가 발명한 제니방적기, 1769년 리처드 아크라이트(Richard Arkwright)가 발명한 수력방적기, 1779년 새뮤얼 크럼프턴(Samuel Crompton)이 발명한 뮬방적기, 1785년 목사 에드먼드 카트라이트(Edmund Cartwright)가 발명한 동력방직기 등이 있다. 이러한 기술의 진보는 방직업 내부의 모순을 점차 완화시킴으로써 방직업이 신속하게 부상하는 데 일조했다. 섬유 공업의 생산과 소비가 급속하게 확대되자 동력 및 운송 공급이 매우 부족해졌는데, 1769년 와트는 이러한 수요를 맞추기 위해 증기기관을 발명했다. 증기기관의 응용은 또한 에너지 기술과 운송 기술, 즉 기차와 기선의 발명을 추동했고 이로써 산업혁명은 기계, 철강 등의 영역으로 파급되었다.

이렇게 많은 기술 발명과 기술 혁신이 집중적으로 영국에서 발생한 것은 당시 영국의 혁신 문화(제4장 참조), 느슨한 이민 정책과 종교 방면의 규제 해제를 포함한 정부의 기술 도입 및 산업 보호 정책 덕분이었다. 또한 1662

년 영국에 왕립협회가 설립되어 전국의 과학 기술 연구를 추동함으로써 일군의 과학자들이 출현하기 시작했다. 그 대표적 인물이 바로 아이작 뉴턴(Isaac Newton)이다. 그는 영국을 17세기 과학 기술 혁명의 중심지로 만들었으며 영국의 산업혁명을 위한 토대를 만들어냈다.

18세기 후반에는 영국이 솔선해서 소비 시장과 원료 공급을 일체화하는 효율적인 유통망을 건립해 세계 각국으로부터 원료를 수입하고 다시 섬유 생산품을 전 세계로 수출했다. 이와 동시에 해상 운수, 국제 환율, 금융(제4장 참조) 등의 방면에서의 우위를 활용해 세계적인 물류 시스템을 건립함으로써 국제 거래를 뒷받침했다.

이를 통해 1차 산업혁명이 일어난 이유가 섬유 기술과 증기기관 기술에 국한되지 않았음을 알 수 있다. 영국은 당시 선진 기술과 우수한 인재를 흡수하는 데 유리했으며, 기술 발명, (문화, 제도 및 정책 등의) 소프트 환경의 창조 및 혁신, 특허 제도, 유통 기술, 금융 기술, 물자 조달 기술 등의 방면에서 우위를 지니고 있었다. 이는 영국이 브리튼 제국(대영제국)의 통제하에 세계화 경제 질서를 실현하고 브리튼 제국이 1차 산업혁명의 중심이 되는 데 일조했다.

다시 소프트 기술 및 소프트 환경과 2차 산업혁명의 관계에 대해 탐구해보자. 일반적으로 에너지 기술과 운수 기술의 혁명은 전기, 유기 화학, 내연기관을 대표로 하는 2차 산업혁명을 가져온 것으로 인식되고 있다. 흥미로운 점은 이러한 2차 산업혁명의 중심이 더 이상 영국이 아니었다는 것이다. 영국은 인도 등의 국가에 대한 직접 무역을 독점함으로써 상업적으로 성공을 거두자 점차 과학 기술, 기술 혁신, 기술 이전, 특허 제도의 혁신 및 과학 기술 인재의 보호를 경시하게 되었다. 뛰어난 합성 연료 발명자가 영국에서 냉대를 받자 독일에서 그를 초빙해 화학 실험실을 설립해 주었는데, 이는 향후 강대한 독일 화학 공업의 토대를 마련해 주었다. 이와 반대로, 이 시기 영국에서는 자국의 선진 기술을 타국에 대한 직접 투자의 일환으로 삼아 경영에 주의를 기울이지 않았고, 수많은 우수한 지식인이 상업 만능의 풍조 속에서 금융업에 열중하며 해외에서 증권 투자를 진행했다. 당시 영국으로부터 선진 산업 기술을 도입·흡수한 독일과 미국은 발전 속도를 가속화했다. 세계 공업 생산에서 미국과 독일이 차지하는 점유율은 각각 1881년과 1906년에 영국을 뛰어넘었다.

미국을 예로 들면, 미국은 자원이 풍부하지만 인구가 적기 때문에 효율과 시스템적 경영 효과를 제고하는 소프트 기술의 발전을 더욱 중시했다. 테일러의 '과학 관리' 생산 방식, 포드의 자동차 대량 생산 기술이 대표적이다. 또한 미국은 1790년에 특허법을 공포했지만 장기간 영국의 식민지에 속해 있었기 때문에 주로 영국의 특허법을 모방했다. 1836년에 이르러 미국은 특허법을 대수술해 특허국을 설립했으며, 자주적으로 발명한 기술과 해외로부터 도입한 기술의 특허를 심사했다. 특허에 대한 심사 제도는 미국이 시작한 것이다. 1870년에 이르러 특허 제도를 개혁해 특허 가치를 대대적으로 제고하자 특허 제도가 미국의 과학 기술 발전을 추동하는 놀라운 원천이 되었다. 이와 동시에 전문적으로 과학 기술을 연구하는 연구소가 연이어 설립되어 기술 발명 건수가 증가했으며 기술 이전의 효율이 제고되었다.

종합해서 말하자면, 2차 산업혁명의 중심이 미국으로 이전된 비결은 선진적인 관리 기술, 연구 개발의 제도화, 융통성 있는 이민 정책, 개선된 특허 제도, 주식 기술의 새로운 응용(제2장 참조), 풍부한 자연 자원에 있었다. 만약 경제 변혁을 뒷받침하는 기제, 법률, 제도, 정책의 혁신이 없었다면, 그리고 하이테크 이전의 효율성을 제고하는 관리 기술, 조직 기술, 생산 기술이 없었다면, 미국 대륙에 널리 퍼져 있는 시장은 출현하지 않았을 것이다.

이어서 3차 산업혁명을 살펴보도록 하겠다. 1990년대에 미국에서는 110여 개월 동안 강력한 경제 성장이 지속되었다. 낮은 통화 팽창, 낮은 실업률, 낮은 재정 적자, 과학 기술 관련 주식의 대두 등 번영을 구가하는 흐름이 출현하자 일부 경제 전문가들은 이를 '신경제'라고 불렀다(실제로는 경제 현상에 불과했다). 그런데 과학 기술계가 주목한 것은 정보 기술 혁명과 하이테크 산업이 이 시기 세계 경제 발전과 경제 세계화에 기여한 바였다. 정보 기술을 주요 내용으로 하는 하이테크의 발전과 광범위한 응용은 미국 경제의 지속적인 성장에 중요하게 작용했다. 이에 따라 정보 기술 혁명과 하이테크 산업을 네트워크 경제, 데이터 경제, 지식 경제 등으로 일컬었다. 이와 대비해 생산품의 제조와 판매를 핵심으로 하는 산업 부문을 '구경제'라고 칭하기도 한다. 이 산업에서도 대량으로 하이테크를 운용하고 있지만 말이다. 물론 미국 경제학자이자 노벨상 수상자인 밀턴 프리드먼(Milton Freedman)이 말한 바와 같이,[120] 오늘날의 '경제'는 여전히 '구경제'라고 할 수 있는데 왜냐하면 이미 증명된 경제 규칙에 주로 기반해 운영되고 있기 때문이다. 하지만 현재의 경제 발전은 전통적인 경제 관점과 관리 모델에 전면적인 도전을 제기하고 있다.

상술한 현상을 어떻게 불러야 할지와 상관없이 긍정할 수밖에 없는 사실은, 당시의 세계가 18세기 말과 19세기 말에 일어난 산업혁명과 유사한 변혁을 거쳤다는 점이다. 이는 인류 사회가 공업 경제 시대에서 서비스 경제 시대로 이행하는 대변혁으로, 어떤 전문가는 이를 정보 기술과 인터넷이 가져온 3차 산업혁명이라고 불렀다. 이 변혁은 앞서 두 차례의 산업혁명에 비해 더욱 중대하고 광범위하다. 이러한 변혁은 전 세계에 정보, 네트워크, 통신을 대표로 하는 신기술 산업을 확장시켰을 뿐만 아니라 첨단 기술의 광범위한 침투, 사람들의 생활 및 업무 방식의 대폭적인 변화를 통해 각 산업에서의 생산율을 전면적으로 제고시켰다. 더욱 의의가 있는 것은 정부나 국가의

120　"Interview of Milton Friedman, the Nobel Prize Winner", *Die Zeit*(Germany: 2001.6.21)[《参考消息》 (2001.7.10)轉載].

기능과 한계와 관련된 각종 변혁을 촉진했다는 점이다. 앨빈 토플러(Alvin Toffler)가 말한 바와 같이, 자본, 화폐, 노동력의 방식, 노동력의 본질에 모두 변화가 발생한 것이다. 이러한 일련의 변혁은 최종적으로 경제의 대폭적인 성장을 유발했다.

그렇다면 도대체 무엇이 3차 산업혁명의 동력일까? 정보 기술과 바이오 기술의 획기적인 발전을 이끈 요인은 무엇일까? 새로운 회사, 새로운 산업, 새로운 비즈니스 모델을 창조해 기업의 생산 효율을 높이고 새로운 생산품과 기술을 즉각 전 세계에서 전파시켜 경제 성장을 추동하게 만든 요인은 무엇일까?

사람들이 1차 및 2차 산업혁명의 주요 동력에 대해 오해하고 있는 것처럼, 3차 혁명의 또 다른 구동력에 대해 주의를 기울이는 사람도 매우 적다. 3차 산업혁명의 플랫폼을 만들어내고 여기에 강력한 동력을 제공한 것은 20세기 후반 소프트 기술의 발전이었다. 미국의 신경제를 예로 들면, 마이크로 전자, 컴퓨터, 통신 기술, 인터넷 기술의 결합으로 인해 새로운 회사와 산업이 대거 속출했으며 전통적인 산업은 생산율이 제고되었고 전체 사회생활의 리듬은 더욱 빨라지고 효율적이 되었으며 새로운 생산품이 인류의 생활을 풍부하게 만들었다.

그러나 다국적 경영 관리술, 다국적 합병, 리스크 투자술, 가상 조직 기술 등의 소프트 기술 혁신, 그리고 규제 철폐, 개방 시장, 온건한 재정과 화폐 정책 등의 제도와 정책 혁신은 한편으로는 정보 기술, 바이오 기술을 대표로 하는 하드 기술의 혁신을 촉진했고(예를 들면 인터넷 기술은 1960년대에 이미 발명되었다), 다른 한편으로는 전통적인 기업을 포함한 거대한 기업의 노동력, 생산품, 자본 시장이 효율적으로 운영하고 혁신을 지속하는 토대를 마련해 주었으며, 전 세계적인 자본 시장, 글로벌 무역, 전 세계적인 기술과 인재의 유동화를 실현했다. 미국은 경제력과 전 세계에서의 영향력을 통해 세계화의 이점을 모두 누렸으며 전 세계적으로 최적의 자원을 배치했다. 더욱 중요한 것은 소프트 기술의 혁신과 소프트적 산업의 신속한 확장으로 인해 경제 구조의 조정 및 최적화가 가속화되고 있으며 공업 경제에서 서비스 경제로의 이행이 힘차게 추동되고 있다는 점이다.

흥미로운 것은 3차 산업혁명과 현재 진행 중인 4차 산업혁명을 추동하고 있는 다수의 기술(〈표 2-2〉 참조), 예를 들면 정보 기술, 인터넷 기술, 사물인터넷, 인공지능, 지능 제작 기술 등도 자연과학 지식에서 비롯되어 점진적으로 소프트화된 기술 또는 소프트 – 하드 기술을 통합한 기술이라는 점이다.

일본은 하드 기술 방면에서 미국에 필적하는 기술을 갖고 있지만 그 성장 과정은 미국과 현저한 대조를 이룬다. 1990년대 일본 경제는 줄곧 추락해 신경제의 궤도에 오를 수 없었는데, 그 이유는 하이테크 또는 독자적 지적재산권을 보유한 기술이 없었기 때문이 아니라 거시적인 소프트 기술을 다루는 과정에서 실수를 범했기 때문이다. 특히 제도 혁신이 시대의 변천과 국제 환경의 변화에 보조를 맞추지 못했다. 예를 들면 일본의 리스크 투자 제도는 비교적 보수적이며, 일본의 대학에는 미국처럼 혁신을 격려하는 제도가 부족하다.

기술의 역사를 보면 18세기 말까지는 장구한 비즈니스 기술 발전의 제1단계로, 회계 기술, 금융 기술, 주식 기술, 물류 기술, 유통 기술, 특허 기술 등의 비즈니스 기술이 발전을 이루었으며, 이러한 기술은 1차 산업혁명의 탄생을 촉진했다.

19세기 말 20세기 초는 비즈니스 기술 발전의 제2단계로, 이때는 비즈니스 기술이 제도화 단계에 진입했다. 특허 기술의 중대 개혁, 연구소 제도, 과학적 관리의 계몽, 대량 생산 기술, 증권 시장의 보급, 독점 기업, 수평적 합병, 반트러스트법 등은 모두 이 시기에 발전을 이루었다.

1950~1960년대는 비즈니스 기술 발전의 제3단계이다. 이 시기에 리스크

표 2-2 | 소프트 기술과 산업혁명

산업혁명	시기	소프트 기술	소프트 - 하드 기술 통합	하드 기술
1차 산업혁명 (기계화)	18세기 말 (공업 경제)	- 특허 기술 - 소비 시장과 원료가 일체화된 유통망 - 전 세계적 물류 시스템		- 면방직 기술 - 증기 기술
2차 산업혁명 (자동화)	19세기 말 (공업 경제)	- 과학적 관리 기술 - 연구소 제도 - 특허 기술 혁신 - 증권 시장술 - 독점 기업 제도		- 전력 기술 - 통신 기술 - 운수 기술 - 유기 화학
3차 산업혁명 (정보화)	20세기 말 (서비스 경제)	- 다국적 기업 관리 - 다국적 합병 - 리스크 투자술 - 가상 기술 - 인큐베이터 기술 - 연맹 기술	- 정보 기술 - 인터넷 기술 - 유전자(DNA) 기술 - 인공지능 로봇 기술	- 바이오 기술 - 로봇 기술 - 컴퓨터 기반 기술
4차 산업혁명 (지능화)	21세기 신경제 (새로운 영리 모델)	- 광의의 혁신 기술 (서비스 기술, 문화 기술, 사회 기술, 글로벌 거버넌스 기술, 기업 조직 혁신, 글로벌 경영 기술, 금융 기술, 녹색 비즈니스 모델, 소프트 창조 기술, 소프트 농업 기술 등)	- 생명 기술 - 심신/체험 기술 - 새로운 교통 기술 - 인공지능 - 지능 제작 기술	- 나노 기술 - 신에너지 기술 - 우주항공 기술 - 신소재 기술

투자술, 현대 관리 회계, 각국의 제도 혁신, 과학 관리 기술, 사회 기술, 대형 합병술 등이 발전을 이루었다.

1980~1990년대는 전 세계적으로 정보화가 이루어져 시장 범위가 시공의 한계를 타파했으며, 현행 거래 방식을 철저하게 바꾸도록 요구하고 나아가 소프트 기술의 전면 혁신을 맞았다. 다국적 경영, 전면 품질 관리, 증권 시장의 혁신, 다국적 합병술, 가상 조직술, 전자 비즈니스, 인큐베이터 기술, 현

대 물류 기법 등으로 대표되는 4차 비즈니스 기술 물결은 3차 산업혁명을 촉진하고 세계가 정보 서비스 경제의 시대로 진입하도록 만들었다(〈그림 2-1〉 참조). 그리고 상술한 소프트 기술과 정보 기술의 상호작용은 지속적인 경제 성장을 촉진했을 뿐만 아니라 사회의 전면적인 정보화도 촉진했다.

20세기 말에서 21세기 초에 일어난 5차 기술 물결에는 광의의 혁신 기술, 글로벌 거버넌스 구조의 혁신 기술, 세계화 경영 기술, 녹색 비즈니스 모델, 금융 기술, 인터넷 기술, 소프트 제조 기술, 소프트 농업 기술, 문화 기술, 심리 기술, 심신 기술 등이 포함된다.

다섯 차례의 소프트 기술 물결을 회고해 보면, 앞의 네 차례는 주로 비즈니스 기술을 위주로 했는데, 5차 소프트 기술 물결에 접어들면서 점차 사회, 문화, 심리, 심신 등의 영역에서 기술이 발전하기 시작했다. 하지만 이 또한 주로 경제(비즈니스 기술 위주), 정치, 안보 등의 방면과 관련되어 있거나 상호 연관된 행위 방면의 소프트 기술이었다.

현재 우리가 직면한 6차 소프트 기술 물결(21세기 중엽에 절정기에 도달할 것으로 여겨진다)은 생명, 의식, 사유, 인지 등의 연구 영역과 관련되어 있으며, 생명 소프트 기술, 심신/체험 기술, 예술 기술, 인지과학 관련 기술의 발전을 열어나가고 있다. 오늘날 사람들은 인간에 대한 연구가 하나의 독특한 학문 분야라는 것을 깨닫게 되었다. 전체 인류 활동에는 예술, 음악, 언어, 종교, 문화와 건축 기술이 포함되며, 이들은 모두 인류의 대뇌 활동에 의한 산물로서 그 자체의 독특한 규율을 따르고 있다.

실제로 소프트 기술과 하드 기술의 집성·발전은 줄곧 인류 사회 발전의 가장 큰 동력이었으며, 이는 1만 년 전의 농업 문명과 수백 년 전에 시작된 공업 문명을 창조해 냈다(물론 더욱 세부적으로는 석기 문명, 도기 문명, 금속 문명, 농업 문명, 공업 문명으로 분류할 수 있다). 그런데 공업 문명에 진입한 이래 소프트 기술과 하드 기술의 집성·발전 속도는 더욱 빨라지고 있으며 여러

그림 2-1 ㅣ 6차 비즈니스 기술 물결

21세기 중반

생명소프트 기술, 심신/체험 기술, 예술 기술, 인지과학 기술, 각종 소프트/하드 기술의 집성·융합

20세기 말~21세기 초

4차 혁명 촉진

글로벌 거버넌스 혁신술, 세계화 경영술, 신비즈니스 모델, 금융 기술, 문화 기술, 심리 기술, 소프트 제조술, 소프트 공업술 등

1980년대~

20세기 말 3차 산업혁명 촉진

초국가 경영, 전면 품질 관리, 증권시장의 혁신, 초국가 합병술, 유사조직술, 인큐베이터 기술, 현대 물류 기법 등

1950~1960년대(제2차 세계대전 이후 경제 회복)

리스크 투자술, 각국의 제도 혁신, 과학적 관리 기술, 사회 기술, 대형 합병술 등

19세기 말~20세기 초

상업 기술의 발전이 제도화 단계에 진입

특허 기술 개혁, 연구소 제도, 과학적 관리 계몽, 대량생산 기술, 증권시장 보급, 독점 기업, 수평적 합병술, 반트러스트법 등

18세기 말까지

장기간의 비즈니스 기술 발전의 첫 단계

회계 기술, 금융 기술, 주식 기술, 유통 기술, 특허 기술 등

6차 비즈니스 기술 물결

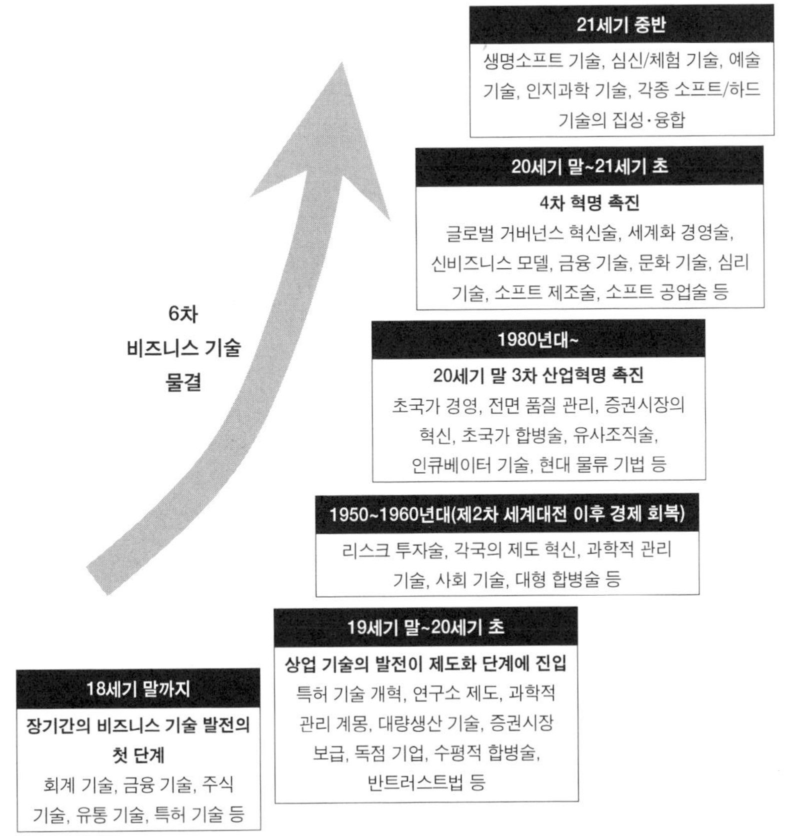

차례의 산업혁명을 창출해 냈다.

인류 사회의 발전을 추동한 엔진은 두 가지인데, 하나는 하드 기술이며 나머지 하나는 소프트 기술이다.

2008년 말에는 전 세계가 예상치 못했던 금융 위기가 발생했다. 3차 산업혁명을 뒷받침하는 각종 하드 기술이 여전히 신속하게 발전하고 있지만, 소

그림 2-2 | 두 개의 엔진 이론

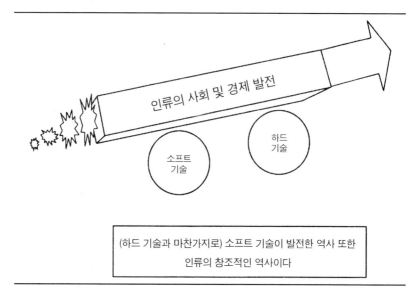

인류의 사회 및 경제 발전

소프트
기술

하드
기술

(하드 기술과 마찬가지로) 소프트 기술이 발전한 역사 또한
인류의 창조적인 역사이다

프트 기술(금융 도구 혁신)을 잘못 조작해서 유발된 금융 위기 및 이로 인해
파생된 전 세계적인 경제 쇠퇴는 막을 수 없었다. 실제로 과도한 소비문화,
비즈니스 도덕의 몰락, 부에 대한 광적인 추구는 오늘날 자본주의 금융 시스
템, 세계 관리 시스템, 세계 발전 모델의 위기가 유발된 이유이자 금융 위기
가 유발된 심층적 원인이다. 이에 따라 이러한 어려움도 전 세계적으로 국가
차원에서 소프트 기술을 혁신하고 이를 건강하게 제도화해야만 벗어날 수
있다.

 오늘날 우리는 빈부 격차의 확대, 사회 양극화, 끊임없는 지역 분쟁, 자연
자원의 고갈, 자연과 생태 환경의 퇴화, 기후 변화 등 여러 가지 도전에 직면
해 있다(제1장 참조). 그중에서도 2008년 발생한 금융 위기는 인류가 물질을
최고로 여기는 문명사회에서 신문명, 즉 물질문명, 정신문명, 생태 환경 문

명이 협조 발전하는 사회를 향해 나아가는 거대한 역사 변혁을 겪고 있음을 보여준다. 나는 이러한 신문명이 새로운 산업혁명, 즉 현재 형성되고 있는 4차 산업혁명을 기초로 삼을 것이라고 믿는다.

실제로 가치관, 산업 구조, 영리 모델, 비즈니스 모델, 기업 위치, 글로벌 기술 변화, 사유 모델 등 7대 영역이 현저하게 변화함에 따라[121] 현재 세계는 경제 성장 모델, 산업 구조, 생활방식, 노동 방식, 업무 방식, 농촌과 도시의 개념 등의 방면에서 거대한 변화가 발생하고 있으며, 인류는 현재 하나의 새로운 시대를 열고 있다. 2008년의 금융 위기는 우리에게 지속가능한 발전을 주요 기조로 하는 산업혁명이 피할 수 없는 추세임을 확인시켜 주었다.

4차 산업혁명이 기존의 세 차례 산업혁명과 같은 점은 하드 기술과 소프트 기술이 함께 추동력이 될 것이라는 사실이다. 하드 기술에는 신형의 정보 기술, 지능 로봇, 나노 기술, 생명 기술, 차세대 인터넷 기술 등이 포함되며, 소프트 기술에는 21세기 초 시작된 광의의 혁신술, 글로벌 거버넌스 구조의 혁신술, 세계화 경영술, 새로운 비즈니스 모델, 친환경 비즈니스 모델, 사물 인터넷 기술, 소프트적 제조술, 소프트 농업술 등이 포함된다. 이러한 소프트 기술은 5차 비즈니스 기술 물결을 통해 미래의 산업혁명을 뒷받침할 것이다.

4차 산업혁명이 기존의 세 차례 산업혁명과 다른 점은 신경제(신경제로 발전하지 않고 구경제가 유지될 경우 3차 산업혁명의 연속 및 심화에 불과하다) 또는 친환경 경제가 경제 활동의 주류라는 점이다. 또한 산업의 생존과 발전은 경제, 사회, 환경 생태, 자원의 협조 아래 지속가능한 발전을 전제로 삼으며, 인류는 오랫동안 추구해 왔던 신문명의 이상을 향해 전진할 것이라는 점이

---

121 金周英·白英, "全球性的技術變化與商務模式的創新: 醞釀中的第四次産業革命", ≪未來與發展≫ 第5期(2009); Jin Zhouying, Bai Ying, "Beyond the financial crisis, look forward for the future: The Abuilding 4th Industrial Revolution", *AI & Society*, Vol.24, No.4(UK, 2009).

다. 4차 산업혁명은 2030년대 무렵 절정에 달할 것으로 전망되지만, 오늘날 세계는 경제 발전 수준의 높고 낮음에 관계없이, 사회 제도와 이데올로기가 어떠한지에 관계없이 신경제를 향해 질주하기 시작했다는 것을 체감하도록 만들고 있다.

결론적으로 지금 인류는 다른 어떤 시대보다 중대한 개념상의 혁명을 필요로 하고 있다.

4. 소프트 과학, 소프트 계열 과학 기술, 소프트 기술

1) 소프트 과학의 연구 과정

제2차 세계대전 이후 일본 경제가 지속적으로 고도성장하자 일본은 서양 국가와 마찬가지로 수많은 사회 모순에 직면했고, 사회 문제에 대한 연구도 의제로 떠올랐다. 이 방면의 연구와 관련해 미국은 '정보 공학(intelligence engineering)', '정책 과학(policy science)' 등의 명칭을 줄곧 사용해 왔는데, 일본은 처음으로 '소프트 과학'이라는 개념을 제기했고, 아울러 각종 사회 문제를 소프트 과학의 틀 아래에 귀납해 집중적으로 연구했다.

1970년 일본 과학기술청 계획국(計劃局) 내에 설치된 '소프트 과학 연구 토론회'[122]는 일본에서 소프트 과학이 발전하는 기점이 되었다. 그해 회의 보고서는 "소프트 과학의 연구 대상은 자연 현상과 기술에 국한되지 않으며 인류와 사회에 관련된 사항과 지식 활동도 포함된다. 이에 따라 소프트 과학은 시스템론, 정보 처리 등의 자연과학 방법을 사용해 광범하고 종합적인 문제

---

122   日本政策科學研究所,『關於軟係列科學技術的研究開發現狀及今後發展方向的調查』(1988).

를 해결하도록 주장하고 있다"라고 지적했다. 1971년 열린 '소프트 과학 연구토론회' 이후 당시의 과학기술청 위탁 재단법인이던 미래공학연구소는 대표단을 파견해 '일본 특색을 지닌 과학 기술 정책과 연구 개발 시스템'을 1971년부터 1973년에 걸쳐 전문적으로 연구하도록 했다.

1971년 미래공학연구소는 대표단을 미국에 파견해 미국의 사회 문제와 관련된 연구 상황을 전문적으로 고찰하도록 했고, 이어서 『일본형 과학 기술 개발 시스템의 기본 설계』라는 제목의 시리즈 연구 보고서를 발표했다.[123] 이 보고서에서는 소프트 과학은 과학 기술 발전의 새로운 동향이며 만약 소프트 과학을 발전시키지 않으면 "가까운 장래에 일본과 미국은 소프트 과학 방면에서 큰 격차가 날 것이고 이는 중대한 사회 문제를 유발할 것이다"라고 지적했다. 이 보고서는 또한 일본은 시급히 소프트 과학을 발전시켜야 한다고 분석하면서 다음과 같이 그 이유를 지적했다. 첫째, 현대 사회의 복잡한 환경, 에너지, 지역, 도시, 교통 등의 사회 문제를 해결하려면 기존과 다르면서도 더욱 종합적인 과학 방법이 필요하다. 둘째, 공업 선진국은 이미 이 방면을 연구·응용하고 있다. 셋째, 일본 국내에서는 60% 이상의 기업이 관련 영역에서 상술한 소프트 과학으로 간주되는 방법을 사용하고 있지만, 미국 등 선진국과 비교하면 그 격차가 여전히 매우 크다.

『일본형 과학 기술 개발 시스템의 기본 설계』 보고서는 그 이후 각 방면의 고위 전문가를 광범위하게 조직해 소프트 과학의 개념, 연구의 필요성, 특징, 연구 영역 및 소프트 과학의 기초 지식 등을 집중적으로 연구했다.

1971년에서 1987년까지 당시의 일본 과학기술청은 줄곧 소프트 과학의 진흥을 중요한 연구 개발 영역으로 삼고 이를 각 연도의 과학 기술 백과사전

123　未來工學硏究所, 『日本型科學技術開發係統的基本設計: 美國的軟科學現狀與動向』, 一次報告書 各論(4)(1973.3.31).

에 넣었다. 아울러 소프트 과학의 진흥, 민간 싱크탱크 집단의 양성이라는 구체적인 과제를 과학기술청, 경제계획청, 통산성 등의 연구 개발 계획에 분담해서 넣었다.[124]

1974년 각종 정책 문제 연구의 소프트 과학을 결합하기 위해 일본은 종합연구개발기구(National Institute for Research Advancement: NIRA, 일본 정부와 민간이 공동으로 설립한 정책 지향의 종합연구소)를 발족시켰다. 이 시기의 소프트 과학에 대한 인식은 다음과 같이 개괄할 수 있다. 즉, 소프트 과학은 정보 과학, 행태 과학, 시스템 공학, 사회 공학을 기초로 하는 과학이며, 소프트 과학이 문제를 해결하기 위해 이용하는 주요 수단에는 예측, 계획, 관리, 평가 등이 포함된다. 소프트 과학의 특징은 다음과 같다. 첫째, 연구 대상에 자연 현상과 과학 기술뿐만 아니라 사람 및 사회와 관련된 각종 문제도 포함된다. 둘째, 시스템적 관점에서 상술한 문제를 파악하고 문제를 해결하는 데 이용되는 소프트 지력 기술을 중점적으로 연구한다. 셋째, 유기적으로 광범위한 지식 영역을 결합하고 시스템적으로 다양한 문제를 해결하는 데 유리한 이론과 방법을 종합한다. 넷째, 소프트 과학의 기초와 배경 학과는 정보 과학, 시스템 공학, 관리 과학, 행태 과학과 사회과학이다.

1973년『일본형 과학 기술 개발 시스템의 기본 설계』보고서는 소프트 과학을 열 가지로 분류하는데, 이는 소프트 과학에 대한 일본 학술계의 인식을 반영하고 있다. 소프트 과학의 10대 유형은 일반, 정보 소프트 과학, 에너지 소프트 과학, 재료 소프트 과학, 시스템 소프트 과학, 환경 소프트 과학, 행동 소프트 과학, 정책 소프트 과학, 생명 소프트 과학 및 기타이다.[125]

---

124   科學技術廳 編,『科學技術百科全書』(昭和46年~昭和62年版).
125   未來工學研究所,『日本型科學技術開發係統的基本設計』, 一次報告書各論(6)(1973.3.31).

① '일반'은 소프트 과학과 관련된 일반 문제를 지칭한다.

② 정보 소프트 과학은 정보 형태, 정보 매체, 정보 처리와 정보 이론으로 분류되는데, 후자에는 부호화 이론, 신호 이론, 예측 이론, 신호 측정 이론, 자동기기 이론, 학습 이론, 의사결정 이론 등이 포함된다.

③ 에너지 소프트 과학은 지구 영역, 생물 영역, 기술 영역, 사회 영역 등 네 가지 영역의 에너지를 연구한다.

④ 재료 소프트 과학에서 연구하는 것은 사회 경제 시스템에서의 재료로, 예를 들면 인구 문제, 고용 예측, 가정과 소비 예측, 도시 계획, 지구 개발과 공업화 등 사회 경제 문제, 그리고 산업 예측, 기술 예측, 생산품 계획과 시장 예측 등의 기술 경제 문제 및 사이버네틱스 시스템 등이다.

⑤ 시스템 소프트 과학에는 시스템에 대한 연구, 설계, 운용이 포함된다.

⑥ 환경 소프트 과학은 환경을 물리와 기술 환경, 경제 환경, 사회 환경 등으로 구분한다.

⑦ 행동 소프트 과학은 인류를 에너지 시스템으로 고려하고 처리하는 것으로, 이러한 에너지 시스템의 기본 특징에는 (인체의) 구조 특징, (사람의) 기능 특징, (사람과 환경 관계의) 환경 특징이 있다.

⑧ 정책 소프트 과학은 사회 공학, 경영 공학, 미래 공학을 기초로 삼으며, 현상을 이해하거나 계획·통제하는 데 유리한 각종 수법을 운용한다.

⑨ 생명 소프트 과학에는 주로 생물 과학, 생태 과학, 의약 과학의 문제가 포함된다.

⑩ 기타는 상술한 아홉 가지 방면에 포함되어 있지 않은 소프트 과학 문제를 지칭한다.

이 보고서는 소프트 과학의 중점적인 연구 개발 과제도 열거하고 있는데,

예를 들면 공해 대책, 도시 문제, 방재 문제, 교통 통신 문제, 의료 문제, 무역 문제, 방범 치안 문제, 소비자 보호 문제 등이다.

1977년에 이르러 일본에서는 소프트 과학에 대해 다음과 같은 새로운 해석이 생겨났다. [126] "소프트 과학은 하나의 종합적인 과학 기술이다. 소프트 과학의 취지는 직면한 각종 복잡한 문제를 해석·해결할 수 있고 정책의 과학화에 도움이 되는 이론과 방법, 도구를 개발하고 응용하는 데 있다. 소프트 과학은 최근 신속하게 발전하고 있는 정보 과학, 시스템 공학, 관리 과학 영역에서의 새로운 분석 틀, 방법론과 수법 및 행태 과학, 사회과학에서의 새로운 이론 모델 또는 지식을 연구하고 종합하게 될 것이다." 이를 1971년의 소프트 과학에 대한 정의와 비교해 보면 "정책 과제를 해결"한다고 한정했던 내용을 삭제하고 "자연과학 방법론을 인류와 사회 시스템에 응용"한다는 틀을 "자연과학, 인문·사회과학의 각종 성과와 지식을 종합한다"라고 바꾸었다.

이러한 현상은 당시 소프트 과학에 대한 일본 학술계의 연구가 상당히 심도 깊었음을 반영해 주지만, 소프트 과학에 대한 10대 분류는 당시 소프트 과학에 대한 인식이 아직 응용과 방법론에 국한되어 있었으며, 기술(수단)과 과학을 혼동하고 있음을 보여준다.

중국은 1980년대 초에 정식으로 일본의 소프트 과학 개념을 도입했다. 소프트 과학의 발전을 진일보 추동하기 위해 1986년 7월 당시 국가과학위원회는 전국 소프트 과학 연구공작 좌담회를 개최하고[127] 소프트 과학의 함의, 대상, 관련 학과에서 방법론에 이르기까지 연구했다. 예를 들면 소프트 과학의 이론 방법을 일반 이론[general theory, 여기에는 시스템론(systems theory),

---

126   日本政策科學研究所, 『關於軟係列科學技術的研究開發現狀及今後發展方向的調查』(1988).

127   國家科委科技政策局 編, 『軟科學的崛起』(地震出版社, 1988).

정보론(information theory), 사이버네틱스, 분산구조론(dissipative structure theory), 상승 협동학(synergetics), 돌연변이론(mutuations), 모호 수학(indistinct mathematics), 과학학(scienology; the science of sciences), 행태 과학(behaviour science) 등이 포함된다. 시스템 과학(systems science)의 방법론, 계획 및 최적화 방법, 예측 및 평가 방법, 관리 및 의사결정 방법, 시뮬레이션 방법, 계량경제학(econometrics) 방법론 등으로 구분했다. 특히 일련의 동양적인 시스템 방법론을 연구·개발해 냈는데, 그 예로 첸쉐썬(錢學森) 등이 제기한 '종합적 통합 시스템 방법론(Comprehensive Integrated System Methodoloy)', 왕환천(王浣塵)의 '시스템 공학에서의 회전형 삼각 순환(Processional Triangle Cycle of System Engineering)', 구지파(顧基發)와 주즈창(朱志昌)이 제기한 물리(物理, 물체의 이치) – 사리(事理, 사물의 이치) – 인리(人理, 인간의 이치)로 구성되는 '삼리(三理) 시스템 방법론' 등을 들 수 있다.[128] 동시에 지방에서 중앙까지, 정부 부문에서 전문 연구기관에 이르기까지 상응하는 소프트 과학 연구 기구를 설립했다. 국가과학 기술부는 또한 국가 소프트 과학 연구 계획 프로젝트 기금을 설립해 관련 연구를 격려했다.

소프트 과학에 대한 인식과 관련해, 중국 소프트 과학 총서 가운데 하나인 『중국에서의 소프트 과학(軟科學在中國)』에 따르면 "소프트 과학에는 두 가지 주요 범주가 있는데, 하나는 사이버네틱스, 시스템 공학, 기술 경제학을 핵심으로 하는 정량 분석 연구이고, 다른 하나는 과학학, 미래학 등을 중심으로 하는 발전 전략, 정책과 관리 방법에 관한 연구"이다. "이 과학의 특징은 시스템 사상을 준수하고, 사회과학과 자연과학의 결합을 실행하고, 정량 분석과 정성 분석을 결합하고, 공작 경험 및 기교를 과학 방법 및 수단과 결합하며, 연구 공작자와 관리 의사결정자를 결합해 의사결정의 과학화·민주

---

128   許國志·顧基發·車宏安 編, 『係統科學與工程研究』(上海科技教育出版社, 2000).

제2장 소프트 기술의 발전사   229

화를 촉진하는 것이다."[129] 즉, 소프트 과학 연구의 주요 목적은 의사결정의 과학화·민주화를 촉진하는 데 있으며, 주요 연구 내용은 전략, 의사결정, 정책, 관리에 대한 방법이라고 보았던 것이다. 물론 이러한 결론은 분명히 종합적인 것은 아니라고 할 수 있다.

물론 중국은 소프트 과학을 연구·응용하는 데 30여 년 동안 노력을 기울였고, 그 결과 소프트 과학은 국가 과학 기술 연구에서 일정한 지위를 향유하고 있으며, 국가의 경제·사회 발전에도 크게 기여하고 있다. 중국소프트과학연구회는 일류 수준의 학술 단체로서 관련 영역에서 활약하고 있다. 하지만 소프트 과학 연구는 줄곧 소프트 과학과 소프트 기술의 개념을 명확하게 구분하지 않고 있으며 소프트 과학의 연구와 응용의 중점도 여전히 사회 기술의 방법론과 의사결정 영역에 치우쳐 있어 미국의 정보 공학과 정책 과학의 초기 틀에서 벗어나지 못하고 있다. 더욱이 소프트 기술에 대한 시스템적 연구를 뒷받침하지 못하고 있다.

2) 소프트 계열 과학 기술과 소프트 과학

1980년대 후반 일본은 점차 소프트 과학의 개념을 소프트 계열 과학 기술(soft series of science & technology: SSST)로 대체했다. 그 주요 사상은 과학 기술청 정책과학연구소가 1988년[130]과 1989년[131]에 발표한 『소프트 계열 과학 기술의 연구 개발 현황 및 향후 발전 방향에 관한 조사』라는 두 보고서에 반영되어 있다. 이 보고서들은 소프트 계열 과학 기술의 개념, 응용 기법, 이를 뒷받침하는 과학 영역과 연구 체제 등에 대해 서술하고 있다. 이 보고서

---

129   甘師俊 外 編譯, 『軟科學在中國』(華中理工大學出版社, 1989).

130   日本政策科學研究所, 『關於軟係列科學技術的研究開發現狀及今後發展方向的調査』(1988).

131   日本政策科學研究所, 『關於軟係列科學技術的研究開發現狀及今後發展方向的調査』(1989).

들은 소프트 계열 과학 기술은 전통적인 자연과학이나 공학이 발전한 '하드 계열 과학 기술'과 서로 대응하는 개념이며, 소프트 계열 과학 기술을 연구함으로써 과학 기술의 개념을 확대하고 이를 통해 실행적 의의가 있는 새로운 선도 영역과 참신한 방법론들을 시스템적으로 연구할 수 있도록 만든다고 지적한다.

앞에서 언급한 두 보고서의 주요 관점은 아래와 같다.

① 과학 기술에는 자연과학 기술과 인문·사회과학 기술이 포함된다.

② 소프트 계열 과학 기술의 기초 학과는 시스템론, 정보 처리, 인지 과학, 행태 과학, 조직 과학, 경영 과학, 정책 과학 등이다.

③ 관련된 학과는 인문·사회과학과 자연과학의 모든 영역을 포함한다.

④ 발전시킬 수 있는 소프트 산업에는 인재 산업, 정보 산업, 교육산업, 컨설팅 산업 등이 포함된다.

⑤ 하드 기술은 조작 대상이 실체 세계로, 여기에는 자연 시스템과 인공적인 물리 시스템(기계 등)이 포함된다. 소프트 기술은 조작 대상이 사람의 정신 활동, 사고 또는 행동을 통해 현시되는 표상 세계로, 여기에는 인공 추상 시스템(정보, 지식, 시스템, 모델, 개념 등 인류의 내재 활동 과정을 거쳐 추상화되는 대상), 인류의 활동 시스템(서비스 등 인류 자아의 식의 내재적 과정에 기반을 두고 실현된 행위)이 포함된다.[132]

소프트 계열 과학 기술의 연구가 1980년대 후반부터 일본의 과학 기술 연구에서 매우 중대한 지위를 차지하게 되었음을 보여주는 두 가지 사건이 있

---

132   未來工學硏究所,『日本型科學技術開發係統的基本設計: 美國的軟科學現狀與動向』, 一次報告書 各論(4)(1973.3.31).

는데, 그중 하나는 1992년 당시 미야자와 기이치(宮澤喜一) 총리(과학기술위원회 의장 겸직)의 명의로 작성된『소프트 계열 과학 기술의 연구 개발 현황 및 향후 발전 방향에 관한 조사』보고서가 일본의「소프트 계열 과학 기술 연구 개발 기본 계획」으로 국가의 과학기술회의에 상정되어 심의된 것이다.[133] 나머지 하나는 과학기술청이 간행한『일본 과학 기술 백서』가 1988년부터 1998년까지 줄곧 소프트 계열 과학 기술과 정보, 재료, 생명, 우주, 해양, 첨단 기초 기술, 지구과학 등을 8대 주요 연구 개발 영역으로 넣은 것이다.[134]

일본의 소프트 계열 과학 기술이 지닌 함의와 본질을 더욱 깊이 이해하기 위해 이 시기 일본 소프트 계열 과학 기술의 중점 과제, 선도 영역, 응용 영역 및 연구 기구에 대해 알아보자.

(1) 프로젝트

1998년 출간된 일본의『일본 과학 기술 백서』에서 열거하고 있는 소프트 계열 과학 기술 영역의 중점 연구 과제는 다음과 같다.

- 과학기술청: 과학 기술과 인류, 사회 문제와 관련된 조사 연구, R&D 관리에 대한 연구(과학기술정책연구소), 사고 기능의 연구(이화학연구소), 인류의 특성에 대한 연구(일본원자력연구소)[135]
- 환경청: 자연 환경의 관리 및 보전에 대한 종합 연구, 인류와 사회의 관점에서 관측한 지구 환경 문제에 대한 연구

---

133 日本內閣總理大臣,『關於軟係列科學技術的研究開發計劃』, 科學技術會議咨問第19號答申(1993. 1.11).

134 科學技術廳 編,『科學技術百科全書』(大藏省印刷局發行, 昭和63年版, 平成元年~平成10年版).

135 일본원자력연구소는 2005년 10월에 핵연료사이클개발기구와 통합되어 일본원자력연구개발기구로 개편되었다. _옮긴이 주

- 대장성(大藏省): 감성 측량에 따른 주류(酒類) 평가와 주류 제조 수준을 제고하기 위한 연구(양조연구소)
- 문부성: 개발기구가 갖추어야 할 소프트웨어 구성 원리에 대한 연구(관련 대학 담당)
- 농림성: 최적의 미래형 경노동(light labour) 농업 기술을 확립하는 것을 목적으로 하는 기초 기술 개발에 대한 종합 연구(작물 대응 연구), 농림수산물 방면에 대한 기능 평가 및 활용 기술 개발(일반 개별 연구), 농촌 생활환경의 정량 평가와 정비 기술 개발(농촌공학연구소)
- 통상산업성: 인간 미디어(human media, 산업 과학 기술 연구 개발), 인간 행위에 적합한 환경 시스템 기술(제도) 개발, 고령자에 대한 보살핌 및 고령자의 동작 특성을 계량·평가하는 기술(생명공학공업기술연구소)
- 우정성: 친화적인 소통 사회에 대한 연구 수행(통신종합 연구실, 통신 및 방송 기구 등)
- 운수성: 교통 부문에서 사람이 운전할 때 발생하는 생리 데이터 연구 및 사람의 착오 또는 고장을 방지하는 기술, 물류의 구조 분석 및 새로운 시스템에 필수적인 물류 정보 시스템에 대한 탐색과 토론(선박기술 연구소)

(2) 연구 성과

1989년 『소프트 계열 과학 기술의 연구 개발 현황 및 향후 발전 방향에 관한 조사』에서는 소프트 계열의 과학 기술이 선도하는 영역을 회고·전망했다.[136] 이 보고서는 소프트 계열 기술의 발전을 세 단계로 구분하고 있다. 제1단계는 1960년 이전, 제2단계는 1960~1970년대부터 1980년대 전반까

---

136   日本政策科學研究所, 『關於軟係列科學技術的研究開發現狀及今後發展方向的調査』(1989).

지, 제3단계는 1980년대 후반 이후이다.

각 단계의 대표적인 선도 영역을 보면, 제1단계는 경험이 없는 대규모 시스템 건설이고(예를 들면 아폴로 계획), 제2단계는 자원과 환경 문제에 대한 대책 연구이며, 제3단계는 창조적 행위 자체 및 지식 자원의 개발이다.

각 단계의 주요 연구 대상을 보면, 제1단계는 처음부터 목표가 매우 명확한 복잡한 기술과 인공 시스템이고, 제2단계는 목표를 조정할 수 있는 복잡한 생태 환경 시스템이며, 제3단계는 목표물과 복합적 '자기 조직화 시스템'이다.

각 단계의 발전 목표를 보면, 제1단계는 전술적 선택에 속한다. 즉, 효율 제고(투입 자원의 최소화)를 목표로 하는 관리 수법의 최적화이다. 제2단계는 시스템적 선택에 속한다. 즉, 시스템 모델을 기초로 해서 계획, 예측, 평가 기술을 통해 시스템적으로 조사하는 것이다. 제3단계는 전략적 선택에 속한다. 즉, 전략 목표에 근거해 구조의 구성 요소를 선택한다.

기초 기술로서의 컴퓨터 기술을 보면, 제1단계는 컴퓨터의 실용화이고, 제2단계는 비처리에서 온라인 처리로, 집중 처리에서 분산 처리로의 이동이며, 제3단계는 최종 이용자를 대상으로 하는 복합 비처리와 지식 정보 처리이다.

소프트 계열 과학 기술로서의 연구 성과를 보면, 제1단계의 대표적인 연구 성과로는 사이버네틱스, 산업공학, 브레인스토밍, 델파이 기법, 관련 수목법(relevance tree methods), 행렬법(matrix methods), 네트워크 기법, 시나리오 분석, 창작 기법, 선형 프로그래밍(linear programming), 동적 프로그래밍(dynamic programming), 게임이론 및 요인 분석(factor analysis) 방법 등이 있다. 제2단계의 연구 성과로는 시스템 분석, 시스템 접근법, 의사결정 지지 시스템, 가치 분석, 도형 이론, 시스템 동력학 등이 있다. 제3단계의 연구 성과로는 종합적 소프트 계열 과학 기술이 있는데, 그 예로는 사회 공학,

정책 과학, 전략 정보 시스템(SIS), ABC 과학의 발전(인공지능, 뇌과학, 인지 과학), 지식 및 창조 공학 등을 들 수 있다.

(3) 연구 기구

『소프트 계열 과학 기술의 연구 개발 현황 및 향후 발전 방향에 관한 조사』에서는 일본에서 소프트 계열의 과학 기술 연구에 종사하는 국립 연구 기구 및 주요 연구 프로젝트를 열거하고 있는데, 주요 연구 기구로는 후생성의 인구연구소(인구 문제를 조사하는 연구), 문부성의 통계수리연구소(예측, 통제 영역의 조사 연구), 국립교육연구소(교육의 실행과 기초 연구), 건설성의 건축연구소(주택 환경 계획, 도시 계획, 건축 기초 구조 연구), 농림수산성의 농업종합연구소(농업과 관련된 경제 문제), 경제기획청의 경제연구소(경제 구조 등에 대한 조사 연구), 법무성의 법무종합연구소(형사 정책 연구), 환경청의 국립공해연구소(공해와 방지와 관련된 종합 연구), 대장성의 재정금융연구소(국내외 재정 경제 연구), 우정성의 우정연구소(통신물의 이용·보관, 보험, 정보 관련 연구), 과학기술청의 과학기술정책연구소(과기 정책 연구) 등이 있다.

(4) 응용 영역

소프트 계열 과학 기술의 응용 영역은 정책 영역, 경영 관리 영역, 사회·가정·개인의 생활 영역, 연구 개발 등의 지식 활동 영역으로 구분된다.

1990년에 이르러 일본의 소프트과학 기술조사위원회는 소프트 계열 과학 기술에 대해 다음과 같은 정의를 내렸다. "소프트 계열 과학 기술은 새로운 과학 기술 영역으로, 그 목적은 인류의 인지, 사고, 추리, 판단, 혁신 등 지식 활동 및 이러한 활동에 수반되는 행동 메커니즘을 명확히 하는 것이자(과학 부문), 상술한 이러한 활동을 뒷받침하거나 부분적으로 대체하는 수단 또는 상술한 활동에서 만들어지는 정보와 경험을 처리하고 조작하는 것이다(기술 부문)."

소프트 계열 과학 기술은 연구 대상의 특징에 따라 하드웨어, 휴먼웨어(human-ware) 및 새로운 영역으로 구분할 수 있다. 또한 이미 알고 있는 과학 기술 영역과의 관계에 근거해 기초 영역(인지 과학, 심리학, 사고 심리학, 행태 과학, 경제학, 정치학, 시스템 이론, 정보 과학, 수리 과학, 언어학, 조직 과학 등)과 응용 영역(가치 공학, 사회 공학, 소프트웨어 공학, 정책 공학, 시스템 공학, 경영 과학 및 공학, 도시 공학 등)으로 구분할 수도 있다. 당시 일본 학계는 소프트 계열 과학 기술을 기초 영역(과학 부문)과 응용 영역(기술 부문)의 두 가지로 구분하고 있었지만, 각각의 정의에 대해서는 주장하지 않았다.

대체로 같은 시기에 중국 과학자 첸쉐썬은 현대 과학 기술 시스템을 자연 과학, 사회과학, 수학 과학, 시스템 과학, 사유 과학, 인체 과학, 군사 과학, 행태 과학, 지리 과학, 건축 과학, 문예 이론 등 11대 부문으로 구분할 것을 주장하고,[137] 아울러 "이는 하나의 살아있는 시스템이며 전체 인류가 객관 세계를 인식하고 개조하는 가운데 발전·변화하는 시스템"이라고 보았다. 사회의 발전과 과학의 진보에 따라 이 시스템의 구조는 발전할 뿐만 아니라 내용도 충실해지고 있으며, 새로운 과학 부문도 출현하고 있다.

또 다른 관점은 과학을 자연 규율을 반영하는 지식 체계(자연과학), 사회 규율을 반영하는 지식 체계(사회과학), 사람의 사유 규율을 반영하는 지식 체계(사유 과학) 등의 세 가지 방면으로 귀납할 수 있다고 주장한다. 하지만 시스템 과학, 인지 과학 등은 이미 간단하게 사회과학 또는 사유 과학으로 귀납할 수 없는 상황이다.

종합해서 말하자면, 서로 다른 표준에 근거해 과학은 다양하게 분류될 수 있다. 과학을 양대 진영으로 나눈다면 연구 대상의 성질과 특징에 따라 소프

---

137   錢學敏, "錢學森與'大成智慧'", ≪人民日報≫ 海外版(2001.2.24).

트 과학과 하드 과학으로 구분할 수 있다. 소프트 과학은 하드 과학에 대한 상대적인 관점의 용어이다. 오늘날에는 소프트 과학과 하드 과학을 융합하는 것이 추세이기는 하지만 양자 간의 본질적인 차이를 간과해서는 안 된다. 하드 과학은 자연 규율을 반영하는 지식 체계로, 자연계의 물질 형태, 구조, 성질과 운동 규율을 연구하는 과학이며, 소프트 과학은 사회 규율, 사람의 행위, 사람의 심리와 사유 규율을 연구하는 지식 체계이다. 상술한 중국과 일본의 관점을 종합해 보면, 소프트 과학에는 사회과학, 인지 과학, 심리학, 사유 과학, 행태 과학, 시스템 과학, 정보 과학, 수학 과학, 언어학, 조직 과학 등이 포함된다. 소프트 과학은 하드 과학과 마찬가지로 발전하고 변화하는 시스템이기도 하다.

우리가 소프트 기술을 연구하는 과정에서 소프트 과학을 논하는 이유는, 한편으로는 소프트 기술의 관점에서 소프트 과학을 발전시키고 풍부하게 만들기 위해서이며(실행에서 이론까지), 다른 한편으로는 소프트 과학 지식 시스템에서 조작할 수 있는 지식 체계(소프트 기술)를 식별하고 개발하기 위해서이다. 이러한 과정은 소프트 기술을 발명·창조·혁신하는 공간과 루트를 확대할 것이다.

3) 소프트 계열 과학 기술에서 소프트 기술로

1990년대에 진입한 이후 국가 수준에서 수행되는 일본의 소프트 계열 과학 기술에 대한 연구는 중단되었다. 2000년 12월 26일 과학기술정책국이 과학기술회의의 토론에 상정한 「과학 기술 기본 계획」에는 '소프트 계열 과학 기술 영역'의 내용이 없었으며 이를 '사회 기초 영역'이 대신했다. 사회 기초 영역의 주요 내용에는 방재 기술, 위기관리 기술, 국민 생활 관련 기술만 포함되었다. 이는 분명 소프트 기술 연구 사업이 도태되었음을 보여주는 것이다. 필자는 2000년 도쿄에서 일본 경제기획청 경제연구소 소장을 역임했던 하야시 유지로(林雄二郎)를 만난 적이 있는데, 그는 과거에 소프트 과학과 소프트 계열 과학 기술을 연구하던 주요 기구인 미래공학연구소의 초기 소장이었다. 그는 필자가 소프트 기술을 연구하고 있다는 것을 알고 나서 "소프트 과학과 관련 기술에 대한 연구를 중단한 것은 일본의 큰 실수이다"라고 한탄했다.

소프트 과학 또는 소프트 계열 과학 기술이 일본에서 종적을 감춘 원인에 대해서는 조금 더 살펴볼 필요가 있다.

첫째, 소프트 기술을 또 하나의 패러다임 차원에서의 기술로 인식하지 않았기 때문이다. 소프트 계열 과학 기술은 특히 의사결정 영역에서의 응용을 비롯한 사회 기술 및 하드 기술의 소프트화 방면에 대한 연구에 편중되어 있다. 또한 비즈니스와 문화 영역의 소프트 기술에 대한 인식이 충분하지 않고 자연과학 기술과 시스템 과학 지식을 응용해서 사회 문제를 해결하는 방법론에 편중되어 있으며 소프트 기술의 광의적 기술 혁신, 제도 혁신, 산업 혁신 방면의 기능에 대한 인식이 결핍되어 있다. 바로 앞에서 열거한 '소프트 계열 과학 기술의 연구 성과'가 제시한 바와 같이, 제1단계, 제2단계, 제3단계 모두 방법론과 공학 방면에 초점을 맞추고 있다.

둘째, 소프트 과학을 소프트 기술과 동일시하고 소프트 기술을 과학 지식 체계에서 조작 가능한 시스템으로 인식하지 못하고 있기 때문이다. 일본에서 소프트 과학에 대한 연구 열기가 가장 뜨거웠던 시기에도 소프트 기술을 제기하지 않았으며, 소프트 계열 과학 기술은 소프트 기술이 아니라고 따로 발표하기도 했다.

셋째, 자연과학과 하드 기술 간 관계의 틀 아래에서 소프트 계열 과학 기술에 대한 연구가 진행된 관계로 기술 부분에 대한 인식이 가치 공학, 사회 공학, 소프트웨어 공학, 정책 공학, 시스템 공학, 경영 과학 및 공학, 도시 공학 등에 한정되어 있기 때문이다. 소프트 기술의 영역에서 가치를 창조하거나 문제를 해결하는 방식은 전통적인 과학 기술과 완전히 다르다. 만약 계속해서 하드 기술의 사고방식으로 문제를 해결하려 한다면 막다른 길에 들어설 것이다. 일본의 소프트 과학과 소프트 계열 과학 기술에 대한 연구는 20년을 거쳐 최종적으로 중단될 수밖에 없었다. 『일본 과학 기술 백서』에서 마지막으로 "방재 기술, 위기관리 기술, 국민 생활 관련 기술 등"을 사회 기술로 보류한 것이 바로 이를 증명하는 사례이다.

종합하자면 소프트 계열 과학 기술에서 기술의 소프트적 속성에 대한 인식과 이 책에서 언급하고 있는 소프트 기술은 서로 공통점이 많지만, 개념, 함의, 특징, 연구 방법, 연구 목적, 연구 범위와 의의 등에서는 매우 다르다.

그러나 소프트 계열 과학 기술에 대한 일본의 연구와 실행은 소프트 기술을 연구해온 역사에서 다음과 같은 중요한 의의를 갖고 있다. 첫째, 광의의 기술에 대한 인식 및 기술이 지닌 소프트적 속성에 대한 탐구와 토론은 모두 창의성을 지니고 있다. 둘째, 명칭에 상관없이 전통적인 기술과 구별되는 소프트 계열 과학 기술을 식별하고, 소프트 계열 과학 기술을 수년에 걸쳐 일본 과학 기술 백서에 표기해 수록했다는 것 자체는 특별한 의의를 지닌다.

제3장 소프트 기술과 기술 경쟁력

현재 개발도상국은 최대한 신속하게 선진국을 따라잡고자 노력하고 있다. 하지만 경제가 글로벌화되고 정보 기술이 신속하게 발전함에 따라 선진국과 개발도상국 간의 격차는 갈수록 커지고 있으며 세계의 빈부 격차도 갈수록 현격해지고 있다. 이러한 상황에 직면해 각 개발도상국은 발전 전략과 정책을 조정하고 과학과 기술의 투입을 확대하며 적극적으로 하이테크를 발전시킴으로써 최대한 신속하게 격차를 축소시키고자 하고 있다.

중국에서는 50여 년 동안 하이테크를 핵심으로 하는 경제 경쟁으로 전 세계에 전략적인 영향을 미쳐왔으며, 대량의 인력과 물자를 쏟아부어 하이테크와 그 산업의 발전을 추동함으로써 중국의 경제 기술에서의 낙후된 면모를 개선하려 노력해 왔다. 1980년대 이래 중국은 국가 차원에서 일련의 하이테크와 하이테크 산업화를 발전시키는 것을 취지로 하는 국가급 계획을 시동했고, 국가급의 하이테크 개발구와 시험구를 50여 개 건립했다. 이러한 노력의 결과 일부 기술 영역에서 전 세계가 주목하는 성취를 이루어냈다. 하지만 총체적인 기술 수준과 산업 경쟁력 방면에서는 국제 수준과의 격차가 여전히 매우 크며, 일부 영역의 격차는 계속해서 확대되고 있다. 국가적인 차원에서 이처럼 중시하고 과학자들이 그렇게 노력하는데도 상황이 이러하다면 문제는 어디에서 비롯된 것일까?

개발도상국이 격차를 축소하고 비약적 발전을 실현하는 관건은 무엇이며, 선진국과 개발도상국 간에 격차가 발생하는 본질은 무엇일까?

1. 지식과 기술은 잠재적인 경쟁력에 불과하다

사람들은 국가 경쟁력의 핵심은 하이테크나 지식이라고 말한다. 하지만 일부 사례는 하이테크(하드 기술)나 지식만 가지고는 항상 성공하지 못한다는 것을 보여준다.

첫째, 세계 최첨단 기술을 보유하고 있는 미국은 1980년대만 하더라도 일부 산업 영역에서 일본에 뒤처졌다(제2장 참조). 1980년대 중반 일본의 반도체는 전 세계 시장의 50%를 점유했다. 미국 정부는 한편으로는 일본 정부의 반도체 산업에 대한 지원 정책을 비판하면서 미국 생산품을 구매하도록 일본에 압력을 넣었고, 다른 한편으로는 기업에 대한 정부의 지원을 강화하고 우대 무역 정책, 특허 법안 수정 등을 포함한 일련의 조치를 제정·실시했다. 1990년대에 이르러 미국은 반도체 등의 영역에서 선두 지위를 회복했다.

둘째, 소련공산당이 집권한 75년 동안 소련은 문맹의 약소국에서 과학 기술이 진보하고 교육이 발달한 공업화 강국으로 떠올라 미국에 필적하는 하이테크를 보유했다. 하지만 소련식 사회주의 모델은 이론, 이데올로기, 정치와 경제 체제 등의 방면에서 시대의 변화에 맞추어 제대로 혁신·개혁하지 못했으며, 특히 융통성 없는 계획 경제체제는 체제의 활력을 모두 소진시켰다. 나중에는 서양의 민주 가치를 맹목적으로 받아들여 최종적으로 소련의 해체를 야기했다. 이러한 소련식 소프트 환경은 당시 소련의 하이테크가 우주공간 여행, 시장에 공급되는 가치 있는 생산품의 생산, 경제 발전에 대한 적절한 기여 등의 여러 활동에서 경쟁력과 능력을 유지하도록 신속히 진화하는 데 있어 유연성이 충분하지 못했음을 증명했다.

셋째, 일본은 제2차 세계대전 이후의 폐허 위에 30년간 분투해 이른바 일본 경제의 기적을 창조했으며, 또한 일본에 비해 선진 기술이 풍부하고 경제 기초가 탄탄했던 서양 국가를 앞질렀다. 그 이유는 당시 국제 환경이 유리했기 때문이기도 하지만 ① 미국 점령군의 감독하에 비록 수동적이기는 했지만 효율적으로 농업과 공업 제도를 개혁해 대대적으로 생산력을 해방시켰고, ② 일본 실정에 알맞은 발전 노선과 모델을 선택하고 실사구시의 발전 전략을 제정·응용해 미국의 적용 기술을 대거 도입하고 기술 선진국으로부터 정보 고문을 고용해 기술을 이전함으로써 향후 모방 혁신에서 자주 혁신으로 나아가는 길을 닦았으며, ③ 일본 특색의 경영 관리 기술, 특히 통합 기술과 조직 기술을 뛰어나게 운용하고 외국의 선진 사상을 일본 기업의 생산품 기술로 전환시키며 심지어 중국의 공맹(孔孟) 학설과 손자병법을 현대 관리에 통합했기 때문이다. 일본은 미국의 신기술과 새로운 발명 가운데 다수를 가장 먼저 상품화해 세계에서 신상품을 제일 많이 출시하고 매년 특허를 가장 많이 획득하는 국가 중 하나가 되었다. 일본이 성공한 비결은 결연한 제도 개혁, 정확한 발전 모델의 선택, 일본 특색의 경영 관리 때문이었다. 하지만 제도 혁신, 모델 선택, 관리 기술, 조직 기술 등은 모두 전통적 의미에서의 기술이 아니다. 이러한 것은 모두 소프트 기술이다. 따라서 일본인이 서양의 기술을 모방하는 데만 뛰어나다고 말하는 것은 공평하지 못하다. 개발을 잘하고 소프트 기술을 잘 응용하는 것이 바로 일본의 우위이자 잠재력이다.

현재 일본의 기술은 여전히 세계 제일 수준이다. 21세기를 대비해 일본은 슈퍼 로봇, 뇌 기반 컴퓨터, 뇌 과학, 생명공학, 미세 가공(micro machining), 광학, 에너지 절약, 환경보호 등의 영역에서 많은 미래 기술을 축적했다. 이러한 노력은 일본이 미래의 기술 혁신에서 흔들림 없는 지위를 차지할 수 있도록 도울 것이다. 하지만 일본은 1980년대 후반에 버블 경제의 진흙탕으로 추락했고 그 이후 10여 년 동안 여전히 경제 추락을 저지하지 못하는, 이른바 '잃어버린 10년'을 겪었다. 20세기 말 일본 경제가 지속적으로 쇠퇴된 원인은 다방면에 걸쳐 있지만, 그 근본을 살펴보면 일본의 강화된 경제 체제와 혁신 체계가 국내외 환경의 변화에 적응하지 못했기 때문이지, 하드 기술이 경쟁력을 상실했기 때문은 아니었다.

넷째, 마이크로소프트사도 단지 선진 기술에 의존해 시장에서 성공을 거둔 것은 아니다.[1] 마이크로소프트의 전임 글로벌 부총재 리카이푸(李開復)는 「마이크로소프트의 성공의 길」[2]에서 마이크로소프트가 끊임없이 성공을 향해 나아가고 있는 원인을 다음 네 가지 사항에서 찾고 있다. ① 기술: 혁신의 정신을 이용해 기술 발전의 맥박을 파악하고, 합리적 연구 시스템으로 기업의 효율을 보장하며, 끈질긴 태도로 소프트웨어 업종의 발전에 집중한다. ② 리더십: 최고 의사결정자가 탁월한 재능과 식견을 가지고 있으며 분업과 협력을 매우 훌륭히 수행한다. ③ 인재: 여러 채널을 통해 인재를 발굴·초빙하고 인재를 선별하는 효율적인 메커니즘을 갖고 있으며 인재를 지속적으로 훈련할 뿐만 아니라 인재를 잘 파악한다. ④ 기업 문화: 도전과 자기비판을 두려워하지 않으며 유연성을 유지하는 태도, 직원을 평등하게 대우하며 고객을 향해 민첩하게 책임지는 태도는 마이크로소프트에서 전통을 형성하고 있으며 제도화되고 있다.

---

1   吳東昕, "知識經濟的誤區", ≪淸華大學發展硏究通信≫ 第8期(1999).

2   李開復, "微軟的成功之道", 『與未來同行』(人民出版社, 2006).

다섯째, 1980년대 중반 독일에서 냉장고 생산 기술을 도입해 사업에 성공한 하이얼(海爾)은 현재 중국 굴지의 국내외 시장에서 모두 성공을 거둔 회사이다. 2005년 말까지 하이얼 그룹은 이미 96개 계열의 1만 5100개 품목을 생산해 중국 최대의 가전제품 생산 업체가 되었으며 2009년 말까지 총 2799건의 발명 특허를 신청했다. 하이얼은 다양한 단계에서 성공적으로 전략을 조정·혁신했는데, 예를 들면 창업 초기의 브랜드 창조 전략, 중기의 생산품 다원화 발전 전략, 현재의 국제화 전략이다. 하이얼그룹의 총재 장루이민(張瑞敏)이 평가한 바와 같이,[3] 하이얼은 관념의 창조를 우선시하고 기술혁신을 수단으로 삼으며, 조직 혁신의 뒷받침 아래 적시에 기회를 잡았다. 종합하자면, 하이얼이 성공을 거둔 것은 냉장고 기술의 선진성에 의존했기 때문이 아니라 소프트 기술을 끊임없이 혁신했기 때문이다.

여섯째, 중국에서는 수십 년 동안 과학 연구 성과가 누적되고 있는데, 특히 개혁·개방 이후 중앙정부는 과학과 기술의 발전을 대단히 중시하고 있으며 매년 상을 받는 관련 인원 및 연구 수준도 제고되고 있다. 하지만 중국의 산업 기술 수준과 하이테크가 낙후된 국면을 바꾸지는 못해 아직 하이테크나 산업 영역에서 주도권을 차지하지는 못하고 있다. 또한 1950~1960년대의 양탄일성(兩彈一星: 원자폭탄, 수소폭탄의 개발 및 인공위성의 개발)에서 비롯된 전자, 재료, 화학, 기계 등의 첨단 기술은 1970~1980년대까지 지속적으로 발전할 수 있는 산업을 형성하지 못했다. 스위스 로잔에 위치한 국제경영개발원(IMD)의 평가에 따르면, 중국의 과학 기술 국제 경쟁력은 46개의 주요 국가 가운데 중등에서 조금 낮은 수준이며, 랭킹도 내려가고 있어 1997년 20위에서 1998년 13위, 1999년 25위, 2000년 28위였다.[4] 최근 들어

---

3   王國華, "張瑞敏暢談創新戰略", ≪中國經濟快訊周刊≫(2002.5.20).

4   IMD, *The World Competitiveness Yearbook 2000*.

IMD의 경쟁력 평가 방식이 일부 변화되었는데, 새로운 방식에서는 과학 기술을 기초 인프라의 기본 요소로 귀납했다. 그런데 기초 인프라에는 기본 기초 인프라, 기술 기초 인프라, 과학 기초 인프라, 건강과 환경, 교육이 포함된다. 중국의 기초 인프라는 줄곧 중하위권으로, 2007년에는 28위였으나 2008년에 31위로 밀려났고, 2009년에는 32위로 하락했다.[5] 이 평가지표는 과학 기술 경쟁력을 반영하기에는 정확성과 비교 가능성 면에서 다소 문제를 안고 있어 이후 몇 년 동안 평가 방식이 일부 변화되었다. 하지만 과학 기술 방면에서 중국과 선진국 간 격차가 매우 큰 것은 사실이다. 이는 중국이 쏟아부었던 노력, 투입, 그리고 기대치와 상반되는 것이다.

주의해야 할 것은 이상에서 논의한 기술은 모두 우리가 이 책에서 정의내리고 있는 하드 기술이라는 점이다.

2. 기술 경쟁력은 어디서 나오는가

1) 풍부한 연구 개발력은 경쟁력을 창조하는 원천

연구 개발은 핵심 기술을 창조하는 과정이자 해결 방안을 만들어내는 수단이다. 자주적 지식재산권 또는 시장에서는 경쟁력 있는 해결 방안(하드 기술과 소프트 기술) 및 이에 상응하는 생산품을 연구하고 개발해 내야만 경제와 사회의 발전에 풍부한 기술 원천을 제공할 수 있다. 그렇지 않으면 기술상의 '전환'과 '서비스'는 모두 뿌리 없는 나무와 같은 형국이 될 것이다. 루슨트 테크놀로지(Lucent Technology)가 어떻게 통신업의 거두 위치를 유지할

---

5   IMD, *The World Competitiveness Yearbook 2009*.

수 있었는지는 루슨트 테크놀로지 '벨 실험실'의 연구 능력을 살펴보면 바로 알 수 있다. 보도에 따르면, 이 실험실은 1996년에 매일 한 개의 특허를 신청했고 1999년에는 매일 네 개의 특허를 신청했다. 선전의 화웨이가 2008년 신청한 국제 특허의 건수가 전 세계 기업의 선두에 설 수 있었던 이유 중 하나는 이 회사의 노동자 중 43% 이상이 연구와 관련된 업무에 종사하고 있었기 때문이다(제2장 참조).

핵심 기술을 창조하려면 인적 자본의 투입과 금융 자원의 투입, 이 두 가지 기본 조건을 갖추고 있어야 한다. 만약 어떤 국가에 상대적으로 풍부한 공업 기초와 경제력이 없다면 오늘날 핵심 하이테크에 소요되는 갈수록 높아지는 연구 개발 비용을 감당할 수 없다. 미국이 줄곧 과학 기술 경쟁력에서 1위를 유지하고 있는 것은 미국의 연구 개발비 지출이 세계 1위이기 때문이다. 예를 들면 1997년 R&D 투입은 2057억 달러로, 일본, 독일, 프랑스, 영국, 이탈리아 등 5개국의 연구 개발비 총합을 넘어섰으며, 2000년에는 2642억 달러에 달했다.[6] 하지만 우수한 인적 자본을 획득하려면 자금에만 의지해서는 안 되며 제도, 문화 등 혁신을 장려하는 소프트 환경이 뒷받침되어야 한다.

여기에서 가리키는 연구 개발에는 하드 기술과 소프트 기술의 연구 개발 및 소프트 - 하드 기술을 통합한 영역의 연구 개발이 포함되어야 한다. 이 책의 2장에서 설명한 바와 같이, 걸출한 비즈니스 모델이 기업에 가져다주는 부가가치는 하나의 소프트 기술 특허에 비견될 수 없다.

과학과 기술의 복잡성이 증가함에 따라 통합과 융합은 이미 기술 발전의 주요한 특징 중 하나가 되었고, 어떤 중요한 발명이나 창조도 다양한 기술 융합과 여러 학문 분야의 역량을 함께 모으는 협력에서 분리될 수 없다. 하

---

6   關欣, "美國的研究與開發(R&D)投資統計", ≪世界經濟瞭望≫ 第10期(2000).

지만 초학제적 연구 개발을 하는 것은 줄곧 제기되어 온 의제였다. 여기에는 케케묵은 학과 분류와 연구 개발 기금 제도 등의 문제, 범과학 인재 문제, 설비 문제도 있지만, 주요 장애는 전문가 간의 사상과 학술 언어의 커뮤니케이션, 범과학 협력의 관리 체제 등의 문제로부터 야기되기도 한다.

2) 소프트 기술은 경쟁력을 창조하는 중요한 수단

주지하는 바와 같이, 한 국가의 하드 기술이 지닌 경쟁력은 최종적으로 국제 시장에서 경쟁력 있는 기술이 자국 기업의 수중에 장악되는 것으로 실현될 것이며, 이를 통해 산업 기술로 바뀔 것이다. 즉, 지식과 기술의 경쟁력은 상품화(군용품 포함)되어야만 비로소 시장에서 실현될 수 있다. 모든 하드 기술의 시장 활동은 실제로는 소프트 기술을 조작하는 것이고 따라서 관건은 소프트 기술의 경쟁력, 즉 혁신하는 능력이나 해결 방안을 구현하는 능력에 달려 있다. 이는 기술 경쟁력에서 기술 이전의 효율로 표현된다. 예를 들면 다음과 같다.

첫째, 하드 기술을 획득하는 경로로 볼 때, 그 경로는 대체로 다음과 같이 구분할 수 있다. ① 핵심 기술, 생산품 기술, 산업 기술을 자주적으로 개발하는 것, ② 핵심 기술, 기업 기술, 산업 기술을 도입하거나 구매하는 것, ③ 통용 기술을 응용하면서 하드 기술의 재조합 및 소프트 기술의 혁신을 거쳐 기업 기술, 산업 기술로 변화시키는 것이다. 상술한 세 가지 모든 경로의 모든 단계는 소프트 기술을 조작하는 과정이자 혁신하는 과정이다.

둘째, 기술 이전의 내재적 과정에서 볼 때, 예를 들어 제조업의 상황 아래에서는 우선 대상 하드 기술을 특정 기업의 생산품으로 전환함으로써 그 기술을 조직(기업) 기술로 전환시키고, 다시 고객 및 시장을 개발하는 과정을 통해 상품화를 실현하며, 나아가 확산을 통해 기업군을 형성하고 일정한 시장을 점유해 최종적으로 산업 기술을 형성한다.

서비스업의 상황 아래에서는 우선 서비스 대상의 수요, 즉 소프트 목표를 명확히 한 후에 이 수요를 만족시킬 수 있는 시스템, 즉 해결 방안을 설계한다. 그 후 다음과 같이 조작한다. 현재 폭발적으로 성장하는 각종 기술 가운데 해결 방안에 적합한 하드 기술과 소프트 기술을 찾아내어 해당 시스템을 구축해 운영하고, 특정 고객에게 일대일 서비스를 성공적으로 제공함으로써 해당 기업의 핵심 기술을 형성하며, 다양한 고객에 대한 서비스를 통해 시스템의 능력을 조정하고 서비스 범위를 확장시키며 시장의 확대를 도모한다. 시스템 설계 및 상응하는 소프트 기술의 탑재는 고객의 요구를 해결하는 데 응용되는데, 이것이 바로 소프트 목표의 과정이자 서비스 영역에서 새로운 기술을 개발하는 과정이다. 다양한 고객을 위한 각종 해결 방안에 근거해 차별화되고 독보적인 서비스 관련 핵심 기술이 형성되는 것이다(제2장 참조).

셋째, 기술 전환의 효율 면에서 볼 때, 다수의 공업 국가는 수백 년간의 공업화 과정을 거쳐 장기간 시장경제를 운영하면서 대량의 혁신을 뒷받침하는 도구, 즉 소프트 기술을 개발해 자유자재로 운영했으며 소프트 기술 자체도 혁신되어 왔다. 이와 동시에 이러한 소프트 기술의 발전은 점차 유리한 거시 혁신 환경을 촉진·형성했으며, 관련 환경의 정비 수준도 개발도상국을 훨씬 뛰어넘었다. 당대의 여러 선진 기술, 예를 들면 현대 관리 기술, 인큐베이터 기술, 가상 기술, 리스크 투자술, 나스닥 증권 시장 등은 모두 미국, 영국 등이 솔선해서 개발해 낸 것이다.

이에 따라 선진국은 선진 하드 기술을 흡수하고 응용하는 방면에서의 속도, 즉 기술 전환 효율이 개발도상국 국가보다 높으며 획득하는 이윤도 높다. 따라서 선진국은 시장 전망이 밝은 하이테크만 갖고 있으면 비교적 신속하게 생산품과 상품으로 전환시킬 수 있으며 나아가 기술 밀집형, 지식 밀집형 산업을 형성하고 전 세계적 산업 구조 조정과 국제 분업에서 유리한 지위를 취득할 수 있다. 선진국 입장에서 볼 때 경쟁력의 3대 요소(〈그림 3-2〉 참조)에서 하드 기술의 작용은 다른 기술에 비해 더욱 직접적이다. 즉, 기술 경쟁력의 수단과 환경이 비교적 정비된 조건하에서는 하이테크가 핵심 경쟁력이며 하이테크의 고지를 쟁탈하기 위한 경쟁도 가열되고 있다.

바로 이러한 이유 때문에 국제적으로 선진국은 갈수록 많은 외자(전 세계 외자의 73%)를 흡수하고 있다. 영국 ≪이코노미스트≫의 2001년 추산에 따르면,[7] 21세기의 첫 번째 5년 동안 매년 평균 획득한 해외직접투자에서 미국, 영국, 독일, 프랑스, 네덜란드, 벨기에, 캐나다 등 7개국이 59.2%를 차지하며, 한편 미국은 26.6%를 차지하고 있다. 중국에서는 서부 지역이 줄곧 우대 조건으로 외자를 흡수하기 위해 노력하고 있지만, 2005년 말까지 서부에서 외국인 직접투자에 이용된 건수, 계약 외자액, 실제 사용 외자액은 각각 전국 총량의 6.34%, 5.28%, 4.46%에 불과하다(〈표 3-1〉 참조)(2001년 6월까지는 각각 7.3%, 6%와 5.3%이다). 외자가 추구하는 바는 자금을 회수하는 시간과 수량, 기술 이전의 효과라는 것을 분명히 알 수 있다.

리정핑(李正平)은 홍콩의 ≪싱다오일보(星島日報)≫에 중국에서 외자 유입의 속도를 저하시키는 데 영향을 미치는 원인을 분석하는 글을 실었다. 그는 투자 환경의 불안정, 세제와 기초 시설 같은 명백한 문제 외에, 중국 정부의 관련 부문의 서비스 낙후성, 중부 및 서부 지역 일부 관원의 부정부패, 특히 높은 수준의 전문 인력 및 현대적인 기업 부족 등의 요인이 외국 기업이 중국 기업을 전략적 파트너로 삼는 것을 가로막고 있다고 언급하고 있다. 이를 통해 1980년대와 1990년대 초 시행된 정책 우대가 이미 매력을 상실했음을 알 수 있다.

---

7   "Advantage", *The Economist*(UK: 2001.2.24).

표 3-1 | 2005년 말까지 중국 중부와 서부의 외국인 직접투자 상황

	건수		계약 외자		실제 사용 외자	
	건수	비중(%)	금액	비중(%)	금액	비중(%)
전국 총계	552942	100	12856.73	100	6224.25	100
동부 지역	457944	82.82	11174.76	86.92	5383.71	86.50
중부 지역	59947	10.84	1003.07	7.80	562.96	9.04
서부 지역	35051	6.34	678.90	5.28	277.58	4.46

자료: 중국 상무부 외자 관련 통계.

선진국에 비해 개발도상국은 연구 개발 능력과 첨단 하이테크 보유 방면에서의 격차가 매우 명확하지만, 거시 환경의 불완전성과 소프트 기술 방면의 격차는 기술 이전이 자주 실패하는 요인이 되거나 선진 기술(주로 기업 기술)을 흡수하는 속도나 산업 경쟁력의 제고에 영향을 미치는 주요 장애 요인이 되었다. 이것은 기술을 도입하고 소화하며 혁신하는 것이 아직 주요 사안인 중국의 경우에 특히 해당된다. 따라서 중국은 향후 20년이 기술 이전이 성공을 거두기 위한 관건이 될 것이다. 하지만 소프트 기술의 연구 개발과 응용은 그다지 중시되지 못하고 있으며, 소프트 기술과 국제 수준 간 격차는 하드 기술의 국제 수준 격차에 비해 더욱 커지고 있다. 중국 하이테크 산업의 발전에서 가장 골칫거리인 지식과 자금, 기술과 시장 간의 모순도 소프트 기술의 작동을 요청하고 있다. 마틴 케니(Martin Kenney)는 '실리콘밸리의 제2의 경제(second economy)'를 논의하면서 "여러 개발도상국에서 태환 통화(convertible currency), 회사의 설립 및 매도의 용이성, 법률의 투명성 등의 중요한 제도가 아직 충분하게 작동하고 있지 않으며, 이는 실리콘밸리 모델을 배우는 데 있어 주요 장애물이 되고 있다"라고 지적했다.[8]

중국 국유기업이 겪는 고충을 예로 들면, 흑자를 유지하든지 아니면 적자

를 기록하든지 간에 대부분의 국유기업에서 하이테크 문제는 핵심 이슈가 아니며 조직, 재산권, 경영, 인센티브, 이익 배당 등이 주요 관심사이다. 설령 기술 문제로 표현되더라도 그 본질은 사람의 문제와 관련 있다. 조사에 따르면, 중국 대형 기기 고장률의 50% 이상은 사람 또는 관리 문제에서 비롯된다고 한다. 중국 정보산업부가 공표한 2001년 2분기 중국의 전기통신 고객의 민원 관련 보고에 따르면, 서비스 품질 관련 소송은 이미 비용 관련 소송을 뛰어넘어 소송이 가장 많이 제기되는 항목이 되었다. 정식으로 접수된 92건의 소송 가운데 서비스 품질 관련 안건은 44건에 달했다.

전임 IBM 중국지부 총재 저우웨이쿤(周偉焜)은 중국 기업에 무엇이 결여되어 있는지를 논하면서, 중국 기업에서 부족한 것은 "현대 관리 개념, 인재 경쟁 메커니즘, 합리적인 자본 구조, 건전한 자금 조달, 투자·예산·계획을 포함하는 재무 제도"이지, 특정 항목의 하이테크가 아니라고 보았다.[9] 또한 그는 이러한 결함을 보완하면 인재는 뒤따를 것이고 인재가 기술을 가져올 것이며 결국 인재와 기술이 필요로 하는 자금이 따라올 것으로 내다보았다.

창세기전기인기술(創世紀轉基因技術)주식회사 사장 팡쉬안쥔(方宣鈞)은 중국 바이오 기술 산업화의 3대 장애 요인으로 ① 바이오 기술과 지식재산권 보호에 노력을 기울이지 않고, ② 약물과 농작물 관련 유전공학 등의 분야에서는 단기간에 경제 수익이 발생할 가능성이 매우 낮기 때문에 연구 개발을 위한 자금을 확보하는 것이 어려우며, ③ 현대화 기업 제도와 기업의 거버넌스 구조가 완전하지 않다는 점을 들었다.

1970년대 초 일본은 미국에서 과학 정책이 발전하는 상황을 고찰했다. 당시 일본의 지식인들은 일본과 미국의 격차가 결코 하드 기술 때문이 아님을

---

8   Martin Kenney, "Institution for New Firm Formation in Silicon Valley", International Seminar on Technological Innovation(Beijing: September 5~7, 2000).

9   ≪科技日報≫(1999.1.10).

인식했다. 제2차 세계대전 이후 일본은 거의 비용을 들이지 않고 미국의 기술을 대거 도입했다. 아울러 수많은 미국의 연구 개발 성과를 우선 상품화시켜 하드 기술상에서 미국과의 격차를 대대적으로 줄였다. 일본의 시찰단은 보고서에서 "일본과 미국은 기술상에서의 격차가 거의 없다. 그렇다면 미국으로부터 무엇을 배워야 할까? 바로 유럽 각국과의 문제와 마찬가지로 관리 격차를 줄이는 것이다. …… 만약 일본이 연구 개발의 효율을 대대적으로 제고하지 않는다면 소프트 과학 방면에서 미국과 벌어진 격차는 가까운 장래에 일본에서 중대한 사회 문제를 유발할 것이다"라고 적고 있다.

기술을 획득하는 루트에서 보든 경쟁력을 창조하는 내재적 과정에서 보든 소프트 기술을 효율적으로 운용·혁신하지 않는다면 아무리 좋은 하드 기술이라도 현실에서 생산력과 경쟁력으로 변화될 수 없다. 데이비드 소어스(David Sawers)의 연구도 기술 이전에서 실패하는 경우는 4분의 1만 기술상의 이유 때문이며, 나머지는 상업 조작상의 이유 때문임을 보여준다.[10] 이 관점으로부터 소프트 기술은 실제로 해결 방안을 실시하고 집행하는 능력을 대표한다는 것을 알 수 있다.

넷째, 소프트 기술의 발명, 창조적 혁신 및 소프트 기술의 융합이다. 이는 지식, 자본, 자원, 시장(사회 시장을 포함) 및 이른바 비기술 요인을 진일보 인식하고 비물질 생산 영역에서의 혁신이 중시되며, 국가 거버넌스와 글로벌 거버넌스 문제의 난이도가 높아짐에 따라 사람들은 점차 소프트 기술의 발명·창조와 혁신의 중요성을 인식하고 받아들이게 되었음을 의미한다. 세계은행이 출간한 『글로벌 트렌드: 진보의 역설(Global Trends: Paradox of Progress)』은 능력의 본질은 변화에 있으며 능력을 변화시키는 것은 물질 능력 자체에만 국한되는 것이 아니라 물질 역량, 정보, 관계를 어떻게 운용할

---

10   特雷弗·威廉姆斯(Trevor I. Williams), 『技術史』第六卷, p.48.

것인지에 달려 있다고 지적했다. 이러한 기교는 소프트 기술의 일종이다. 새로운 비즈니스 모델, 가상현실 기술, 건강 기술, 사물인터넷, 도시 소프트 기술, 현대 금융 기술, 블록체인 기술, 새로운 마케팅 기술, 통합계정관리 (Identity & Access, Management: IAM) 기술(정보의 융합·통합 기술, 예술 설계, 미디어 혁신), 제도 설계 기술, 미래 시나리오 계획 기술 및 시장을 교란할 수 있는 혁신 추세 등을 관찰하는 미래 연구 방법은 실제로 소프트 기술과 하드 기술이 상호 융합되는 전형적인 통합 기술의 영역으로, 중요한 경쟁 수단이다. 이러한 추세는 탈공업 경제 시대의 경제, 문화, 사회 혁신 발전을 이끄는 강력한 추동력이 되고 있을 뿐만 아니라, 하드적 산업을 훨씬 넘어서는 소프트적 산업의 핵심 기술을 형성할 것이다. 이와 동시에 인지 기술, 사회 기술, 건강 기술, 경제 기술, 정치 기술, 안보 기술 등의 소프트 기술은 지도자가 전략적 파괴, 기회, 위기에 대응해야 하는 핵심 영역일 뿐만 아니라, 하드 기술의 신속한 발전이 야기하는 전 지구적인 사회, 정치, 비즈니스 환경 변화에 대응해야 하는 중요한 영역이다.

3) 제도, 문화, 가치관의 역할은 기술을 뛰어넘는다

우리가 기술의 중요성을 논하고 있기는 하지만 그렇다고 기술이 모든 것은 아니다. 설령 소프트 기술이라 하더라도 세계화 시대에는 거시 환경과 거시 관리 수준이 기술 경쟁력에 대해 미치는 제약이 갈수록 커지고 있다. 거시 환경은 혁신 능력을 교육하는 토양이라고 비유될 수 있으며 이는 기술 경쟁력을 형성하는 전제이자 기초 조건이다. 거시 환경은 하드 환경과 소프트 환경으로 구분될 수 있다.

하드 환경에는 기초 시설, 공업 인프라, 경제력(자금 제공 능력 또는 투자 능력) 등과 같이 눈으로 볼 수 있고 손으로 만질 수 있는 조건이 포함된다. 혁

그림 3-1 | **소프트 환경과 하드 환경의 특징**

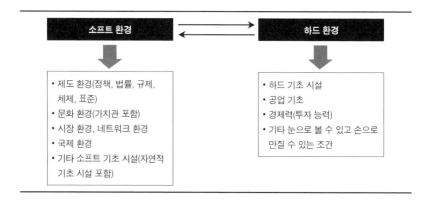

신 활동은 연구 활동에 비해 더욱 많은 자원이 소모되기 때문에 하드 환경은 경쟁력을 창조하는 기본 조건 중의 하나이다.

소프트 환경에는 제도 환경, 문화 환경, 시장 조건과 고객 수요(소비자가 받은 교육 수준, 생활수준, 문화 배경 등에 의해 결정된다), 국제 환경 및 기타 소프트 기초 인프라가 포함된다. 여기서 말하는 제도에는 법률, 법규, 정책, 표준 등이 포함된다. 사람들은 기초 인프라를 사용해 혁신 환경을 묘사하는 데 익숙해져 있다. 이른바 소프트 기초 인프라는 하드 기초 인프라를 상대적으로 일컫는 것으로, 소프트 환경을 건설하는 데 중요한 구성 요소 가운데 하나라고 볼 수 있으며, 여기에는 법률, 규제, 규칙, 규약(conventions) 및 기타 비즈니스상의 표준뿐만 아니라 문화 환경, 전자 및 인간 관계망(electronic and interpersonal network), 그리고 자연의 기초 인프라(생물 다양성[11] 등) 또한 포함된다. 그것들은 혁신과 고부가가치의 경제·사회 활동을 더 많이 억제·규제하거나 격려·유도하기 위해 이용된다.

---

11   E-Square Inc., *Sustainable Agriculture Survey*. 이 책의 중국어판 『本來農業的道路』, p.61.

국가 차원이든 기업 차원이든 간에 모든 성공은 성공적인 제도 환경과 메커니즘에서 분리될 수 없다. 하지만 소프트 환경은 공업화 정도가 높지 않고 경제력이 상대적으로 미약한 지역 또는 개발도상국에서는 경시되는 경향이 있다. 특히 중국에서 제도 환경은 여전히 경제와 사회가 지속적으로 발전하는 데 있어 장애물이며, 제도를 제안하면 바로 정치 문제로 결부되지 않을까 우려해 제도 개혁이 지연되고 있다.

제도 건설과 혁신도 물론 중요하지만 진정으로 제도를 관철하고 실행하기 위해서는 관련 영역의 여러 제도가 유기적으로 결합되어야 한다. 왜냐하면 그중의 일부 제도는 더욱 심층적인 차원의 사상 해방과 소프트 기술의 조작 능력에 파급효과를 미칠 수 있기 때문이다.

이제 제도 환경의 작용을 주요 사례로 삼아 소프트 환경의 중요성에 대해 설명해 보도록 하겠다.

첫째, 1978년 개혁·개방을 전후로 한 중국의 변화는 매우 좋은 예이다. 개혁·개방으로 중국의 생산력은 전례 없이 제고되었다. 그 이후 30년 동안 중국은 9.88%의 경제 성장률을 유지했고 경제 총량은 15배 증가했다. 이는 어떤 선진 기술에 힘입은 것이 아니라 경제 체제의 개혁과 대외 개방 정책, 즉 제도 혁신이 핵심적인 역할을 수행한 데 따른 것이다.

거시 차원에서 중국의 고속 발전을 유지하도록 만든 해결 방안은 국가적인 차원의 소프트 기술 조작이다. 중국 학자 잔더슝(詹得雄)은 개혁·개방 30년 동안 경제가 지속발전할 수 있었던 이유에 대해 분석했는데,[12] 필자는 이를 다음과 같이 일부 수정했다. 즉, 자신만의 길을 가고, 안정이 모든 것을 압도하며, 강력한 리더십이 관건이고, 경제를 발전시키는 것이 가장 중요하지만 상응하는 사회 발전과 자원 및 환경의 보호도 경시하지 않으며, 스스로

---

12   詹得雄, "國外熱議"中國模式"及其啓示", ≪參考消息≫(2008.3.27).

에게 적합한 민주적 모델을 건설하고, 돌다리도 두드리며 건넌다는, 이러한 순서에 따른 점진적으로 발전해 왔던 것이다. 물론 중국의 개혁과 발전은 여전히 진행 중이다.

중국은 다음 단계로 사상 관념과 체제 등 다층적 차원의 제2차 사상 해방에 기초해 개혁·개방해야 한다. 발전 모델의 설계에서 인치와 법치, 공평과 효율, 정부와 시장, 집권과 분권 등 네 가지 권력 구조의 조정에 영향을 미치는 관계를 잘 처리해야 하며,[13] 아울러 상응하는 소프트 환경, 특히 체제, 기제, 법률, 법규, 기본 정책 등을 조성함으로써 추가적으로 뒷받침해야 한다.

둘째, IMD의 조사에 따르면, 일본의 과학 기술 경쟁은 1996년부터 2000년까지 줄곧 2위를 유지했지만 국가 종합 경쟁력은 도리어 1996년의 세계 4위에서 1998년 18위, 2000년에는 17위로 하락했다. 일본의 재정 체제 및 관리 시스템의 결함은 경쟁력이 급격하게 하락한 주요 원인이었다.[14] 이러한 하락은 과거 일본의 경제 기적을 뒷받침했던 제도적 환경이 오늘날 경제 세계화의 시대에 더욱 발전하는 데 장애물이 되었으며, 제도적 환경에서의 혁신이라는 피할 수 없는 도전에 직면하고 있음을 설명해 준다. 일본의 IT 산업을 예로 들면 일본 NTT사가 1991년 제정한 '21세기 고도 정보 통신 계획의 실현(VI&P 계획)'은 20년 내에 광대역 정보망을 각 가정에 보급하는 것을 목표로 하고 있었다. 이는 세계 최초의 IT 전략으로 미국에서 1993년 제정된 '미국 정보 기초 행동 지침'보다 2년 남짓 빨랐지만 국가전략이 되지는 못했다. 5년 이후 일본의 컴퓨터 보급률은 세계 19위에 머물러 1위인 미국의 49%에 불과했다. 이러한 상황에 맞추어 일본 정부는 2000년에야 비로소 IT

---

13   成思危, "制度創新是改革的核心", 2008中國改革論壇(佛山, 2008.4.8).

14   Ryo Hirasawa, "Innovation Competitiveness in the Era of Knowledge Economy: Lessons from Japanese Enterprises", International Forum on Knowledge Economy and Industrialization of High Technology(October, 1999).

전략본부를 설립하고 5년 내에 미국을 뛰어넘겠다고 제기했다. 그런데 문제는 미국과 일본 지도자 간에 과학 기술 발전의 전망에 대한 반응과 정책 결정 분위기에 차이가 있다는 것이다. 미국의 역대 대통령들은 과학 기술 발전 전략, 국가 종합 경쟁력 전략, 글로벌 전략을 통합함으로써 국가 발전 전략을 제정해 왔다.

반면 일본 정부는 리스크 투자 방면에서 경제 버블의 영향을 받기도 했지만, 리스크 투자 정책에 힘쓰지 않았을 뿐만 아니라 리스크 투자 산업에서도 실책을 범했다. 이는 일본에서 하이테크 산업이 과거의 영예를 상실하게 된 중요한 원인이다.

물론 여기에서 언급한 기술은 전통적 개념의 하드 기술을 지칭하며, 과학 기술 경쟁력은 하드 기술 경쟁력을 지칭한다. 이러한 개념적 편차는 일본에서의 기술 경쟁력과 국가 경쟁력에서의 여러 결과 간에 매우 커다란 차이를 초래했다.

현재 일본 사회에는 하나의 보편적인 공식이 있는데, 바로 21세기는 지식의 융합화 발전으로 향할 것이며, 각국의 경쟁력은 새로운 창의력, 새로운 전략, 새로운 경영 모델 및 실시 능력을 통해 실현된다는 것이다. 이를 위해 일본은 현재 체제 개혁을 중심으로 한 전면 개혁을 추진 중이다. 예를 들면 일본 정부는 21세기 '창조 입국' 전략을 실행하면서 우선 정부 기구를 전체적으로 개혁했다. 그 주요 내용은 각 부처 및 부처의 기능을 재조직하고, 정보 공개를 실현하고, 정책 평가 기능을 제고하고, 행정 관리의 투명도를 증가시키고, 독립 행정 법인 제도를 수립하는 등이다. 특히 과학 기술 체제를 대폭 개혁했다. 예를 들면 문부성과 과학기술청을 합병하고 사회과학과 자연과학 기술, 문화, 체육 등을 포함한 교육과 과학을 새로운 문부성에 편입시켰다. 또한 과학 기술을 전면 진흥하고 국립 과학 연구 기구와 국립대학의 연구 기구에 대해 독립 행정 법인 제도를 실행했는데, 이는 일본 역사상 중대한 개혁이었다. 한편 새로운 체제 아래에서 과거의 '과학기술위원회'를 내각에 설립된 '종합과학기술회의'로 개칭했는데, 이는 정부 각 부처 간의 과학 기술과 관련된 관계를 조율하는 기능을 갖고 있으며 인문, 사회, 자연과학 등을 포함한 과학 기술을 대상으로 종합 전략을 제정하는 데 기여했다.

셋째, 노벨상 과학상을 수상한 사람의 수는 한 국가가 지닌 과학 경쟁력의 유력한 표지이다. 1985년 이래 문학상과 평화상 외에 물리상, 화학상, 생리상, 의학상을 수상한 128명 과학자 가운데 65%의 수상자는 미국인 또는 미국에서 대부분 연구에 종사한 사람이며, 그다음이 영국인과 독일인이다. 64명 노벨 경제학상 수상자 가운데 44명은 미국인이며 수상을 받는 기간에 52명은 미국에서 연구를 했다. 이는 풍부한 연구 경비로 기초 연구와 혁신을 뒷받침하고 진작시키는 미국의 소프트 환경에 힘입은 것이다. 특히 인재의 자유로운 이동과 관용, 여유로움, 활발함, 독립성, 자신감을 강조하는 교육방식, 권위에 도전하고 경쟁과 혁신을 제창하는 교육계와 학술계의 연구 문화, 시도에 실패한 사람에 대한 관용적인 태도, 청년의 의견 경청 등 미국 특유의 문화는 전 세계적으로 매우 드물다. 또한 미국의 이민 정책과 인재 제도는 혁신 환경을 조성했으며 많은 과학 기술 인재를 세계 각지에서 미국으로 유입시키는 조건을 창출했다. ≪USA 투데이(USA Today)≫의 보도에 따르면,[15] 미국에서 세계화는 이미 기업의 최고위층 사무실에 영향을 미치고 있는데 미국 기업의 최고경영자(chief executive officer: CEO)는 약 100개 국가에서 입사한 인물이었고, 1995년에 비해 2001년에는 미국 기업의 외국인 출신 최고경영자의 수가 3~4배가량 증가했다. 1996년에는 미국 100대 기업의 경영자 가운데 9명만 외국 국적이었는데, 2007년에는 이 수가 15명으로 증가했다.[16]

---

15   "今日美國報報道", ≪參考消息≫(2001.10.28)轉載.

넷째, 1997년과 1998년 발생한 아시아 금융 위기로 인해 막대한 피해를 입은 한국이 불과 1년 만에 회복하고 1999년 경제 성장률이 10.5%에 도달할 수 있었던 것은 결연한 제도 개혁, 특히 은행에 대한 구조 조정 등의 금융 개혁 덕분이었다. 금융 위기 이후 한국의 리스크 투자업은 왕성하게 발전했고 정부의 단호하면서도 유력한 정책 투입은 매우 중대한 작용을 일으켰다. 한국 정부는 단기간 내에 일원적인 계획 시스템, 체계적인 기구 설치, 법률 및 규제, 연구 시스템 개혁, 자금 지원, 인큐베이터 센터, 비과세 혜택 등 일련의 시스템을 구축했으며, 증권 거래 시스템을 개선하고 정부의 리스크 투자와 시장 작동에서의 역할과 한계 등을 엄격히 규정하기도 했다.

또한 한국 정부는 혁신과 창업(벤처 기업 설립 등)에 우호적인 정책을 실시했다. 젊은 남성이 창업에 종사하면 병역 특례로 인정하고, 대학 교수가 3년 동안 겸직 또는 정직하고 창업을 할 수 있도록 하며, 파트타임으로 일할 수 있도록 하는 임시적인 정책을 실시하기도 했다. 1997년 금융 위기로 인해 대기업을 떠난 수많은 인재와 기업에서 해고된 노동자는 잇달아 벤처 기업을 창업했다. 보도에 따르면, 서울 남부의 테헤란로에만 1000여 개의 벤처 투자 기업이 모여들었다.

다섯째, 중국 중소기업이 겪는 융자의 어려움과 관련된 문제이다. 중소기업이 필요로 하는 자금을 얻기가 어려운 이유는 상응하는 제도가 보장되어 있지 않기 때문이다. 중국은 전체 은행업의 규칙 체계, 사회보장 제도, 중소기업의 신용 체계, 담보 체계, 리스크 보상 기제, 사회화 서비스 체계 등을 포함하는 중소기업의 법률 시스템, 금융 체제를 전 방위적으로 개혁하고 제도를 혁신해야 한다. 중소기업의 성장 환경을 최적화해야만 전체 기업의 99%를 차지하는 중소기업이 중국 경제 성장의 중요한 동력이 될 것이며 도

---

16   世界經理人 홈페이지. http://ceo.icxo.com/htmlnews/2007/12/18.

시 취업 및 농촌 노동력의 이전 문제를 해결하는 주요 거점으로서의 역할을
할 수 있을 것이다.

여섯째, 제2차 세계대전 이후 일본은 미국으로부터 기술 특허를 도입해
기술 이전을 실현하는 데 성공했고 중국은 옛 소련으로부터 155개 항목의
프로젝트를 도입한 바 있다. 한편 중국 동부 연해 지역과 서부 지역은 모두
외자를 흡수했지만 그 규모에서 거대한 격차를 보였다. 이 두 경험을 비교해
보면 소프트 환경이 제대로 갖추어져 있는지 여부가 경제 발전의 가장 중요
한 요인임은 매우 명확하다.

4) 문화 혁신으로 제도 뛰어넘기

소프트 환경에서 제도는 핵심적인 내용이다. 그렇다고 해서 제도가 만능
인 것은 아니다. 법률은 사람들이 태도를 바꾸어야만 변경될 수 있다. 문화
와 가치의 혁신에 대한 영향은 심층적이며, 항상 시장과 정부의 작용을 뛰어
넘는다. 우리가 때로 문화와 가치관이 제도를 뛰어넘는 역량을 갖고 있다고
말하는 이유가 여기에 있다.

수년간 실리콘밸리를 복제하려는 시도가 많았으나 결국 실패한 것도 이
문제를 설명해 준다. 실리콘밸리는 현재 미국뿐만 아니라 전 세계의 혁신 센
터이다. 각국은 자국에 실리콘밸리식의 하이테크 혁신 기지를 건설하기 위
해 노력하고 있지만 전 세계에는 단 하나의 실리콘밸리만 있을 뿐이다. 사람
들은 실리콘밸리에 대해 분석하면서 하이테크 산업, 리스크 투자 환경, 대학
과 연구소, 우수한 기초 인프라 같은 요소에 주의를 기울이고 있지만, 더욱
심층적인 요소, 예를 들면 실리콘밸리의 발전을 뒷받침한 문화 환경, 혁신을
진작하고 협력을 잘하고 실패를 허용하며 사람에게 투자하는 사회가 뒷받침
하는 환경에 대해서는 흔히 경시한다.

오늘날의 세계 경제에서 나타나는 신용 위기를 예로 살펴보자. 무역 쌍방의 신용 관계는 시장경제가 정상적으로 운행되기 위한 기초이며, 이러한 의미에서 시장경제는 신용 경제라 할 수 있다. 하지만 기업이 모조품을 유통시키는 추악한 행위는 갈수록 심각해지고 있으며 이미 사회적 공해가 되고 있다. 질 낮은 모조품이 시장을 채우고 있고, 경제 사기, 계약 불이행, 어음 시장의 신용 상실 및 사기, 대출 상환 지연 등의 각종 상업 사기도 중국의 경제 발전에 악성 종양이 되었다. 보도에 따르면, 2000년 중국의 공안 기관이 전국적으로 입건하고 조사한 위조 금융 어음과 불법 어음 관련 범죄 건수는 7419건이고 관련 피해 금액은 52억 위안에 달했다. 서비스, 제조, 금융, 증권, 통계 수치, 세수 등 각 영역에서 발생하는 이러한 신용 위기 사건은 신용 법률 및 법규를 포함한 신용 제도의 수립과 건전화가 시급하다는 것을 보여준다. 다른 한편으로 소비자의 신용 인식도 놀라울 정도로 낮은 수준이다 (1999년 한 해에만 중국 전국에서 18만 명의 신용카드 이용자가 악의적으로 신용카드를 초과 지출해 신용카드가 강제로 폐기되었다). 이로 인해 중국 각지에서 관련된 제도 개선에 힘을 더욱 쏟아붓고 각종 조치를 취했는데, 상하이에서는 최초로 은행 간의 개인 신용 기록 시스템을 수립했고, 베이징에서는 중관춘과기원구(中關村科技園區)에서 기업 신용과 관련된 시범 사업을 실시해 기업 신용 서비스 시스템을 구축했으며, 선전에서는 '선전시 개인 신용 조회 및 신용 등급 평가 관리 방법(深圳市個人信用征信與信用評級管理辦法)'이라는 법률을 반포했다.

그러나 이러한 상황은 그다지 개선되지 않고 있다. 톈진시(天津市)를 예로 들면, 최근 들어 금융 유가증권 범죄와 연루된 금액이 매년 수십 억 위안에 달해 정상적인 금융 질서를 심각하게 해치고 있다. 현재 중국의 중형 이상 기업 가운데 80%는 ISO9000 인증 절차를 통과했고 다수의 소기업도 이미 이 인증 절차를 통과했지만 질 낮은 모조품은 아직도 보편적이다. 기업이

ISO9000 인증서를 획득하는 것이 품질에 대한 보증이 아니라 사회에 대해 책임을 지는 기업 문화의 상징에 불과해서는 안 될 것이다.

물론 신용 위기는 중국 특유의 현상은 아니다. 미국 증권거래위원회가 공표한 자료에 따르면,[17] 2001년 미국 정부는 사기 혐의가 있는 112건의 기업 재무 보고서를 조사했는데, 이는 1998년의 79건에서 41%가 증가한 것이다. 그중에는 에너지회사 엔론과 폐기물 관리 회사가 포함되어 있었는데, 이 두 회사의 회계를 담당했던 아서 앤더슨 회계법인이 회계 실패에 대한 책임을 졌다. 《포천》 500대 기업에 이름을 올리고 있는 여러 대기업이 이러한 사건에 연루되었는데, 투자자를 놀라게 한 것은 연루된 기업의 수가 기존의 기록을 넘었으며 연루된 금액의 규모도 대폭 늘어났다는 점이다. 엔론의 도산은 시장 규칙과 규제에 대한 성찰을 가져왔다. 2008년 말 시작된 금융 위기로 인해 미국의 수백 개 은행과 연루되어 있는 금융사기 사건이 또 다시 폭로되었다. 지금 신용 위기와 도덕 위기는 학술계에 만연되어 있으며, 학술 부패를 억제하는 것이 의제가 되고 있다. 2005년 미국 국립위생연구원은 매우 큰 영향을 미칠 개혁을 선포했다. 고용인은 의약 회사와 거래를 해서는 안 되고, 모든 과학자는 의약 회사로부터 어떤 자문 비용이나 기타 수입을 획득할 수 없으며, 해당 연구원의 고용인은 자신이 보유하고 있는 의약 회사의 주식을 팔아치워야 한다는 것이었다.

이로부터 보건대 제도를 정비하고 건전한 감독 및 피드백 기제를 만들며 제도의 권위를 유지하는 것도 중요하지만, 기업과 공중의 신용 인식을 제고하고 신의·성실의 원칙을 지키는 문화를 확립하는 것이 더욱 기본이라는 것을 알 수 있다. 신용 제도는 우수한 도덕 기준을 기초로 삼아야 하기 때문에 신용에 대한 구속력은 분명히 엄격한 제도에 의해 뒷받침되어야 한다. 하지

---

17   張煒, "安達信迷失誠信", 《中國經濟時報》(2002.1.25).

만 도덕적 규범과 자율이 없고 신의·성실의 원칙을 존중하는 풍조가 사회에 뿌리내리지 않으면 제도는 제한적인 역할만 할 수 있을 뿐이다. 도덕을 중시하지 않고 신의·성실의 원칙이 결여된 사회에서는 신용 제도 역시 확립되기가 매우 어렵다.

주하니 페콜라(Juhani Pekkola)는 일찍이 비즈니스 윤리에 대한 연구를 시작했는데, 헤이즐 헨더슨은 '윤리 시장' 공동체를 수립하고[18] 아울러 전 세계를 대상으로 하는 윤리 시장 관련 TV 프로그램을 시작했다. 도덕을 건설하는 것은 제도를 건설하는 것에 비해 훨씬 어렵다. 보편적으로 준수되는 도덕·규범을 건설하고 신용을 강조하며 성실하게 일하는 사회를 만들려면, 아동 시기부터 관련 교육을 시작해야 하며, 이러한 교육을 가정과 학교에서 시작해 직장으로 확대해야 한다. 정부 공무원의 업무 수행 스타일, 심지어 국가 차원에서 시행되는 일련의 정책 결정 과정은 국내외 민중이 지도층을 신뢰하는지 여부를 판가름하는 시금석이 될 것이며, 국민을 교육하는 (또는 오도하는) 훌륭한 교재가 될 것이다.

(1) 개념의 전환

중국 광둥성(廣東省)이 기술 혁신에서 우위를 차지하게 된 것은 관념의 혁신에서 비롯되었다. 특허 신청 수와 취득 수는 기술 혁신의 중요한 지표 가운데 하나인데, 2008년 광둥성의 특허 취득 수는 연속 14년 간 중국 1위를 차지했다. 발명 특허를 취득한 수도 처음으로 전국 1위로 뛰어올랐다. 1999년 광둥 전체의 과학 기술 투입에서 기업 투입은 70% 이상을 차지했으며 2004년에는 이 비율이 90%로 상승해 기업이 기술 혁신의 주력군이 되었다. 화웨이, 커룽(科龍), 캉자(康佳) 등 광둥에 적을 두고 있는 기업은 이미 미국,

---

18   http://www.ethicmarket.com.

일본 등의 국가에 연구 기구를 건립했다. 1999년 광둥의 하이테크 생산품 수출은 118억 달러에 달했는데, 이는 중국 하이테크 생산품 수출 총액의 48%에 해당하는 금액으로 전국 1위를 차지했다. 2004년 첨단 기술 생산품 수출액은 665억 달러에 달해 중국 전체의 40%를 차지했으며, 계속해서 전국 1위에 올랐다. 광둥을 베이징, 상하이, 시안(西安)과 비교해 보면 일류 대학이나 연구소가 없을 뿐만 아니라 최근 국외의 투자도 상대적으로 감소하고 있는 등 두드러진 과학 기술 우위가 없다. 그런데도 광둥은 줄곧 다음과 같은 혁신 우위를 유지하고 있다.

첫째, 광둥은 가장 일찍 경제 개발구의 정책 특혜를 입었으며 30년 동안의 고속 발전을 거쳐 풍부한 경제력을 획득했다. 광둥 인구는 중국 전체의 13분의 1인데, 2007년 광둥성의 GDP는 중국 전체의 8분의 1, 세금 수입은 중국 전체의 7분의 1을 차지했다.

둘째, 느슨한 비즈니스 환경으로 전국에서 창업 능력을 갖춘, 시대를 앞서가는 미래지향적 인재를 흡수하고 있다. 선전시 통계국이 공포한 내용에 따르면, 20년의 역사에 인구가 400만 명에 불과한 선전은 2000년 1인당 평균 GDP가 이미 3.97만 위안(당시 4800여 달러)에 도달했다. 당시 중국의 1인당 평균 GDP는 7078위안에 불과했다. 2007년에 이르러 1인당 평균 GDP는 1만 628달러를 달성해 중국에서 처음으로 1인당 평균 GDP가 1만 달러를 넘는 도시가 되었다. 2004년에는 100인당 74.5대의 컴퓨터를 보유해 전 세계 1위 도시가 되었고, 1999년 정보 산업에서의 생산액이 중국 전체의 15%를 차지했는데, 2006년에는 이 비중이 6분의 1로 상승했다. 선전에서 첨단 기술 산업에 투자하고 있는 다국적 회사는 150개이며 IT 산업 관련 회사도 많다. 또한 선전은 중국 전체를 통틀어 컴퓨터 하드웨어를 생산하는 센터인데, 전 세계 30%의 하드 드라이버와 10%의 자기 기록 헤드(recording heads)가 이곳에서 생산되고 있다.

선전의 지도자는 일찍이 과학 연구 기초, 인재 능력, 공업 기초 방면에서 선전이 처해 있던 열세를 인식했고, 이러한 현상을 제도적으로 돌파하고자 했다. 선전은 1995년에 기업의 주관 부문을 폐지하고 다원적인 정보 서비스 채널을 구축해 민영 기업을 향한 서비스를 제공했다. 선전의 과학 기술 관련 연구 개발 인원의 40% 이상은 민영 기업에 집중되어 있는데, 선전의 전체 공업 총생산액에서 중소기업이 실현한 공업 총생산액은 65%, 판매 수입은 62%, 이윤은 51%를 차지하고 있다. 2001년 선전에서는 일련의 새로운 정책과 조치가 추진되었다.

예를 들면 「선전시 투자·융자 체제 개혁 지도 의견(深圳市投融資體制改革指導意見)」에서는 국가 및 지역의 안전과 관계된 항목 외에 기타 영역은 일률적으로 사회를 향해 자본 개방을 한다고 명확하게 규정하고 있다. 그 원칙은 독점 타파, 시장 진입에 대한 규제의 완화, 공정한 감독하에 오직 투자자가 수익을 거두며 또한 리스크를 부담하는 원칙을 견지함으로써 투자 주체의 다원화, 융자 채널의 상업화, 정부에 의한 조정 및 통제의 투명화, 중개 서비스의 사회화를 실현하고 정부는 법률에 의거해 각종 투자자의 권익과 공중의 이익을 보장하는 것이다.

또한 「첨단 기술 기업의 발전을 촉진하는 데서의 일부 주책(注冊, 등기) 문제에 관한 잠행 규정(關於促進高新技術企業發展若干注冊問題的暫行規定)」에서는 선전 하이테크 기업의 진입 문턱을 최대한으로 낮추고 첨단 기술 관련 기업의 등기를 위해 필요한 자금 총액을 3만 위안으로 낮추었으며, 또한 등기 신청을 위한 초기 불입금을 단지 1.5만 위안으로 책정해 바로 가능하도록 하고 경영 항목을 스스로 선택하고 성과에 따른 주식 편성 비율도 스스로 정하도록 했다.

이러한 조치는 당시 중국의 다른 지방에서는 찾아볼 수 없는 것이었다. 이를 통해 제도를 타파하려면 무엇보다 관념을 깨지 않으면 안 된다는 것을 알 수 있다. 2009년의 글로벌 금융 위기에서 선전은 다시 행정 개혁 관련 부문에서 중국의 선두 주자로 나섰다.

셋째, 이념의 개방과 느슨한 산업 환경은 광둥이 인재, 기술, 자원을 흡수하는 중요한 유인이 되었다. 중국에서 광둥과 선전이라는 지명은 곧 개방을 의미한다. 선전의 공무원과 대중이 지니고 있는 관념도 베이징 또는 상하이와 비교할 수 없을 정도로 매우 개방적이다. 정부는 광둥의 하이테크 기업에 대해 베이징, 상하이보다 덜 제한하며, 광둥에 국유기업의 신설을 더 이상 비준하지 않음으로써 민영 기업이 연합해서 국외 기업과 경쟁하도록 독려하고 있다.

종합하자면, 광둥의 정책 환경은 과학 기술과 관련된 우수한 민영 기업을 대거 탄생시켰다. 이러한 기업은 기술 혁신에서 핵심 역량이 되었을 뿐만 아니라 광둥을 중국에서 가장 부유한 지역으로 만들었다. ≪광저우일보(廣州日報)≫의 2001년 5월 30일 자 보도에 따르면, 중국 전체 인구의 200분의 1을 보유하고 있는 광저우는 전국 예금액의 20분의 1에 해당하는 약 5000억 위안을 점유하고 있어 전국 최대의 융자 센터라고 한다.

(2) 신뢰, 협력, 공유, 혁신의 문화

기업과 혁신 문화를 논할 때 우리는 협력과 신뢰의 분위기를 조성해야 한다는 사실을 간과하곤 한다.

중관춘은 약 20년의 시간을 들여 지금과 같은 수준과 규모로 발전했다. 하지만 이는 중국 내 관점에서 비교한 것일 뿐이다. 국제적으로 비교해 보면 발전이 다소 늦은 편이며 그다지 이상적인 것은 아니다. 특히 베이다광정(北大方正) 같은 회사는 독자적인 핵심 기술을 보유하고 있어 더 빨리 더 크게 발전할 수 있었다. 최근 들어 중관춘에서 성공을 거둔 이들은 대부분 처음부터 다시 학습하고 모든 것을 자신이 직접 처리하는 길을 완주했다. 왜 그들은 모든 것을 스스로 해야 할까? 첫째, 과거 30년 동안 중국에는 기업만 있고 기업가는 없었기 때문에 어디서부터 학습해야 할지 몰랐기 때문이다. 둘째, 다수의 국유기업에서는 기술 진보에 대한 내재적 수요가 미약해 협력하기가 어려웠고 이로 인해 과학자들은 스스로 업무를 처리해야 하는 상황에 내몰렸다. 그 결과 수십 년 동안 중국 정부가 제안하고 격려하고 심지어 과학 연구 단위와 기업을 결합하도록 강행하기도 했지만 성공률은 도리어 매우 낮았다. 그 이유를 추적해 보면 다음과 같다.

첫째, 장기간의 종적·횡적 분할 체제, 그리고 과학 연구와 생산이 격리된 체제는 서로 다른 종적·횡적 차원 간에 중국 특유의 단위제에 의해 보호받는 기득권적 이익을 합법적인 보호용 우산으로 삼아왔다. 이러한 체제는 중국의 과학 기술과 관련된 인원과 산업계 및 기업계 사이에 두텁고 커다란 장벽을 만들어 상호 간의 오해와 불신을 초래했다.

둘째, 사람들은 흔히 모든 것을 체제의 탓으로 돌린다. 하지만 기존의 전통적 관념이 미치는 영향에 대해 반성해야 한다. '닭의 머리가 될지언정 봉황의 꼬리는 되지 않겠다'라는 전통적인 사고방식은 연합을 통한 창업과 발전을 추구하는 데 있어 이롭지 못할 뿐만 아니라 시대의 발전 추세에도 역행하는 것이다. 독창적인 차별화 전략 없이 '모난 돌이 정 맞는다'는 생각에 사로잡혀 있고, 개인 차원에서 혁신에 나서는 것을 개인주의로 간주하며, 소농경제 문화의 영향으로 현상 유지에 안주하는 문화를 갖고 있는데, 이는 모두 혁신에 이롭지 못하다.

셋째, 협력하는 방법 및 이익을 양보하고 공유하는 방법을 학습해야 한다. 오늘날에는 기술 전환의 다양한 단계에서 서로 다른 문제와 리스크가 존재하기 때문에 다양한 차원이나 자원과 조합해야만 경쟁력을 유지할 수 있다. 이는 국제 범위의 합병 열풍이 사그라지지 않고 있는 까닭이기도 하다. 하이테크 기업이 성공하기 위해서는 다양한 자원을 활용해 협력하는 방식을 습득해야 하는 것은 물론, 다양한 자원을 최적 상태로 조합해야 하고 협력 파트너에게 현명하게 수익 중 일부를 지급해야 하며 자신의 이익을 과도하게 강조해서도 안 된다는 것을 인지해야 한다.

중국은 세계에서 가장 유구한 역사와 풍부한 문화유산을 보유하고 있다. 하지만 현대 과학 기술과 경제를 발전시키는 과정에서는 문화 영역에서 표출되는 맹목적 교만, 그리고 뒤만 돌아보고 앞은 바라보지 않는 태도를 극복해야 한다. 대륙 문화, 소농 문화, 인치 문화에서 개방과 혁신에 불리한 요인을 의식적으로 극복하고 혁신 문화, 협력 문화, 공유 문화, 신용 문화, 실패를 용인하는 문화를 제창하고 격려해야 하는데, 특히 급속하게 상품 경제에 진입한 이후 발생하는 신용 위기를 극복해야 한다. 문화 환경은 혁신의 토양과도 같아서 인재를 잡아두고 자금과 기술을 끌어들일 수 있는지 여부와 중대한 관계가 있다.

한편 일본은 문화 혁신 방면에서 자신만의 독특한 문화 전통을 유지하면서 현대화를 실현했는데 이는 학습할 만한 가치가 있다.

5) 기술 경쟁력의 3대 요소

상술한 내용을 종합하자면, 기술 경쟁력을 획득하기 위해서는 기술 원천, 혁신 수단, 혁신 환경의 세 가지 차원에서 경쟁력을 육성해야 한다. 즉, 솔루션 설계 능력(하드 기술, 소프트 기술), 실시 능력(소프트 기술 혁신 능력), 실시 환경(환경 혁신 능력)을 육성해야 하는 것이다. 소프트 기술은 지식과 기술의 잠재적 경쟁력을 활성화하는 수단이며, 소프트 환경 및 하드 환경은 혁신 능력을 육성하는 토양이자 경쟁력을 형성하는 전제와 기초 조건이라고 비유적으로 말할 수 있다(〈그림 3-2〉 참조).

한국의 삼성그룹을 예로 들면, 2005년 삼성그룹의 영업액은 약 1330억

그림 3-2 | **경쟁력을 창조하는 3대 요소**

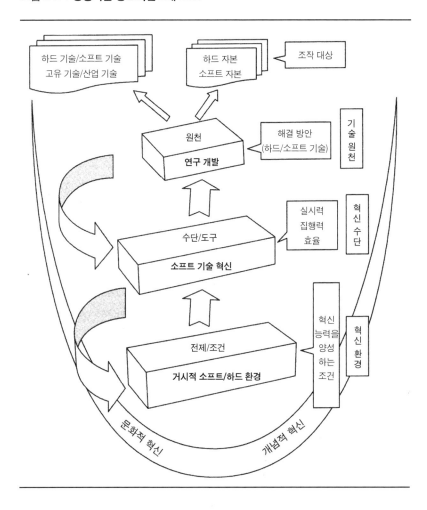

달러였고, 브랜드 가치는 150억 달러에 달했으며, 세계 100대 브랜드 순위에서 20위를 차지해 연속 5년간 성장이 가장 빠른 다섯 개 브랜드 중의 하나였다. 그리고 약 20가지 생산품의 세계 시장 점유율이 전 세계 기업 가운데

1위를 차지했으며, 삼성그룹 산하의 세 개 기업은 2003년에 ≪포천≫의 세계 500대 기업에 진입했다. 삼성그룹은 경쟁력을 확보하는 데 성공한 이유에 대해 다음 여섯 가지 요인을 들었다. 즉, ① 인재의 육성과 인재의 중용, ② 우수한 기업 문화, ③ 적극적인 R&D 투자, ④ 지속적이고 끊임없는 경영 혁신과 구조 조정, ⑤ 속도 경영, ⑥ CEO의 지도력이다.[19] 이 중 경쟁력의 첫째 조건, 즉 풍부한 연구 개발 능력에 속하는 것은 ③ 적극적인 R&D 투자 뿐이며, 경쟁력의 셋째 조건, 즉 우수한 소프트 환경에 속하는 것은 ② 우수한 기업 문화이다. 나머지 네 가지 요인은 모두 경쟁력의 둘째 조건, 즉 끊임 없는 혁신의 소프트 기술에 속한다. 그중에서도 탄력적인 구조 조정 메커니즘(40여 개의 기업을 구조조정을 통해 28개로 간소화했다)이 1998년 금융 위기로 인한 영향을 이겨내는 데 큰 역할을 했다고 강조한다.

삼성그룹의 발전 역사를 살펴보면, 1938년 매우 작은 규모의 삼성물산이 설립된 데서 시작되었는데, 지금은 전자와 금융을 위주로 하며 전 세계 69개 국가에 285개의 법인 기구와 사무소를 설립한 대형 다국적 그룹으로 발전했다. 삼성이 처음부터 선진 전자 기술에 의지해 장대해진 것은 아니다. 삼성은 1950년에 생필품 산업을 경영하기 시작했고, 1960년대에 전자와 금융 업종에 진입했으며, 1970년대에 중화학 공업에 진입했다. 1980년대에는 반도체 업종에 진입했다가 1990년대에야 액정 디스플레이, 대규모 통합회로, CDMA 휴대전화 등의 하이테크 산업에 진입했다. 그런데 삼성이 국내외 경영 환경에 근거해 다각화 경영을 실현할 당시 의존한 것은 단순한 하드 기술 혁신이 아니라 경쟁력을 제고하는 3대 핵심 요소 간의 협력을 도모하는 경영이었다. 즉, 기업 문화를 혁신하고, 신기술에 대해 적극적으로 R&D 투자함과 동시에, 전력을 다해 각종 비즈니스 기술을 운용했던 것이다. 예를 들

---

19   國家創新体係戰略研究組, 『三星集團公司發展戰略報告』(2004.2.19).

면 회사 발전의 각 단계에서 조직 기술(구조 조정), 연맹 기술, 인수·합병 기술, 관리 기술(경영 혁신), 가상 기술 등의 소프트 기술을 운용함으로써 한편으로는 새로운 하드적 산업 영역에 진입했고, 다른 한편으로는 삼성그룹과 연관되어 있는 물류, 무역, 보험, 증권, 투자신탁, 리스크 투자 등의 소프트적 산업을 형성했다. 그리고 이러한 소프트 기술의 운용과 끊임없는 혁신은 종종 기업이 대외 공개를 꺼리는 일종의 사업 비밀을 형성했다. 그러한 기술형 회사는 대그룹에 유입되어야만 발전할 수 있었다. 2004년 1월 20일 한국 증권거래소가 발표한 '10대 그룹 시가 총액'에 따르면, 삼성그룹의 시가 총액은 한국 전체 시가 총액의 29.1%를 차지하고 있으며 삼성전자의 시가 총액은 해당 거래소 전체 시가 총액의 22.5%에 달한다고 한다.

종합하자면, 삼성은 하드 기술의 혁신, 소프트 기술의 혁신, 문화와 제도의 혁신을 통합하고 견지함으로써 비로소 산업 혁신을 성공시킬 수 있었으며, 거꾸로 산업 혁신의 수요는 소프트 기술과 하드 기술의 혁신을 한층 촉진했다. 게다가 한국 사회와 정부가 제공한 혁신 환경은 기업의 전체 경쟁력을 제고하는 데 기여했다.

3. 종합 경쟁력과 소프트 파워[20]

앞에서는 기술 경쟁력에 초점을 맞추어 살펴보았다. 실제로 기술 경쟁력에 적용되는 이러한 원리는 국가 또는 기업 차원의 종합 경쟁력에도 적용된다.

종합 경쟁력은 줄곧 하드 파워와 소프트 파워 간의 융합과 상호 보완에 토대를 두었는데, 시대의 변천에 따라 현재 세계가 직면한 여러 가지 문제, 예

---

20   金周英, "從國家軟實力到企業軟實力", ≪中國軟科學≫ 第8期(2008).

를 들면 지속가능한 발전, 세계화와 급속한 공업화가 초래한 부정적인 영향을 포함한 신경제의 도전은 하드 파워에만 의존해서는 해결될 수 없다는 것이 증명되고 있다. 이에 따라 하드 파워와 소프트 파워가 갖는 중요성의 비중에 변화가 발생해 사람들은 소프트 파워의 존재와 중요성을 인정할 수밖에 없게 되었고, 아울러 소프트 파워가 갖는 의의를 새롭게 인식하고 소프트 파워, 소프트 경쟁력, 소프트 균형, 소프트 요인 등을 분석하는 방식으로 관련 연구를 수행하고 있다.

1) 소프트 파워를 어떻게 연구할 것인가

조지프 나이(Joseph Nye)는 "소프트 파워는 타인을 강제하는 것이 아니라 흡수함으로써 결과에 도달하는 능력 또는 한 국가가 다른 국가의 정치 어젠다를 조종할 수 있는 능력"이라고 말했다.[21] 그는 한 국가의 소프트 파워는 문화, 정치적 가치, 외교 정책의 세 가지 방면에서 비롯된다고 강조한다. 하지만 만약 소프트 파워가 제고되면 타국 및 타인을 통제 또는 조정하려 할 수도 있는데, 그러면 소프트 파워를 축적하려는 목적을 결코 달성할 수 없다. 이는 최근 들어 미국에서 소프트 파워가 좌절된 이유이자 소프트 파워가 미국의 약점이 되어버린 이유이다.

주지하다시피 소프트 파워는 하드 파워와 상대적인 관점에서 말하는 것으로, 하드 파워와 소프트 파워는 서로 전제가 되고, 보완적이며, 전환된다. 하드 파워는 유형의 파워로서 주로 유형의 수단과 도구를 통해 목적에 도달하는 능력을 뜻하며, 경제력, 군사력, 하드 기술 능력, 하드 환경과 하드적

---

21   Joseph Nye, *Bound to Lead: The Changing Nature of American Power*(New York: Basic Books, 1990).

자본 능력 등이 한 국가의 하드 파워를 구성한다. 반면 소프트 파워는 무형의 파워로서 하드 파워를 배경으로 하지만 하드 파워를 직접적으로 사용하지 않고 목적에 도달하는 능력을 뜻한다. 주의해야 할 것은 여기서 말하는 목적은 외부 세계에 대해 경쟁력을 증강하는 것뿐만 아니라 더욱 중요하게는 내적으로 충만감, 자아 성취감, 지속가능한 장기적 발전의 실현을 도모하는 것을 의미한다는 것이다. 이를 위해서는 다른 나라와 다른 사람을 존중하는 법을 습득해야 한다. 내적인 만족감과 성공을 성취하지 못할 경우 대외적으로 타인에게 영향을 미칠 수도 없고 타인을 매료시킬 수도 없다.

오늘날에는 타국·타 기업·타인에 대한 소프트 파워의 영향력과 흡인력, 경쟁력의 수요를 과도하게 강조해 소프트 파워가 내부, 즉 자국과 자국 기업의 지속가능한 발전을 제고시킬 필요성을 상대적으로 경시하는 경향이 있다. 이 때문에 소프트 파워를 연구하기 위해서는 소프트 파워의 함의와 형성 과정에 중점을 두어 소프트 파워의 제고 방향과 경로 및 조치를 명확히 해야 한다.

필자는 소프트적 자본,[22] 소프트 기술, 소프트 환경을 통합한 관점에서 소프트 파워의 형성을 연구하는 것이 합리적이라고 생각한다. 즉, 소프트 파워의 3대 핵심 요소(또는 소프트 파워의 3대 자원 요소)는 ① 소프트적 자본의 잠재력, ② 소프트 기술의 혁신 능력, ③ 소프트 환경의 적응, 창조 및 혁신 능력으로 구성되어 있다고 본다. 그리고 이러한 세 가지 요소의 축적과 통합 능력은 한 국가 또는 한 기업의 소프트 파워를 형성하는 것이다.

〈그림 3-3〉에서 제시되고 있는 바와 같이, 소프트적 기술은 물질 자본, 화폐 자본 등의 하드적 자본에 대해 상대적인 관점에서 말하는 것이다. 일반적으로 물질 자본은 토지, 기계, 기타 재산 등 인간이 만든 자본을 지칭하고,

---

[22]　金周英·蔣金荷·龔飛鴻,『長遠發展戰略係統集成與可持續發展』.

그림 3-3 | 국가 종합 경쟁력의 구성

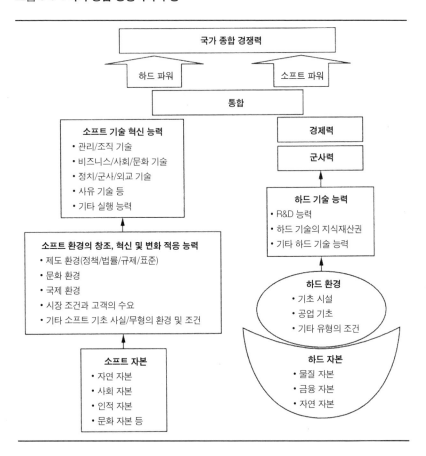

금융 자본은 다른 형식의 자본에 대해 지원·획득·투자하는 능력을 지닌 자본을 지칭하며, 자연 자본은 신선한 공기, 물, 토양, 생태 환경, 지리 조건, 광산 같은 자연 자원을 지칭한다. 자연 자본은 현재 떠오르고 있는 생태 경제학 연구의 기초이기도 하다. 자연 자본에서 토양, 광산 등은 기본적으로 하드적 자본에 속한다. 소프트적 자본 가운데 인적 자본에는 개인이 장악하고 있는 지식, 기능, 능력이 포함되고, 사회 자본에는 사회 네트워크, 규범, 신앙 등이 포함되며(제2장 참조), 문화 자본에는 사회 문화에 대한 숙지, 언어를 인식하고 사용하는 능력, 문화 자원, 역사 유산, 문물, 풍경, 전통 문화, 음식, 가치관 등이 포함된다. 물론 이러한 자본은 완전히 독립된 것이 아니며 상호 의존하거나 견제하고 있다. 예를 들면 사회 자본과 문화 자본은 인적 자본을 형성하는 가운데 결정적인 작용을 한다. 소프트적 자본은 물질 자본의 형성을 주도하는데, 여기에는 금융 투자가 포함된다. 개인, 공동체, 회사는 흔히 상술한 자본 형태 가운데 어떤 자본에 투자할 것인가 아니면 그 자본을 사용할 것인가 하는 선택에 직면한다.

소프트 파워의 표현 형식은 영역이나 차원에 따라 차이가 난다. 요컨대 국가, 지역, 기업, 개인 차원의 표현 형식은 같지 않지만 모두 상술한 3대 핵심 요소(소프트적 자본, 소프트 기술, 소프트 환경)와 떼려야 뗄 수 없는 관계이다. 그런데 국가의 소프트 파워는 다양한 차원의 3대 핵심 요소가 뒤섞이고 융합되어 형성된 시스템이다. 그리고 삼자 관계에서 소프트 기술 혁신 능력과 소프트 환경이 양호하면 소프트적 자본의 잠재력을 포함한 여러 종류의 자본은 능력으로 전환되며(제1장 참조), 하드 파워는 더욱 잘 발휘된다. 예를 들면 인적 자본은 소프트적 자본으로 귀결될 수 있지만 소프트 파워를 직접적으로 형성하지는 않으며, 인적 자본을 개발하고 사용해야만 그 가치를 실현할 수 있다.

중국 정부가 막대한 자금을 들여 육성한 엘리트 대학생들은 해외에서 유학한 뒤 선진국에서 일하며 체류하기 때문에 중국의 소프트 파워에 직접적으로 기여하지 않는 경우가 많다. 물론 이는 개발도상국이 보편적으로 겪고 있는 프로세스이다. 중국이 가치를 창조하는 데 이러한 인적 자원이 일조하도록 만들기 위해서는 소프트 환경 건설을 강화해야 한다. 즉, 제도, 정책, 문화 방면에서 혁신하기 편한 환경을 조성하고 그들이 갖고 들어온 기술 또는 그들이 계속해서 종사하고자 하는 사업이 효과적으로 전환되거나 실현될 수 있도록 해야 하는 것이다. 이를 통해 학업을 마친 후 귀국하도록 인재를 끌어들일 수 있고 귀국한 후 다시 출국하지 않게 만들 수 있다. 또한 국내의 내재적·외재적 사회자원을 사회 자본으로 전환시키기 위해서는[23] 사회자원 개발에 따르는 부정적인 영향을 정확하게 인식한다는 전제하에 각종 사회자 원을 개발·사용해야 한다. 이처럼 사회 산업을 발전시키는 데서도 소프트 환경의 창조와 혁신은 필수적이다.

중국이 소프트 파워를 제고하는 근본적이고도 장기적인 이유는 국가의 사회, 경제, 환경, 자원을 협력시키고 지속가능한 발전을 이루는 것이 13억 인구와 그들의 후대에 행복을 가져다주기 때문이다. 이러한 목표를 실현해 야만 국가의 문화, 가치관, 제도가 국내외에 설득력을 가질 수 있으며, 국제 적으로 매력적인 이미지를 가지고 강력한 소프트 파워를 과시할 수 있다.

이 목표에 도달하기 위해 정부는 지속가능한 발전 사업을 추진하기에 유 리한 교육, 문화, 위생 보건, 생태 환경 등에 우선적·지속적으로 투자(자금 및 정책 투자)하고 소프트적 자본(가치를 창조하는 자원)을 육성·운용해야 한 다. 또한 제때에 정치·경제·사회 변혁을 실시하고 그 발전 모델과 행위 규 범이 지속가능한 발전의 수요에 부응하도록 해야 한다. 아울러 시대의 흐름 에 발맞추어 위에서 아래로의 그리고 아래에서 위로의 문화 혁신과 가치관 혁신을 추동하고, 일반 국민에서부터 정치가를 포함한 각급 정책 결정자에 이르기까지 각 개인의 소질을 제고시킴으로써 국가 전략 목표를 수행하는 능력을 증강시키며, 제도(법률, 법규, 정책)를 통해 개혁과 혁신을 실시하고 능력을 발휘할 수 있도록 보장해야 한다. 그 결과 대내적으로는 자국의 발전 잠재력과 문제 해결력이 증강되고, 국가의 발전 모델은 조화로운 사회 구축

---

[23]   金周英·任林, 『服務創新與社會資源』(中國財政經濟出版社, 2004).

과 지속적인 발전이라는 전략 목표에 부합되며, 각급의 전략 관리와 실시 능력이 증강되고, 전체 사회의 물질문명, 사회 문명, 생태 문명이 제고될 것이다. 대외적으로는 제도의 흡인력, 문화와 가치관의 호소력, 외교상의 설득력, 지도자의 매력과 국민 이미지 등이 자연스럽게 함께 강화될 것이다. 즉, 타국과 타인을 흡인하는 능력이 최종적으로 높아질 것이다.

제2차 세계대전에서 패배했을 당시 일본은 전쟁으로 인해 모든 것이 파괴되어 형체가 거의 남지 않았다. 하지만 일본은 20년이라는 단기간 내에 경제 기적을 만들어냈는데, 그 이유는 80년간의 메이지 유신 시기 동안 형성하고 축적해 온 인적 자본이 파괴되지 않았기 때문이다. 구체적으로는 ① 과학 기술의 발전과 공업 국가 건설의 경험 및 수행 능력, ② 제도적 환경(특히 철저히 서양을 모방하는 것으로부터 서양 문화와 일본 문화를 결합시키는 과정으로 이동하는 가운데 획득한 경험과 교훈), ③ 투지력을 보유하고 있었기 때문이다. 즉, 소프트 파워를 형성하는 소프트적 자본, 소프트 기술, 소프트 환경의 혁신 능력이 파괴되지 않았던 것이다. 이것은 또한 소프트 파워를 통해 하드 파워가 신속하게 부상하도록 뒷받침한 사례이기도 하다.

2) 국가 소프트 파워에서 기업 소프트 파워로

21세기 들어 기업은 과거에는 경험해 보지 못했던 각종 도전에 직면하고 있다. 중국을 예로 들면, 중국 기업은 중국 정부가 국가적인 차원에서 발전모델 전환, 조화로운 사회 건설을 추진하는 과정에서 엔진으로서의 역할을 발휘하고 국제 시장에 적극적으로 진출해 경쟁하려면 신경제와 지속가능한 발전에 대한 적응, 국제 공동체에서의 역할 변화, 세계화 경영, 새로운 기업문화 및 가치관 형성, 기업 위상의 변화 등 8대 도전에 성공적으로 대응해야 한다. 그런데 이것은 하드 파워에만 의지해서는 해결되기 어려우며, 소프트 파워를 제고시켜야 하는 문제이다. 이로 인해 기업의 경쟁은 자금, 생산품, 하드 기술 등의 배타적 경쟁에서 비즈니스 모델, 문화와 가치관, 협력·혁신·이행의 3중 책임 방면에서의 경쟁으로 전환되고 있다. 예를 들면 중국 정부는 과학 발전관 수립, 인민의 행복·친환경·자원 절약에 기반한 조화로운 사회의 건설이라는 전략 목표를 제시했다. 이는 중국이 성장 지상주의, 단순하게는 경제 건설 중심의 발전 모델에서 전면적·협조적이고 지속가능한 발전 모델로 전환할 것임을 보여준다. 새로운 발전 모델을 실현하기 위해 개념을 새롭게 수립하고 정부 기능을 전환하는 것도 매우 중요하지만, 최종적으로 기업 경영 모델과 비즈니스 모델의 전환을 실현해야 하고 기업 행태도 지속가능한 발전관에 부합해야 한다. 기업 경쟁은 하드 파워 경쟁에서 종합적 역량을 다투는 경쟁으로 바뀔 것이다.

국가 차원과 마찬가지로 기업의 종합적 역량은 기업 하드 파워와 소프트 파워를 통합한 것이다. 기업의 소프트 파워는 기업 생산품, 생산량, 재무 능력, 하드 기술 특허, 금융 자본 등 기업의 하드 파워에 대한 상대적인 관점으로, 기업의 비즈니스 모델과 경영 이념, 행위 규범, 핵심 가치관과 기업 문화, 매력적인 기업 리더십, 전략 기획 능력, 경영 관리 능력, 기술 혁신 능력, 국내외 경영 환경의 변화에 대한 적응 능력, 사회적 책임과 환경 책임의 이행 정도, 직원의 응집력, 이익상관자와의 관계, 대내 및 대외 신용 등의 형식으로 표현된다. 하지만 기업이 지속적으로 건강하게 발전하는 데 전략적 의의를 갖는 요인은 하루아침에 양성되는 것이 아니며 장기간 누적되는 과정을 필요로 한다.

중국의 일부 대기업은 위기 속에서도 책임을 지는 기업의 이미지를 수립하고자 노력하지만, 해당 기업에 대한 부정적인 정보를 어떻게 다루고 그 정보를 이익상관자 및 대중에게 어떻게 설명해야 하는지 모르고 있다. 실제로 기업 이미지는 선전할 수 있는 것이 아니라 '만들어내는 것'이다. 일부 대형 안전사고는 관련 담당자의 책임도 있긴 하지만 본질적으로는 회사의 경영 문제이다. 또 하나의 예를 들어 설명하자면, 기업이 보유한 소프트 파워의 집약체로서 해당 기업의 브랜드 이미지를 집중적으로 홍보하는 일은 결코 거액을 들여 광고를 한다고 해서 곧바로 만들어지는 것은 아니다. 사회 책임을 이행하는 것은 기업이 보여주는 훌륭한 행위이며, 몇 차례의 사회 기부로 책임감 있는 기업 이미지를 수립할 수 있는 것은 결코 아니다. 사회 및 환경에 대한 기업의 책임을 경영 관리의 각 차원에서 실행으로 옮겨야 하고, 기업 운영에서 사회 전체의, 특히 이익상관자의 허락을 받아야 한다. 현재 중국에서는 기업의 사회적 책임을 다룬 다수의 보고서가 해당 기업의 이미지를 선전하는 것을 중시하고 있는 반면, 외부 세계에 문을 열고 개방하는 플랫폼으로서 기업의 실제 행동을 개혁하는 것, 기업이 자기 절제를 실천하고 이익상관자 및 전체 사회로부터 감독을 받는 것에 대해서는 비교적 경시하고 있다. 물론 이러한 보고서가 환경 책임 및 사회에 대한 책임을 기업 실적의 일부로 인정하고 있는 것만 해도 커다란 진보이다.

기업의 소프트 파워는 국가의 소프트 파워를 구성하는 핵심적인 내용이자 기초이다. 기업이 소프트 파워를 제고하는 목적은 단순히 현재의 경쟁력을 제고하기 위해서가 아니라 국내외의 변화하는 경영 환경에서 지속적으로 생존·발전하기 위해서이다. 기업의 소프트 파워는 기업이 오래 생존하고 건강하게 발전하는 데 있어 하드 파워보다 큰 영향력과 지구력을 갖고 있다. 이 때문에 장기적인 발전의 관점에 입각해서 문제를 해결하는 능력(실시 능력)과 조건(그 능력과 잠재력을 발휘하도록 만드는 환경) 방면에서 다음과 같은 노력을 경주해야 한다.

첫째, 소프트적 자본의 잠재력을 강화하고 축적해야 한다. 기업의 관점에서 논하자면 우수한 리더와 경영진은 핵심적인 인적 자본이다. 21세기 기업의 리더십 역량은 매우 중요한 함의를 갖고 있는 것으로, 기업의 리더십이 갖추어야 할 덕목은 다음과 같다. 높은 곳에서 멀리 내다보고, 장기적인 전략적 사고에 능하며, 사회의 구성원으로서의 기업의 위치를 정확하게 인식해 기업의 발전 전략을 지속가능한 발전의 궤도에 오르게 해야 한다. 스스로 도전 정신을 갖추고 있어야 할 뿐만 아니라 격식에 구애되지 않는 혁신을 고무하고 직원들에게 발전할 수 있는 기회를 제공해야 한다. 위기, 도전, 실패를 정확하게 인식해야 한다. 소프트 기술 인재를 중시하고 자신을 과학자나 고급 엔지니어로 간주하지 않아야 한다. 지속가능한 발전 가운데 시장 기회를 찾아내는 데 능해야 한다(다국적 기업은 중국 오염 시장에서 큰돈을 벌어들이고 있는데, 중국의 적지 않은 기업가는 여전히 지속가능한 발전에 대한 투자로 인해 비용이 증가되는 것을 우려하고 있다). 기업의 리더는 이러한 기준에 맞춰 자신을 향상시키거나 개선해야만 직원에게 영향을 미치고 직원을 양성할 수 있으며, 기업 차원의 인적 자본, 사회 자본, 조직 자본, 문화 자본을 누적·개발할 수 있다.

둘째, 각종 소프트 기술을 창조·발명·운용함으로써 장기적 발전 전략과 중·단기 비즈니스 계획을 실시하는 능력을 강화해 소프트 기술의 혁신 능력을 향상시켜야 한다. 이는 전략 기획 능력, 전략 관리 능력, 혁신 효율, 기업 전략 목표에 적합한 비즈니스 모델의 혁신 능력 등으로 제시된다.

예를 들면 시장에서의 기선 제압, 고객 확보, 인재 유지[덴마크의 생명공학 기업 노보자임스(Novozymes)는 다국적 회사가 중국에서 경영할 때 드는 최대의 비용은 고급 인재가 유실되는 것으로 간주한다], 융자 기회 획득 등을 이루어낼 수 있는지 여부는 여러 종류의 자본을 효율적으로 사용하는 방안을 설계·운영하는 데서 주로 결정된다. 이는 다른 기업이 모방하고 복제하기 어려운 것이며, 하드 파워를 제고하기 위한 선결 조건이기도 하다. 이익상관자와의 관계를 포함한 기업의 각종 관계 또한 중요한 사회 자본이다. 사회 자본을 개발하고 응용하는 것은 소프트 기술의 혁신에서 중요한 과제이다. 여기에는 발전 방향의 문제(경제 이익만 추구하며 규율 위반 또는 부패를 고려하지 않을 것인가, 아니면 경제 이익과 사회의 진보를 함께 고려할 것인가의 문제) 및 여러 행위자가 서로 상생하는 방안을 설계해 내야 하는 문제가 존재한다.

셋째, 소프트 환경의 창조·혁신·대응 능력을 키워야 한다. 기업의 소프트 환경은 지도 체제, 관리 기제, 규칙 제도(행위 규범), 혁신 기제, 핵심 가치관, 기업 문화 등으로 실현된다. 이러한 요인은 기업 외부 환경의 변화에 근거해 창조·혁신되어야 한다. 예를 들면 대내적으로 우수한 기업 문화를 조성하고 기업이 국제 공동체에서 훌륭한 구성원이 되도록 진작시켜야 하며, 아울러 혁신 활동을 통해 업무와 생활에서 직원의 창조성을 고무하고 응집력을 형성할 수 있도록 하는 좋은 조건을 창출해야 한다. 소프트 환경은 여러 종류의 자본이 지닌 잠재력이 능력으로 전환된 것이자, 소프트 기술의 혁신 능력을 발휘하기 위해 기본적으로 뒷받침되어야 하는 것이다. 여기에 시대의 발전 흐름에 발맞추어 나아가는 우수한 기업 거버넌스는 소프트 환경의 핵심 내용을 구성하며, 기업의 핵심 가치관과 문화는 우수한 기업 거버넌스가 실현될 수 있도록 보장한다.

종합하자면, 체계적인 기획, 실시 계획, 실행 부서를 확정해 소프트 파워를 제고하기 위한 조치를 기업 경영 관리의 각 차원에서 실행으로 옮겨야 한다.

3) 미래 500대 기업: 소프트 파워를 제고하는 데 성공한 사례

과거 50년 동안 경제 수익의 극대화를 목표로 삼아왔던 시장경제와 경제 세계화는 포천 500대 기업(Fortune Global 500)을 만들어냈다. 하지만 물질적 이익만을 추구하는 포천 500대 기업의 폐단은, 공업 경제의 성장 한계가 도래하는 것과 맞물려 전 세계에 경종을 울렸다. 부를 추구하는 강대한 세계 조류에서 강력한 책임감을 지닌 우수한 기업가와 학자들이 구식 경제의 개념(여전히 강력한 모델이던 포천 500대 기업)에 도전하며 미래 500대 기업(Future 500)을 창설했는데, 이는 비영리 국제 친환경 기업 연맹이다. 미래 500대 기업은 새로운 비즈니스 모델을 대표하는데, 그 취지는 기업이 경제(효용), 사회(비즈니스 도덕과 시장 신용), 환경(생태와 환경의 보호와 건설)의 3중 책임을 이행하며 "투자자와 주식 보유자에게 최대한 수익을 가져다줄 뿐만 아니라 이익상관자에게도 최대한 수익을 가져다주는" 경영 이념을 견지하는 것이다.[24] 미래 500대 기업은 기업 규모의 확대를 제창하지 않으며(여기에서 500은 500개 기업을 선발한다거나 기업 순위를 선정한다는 의미가 아니며 단지 미래 500대 기업의 이념에 초점을 맞춘 것이다), 다음 세대에 그리고 지구에 책임을 지는 좋은 기업의 모델을 수립하고자 하는 것이다.

미래 500대 기업의 탄생은 산업계의 자원을 소모하고 오염을 유발하는 구경제 및 급속한 공업화가 초래한 마이너스 효과에 대해 반성하고 있음을 의미하며, 전 세계적으로 우수한 기업가들의 기업 경영 목표와 영리 모델에 대한 반성이라고 할 수 있다.

오늘날 사회 문제와 환경 문제에 대한 이익상관자의 관심은 나날이 증가하고 있다. 이러한 시대에 미래 500대 기업은 국제적으로 광범위하게 인정받고 있는 24개 표준 또는 규범에 초점을 맞추어 종합적인 축적·통합을 하고 있으며 200여 개 문제를 포함한 검증 수단, 즉 '글로벌 시민 360(Global Citizenship 360: GC360)' 등 기업의 사회적 책임과 관련된 전 방위적인 시스템을 개발하고 있다. 또한 도덕·규범, 인적 자원, 리더십, 기획, 운영, 금융, 시장 및 판매, 구매·공급사슬, 공공사업·PR, 안전, 건강 및 환경 등의 핵심

---

24   Tachi Kiuchi and Bill Shireman, *What we learned in the rainforest* (San Francisco: Berrett-Koehler Publishers, 2002).

적인 기능 영역에서 3중 책임을 이행하는 방법을 제시하고 기업이 이러한 3 중 책임을 경영 관리의 각 방면에 통합시키도록 도우며, 3중 책임을 경영 관리의 각 방면에 스며들게 하는 데 일조하여, 3중 책임을 실현하는 것이 기업의 핵심 가치관이자 기업 문화의 일부가 되도록 하고 있다.

이와 동시에 기업 거버넌스, 업무 환경, 공동체, 시장, 자연 환경 및 생태 등의 다섯 가지 관점에서 구체적으로 기업의 소프트적 자본을 증가시키고 소프트 환경의 변화에 대한 적응 능력을 제고하며 목표에 부합하는 실시 능력을 강화하는 방법을 지적하고 있다. 즉, 기업에 대해 소프트 파워를 제고하는 방향과 노선을 제시함으로써 기업이 신경제에 부합하는 새로운 영리 모델과 경영 원칙을 도입하도록 돕고 기계식 경영 모델에서 친환경 산업 모델로 전환하는 것을 실현하도록 하여 기업의 종합 경쟁력을 향상시키고자 도모했다.

현재 전 세계적으로 수백 개의 우수 기업이 포천 500대 기업의 행렬에 가담하고 있다. 그중에서 다수의 기업이 선두를 달리는 미래 500대 기업이 되고자 또한 노력해 왔는데, 예를 들면 코카콜라, 휼렛패커드, 나이키, 보잉, 뱅크 오브 아메리카, 어도비 소프트웨어, 필립스전자 등이다. 세계의 지속 가능한 발전에서 중국이 차지하는 중요성을 감안해 2004년 중국에서도 미래 500대 기업이 정식으로 시동되었다. 중국의 궈뎬난쯔(國電南自), 중국석화그룹(中國石化集團), DHV차이나, 하이얼그룹, 선수이그룹(深水集團), 원저우텅쉬그룹(溫州騰旭集團), 썬뤄생태그룹(森羅生態集團) 등의 우수 기업은 회계감사를 거쳐 글로벌 미래 500대 기업의 일원이 되었다.[25]

---

25   http://www.future500.org, http://www.future500china.org.

4. 개도국과 선진국 간 격차의 본질

상술한 여러 사례는 소프트 기술 능력의 결함과 불완전한 소프트 환경이 개도국과 선진국 간에 또는 한 국가의 서로 다른 지역 간에 격차를 만들어내고 신기술과 신생산품에 대한 기회 불균등을 야기하는 핵심 요인임을 명백하게 설명해 준다. 하지만 소프트 기술과 소프트 환경은 많은 개도국에서 장기간 경시되어 왔다.

30년 동안의 노력 끝에 시장경제 환경에 진입한 중국 기업은 외국 기업과의 경쟁에서 여러 고난을 맛보았는데, 이러한 고난은 대개 소프트 기술의 조작 실수 및 혁신에 불리한 거시 환경과 관련되어 있었다.

1) 깨어있는 두뇌를 유지하고 자신의 장점과 약점을 명확히 한다

개도국의 견지에서 논하자면 국제적인 첨단 하이테크는 분명 추구해야 하지만 개도국이 국제적으로 유행하는 것을 맹목적으로 개발한다면 시간만 낭비하고 제대로 된 성과를 이루지 못하는 결과를 낳고 말 것이다. 핵심 기술 방면에서 나타나는 개도국과 선진국 간 격차는 단지 하드 기술에 대한 연구 개발에 자본 투입을 증가한다고 해서 단축시킬 수 있는 것이 아니다. 각 개도국은 경쟁력을 높이기 위한 방법을 냉정하고 정확하게 선택해야 하며, 자국의 독특한 강점을 보지 못해서는 안 된다. 또한 잠재력이 높은 자국의 문화 자원, 지력 자원 및 사회자원을 개발하고 응용하는 것에 초점을 맞추어야 하며, 이는 또한 새로운 길을 개척하는 밑거름이 될 것이다. 투자의 중점을 소프트 기술과 소프트 환경의 연구 개발에 두면 기술 이전의 효율성을 제고하는 데 크게 도움이 될 것이며 하드 기술 방면에서의 열세를 전환시킬 수 있을 것이다.

예를 들어 과거 일본 기업과 한국 기업의 방식은 참고할 만하다. 일본은 미국의 TV, 비디오 기술을 들여와 산업화시킴으로써 큰돈을 벌었을 뿐만 아니라 관련 특허도 대거 신청했다. 한국의 삼성 또한 미국 회사의 CDMA 휴대전화 기술을 가장 잘 발전시켰다. 이러한 사례는 후진국이 자국의 자체적인 연구 개발 능력을 증강시키기 위해 시도하고 있지만 후진국이 타국으로부터 이전된 핵심 기술을 응용하는 방면에서도 자국의 재능을 발휘할 수 있는 넓은 공간이 존재한다는 것을 설명해 주는데, 그 가운데 핵심은 바로 '기술 이전의 효율성'이라 할 수 있다.

2) 도약 발전과 제도 혁신을 실현한다

개도국은 흔히 도약 발전의 슬로건을 제기한다. 물론 이것은 주관적인 소망이지만, 이를 위해서는 어떤 방면에서 뛰어넘을 수 있는지에 대해 제대로 인식하고 있어야 한다. 예를 들면 한 국가의 일반적 교육 수준과 국민 수준을 제고하는 것을 도외시할 수 없으며, 공업화는 물론 일정 정도의 기초 인프라 건설도 간과할 수 없다. 왜냐하면 경제, 사회, 기술 발전의 규율이 준수되어야 하기 때문이다. 그런데 경제 발전의 속도에서 그리고 경제 구조의 전환에서 일부 영역의 기술 관련 도약 발전은 실현할 수 있다. 하지만 상술한 도약은 관념의 전환을 기초로 해서 제도 혁신에서부터 착수되어야 한다. 이와 동시에 기술(소프트 기술, 하드 기술) 발전의 전망에 근거해 우선 소프트 기술과 연관된 전향적 연구에 투자해야 한다. 이렇게 해야만 국제 시장의 경쟁에서 타인이 제정한 게임 규칙에 의해 제약받는 것을 피할 수 있다.

중국을 예를 들어 설명하자면 1980년 이래 중국 경제의 고속 성장 발전은 개혁·개방의 제도 혁신 덕분이었다. 중국의 다음 단계에서의 발전은 여전히 환경, 특히 제도 환경의 혁신에 의존할 것이다. 우선 과거 계획경제 체제하의 법치 이념을 개혁하는 데 적합한 법치 환경의 구축이 필요하다. 예를 들면 시장경제 법치 이념에 부합되지 않는 각종 정부 심사 제도는 일종의 관행처럼 암묵적 규제를 형성하고 있다. 이러한 조건 아래에서는 정부가 비준해주는 사안에 대해서만 기업과 개인이 추진할 수 있다. 다시 말해 규정이 없거나 비준되지 않은 것은 하지 말아야 하며, 그렇지 않으면 사후 불법으로 선고될 가능성 및 위험성이 있다. 이러한 관리 방식은 기업과 개인의 혁신 능력을 크게 제한한다. 이와 동시에 권력 자원에 대한 정부의 독점은 틀림없이 부패 행위를 자생하도록 만드는 제도적 기초가 될 것이다.[26] WTO에 가입한 이후 중국이 직면하고 있는 최대의 장애물은 세계 시장경제 시스템에 어떻게 융합될 것인가, 관련 제도 혁신을 어떻게 실시할 것인가이다. 중국의 법률 관련 부문이 제시한 공고에 따르면, 중국은 이행하기로 약속한 WTO의 규칙에 부합하기 위해 최소 1100개 이상의 정부 부처 관련 규정을 수정하거나 폐지했다. 또한 새로운 법률, 행정 규제, 부처별 규제 및 기타 정책 조치를 중국의 WTO 가입에 맞추어 개선해야 할 업무가 산적해 있다. 이 목표를 완성하기 위해 중국 정부는 새로운 규제 시스템을 구축해야 하고 동기부여를 진작시킬 수 있는 기제를 수립해야 한다.

3) 소프트 기술 관련 인재가 부족한 것이 핵심 문제

베이징의 중관춘개발구를 예로 들면, 재산권의 정확한 운용은 이미 하이테크 기업이 발전하는 데 있어 하나의 장애물이 되어버렸다. 중국은 30여 년의 시련을 거쳐 롄샹(聯想), 쓰퉁(四通), 팡정(方正) 등을 창업한 기업가를 배출했지만 아직은 그 수가 너무 적다. 2008년 기준 베이징의 과학 기술 관

련 중개 기구(仲介機構)는 약 1만 개에 달하고, 관련된 산하의 협회는 150여 개이며, 각종 전문 서비스 센터는 약 500개이다. 하지만 과학 기술 관련 성과 중의 상당 부분이 현실적으로 제대로 활용되지 못하고 있으며, 한편으로 수많은 기업 역시 프로젝트 고갈 증세를 겪고 있어 매일 수백 억 위안 규모의 리스크 투자 자금이 뛰어난 프로젝트를 찾아 떠돌아다니고 있다.

이러한 상황이 초래된 중요한 이유 가운데 하나는 기술 관련 중개인이 부족하다는 데서 찾을 수 있다. 기술 관련 중개인은 기술 관련 배경을 갖추고, 장기간 어떤 기술에 대해 깊게 천착하며, 해당 기술의 시장 전망과 기술상의 어려움을 잘 알고 있어야 할 뿐만 아니라 시장 환경을 파악하고 적합한 전문가(관련 법률 전문가 포함)를 어떻게 선택해야 하는지 이해하고 있어야 한다. 분명한 것은 중국에 그러한 소프트 기술 관련 인재가 많이 부족하다는 사실이다. 따라서 그들이 경영 기술과 중범위적 시장 운영 기술을 갖고 있을 뿐만 아니라 국내 및 국제 소프트 환경을 잘 파악하고 있는 소프트 기술 전문가 그룹을 매우 필요로 하고 있음은 자명한 사실이다. 그러한 인재는 산-학-연 협력에서 핵심 인력이다. 이러한 인재를 양성하는 것은 학교 교육에만 의존해서는 안 되며 그들로 하여금 시장을 경험하게 해야 하는데, 여기에는 국제 시장의 치열한 경쟁에서 직접 성공과 실패를 겪어보는 것도 포함된다. 중국 기업은 자사에 속한 기업 기술 연구센터 또는 연구개발기구를 강력하게 발전시키고 기업이 필요로 하는 기술을 연구해야만 근본적으로 프로젝트가 부족한 고갈 현상을 완화할 수 있다.

(1) 인재 육성의 방향성

비록 중국의 경영 관련 고급 인재가 심각하게 부족하기에 비용에 상관없이 해외에서 경영 관련 인재를 초빙해야 하고 사람들에게 경영 혁신과 제도 혁신의 필요성을 대대적으로 호소해야 함에도 불구하고, 현재 중국의 인재 육성은 여전히 하드 기술 관련 인재를 길러내는 데 편중되어 있다. ≪과기일보(科技日報)≫는 향후 10년 내에 중국에서 필요로 하는 인재 수요에 대해 조사한 적이 있다.[27] 이 조사에 따르면 인재 수요는 6대 기술 영역(바이오 기술, 정보 기술, 신소재 기술, 신에너지 기술, 공간 기술, 해양 기술)과 9대 하이테크 산업(생물 공학, 바이오 의약, 광전자 정보, 기계지능, 소프트웨어, 초전도체, 태양 에너지, 공간 산업, 해양 산업)에 집중되어 있다. 또한 국가 인사부에서 향후 수년 내에 시급히 필요할 것으로 예측한 인재 분야도 상술한 예측과 크게 차이가 나지 않는다. 국가 인사부의 예측에 따르면 향후 필요로 하는 인재는 ① 전자 기술, 생물 공학, 항공 기술, 해양 이용, 신에너지와 신소재를 대표로 하는 하이테크 인재, ② 정보 기술 인재, ③ 기전 통합(electro-mechanical integration) 관련 전문 기술 인재, ④ 농업 과학 기술 인재, ⑤ 환경보호 기술 인재, ⑥ 생물 공학 연구 및 개발 인재, ⑦ 국제 무역 인재, ⑧ 변호사 인재였다.

안타까운 것은 상술한 예측이 모두 비자연과학 인재의 중요성에 대해 충분한 주의를 기울이지 못하고 있다는 점이다. 이는 중국처럼 하드 기술보다 소프트 기술이 낙후되어 있는 국가의 관점에서 볼 때 우려스러운 일이라 할 수 있다. 소프트 기술 인재의 가치를 인식하는 방면에서 상하이는 선두를 달리고 있다. 상하이와 베이징에서 공표된 인재 부족 관련 자료로부터 상호 비교해서 볼 때, 상하이에서 인재가 매우 부족한 전문 분야는 IT와 마이크로전자, 금융 보험, 생물 제약, 석유화학공업 및 정밀화학공업, 자동차와 플랜트(산업 설비), 도시 농업, 현대 물류, 도시 건설과 관리, 신소재, 사회 중개 서비스, 투자 및 경영, 문화, 체육 등이다. 인재가 부족한 12개의 전문 분야 가운데 6개 분야는 이 책에서 정의하고 있는 소프트 기술과 관계되어 있다.

---

27   文天, "四年後什么專業熱門", ≪科技日報≫(2001.3.16).

즉, 기술 이전, 정보 서비스, 문화 산업, 사회 산업의 발전에 필요한 인재로, 베이징은 이러한 방면의 인재에 중점을 두고 있지 않다. 비록 베이징은 중국의 문화 중심이지만 소프트적 산업과 사회적 수요가 많은 하이테크 관련 산업을 동등하게 중시하지는 않고 있는 것으로 여겨진다.

이처럼 인재 육성에서 근시안적인 이유를 분석해 보면, ① 전통적 관념이 전환되지 않아 하이테크를 통해 경쟁력을 제고하려는 기업이 많고, ② 학교 교육이 여전히 지식 교육에만 중점을 두어 지능 교육 또는 기능 교육을 경시하며, ③ 자연과학과 하드 기술 교육을 중시하고 인문·사회과학과 소프트 기술 교육은 경시해 배출된 학생이 기업의 수요에 적합하지 않기 때문이다.

미국의 《인터내셔널 헤럴드 트리뷴》은 인도의 2류, 3류 대학 졸업생의 취업난을 보도한 적이 있다.[28] 이 신문은 이들 졸업생이 직장을 구하는 데 어려움을 겪는 이유는 지식이 부족하기 때문이 아니라 새로운 세대의 사용자들이 추구하는 소프트 기능이 부족하기 때문이라고 보았다. 하지만 변혁을 원하지 않는 대학은 여전히 이러한 기능을 가르치지 않고 있다. 여기에는 유창하고 정확하게 영어로 말하는 능력, 제대로 된 문장을 써낼 수 있는 능력, 팀 협력을 진행하고 리더의 의도를 잘 알아차리는 능력 등이 포함된다. 인도의 대학 졸업생 실업률은 중학교 졸업생 실업률에 비해 높은데, 인도 각지의 회사는 도리어 이용할 수 있는 기술 인재가 부족함을 절실히 느끼고 있다. 소프트 기능의 결핍은 대학생의 약점이 되었다. 대학이 아무도 고용하고 싶어 하지 않는 졸업생을 대량 배출하고 있는 것은 구교육 체계가 직면하고 있는 일종의 시련이다.

비록 그 원인이 같지는 않지만 중국도 많은 대학 졸업생이 일자리를 찾지

---

28 Anand Giridharadas, "For many Indians, higher education does more harm than good", *International Herald Tribune*(2006.11.26)["在印度的高等教育中, 二流院校畢業生就業難", 《參考消息》(2006.11.28)轉載].

못하는 딜레마에 직면하고 있다.

(2) 선진국은 지금 무엇을 하고 있는가

　소프트적 산업은 부가가치가 매우 높은 업종이다. 수많은 하드 기술을 규제하는 게임 규칙은 소프트적 산업을 운용하는 가운데 출현하고 발전했다. 이는 또한 선진국의 학생이 소프트 기술 영역으로 더 많이 전향해 미국 하이테크 영역의 엔지니어가 아시아 국가 또는 개도국에서 다수 배출되고 있는 이유 중의 하나이다. 현재 국제적으로 IT 인재가 매우 부족한 상황이기 때문에, 중국이 육성해 낸 대량의 하드 기술 관련 중국인 인재가 미국 회사에서 상급 직원으로 일하도록 만드는 유인이 되고 있다. 한편으로 중국 국내의 일부 명문 대학은 해외로 유출되는 이러한 인재들을 위한 예비 학교로서의 역할을 충당하고 있는 실정이다. 이러한 상황을 다른 각도에서 말하자면, 기업이나 국제 시장에서 하드 기술 인재는 생산과 제조에 종사하며, 소프트 기술 인재는 부가가치가 높은 생산품 설계와 시장 판매 부분에 종사한다고 할 수 있다. 국제 컨설팅 회사 타워스 페린(Towers Perrin)은 글로벌 대기업 총수와 직원의 임금을 조사했는데, 미국 사장의 연봉은 106만 달러에 달했으며, 영국 70만 달러, 프랑스 60만 달러, 독일 41만 달러, 스웨덴 35만 달러였다고 밝혔다.[29] 이는 선진국에서 경영 전문 분야가 인기 있는 원인 가운데 하나이다. 중국의 기술 수준을 감안하면 중국은 국제 산업 구조에서 상당히 오랫동안 제조 국가로서의 역할을 담당할 것이며 대량의 고부가가치 업종을 선진국에 양보할 것이다. 따라서 인재 육성 전략은 이러한 피동적인 국면을 신속하게 전환하는 데 착안해야 한다. 중국을 제조 대국에서 창조 대국으로 전환시키려면 인재를 육성하는 구조와 방향부터 바꾸어야 한다.

29　≪中國經濟時報≫(2001.12.4).

(3) 리더는 소프트 기술 전문가여야 한다

소프트 기술에 대한 인식이 낮기 때문에 중국은 줄곧 인재와 관련해 오류에 빠져 있다. 개혁·개방 이래 간부의 나이를 더욱 낮추고 지식을 갖추게 하기 위해 엔지니어링 기술 관련 인원을 대거 발탁해 각 부문의 리더 자리로 올려 보냈다. 예를 들면 가장 우수한 엔지니어를 선발해 기업의 공장장과 사장을 맡기고, 우수한 과학자를 선발해 연구소의 행정 지도를 맡기고, 우수한 교수나 교사를 선발해 교장을 맡기고, 훌륭한 의료 기술을 갖춘 내과 의사나 외과 의사에게 병원 원장을 맡기고, 금융 지식이 전혀 없는 과학 기술자를 은행의 은행장 등으로 임명했다. 그런데 이처럼 지식인을 중용하는 것은 적지 않은 상황에서 쌍방이 함께 망하는 길이다. 수많은 시행착오 끝에 사람들은 우수한 엔지니어가 훌륭한 공장장이 아니고, 우수한 과학자가 훌륭한 기업가가 아니라는 것을 인식하게 되었다. 게다가 기업가나 리스크 투자가는 정부 기구에 의해 임명되거나 지명될 수 있는 것이 아니다.

일부 성공한 기업가가 일찍이 과학 기술자였다는 것을 부인하지는 않는다. 하지만 일반적으로 과학자는 자연계의 규율을 탐색하고 주관 및 객관 세계의 인지 문제를 해결하며, 기술 전문가는 복잡한 경제, 사회, 환경에서 해결 방안을 찾는다. 이러한 사람들은 착실히 전문 지식을 쌓아야 할 뿐만 아니라 시장 환경에서도 돈에 유혹당하지 않아야 하고, 적막함을 견디어내면서 오랫동안 차가운 의자에 앉아 있을 수 있어야 하며, 해결 방안을 찾기 위해 실패와 좌절을 두려워하지 않는 용기를 지니고 있어야 한다. 리더 또는 관리자로서 그들이 다루는 대상은 사람, 사람의 행위, 관계(사람과 사람 간, 사람과 자연 간)이며, 그들의 사명은 책임지고 있는 조직(기업, 부문, 국가)의 전략 목표를 실현함으로써 경쟁력을 제고하는 것이므로 그들은 이를 위해 한평생 노력을 다하겠다는 이상을 갖고 있어야 한다. 전문 분야의 관점에서 볼 때, 그들은 소프트 기술 전문가여야 한다. 하지만 중국의 체제와 평가 시스템의 결함으로 인해 지도를 담당하는 과학자와 기술자는 여전히 과학 기술 영역에서의 과학 연구 성과나 학술계에서의 직위 제고를 추구하고 있다. 그 결과 과학 기술 영역에서의 지도 및 감독 수준이 향상되기는커녕 성과가 부풀려지거나 부정부패가 유발되고 있다.

(4) 소프트 기술 관련 인재 육성에서의 오류

관리 능력에는 ① 도덕 또는 인품, ② 지식 및 기술 배경, ③ 실행 능력 등 세 가지 면이 포함되어야 한다. 특히 지식 및 기술 배경과 관련해서는 소프트 과학 및 소프트 기술과 관련된 교육이 결여되어서는 안 된다. 하지만 대개 지식과 기술이라고 하면 자연과학 지식과 하드 기술에 편중되어 소프트 기술은 전문 지식이나 기술로 간주하지 않는다. 이처럼 사회과학 지식이 결여되어 있고 소프트 기술에 대한 전문 교육과 훈련을 받지 않은 사람이 관리자 직책에 부임하거나 중요한 행정 지도자의 자리에 오르는 것은 관리 능력에는 전문 지식에 대한 교육이 필요하지 않으며 직책을 맡기만 하면 어떻게든 쥐어짜서 성과를 낼 수 있다고 여기기 때문이다. 이러한 사고방식은 무수한 시행착오를 거치며 의사결정에서 많은 오류를 거친 끝에 형성된 것이다. 의사결정에서 범하는 오류의 크기는 경영에서의 직위의 높고 낮음과 연관되는데, 고위층일수록 그 오류로 인해 지불해야 하는 대가도 더욱 커진다는 것은 실행을 통해 증명된 바 있다. 세계에서 파산한 기업의 85%는 기업가의 잘못된 의사결정이 원인이었다.

(5) 교육은 미래에 대한 투자이다

교육은 미래 사업이라서 10~20년 또는 더 긴 시간 이후의 수요를 감안해야 한다. 만약 현재의 시장 수요에 근거해 인재 계획을 세우거나 3~5년 이후 유망한 전문 분야에 근거해 학생을 양성할 경우 항상 선진국보다 뒤처질 수밖에 없고, 육성해 낸 학생이 더욱 발전된 선진국을 위해 일하는 수동적인 상황에 처할 수밖에 없을 것이다.

예를 들면 중국은 관세무역일반협정(GATT)에서의 지위를 다시 회복하고 WTO에 가입하기 위해 15년 동안 협상했지만, WTO에 대한 전문 인재를 양성하는 데에는 주의를 기울이지 못했다. 몬터레이 국제관계대학은 세계 최초로 WTO 관련 석사 학위를 수여해 미국을 포함한 10여 개 국가에서 80여 명의 WTO 관련 인재를 양성했다. 이 대학 비즈니스외교센터의 게자 페케테쿠티(Geza Feketekuty)는 WTO 인재는 WTO 관련 규칙을 잘 숙지하고 있어야 하고 분석, 선도, 협력, 협상 및 분쟁 해결의 방면에서 비교적 높은 자질을 갖추고 있어야 하며, 개혁·개방 이후 세계 경제화가 가져온 각종 현상에 자유자재로 대처할 수 있어야 한다고 보았다.[30] 그에 따르면 WTO 인재는 두 가지 부류로 나눌 수 있는데, 하나는 비즈니스 외교가로, 비즈니스, 경제, 정치, 국내 정책의 제정, 법령, 무역, 기구 업무 프로세스, 협상 기법 같은 방면에 대한 지식을 필요로 할 뿐만 아니라 정계, 언론, 상공계와도 우수한 관계를 유지하고 있어야 한다. 다른 하나는 금융, 통신, 법률 등의 전문 인재이다. 중국은 WTO에 가입한 이후 대외경제무역합작부뿐 아니라 관련 부처나 위원회, 감독 기구, 대형 기업(국유기업을 포함), 업종별 협회, 변호사 사무소, 무역 관련 조직에서도 WTO 관련 인재를 필요로 하고 있다. 외부의 한 평가에 따르면, 중국에서 현재 기업 책임자 관련 인재가 최소한 35만 명 필요하다고 한다. 중국이 1991년 MBA에 발을 들여놓은 이래[31] MBA 교육을 개설한 학교가 1991년의 9개에서 현재 127개로 늘어났으며, 매년 등록하는 학생 수는 1991년에 100명이 채 안 되었으나 지금은 3만여 명에 달하

---

30   ≪北京青年報≫(2001.11.22).

31   馬凱, "推動我國MBA教育更好更快發展", ≪中國教育報≫(2008.11.14).

고 있다. 2008년 9월 기준 중국 통계로 MBA에 등록된 학생 수는 21.2만 명이며, 그중 10만여 명이 MBA 학위를 취득했다. 그런데 미국에서는 매년 졸업하는 MBA 석사가 7만여 명이다. 이를 통해 중국의 소프트 기술 관련 인재는 인식에서 실행에 이르기까지 미국과 거대한 격차가 있음을 알 수 있다.

제4장 소프트 기술과 혁신

혁신은 새로운 사고방식과 새로운 수단으로 부가가치를 창출하는 과정이다. 여기에서 말하는 가치에는 경제적 가치뿐만 아니라 사회적 가치와 생태환경적 가치도 포함된다. 광의의 기술이라는 관점에서 보면 가치를 창조하는 과정은 실제로는 소프트 기술의 조작 자원에 초점을 맞추어 소프트 기술을 발명·창조·응용하는 과정 또는 현존하는 소프트 기술을 새롭게 응용하는 과정이다. 바꾸어 말하면 혁신의 본질은 가치창조를 목적으로 소프트 기술을 조작하는 과정인 것이다.

이 장에서는 소프트 기술의 기능, 혁신 공간, 제도 혁신, 혁신 구조 프레임 등을 통해 소프트 기술과 혁신의 관계에 대해 알아보고자 한다.

1. 소프트 기술의 기능

소프트 기술의 기능은 〈표 4-1〉에서 보듯 크게 세 가지로 나뉜다. 바로

표 4-1 | 소프트 기술의 기능

기능	사례
혁신 도구 제공 (기술 혁신)	- 기술 이전의 프로세스 기술 - 혁신(하드 기술 혁신과 소프트 기술 혁신 포함)의 도구 및 내용
독립 산업의 핵심 기술 제공 (산업 혁신)	- 정보 서비스업 - 문화 산업 - 사회 산업 - 생명 소프트산업
제도 혁신의 근거 및 내용 제공 (제도 혁신)	- 리스크 투자 기술과 나스닥 주식시장 - 주식 기술과 주식회사법 - 특허 기술과 특허 제도 - 생명 기술과 윤리에 관련된 법률과 법규 - 원자력 기술과 관련 법률

자료: 金周英, 『軟技術: 創新的空間與實質』(新華出版社, 2001), p.125.

혁신 도구를 제공하고, 독립 산업의 핵심 기술을 제공하며, 제도 혁신을 위한 근거와 내용을 제공하는 것이다.

1) 하드 기술에 혁신 능력을 제공하는 소프트 기술

기술 이전, 상품화, 산업화의 프로세스 기술인 소프트 기술은 다른 기술로의 전환 및 산업화 서비스를 위한 광의의 혁신 도구이다.

소프트 기술은 하드 기술을 혁신하는 도구로, 소프트 기술 혁신의 효율, 즉 부가가치를 창조하는 효율은 소프트 기술과 하드 기술의 융합 및 혁신의 성공 여부에 달려 있다. 그리고 소프트 기술을 혁신하는 과정에서 하드 기술, 필수적인 모든 자연물 및 생산물은 소프트 기술의 혁신을 위한 도구이다.

우리는 다른 사람의 기술을 맹목적으로 원용하면 안 된다고 말하곤 한다.

실제로 하드 기술은 원용할 수 있으며 심지어 표준화가 요구되기도 한다. 하지만 소프트 기술은 원용할 수 없다.

　주지하듯 다수의 지식은 기술을 매개로 제품과 서비스로 전환하는 과정이 필요하다. 그런데 기술을 제품에 투입하고(이른바 물화) 제품을 시장에 확산시키며 기업이 이윤을 얻기 위해서는 일련의 투입기술과 확산기술을 이용해야 한다. 이러한 기술에는 발명자의 권리를 보호하는 기술, 하이테크 산업 기술을 상용화하기 위한 자금 조달기술, 제품화 효율과 품질을 제고하는 기술, 더 많은 제품과 서비스를 고객에게 제공하는 기술 등이 포함된다. 이러한 중개 기술이 적극적으로 발전하고 응용되어야 기술 이전의 속도를 향상할 수 있다. 즉, 지식과 기술이 시장 가치로 실현되는 과정이 더욱 빨라지며, 하드 기술의 경쟁력을 발휘하게 된다. 비록 상술한 활동을 모두 '경영'이라고 묘사하는 것은 적절하지 않지만, 이것이 바로 오늘날 경영 혁신과 기술 혁신이 함께 제기되는 이유이다. 이를 통해 일련의 소프트 기술은 창조적인 신시장을 개척하고 신제품과 새로운 서비스 개발에 대한 방법과 도구를 제공하며 하드 기술을 시대 발전에 적응시키는 매개임을 알 수 있다. 기술 혁신 능력을 강화하기 위해서는 소프트 기술을 제대로 장악하고 응용해야 한다.

　바꾸어 말하면 소프트 기술은 외래의 선진기술을 내부로 이동시켜 기업 기술 및 산업 기술로 만드는 매개체이자 기술 이전의 도구이다.

　한때 중국에서는 베이징 중관촌의 하이테크 기술구에서 이루어진 최초 10년간의 발전과 관련해, 하이테크는 차치하더라도 과연 기술에 기초해 실현된 것인지 여부에 대해 의문이 제기되었다. 이에 대해 일각에서는 순수한 기술에 의한 것이 아니라 거래 - 제조 - 기술에 의한 것이기 때문에 중관촌 전자상가는 사기꾼들이 모여 있는 곳이라는 주장이 제시되기도 했다. 그런데 소프트 기술의 관점에서 보면 이른바 거래는 상품 교환 기술과 시장 기술을 운용해 부가가치를 창출하는 과정이며, 제조는 제조 기술, 조직 기술, 관리 기술을 종합적으로 운용하는 과정이다. 따라서 당시 중관촌에서의 거래 및 제조는 중국의 특수한 시기와 특정한 환경 아래에서 소프트 기술이 응용되는 과정이었던 것이다.

개혁·개방 이전에는 중관촌이 중국의 유명한 교육 중심이자 자연과학의 연구센터였다. 그곳에 68개 대학, 200여 개 연구소, 그리고 30% 이상의 중국과학원(CAS) 및 중국공정원(CAE) 소속 회원이 집중되어 있었다. 하지만 개혁·개방 이후 중관촌은 이제 더 이상 단순한 연구센터가 아니라 새로운 형태의 경제센터, 하이테크 산업 발전의 요람, 중국 지식 및 기술의 상업화 센터, 그리고 여러 가지 의미에서의 실험장 및 모범기지가 되었다. 이제 중관촌은 특수한 매력으로 창업을 도모하는 국내외 각종 인재를 끌어들이고 있다.

1990년부터 중관촌의 인구는 매년 평균 37%의 속도로 늘어나고 있다. 1988년부터 1998년까지 기술 – 제조 – 거래의 총수입과 공업 생산 가치의 연평균 성장률은 각각 42.58%, 48.66%로 중국 경제성장률의 몇 배에 이르렀으며, 2000년 기술 – 제조 – 거래의 총수입은 1540.3억 위안에 달해 동기 대비 46.8% 성장했다.[1] 2007년에는 하이테크 산업 규모가 8595억 위안에 이르러 전자정보 산업을 주도로 위생기술 산업과 바이오의약 산업을 두 개의 날개로 삼는 산업 구조를 형성했다. 하이테크 서비스업이 이 지역 경제 총량에 차지하는 비중은 50%에 달하며 기업 수는 2만여 개에 이른다(그중 해외에서 돌아와 창업한 기업은 4000개, 해외에서 돌아온 유학생은 1만 명에 달한다). 매년 새로 창업하는 기업은 2000~3000개에 이른다. 2008년까지 다국

---

1   趙慕蘭, ≪中關村科技園區發展之路≫, ≪中關村科技園區高新技術産業發展及布局規劃綱要≫, 中關村科技園區管理委員會(1999.7.21).

적 기업 가운데 중관촌에 연구 기구를 설립한 곳이 70개에 이르며, 외국 국적의 기술 인력도 4000명을 넘었다.[2] 적막하던 중관촌은 이제 생기 넘치고 활력이 충만한 곳으로 변했다.

과거 수십 년 동안 중관촌이 지금과 같이 발전하지 못했던 이유 중 하나는 거래 - 제조의 연결고리가 없었기 때문이다. 계획경제 체제하에서 다수의 기업이 기술 진보의 내재적 요구와 기술 이전 능력 면에서 취약했다. 기업은 있으나 기업가가 없었다고 할 수 있다. 자연과학 지식과 기술을 장악한 기술 인력이 자금을 확보해 지식과 기술을 제품으로 전환할 수 있는 환경이 조성되지 않았고, 시장을 운용함으로써 제품을 상품으로 바꾸고 지식과 기술에 시장 가치를 부여하며 자금을 축적해 재혁신할 능력과 조건이 없었다.

이로 인해 개혁·개방 환경 속에서 거래 - 제조 - 기술의 과정은 과거 계획경제 시스템하에서 시장에 대한 지식과 경험이 없었던 중국의 과학 기술 인력에게 일종의 솔루션이 되었을 뿐만 아니라, 그들이 직접 시장경제의 규칙을 학습하고 체득할 수 있는 유용한 경로가 되었다. 중국의 과학 기술 인력은 무역, 대행, 위탁 조립, 복제 및 모방, 자주적 혁신을 통해, 또는 먼저 시장을 찾거나 시장에 익숙해진 후 다시 제품을 개발하고 생산하는 과정을 통해 소프트 기술을 체득했다. 과거에는 창업에 적합한 거시적 환경이 조성되지 않았고 소프트 기술을 장악하지 못했기 때문에 이러한 조건과 기초하에서 혁신 능력을 발휘하고 제고시킬 수 없었으며, 과학 기술 성과는 일종의 견본과 전시품에 불과할 수밖에 없었다. 이는 중관촌의 기존 하드 기술이 잠재적인 경쟁력에 불과했다는 것, 그리고 거시적 환경이 뒷받침하지 못하고 소프트 기술에 대한 조작 능력이 결여되어 있으면 아무리 우수한 하이테크라도 시장 가치를 지닌 생산품과 서비스로 전환될 수 없다는 것을 설명

---

2   "中關村正在崛起", ≪中國高新技術産業導報≫(2009.4.20).

해 준다.

따라서 중관촌의 최초 10년은 제도 개혁으로 인한 새로운 환경하에 과학 기술 인력이 중국 환경에 적합한 소프트 기술을 학습하고 장악해서 혁신 능력을 양성하는 과정이었다. 이는 책을 통해 배울 수 없는 것이었다. 과연 누가 중관촌의 10년 동안 기술이 없었다고 말할 수 있겠는가?

실제 소프트 기술과 하드 기술은 서로 혁신의 도구를 제공한다. 왜냐하면 소프트 기술과 하드 기술은 모두 혁신의 대상이자 혁신의 도구이기 때문이다. 혁신 속에서 맺어지는 관계는 상호 혁신을 위한 수단이 된다.

2) 독립된 산업을 형성시키는 핵심 기술로서의 소프트 기술

산업이란 '주로 같거나 유사한 사업에 종사하는 일련의 기업군'을 의미한다. 이러한 기업군이 추진하는 사업이 모종의 기술을 기초로 하거나 그 기술을 부가가치 창출의 주요 수단으로 삼는다면, 그 기술을 이 기업군이 조성하는 산업의 핵심 기술이라고 부를 수 있을 것이다. 전통적인 인식에 따르면 산업의 핵심 기술은 화공, 전자, 방직, 정보, 건축 등 2차 산업을 주도하는 하드 기술이었다. 흥미로운 점은 3차 산업이 전 세계 GDP에서 차지하는 비중이 70%에 가깝고 선진국의 경우 이 수준이 더 높은데도 보편적으로 서비스 업종은 핵심 기술이 없는 것으로 간주되며, 이들 업종의 발전 동력이 비기술 요인으로 묘사된다는 것이다. 이는 서비스 혁신에 있어 커다란 장애 요인이다. 실제로 소프트 기술은 하드 기술과 마찬가지로 독립된 산업의 핵심 기술로 산업을 형성하거나 창조할 수 있다. 문화 산업, 사회 산업, 생명 소프트 산업, 발전 가능성이 무한한 정보 서비스업 모두는 각기 다른 소프트 기술을 핵심 기술로 한다. 단지 우리의 낡은 사고방식으로 인해 기술을 보면서도 모르는 것이다. 사고방식을 바꾸기만 하면 우리는 여러 곳에서 창업 기회를 발견할 수 있고, 보다 많은 창조적인 신산업을 개발할 수 있다(제5장 참조).

소프트적 산업에 대한 사례로는 실리콘밸리의 발전을 들 수 있다. 미국 캘리포니아대학교 마틴 케니 교수는 「새로운 회사 형성을 위한 실리콘밸리의 제도(Institution for New Firm Formation in Silicon Valley)」[3]에서 다음과 같이 언급했다. "실리콘밸리는 일반적인 산업 집중 지역과 달라서 일반적인 산업 집중 이론으로는 해석하기 어려운 지역이다. 이 지역은 주기적으로 신사업집단을 배출하는 능력을 가지고 있다." 실리콘밸리는 새로운 회사, 새로운 기술, 새로운 산업을 창출하는 기지일 뿐만 아니라 새로운 비즈니스 모델을 배양하는 발원지로, 그중 어떤 모델은 전 세계적으로 응용되고 있다. 실리콘밸리를 전자산업 클러스터로 간주하는 것은 실리콘밸리의 부분적인 이미지에 불과하다. 실리콘밸리가 성공한 핵심은 하이테크 산업을 상호 보완하는 비기술기구가 출현했기 때문이다. 케니 교수는 실리콘밸리에 두 가지 종류의 경제가 존재한다고 말한다. 제1경제는 기존 회사, 연구 기구, 대학 등으로 일반적인 산업군과 특별한 차이가 없다. 이 기구들의 목적은 개인 기업의 경우 이윤과 경제성장이며, 대학과 비영리 연구 기구의 경우 성공적인 연구와 교육이다.

실리콘밸리에 존재하는 제2경제는 장래가 유망한 일부 분야에서 새로운 회사의 설립이 촉진될 것이라는 전제와 긴밀하게 관련되어 있으며, 주로 기업가들이 예상할 수 있는 영역에서 새로운 회사를 창조하도록 촉진한다. 이 경제 조직은 사회적 사업의 차원 또는 제도적 조직 기구에서 출발했으며, 새로운 회사를 촉진·배양하는 활동에 전문적으로 종사한다. 이러한 활동은 처음에는 비즈니스 차원의 비공식적인 배치에 불과했으나, 나중에는 점차 새

---

3   Martin Kenney, "Institution for New Firm Formation in Silicon Valley", *International Seminar on Technological Innovation*(Beijing, China: September 5~7, 2000).

로운 회사의 건립에 필요한 특별한 서비스와 제도적 설계를 지원하는 수준으로 발전했다.

제1경제에 속하는 기업이나 대학도 새로운 기업을 설립하고 많은 기업가에게 기여했지만, 이러한 활동은 본질적으로 지속성이 결여되는 경향을 보이며 대체로 기회를 놓치는데, 그 이유는 거래하는 사업 및 고객을 고정시키기 때문이다. 제2경제가 보편화될 수 있었던 것은 창업자에게 전문적으로 서비스를 제공하는 조직 덕분이었다. 실리콘밸리에는 리스크 투자가와 투자회사, 그리고 기존 로스앤젤레스 지역의 투자은행, 헤드헌팅 회사, 변호사, 회계회사, 판매회사 등이 막강한 제2경제망을 형성하고 있다. 제1경제와 제2경제는 서로 의존하거나 교차하는 부분이 있기 때문에 이들을 명확히 구분하기란 쉽지 않다. 하지만 제2경제에서 기업가는 첫 번째이자 기본적인 투입(그들의 사고와 기여)이고, 리스크 투자는 두 번째 투입이자 자본의 주요 출처이다.

마틴 케니가 언급한 제2경제의 형성 과정은 소프트 산업이 형성되는 과정이며 그가 정의한 제2경제는 제1경제 서비스를 둘러싼 소프트 산업이다. 새로운 비즈니스 모델과 새로운 회사의 활동을 창조하는 것은 곧 소프트 기술을 창조하는 활동이다. 실리콘밸리가 성공을 거둔 것은 하드 기술 혁신과 소프트 기술 혁신을 통합했기 때문이다. 이로써 연동형 상호 혁신은 하이테크 기술 개발구가 성공하기 위한 유일한 경로임을 알 수 있다.

이제 제2경제를 형성하기 시작한 중관촌도 하이테크 서비스업의 비중이 50%에 달하며, 이들 하이테크 서비스업의 다수가 제2경제에 속한다. 이처럼 소프트 산업의 본질을 인식하는 것은 상호 의존하는 유기적 생태 시스템을 형성하는 데 유리할 것이다.

3) 제도 혁신의 근거와 내용을 제공하는 소프트 기술

제도 혁신은 신제도가 기존의 제도를 대체하거나 사회 발전과 기술진보의 필요에 따라 제도를 변경·타파·수립하는 과정을 의미한다. 기술(하드 기술이든 소프트 기술이든)의 발전과 새로운 응용, 산업의 지속적인 혁신은 혁신에 적합한 환경을 제공하고 소프트 기술의 실행력을 강화시킬 수 있는 제도 혁신의 필요성을 제기한다. 역으로 제도 혁신의 근거와 내용 또한 발전하는 소프트 기술을 통해 얻을 수 있다. 그 예로 지적자산의 관리, 특히 지적재산권 기술의 발전이 각종 특허제도와 부단한 혁신을 촉진한 것, 회사 합병 기술의 발전이 매 시기 반독점법을 추동한 것 등을 들 수 있다.

2. 소프트 기술과 혁신 공간

광의의 기술을 인식하면 혁신의 개념과 혁신 활동이 협의의 혁신에서 광의의 혁신으로 확대된다. 혁신이론의 창시자인 슘페터의 이론에 따르면 혁신은 '새로운 생산 함수를 세우는 것'이다. 즉, 이전에 존재한 적 없던 생산요소와 생산조건에 관한 새로운 조합을 생산 시스템에 적용하는 것이다. 이러한 새로운 조합 혁신에는 다섯 가지 방식이 있다.[4] ① 신제품 도입(소비자에게 익숙하지 않거나 새로운 품질을 갖춘 제품), ② 새로운 생산방법 채택(새로운 과학적 발견은 필요 없다), ③ 새로운 시장 개척(그 시장이 이전에 존재했는지는 상관없다), ④ 원재료 또는 반제품의 새로운 공급원(기존의 것이든 새롭게 창출

---

4   Joseph Schumpeter, *The Theory of Economic Development: An Inquiry Into Profits, Capital, Credit, Interest, and the Business Cycle*, trans. by Opie Redvers(Cambridge, MA: Harvard University Press, 1934). 이 책의 중국어판 何畏 外 譯, 『經濟發展理論』(商務出版社, 2000).

한 것이든)에 대한 확보 또는 통제, ⑤ 어떤 공업에나 적합한 새로운 조직 실현(예를 들어 독점지위 창출이나 타파)이다. 슘페터 역시 이러한 새로운 조합을 '경제 발전'이라고 칭했다.

데이비드 소어스는 기술 혁신에 대해 "신기술을 실제 목적에 응용하는 것이거나 현존 기술을 모종의 실제 목적을 이루기 위해 새롭게 응용하는 것이다. …… 혁신은 다양한 특성을 가지고 있다. …… 혁신은 하나의 기술적인 프로세스이자 비즈니스 프로세스이고 군사 프로세스이자 사회 프로세스이다"라고 말했다.[5]

알렉산더 킹(Alexander King)은 기술 혁신을 "과학과 기술을 비즈니스와 군사적 측면에서 가장 성공적으로 응용한 것"이라고 정의했다.[6] 그는 기술의 발전을 발명, 혁신, 보급의 세 단계로 나누었다. 발명은 과학과 기술이 어떻게 특정 목표에 운용될 수 있는지에 관한 새로운 개념이다. 혁신은 발명을 상품과 서비스로 전환하는 프로세스이다. 보급은 혁신이 공업에 응용되어 공업 생산율의 성장을 촉진하는 데 기여하는 것이다. 발명과 혁신의 차이에 대해 알렉산더 킹은 기술 발전의 두 단계라고 여겼다. 즉, 발명은 신기술의 창조적 발상, 사상, 개념이 생기는 것이고, 혁신은 신기술이 사용자에 응용되는 과정을 통해 가치를 드러내는 프로세스라고 여겼다. 즉, 혁신의 목적은 부가가치 창출이며 혁신의 과정은 부가가치를 창출하는 과정이다.

슘페터가 언급한 혁신 경로를 소프트 기술의 관점에서 달리 표현하자면 ① 새로운 설계 적용이나 엄격한 관리를 통한 신제품 개발 및 제품 품질 제고, ② 기술 이전을 위한 각종 생산기술, 관리 기술과 조직기술의 실행, ③ 시장 기술 개발, ④ 새로운 구매방법과 공급처 개발, ⑤ 기업 내부 및 외부의

---

5   特雷弗·威廉姆斯(Trevor I. Williams), 『技術史』 第六卷, p.37.
6   같은 책, p.147.

조직 혁신이다. 소프트 기술에 대한 이 책의 설명에 따르면 이는 모두 소프트 기술 활동에 속하는 것으로 비즈니스 소프트 기술 활동의 일부분에 불과하다. 데이비드 소어스는 혁신은 기술을 응용하는 과정, 즉 프로세스 기술의 활동이라고 강조했고, 알렉산더 킹은 기술 혁신을 기술 활동이자 비즈니스 활동이라고 강조했다. 킹이 말하는 비즈니스 활동은 하드 기술의 기술 이전, 즉 가치를 창조하는 과정을 의미한다. 이러한 정의는 이 책에서 정의하는 소프트 기술에 더 가깝다.

소프트 기술의 관점에서 보면 슘페터의 새로운 조합이나 데이비드 소어스와 알렉산더 킹의 혁신은 모두 유형의 제품과 하드 산업, 또는 생산 영역에서의 혁신에 편중되어 있다. 하지만 가치를 창조하는 대상과 경로는 유형의 제품이나 하드 기술에 그치는 것이 아니다. 만약 슘페터의 새로운 조합을 물질적인 생산이나 하드 기술 영역 외로 확장했다면 혁신은 새로운 개념과 새로운 내용을 얻을 수 있었을 것이다.

실제로 광의의 기술에 대한 인식은 혁신 공간을 무한히 확대시킬 수 있다. 예를 들면, 미시 및 중범위(中範圍) 수준에서 보면 혁신 공간은 하드 기술 혁신에서 서비스 혁신을 포함한 소프트 기술 혁신으로, 하드 산업 혁신에서 소프트 산업 혁신으로, 하드 환경 혁신에서 소프트 환경 혁신 또는 상술한 각종 상호 통합 혁신으로 확대되어야 한다. 〈그림 4-1〉은 슘페터 혁신의 새로운 조합과 상술한 각종 혁신 공간을 비교한 것이다.

거시 수준에서 보면 혁신 공간은 물질 생산 부문에서 비물질 생산 부문으로, 경제활동에서 사회·문화 활동으로, 경제 이익이나 경제 가치를 우선시하는 혁신에서 사회적·경제적·자원적·환경적·생태적으로 지속가능한 발전을 전제로 하는 혁신으로, 기술 혁신에서 제도 혁신과 문화 혁신 및 몇 가지 영역에서의 통합 혁신으로 확대되어야 한다.

소프트 기술의 혁신 자원이라는 측면에서 보면 혁신은 기술 혁신, 산업 혁

그림 4-1 | 광의의 혁신 공간

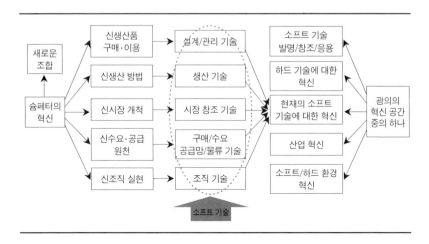

신, 환경 혁신뿐만 아니라 하드적 자본과 소프트적 자본에 대한 혁신 등 각
종 자원을 둘러싼 혁신도 포함해야 한다(〈그림 4-2〉 참조).

　기업의 경영관리 측면에서 보면, 혁신 공간은 제품, 기술, 기업 내부 관리
에서 모든 기업의 운영 프로세스로 확대되며, 여기에는 전략, 공급망 관리,
비즈니스 모델 혁신이 포함된다. IBM은 기업이 혁신 공간을 확대하고 혁신
을 통해 비즈니스 가치를 창조하는 전형적인 사례를 우리에게 제공한다.
〈그림 4-3〉은 IBM의 혁신 전환을 나타낸 것이다.

　혁신 주체의 관점에서 볼 때, 또한 각종 혁신 공간을 형성할 수 있다.

　혁신은 일체의 자원, 수단, 도구, 경로 등을 통해 새로운 부가가치를 창조
하는 과정으로, 그 본질은 가치 창조를 목적으로 하는 소프트 기술을 운용하
는 것이다. 즉, 소프트 기술을 발명·창조·보급·응용하는 과정이자 기존의
소프트 기술을 새롭게 응용하는 과정이다.

　결론적으로 혁신 이론은 오늘날까지 계속 발전해 왔으며, 혁신은 앞으로

그림 4-2 | **소프트 기술의 혁신 자원**

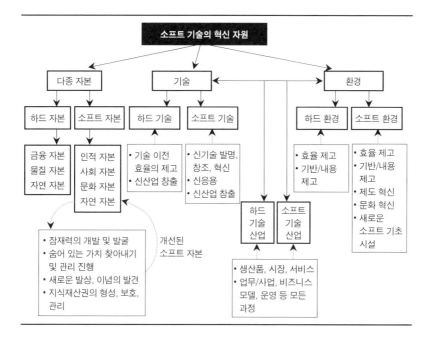

그림 4-3 | **IBM의 혁신 전환**

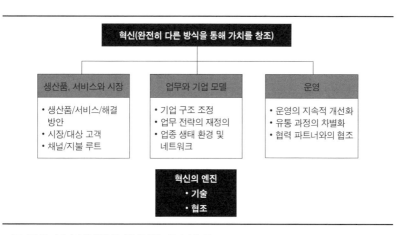

자료: IBM全球企業咨詢服務部, 『軟性制造』(東方出版社, 2008).

보다 깊고 넓은 함의를 갖게 될 것이다. 혁신 공간과 본질을 제대로 인식해야 혁신이 하드 기술 혁신과 제품 혁신에 편향되고 있는 지금의 현실을 바로 잡을 수 있다.

3. 소프트 기술과 제도 혁신

경제학자, 과학자, 사회학자들은 오랫동안 서로 다른 측면에서 제도를 연구해 왔다. 1920~1930년대 제도경제학이 미국에서 유행하기 시작했으며, 1970년대부터 신제도경제학은 경제 발전에 제도가 기여하는 바를 재산권 이론, 거래 비용, 신탁 대리, 계약 이론 등의 측면에서 활발하게 연구했다. 예를 들어 신제도경제학자인 더글러스 노스(Douglass North)는 제도 측면에서의 일련의 변화가 인류 사회의 근본적인 변혁인 산업혁명의 길을 닦았다고 여겼다.

제도에 대해서는 또한 과학 기술 분야에서 연구가 이루어졌는데, 왜냐하면 제도는 기술 혁신의 기본 조건을 설정할 뿐만 아니라 혁신을 통해 획득되는 수익의 분배 기제를 또한 결정하기 때문이다. 무수한 사실이 증명하고 있듯이 한 국가의 역사 발전은 부단한 개혁의 역사이기도 하며 사회와 경제 개혁의 핵심은 제도 혁신이었다.

제도의 중요성에 관해 데이비드 랜더스(David Landes)는 『국가의 부와 빈곤(The Wealth and Poverty of Nations)』[7]에서 중국 등 고대 문명국가들이 기술 진보 측면에서 받았던 저항을 분석하면서 "기술 진보에 대한 저항은 혁신

---

[7] David Landes, *The Wealth And Poverty of Nations: Why Some are so Rich and Some are so Poor*(New York: W.W. Norton & Company). 이 책의 중국어판 門洪華 外 譯, 『國富國窮』(新華出版社, 2001), p.278.

의 부족 때문이기도 하지만 제도적 경직성 때문이기도 하다"라고 했다.

그렇다면 제도란 무엇이며 제도 혁신의 본질은 무엇일까? 제도에 대해서는 학파 간 이해와 해석이 서로 다르다.

중국의 어휘사전『사해(辭海)』에서는 제도에 대해 ① 구성원들에게 공동으로 준수할 것을 요구하고, 일정한 프로세스에 따라 일을 처리할 것을 요구하는 규정, ② 역사 조건에서 형성된 정치, 경제, 문화 등 각 방면의 시스템, ③ 정치상의 규범 법도 등 세 가지 의미를 지닌 것으로 정의를 내리고 있다.[8]

제도경제학의 관점에서 더글러스 노스는 "제도는 개인의 행위를 규제하는 것을 목적으로 하는 일련의 제정된 규칙, 준법 프로세스, 행위의 윤리적 기준으로, 종합적인 사회 복지 또는 최대 한계효과를 추구하며",[9] "제도는 한 사회에서 일련의 게임 규칙이다"[10]라고 했다. 다른 신제도경제학자 버넌 루탄(Vernon Ruttan)[11]은 제도는 "일련의 행위 규칙이며 특정의 행위 모델과 상호 관계하는 데 사용된다"라고 했다. 독일의 볼프강 카스퍼(Wolfgang Kasper), 만프레트 스트라이트(Manfred Streit)는 "제도는 행위 규칙이며 사람들의 행위를 이끄는 수단이다. 이는 통상적으로 일련의 행위를 배제하고 가능한 반응을 제한한다. 따라서 제도는 사람의 행위를 더욱 예측 가능하도록 만든다", "제도는 사람이 만든 규칙으로, 사람 간의 왕래에서 출현 가능한

8   『辭海』(上海辭書出版社, 1989), p.210.

9   Douglass North, *Structure and Change in Economic History*, First Edition(New York: W.W. Norton & Company, 1981). 이 책의 중국어판 陳郁·羅華平 外 譯,『經濟史中的結构與變遷』(上海三聯書店·上海人民出版社, 2000), p.325.

10   Douglass North, *Institution, Institutional Changes and Economic Performance*(Cambridge: Cambridge University Press, 1990). 이 책의 중국어판 厲以平 譯,『制度 '制度變遷與經濟績效』(上海三聯書店, 1994).

11   科斯(Ronald Coase)·阿爾欽(Armen Alchian)·諾思(Douglass North) 著, 劉守英 編譯,『財産權利與制度變遷: 産權學派與新制度學派譯文集)』(上海三聯書店·上海人民出版社, 2000), p.329.

임의의 행위와 기회주의적 행위를 억제한다. …… 제도는 사람들이 어떻게 개인의 목표를 실현하고 기본적인 가치를 실현할 수 있는지를 큰 폭에서 결정한다"[12]라고 말했다.

개괄하면 제도는 일련의 행위 규칙의 집합이며 사람의 상호 행위를 제약하고 규범화하는 행위 규칙이자 규범이다.

제도가 만들어진 인류의 행위 규칙이라고 하면, 이러한 규칙이 미치는(장려 또는 제약) 행위에 따라 제도는 종교제도, 정치제도, 사회제도, 경제제도, 기술 제도 등으로 나눌 수 있다.

종교제도가 제약하고자 하는 것은 인류와 신앙에 관계된 행위이며, 종교제도는 신앙을 통제하는 규칙을 제공한다. 정치제도는 정치권력 배치의 규칙, 사회자원 및 수입의 분배 규칙을 통제한다. 사회제도는 인류의 사회 활동과 사회생활 중의 행위를 제약하고 규범화한다. 경제제도는 경제 활동에서 야기되는 각종 경제 관계, 즉 재산권 구분 및 거래, 경쟁관계, 경제조직, 재산분배를 통제하고 규범화한다. 기술 제도는 사람들의 과학 연구, 기술 발명, 기술 혁신과 기술 확산에서의 각종 행위를 장려하고 제약한다.

흔히 볼 수 있는 행위 규범에는 규칙, 기제, 제도, 정책, 각종 표준 등이 있다. 일반적으로 법률은 입법기관에서 제정하고 국가정권이 집행을 보증하는 행위 규범이고, 정책은 정부의 행동과 관련된 결정을 내리기 위해 마련되는 규제 기준으로 해당 시기의 과제를 수행하고 실현하기 위해 책정된다. 규칙에 대한 이해와 정의는 각기 다른데 일반적으로 "시민, 법인, 정부 산하 조직의 행동을 통제하고자 하는 정부 행위"[13]를 지칭한다(혹자는 규제란 정부 행정 기구가 법률을 통해 시장 주체의 행위를 제한·감독하는 규칙을 의미하므로 정부

12   柯武剛·史漫飛, 『制度經濟學』(商務印書館, 2000), p.32, 37, 112, 142.

13   日本貿易振興會, 『影響科學技術獲得的制度調査: 歐美調査』日本工業技術院委託課題(1995).

의 미시적 통제 수단에 해당한다고 정의한다). 그에 반해 체제는 상호 간에 특수한 관계를 가진 일련의 제도로 구성된 시스템이다. 제도를 제정하는 주체는 구체적인 상황에 따라 정부가 될 수도 있고 비정부 기구가 될 수도 있다.

여기서는 경제제도와 기술 제도를 예로 들어 광의의 기술 측면에서 제도가 어떻게 만들어지는지(필요와 동기), 제도의 내용은 무엇인지, 제도 혁신과 기술 혁신의 관계는 어떠한지 등에 대해 살펴보고자 한다.

편의를 위해 지금부터 사용하는 제도라는 용어에는 규정, 기제, 제도, 정책, 법규와 법률, 표준 등이 포함된다.

1) 제도 혁신의 본질

소프트 기술의 발명 또는 제도 설계, 제도 혁신에 이르는 혁신의 과정을 살펴보면 〈그림 4-4〉와 같다.

발명, 생산, 또는 소프트 기술의 혁신이라는 관점에서 보면, 먼저 창조적 개념 또는 발상이 요구된다. 하지만 이러한 창조적 개념 또는 발상은 그 자체로 실천적 의미에서 작동되는 것이 아니므로 실제로는 아직 소프트 기술은 아니다.

창조적 개념 또는 발상이 떠오르거나 체험을 한 이후에는, 창조적 발상이 겨냥하는 목표에 대해 먼저 기존의 소프트 기술을 통해 목표에 이를 수 있는지를 판단하는 것이 필요하다. 만약 불가능하다면 새로운 소프트 기술을 발명해야 한다. 즉, 목표 달성을 위한 새로운 경로와 방법을 설계해야 한다. 창조적 개념 또는 발상을 기반으로 한 무수한 실험과 실천을 통해 문제를 해결하기 위한 하나의 실제적인 운영 시스템 또는 운영 형태, 운영 절차, 운영 솔루션 등을 만들어낼 수 있다면 그것이 바로 소프트 기술이다. 즉, 서로 다른 목표에 따라 새로운 소프트 기술이 창출되는데, 만약 기존의 소프트 기술을

그림 4-4 │ 소프트 기술 혁신에서 제도 혁신까지의 과정

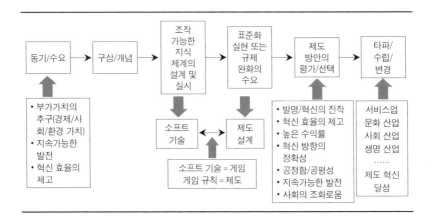

응용할 수 있다면 소프트 기술의 혁신 단계로 진입하게 되는 것이다.

그러나 소프트 기술의 매개 변수는 사람, 사회, 문화 등의 요인과 긴밀하게 연관되어 있기 때문에 소프트 기술을 보급 응용하고 확산하는 단계에 이르면 모든 소프트 기술의 변화는 기존 조직 구조, 경제운행 모델, 사회 활동 방식, 가치관, 사회에서의 개인과 집단의 지위에 영향을 미치며, 특히 그들 간의 이익 분배에 영향을 준다. 예를 들어 시장경제 조건하에 어떤 비즈니스 기술을 운용하는 것은 경쟁을 수반한다. 경쟁 참여자는 시장점유율을 높여 보다 많은 이윤을 얻고자 하기 때문에 내부관리를 강화함으로써 효율 제고, 제품 품질과 서비스 제고, 정보 획득, 인재 유치 등의 측면에서 치열한 경쟁을 전개한다. 그뿐 아니라 새로운 기업 전략, 경쟁첩보, 기업 인수·합병, 가상기술, 광고 기술, 대중 홍보 기술 등을 활용하고, 심지어는 헤드헌터 회사를 통해 경쟁상대의 인재를 빼오기도 한다. 물론 경쟁이 산업 발전을 촉진하는 강력한 수단이긴 하지만 때때로 수단과 방법을 가리지 않아 시장 질서에 영향을 주기도 한다. 만약 자유경쟁을 방임하면 이러한 기술은 정당하지 못

하게 사용되어 독점과 불공정 경쟁이 발생하며, 심지어는 이익을 위해 타인에게 손해를 끼칠 수도 있고 심각한 범죄 활동을 조장할 수도 있다. 근래에 발표된 미국 엔론, 아서 앤더슨, 월드컴 같은 회사의 불성실한 재무보고와 회계 관련 스캔들이 그러한 사례이다.

따라서 조직, 지역, 영역을 뛰어넘어 적용되는 소프트 기술이 출현하거나 새로운 하드 기술의 혁신을 위해 소프트 기술을 응용할 필요가 있을 때, 소프트 기술의 표준화 또는 규제 완화의 수요가 생긴다. 즉, 제도가 혁신되면 새로운 제도를 설계하거나 (소프트 기술과 하드 기술을 포함하는) 특정 활동과 관련된 제도를 폐기할 필요성이 생겨나는 것이다. 이것이 바로 소프트 기술로 인해 상응하는 제도와 기제가 제정되는 근거라고 보는 이유이자 관련 소프트 기술의 혁신이 곧 제도 혁신의 근거라고 보는 이유이다. M&A 기술을 표준화하기 위해 1914년 제정된 미국의 '반트러스트법', 기업 M&A 열풍이 불어닥친 상황에서 주식기술과 주식시장을 표준화하기 위해 제정된 1933년의 '증권법'과 1934년의 '증권거래법' 등이 그러한 사례이다. 소프트 기술이 최종적으로 실행되기 위해서는 제도적 차원에서 보장되어야 한다.

제도 설계는 실제로 가치 창조나 수익 획득 등의 과정에서 소프트 기술을 표준화하는 것이자 프로세스화하는 것이다. 제도는 소프트 기술을 조작하는 일종의 실행 표준이자 게임 규칙이며, 사회로부터 공인받은 행동 규범이자 사회 규칙으로, 조직과 개인의 행위를 장려하거나 규제하거나 제약한다. 하지만 소프트 기술의 특징을 감안하면 제도를 설계하는 것은 새로운 일처리 규정과 행위 규칙을 창출하거나 변화시키므로 국제·국내·지역 상황과 결합되어야 한다(국제 환경, 경제 기술 발전 수준, 가치관, 도덕, 사회 규범, 종교, 언어, 문화, 사회 조직, 행정 시스템, 정부 역할, 자연 환경 모두 제도 혁신의 주요 요인이다).

일단 제도가 설계되면 이를 평가하고 아울러 선택해야 한다. 예를 들면 경제제도 또는 기술 제도를 평가하는 원칙에는 창조, 발명, 혁신에 유리한지 여부, 재산권을 분명하게 하고 개인 또는 단체 간의 협력 및 경쟁 관계 개선에 도움이 되는지 여부, 혁신의 효율을 제고하고 경제규모와 질을 확대하며 무역비용을 절감하는지 여부, 이러한 원칙을 위배하는 행위와 정당하지 못한 경쟁 등을 제약할 수 있는지 여부 등이 포함된다.

상술한 원칙은 제도 변천의 전제로 간주할 수 있다. 하지만 이러한 원칙은 인류사회의 진보와 가치관의 변화에 따라 변화 중이다. 21세기 들어 인류는 다양한 도전에 직면하고 있으므로 제도 설계는 좋은 제도의 표준에 부합해야 한다. 21세기에는 좋은 기업의 본보기를 세울 필요가 있다. 즉, 경제, 사회, 환경, 자연 자원 등 여러 측면에서 지속가능한 발전 원칙에 부합해야 하고, 사회 진보와 문명의 도덕 표준에 부합해야 하며, 공정·공평·투명의 원칙에 부합해야 하고, 혁신의 효율을 고려해야 하며, 혁신의 방향과 제도 윤리, 그리고 조화로운 사회에 유리한지 여부를 고려해야 한다. 물론 또한 소프트 기술 설계자가 부여한 사명과 기능이 제대로 실현되어야 한다.

만약 새로운 소프트 기술이 지지하는 신제도가 기본적으로 상술한 기준에 부합하고 제도를 변화함으로써 얻는 장점, 수익, 종합보상률이 제도 변화에 소요되는 비용을 충분히 감당할 수 있고 다수에게 변천의 비용과 수익을 분담할 수 있다면 성공적인 제도 혁신일 것이다. 그 이후 '소프트 기술 발명 → 혁신 → 응용 확산 → 규범화 → 제도 제정 → 변경 → 파괴 → 신제도로의 대체'와 같은 새로운 제도 혁신 프로세스에 진입할 것이다.

소프트 기술과 제도 간의 이러한 관계 때문에 소프트 기술의 제2속성(생산관계)이 형성된다. 뒤집어 말하면 제도(생산관계)는 이중성(생산력과 생산관계)을 가지고 있다. 즉, 제도는 기술의 두 가지 기본 속성(제1장 참조)을 가지고 있다. 먼저, 제도 자체는 목적이 아니다. 제도는 특정한 행위 모델을 지배함으로써 인류의 상호 행위를 통제하는 수단이자 기본 가치관을 추구하고 실현하는 수단이다. 다음으로 제도 역시 경제, 정치, 사회, 기술 등을 위해 각종 서비스를 제공한다. 예를 들면 경제 활동을 위해 서비스를 제공하는 제도로는, 크게는 시장경제제도, 소유권제도, 세수제도 등이 있으며, 작게는 기업활동의 규범인 회사법, 기업제도, 회계제도 등이 있다. 그리고 구체적으로로는 기업의 내부 제도와 규정 등이 있다. 사회를 위해 서비스를 제공하는 제도로는 각종 사회보장제도, 사단법인법, 협회제도, 비영리 조직법, 출판법 등이 있다.

따라서 이를 통해 다양한 소프트 기술의 응용에 대한 수요는 상응하는 제도를 위해 관련된 내용과 토대를 제공해 준다는 것을 알 수 있다. 이런 의미에서 제도는 소프트 기술을 표준화하는 수단이자, 소프트 기술을 작동시키는 규칙이라고 할 수 있다. 또한 제도는 관련된 소프트 기술의 생산품이자 제도의 설계 과정이기도 하다. 즉, 제도 혁신술 역시 소프트 기술에 해당한다(제1장 참조).

그러나 상술한 관계로 인해 제도와 소프트 기술을 혼동해서는 안 된다. 소프트 기술은 실제로는 경제학에서 항상 얘기되는 '게임'이다. 즉, 소프트 기술은 '게임'을 제조하는 기술로, 새로운 소프트 기술을 발명하고 창조하는 것은 곧 새로운 '게임 내용'을 발명하고 창조한 것이다. 반면 제도는 '게임 법칙'에 해당하는 것으로, 각 소프트 기술을 운용하기 위해 따라야 하는 조작 규칙이 필요하다.

현재 사람들은 자주 공개적으로 기술 혁신, 관리 혁신, 제도 혁신을 나누어서 어느 것이 더 중요한지에 대해 논쟁하고 있다. 이는 먼저 제도 혁신의 본질과 내용이 명확하지 않고 소프트 기술을 단순하게 관리 기술에 포함시키는 등 소프트 기술을 오해하고 있기 때문이다. 당연히 그들이 논의하는 기술 혁신 역시 하드 기술에 대한 것이다.

제도 경제 연구의 영역에는 두 가지 대립되는 관점이 존재한다.[14] 하나는 제도 변천이 기술 변천에 의존한다는 관점이고, 다른 하나는 기술 변천이 제도 변천에 의지한다는 관점이다. 관점이 이처럼 대립되는 근본 원인은 소프트 기술의 존재를 무시하기 때문이다. 소프트 기술이 없으면 기술(여기서는 하드 기술을 의미) 혁신은 실현될 수 없다. 즉, 하드 기술은 스스로 부가가치를 창조할 수 없다. 하나의 신기술이 응용될 필요가 있을 때 또는 하나의 기술이 새롭게 응용될 때 소프트 기술을 발명하고 창조할 필요가 생겨나며 새로운 영역에서 현존하는 소프트 기술을 어떻게 응용할지도 문제로 떠오른다. 소프트 기술의 부단한 연구·개발·혁신을 통해 계속해서 제도를 혁신해야 할 필요성이 생겨난다. 즉, (광의의) 신기술 또는 기존 기술을 새로 응용하려면 제도 환경이 보장되어야 하고, 아울러 새로운 제도가 형성되는 데서 그 근거와 내용을 제공해야 한다. 기술 혁신은 제도 혁신을 추동하거나 요구하는데, 제도 혁신이 뒷받침되지 않으면 기술 혁신도 성공을 거둘 수 없다.

소프트 기술 혁신과 제도 혁신의 과정에 대한 연구 역시 제도경제학 전문가들이 말하는 기술 변천과 제도 변천 간의 상호 의존성의 본질을 분명히 밝혔다. 버넌 루탄은 "기술 변천 및 제도 변천을 위한 공급의 변천과 제도 변천을 위한 공급의 전환은 비슷한 힘에 의해 형성되며, 과학 및 기술 관련 지식의 진보는 기술 변천에 의해 촉발되는 새로운 수익 흐름에 소요되는 비용을 낮춘다. 또한 사회과학 및 관련 전문지식의 진보는 제도적 효율성 향상에 수반되는 수익(분쟁 해결에서의 향상된 기법을 포함)을 통해 새로운 수익 흐름에 소요되는 비용을 낮춘다"[15]라고 말했다. 루탄이 말하는 '사회과학 및 관련 전문지식의 진보'는 실제로 소프트 기술 진보의 일부로, 이른바 '충돌을 해결하는 기술'이 곧 소프트 기술이다.

---

14   科斯·阿爾欽·諾思, 『財産權利與制度變遷』.

15   같은 책.

2) 소프트 기술의 제도화 및 기제화를 위한 조건

소프트 기술이 제도화를 실현하고 일련의 메커니즘을 구축하려면 사회 경제의 발전 및 기술 혁신을 따라가야 한다. 이것은 수천 년간의 기술 발전사와 수백 년간의 산업혁명사 속에서 살펴볼 수 있는 것이다.

최초의 개념 정립에서 조작이 가능한 방안으로 발전하는 과정, 즉 기술의 탄생, 기술의 발명에서 제품화까지, 그리고 신제품의 개발에서 시장으로 확산되는 과정, 즉 상품화까지는 모두 하나의 복잡한 과정이다.

혁명적인 기술은 오랫동안 발명되고 나서 거의 100년 뒤에, 심지어는 수백 년이 지난 뒤에야 광범위하게 응용되었다.

증기기관을 예로 들면, 1687년 프랑스 물리학자 드니 파팽(Denis Papin)이 최초의 증기기관을 설계했다. 최초로 증기를 이용해서 진공을 만들어 물펌프를 추진하는 장치는 영국 공학자 토머스 세이버리(Thomas Savery)가 발명해 1698년 증기양수기 특허를 획득했다. 스코틀랜드의 토머스 뉴커먼(Thomas Newcomen)은 1705년에 대기식 증기기관을 발명했고, 1736년 영국의 조너선 헐스(Jonathan Hulls)는 증기선 특허를 얻었다. 1765년 영국의 제임스 와트(James Watt)는 냉각기를 발명했고 1769년 증기기관을 개량해 영국 특허를 획득했다. 1786년 미국의 존 피치(John Fitch)는 증기로 움직이는 노가 있는 배를 제작했다.[16] 증기로 움직이는 기선이 처음으로 수상운송에 사용된 것은 19세기 초(1807년)의 일이다. 하지만 19세기 말에야 증기선이 범선을 대체해 1880년까지는 세계적으로 대다수의 주요 화물이 범선으로 운송되었다.[17] 이를 통해 최초의 증기기관 발명부터 실제 운송에 사용되

---

16   伊東俊太郎 外 編, 姜振寰 外 譯, 『簡明世界科學技術史年表』(哈爾濱工業大學出版社, 1984).

17   David Landes, 『國富國窮』.

기까지는 거의 200년의 시간이 필요했음을 알 수 있다.

강철이 운송에 응용된 사례를 들면 다음과 같다. 1740년 영국의 베냐민 헌츠먼(Benjamin Huntsman)은 도가니 제강법을 발명했다. 1967년 영국의 레이놀즈(R. Reynolds)는 주철궤도를 설계했다. 1984년 영국의 헨리 코트 (Henry Cort)는 제철기술의 교반법을 발명했다. 1804년에는 영국의 리처드 트레비티크(Richard Trevithick)의 열차가 처음으로 세상에 등장했다. 1811 년 독일에서는 크루프(Krupp) 강철 주물 공장이 설립되었다. 1822년 영국은 최초로 철제 기선을 만들어 물 위로 띄웠다. 1825년 영국은 최초의 철도를 건설해 운송을 시작했다. 1830년에는 미국, 1833년에는 독일, 1835년에는 독일과 벨기에가 철도 운송을 시작했다. 강철을 발명해서 철도에 응용하는 데 거의 100년이 걸렸다.

기술 혁신의 속도가 이처럼 느린 데 대해 더글러스 노스는 "그 주요 원인을 신기술 개발의 동기부여가 단지 우발적이었다는 데서 찾을 수 있다. 다른 사람이 대가를 지불하지 않고 모방하기 때문에 혁신의 창조자는 어떤 대가도 받을 수 없다. 혁신 측면에서 하나의 시스템적 재산권을 만들지 못한 것은 기술 변화가 지연되는 주요 원인이다"[18]라고 했다.

그러나 필자는 문제가 재산권에만 있지 않다고 생각한다. 그 심층에는 체제, 문화, 소프트 기술의 제도화 등의 문제도 존재한다. 동양무역을 독점하고 노략질, 노예무역, 식민지에 대한 약탈로 거대한 부를 형성했으며 조선기술, 항해기술, 나침판 기술 등을 보유하면서 세계 패권을 쥐었던 16세기의 포르투갈이나 스페인, 17세기 패권국이었던 네덜란드, 면방직 공업 세계 제 1위였던 인도 같은 나라가 아닌 영국을 중심으로 1차 산업혁명이 발생한 이유를 분석하는 것은 매우 의미 있는 일이다.

---

18   Douglass North, 『經濟史中的結構與變遷』, p.185.

영국의 산업혁명 조건은 13세기로 거슬러 올라간다. 데이비드 란데스는 수백 년 동안의 영국 사회를 정치, 사회체제, 문화 등 여러 측면에서 살펴봄으로써 영국 산업혁명의 배경을 분석했다.[19] 영국은 15세기에 농노제를 철폐했다. 경제관리의 기제 측면에서 보면 예를 들어 도로와 운하의 건설·관리를 민영 기업에 의지했으며, 상인들이 생산과정(구매, 운송, 저장, 경매 시기 모색)에 참여했다. 공업과 무역이 농촌에 도입되어 (작물) 재배업과 판매의 상업화를 촉진해 모든 농업과 농촌의 진보를 이끌자 도시와 농촌의 생활수준 차이가 감소되었다. 초기 산업집중 지구의 형성, 느슨한 이민제도, 발명에 대한 숭상, 기계화 강조, 운송 속도의 강조, 시간을 중시하는 문화와 가치관, 영국 전제 왕조의 중상주의 정책에 따른 창업정신 독려 등은 이후 출현한 산업혁명에 불가결한 전제 조건을 형성했다.

주목해야 할 것은 영국 역시 포르투갈, 스페인, 네덜란드, 프랑스와 마찬가지로 식민지 약탈을 통해 거액의 부를 형성했지만 산업혁명의 중심이 될 수 있었던 주요한 요인은 의식적으로 제도를 혁신했기 때문이라는 점이다. 오랜 상업 기술 발전 역사에서 많은 소프트 기술은 영국에서 먼저 발명되어 제도화를 이루었다. 예를 들어 1553년 영국은 처음으로 합자 형식의 해외 무역 특허 회사인 모스켈(Moskel)을 창립했다. 1581년 처음으로 진정한 주식제도 방식의 해외 무역회사를 영국에 설립했다. 1657년 영국에 비교적 안정적인 주식거래 조직이 출현했다. 1624년에는 최초의 발명 특허법이 영국에서 탄생했다. 1610년에는 영국에서 최초의 광고 대행업체가 출현했으며 1812년에는 세계 최초로 광고 전문 회사가 런던에서 개업했다. 17세기 유럽의 근대 화폐인 종이화폐는 영국에서 생겨났다. 1694년 건립된 잉글랜드 은행은 현대 은행의 시초이다. 1694년 영국 국왕이 반포한 '특별비준법'과 '왕

---

19   David Landes, 『國富國窮』.

표 4-2 | **1642~1764년 영국이 이룬 기술 성과**

	전체 서양 국가	영국
서양 과학사에서의 획기적인 사건	220건	59건
서양 기술사에서의 획기적인 사건	137건	49건
서양 사회문화사에서의 획기적인 사건	93건	23건
세계경제학에서의 획기적인 사건(1600년 초~18세기 말)	53건	18건

자료: 『簡明世界科學技術史年表』를 토대로 필자가 정리.

실 칙허(the Royal Charter)'는 가장 초기 형태의 은행법이다. 1710년 설립된 영국의 태양보험회사(the Sun Insurance Company)는 화재보험 주식회사의 시초이다. 1762년 영국에서 세계 최초의 생명보험회사인 런던 페어 보험회사(London Fair Insurance Company)가 창업했다. 1642년 세계 최초의 '반독점법' 역시 영국에서 공포되었으며, 영국에서 1844년에 반포된 '회사법' 등은 기술 혁명, 더 나아가 산업혁명이 탄생하는 데 우수한 제도 환경을 제공했다.

동시에 제도 혁신은 영국의 과학 발전과 기술 혁신에도 우수한 조건을 제공했다. 예를 들어 〈표 4-2〉에서 보듯 1642년에서 1764년까지의 통계에 따르면, 영국의 기술 성과는 이탈리아, 스페인, 포르투갈, 네덜란드 등 4개국에 비해 훨씬 많았다. 영국은 이 시기 서양 과학사에서 발생한 220건의 획기적인 사건 가운데 59건을, 서양 기술사에서 발생한 137건의 획기적인 사건 가운데 49건을, 동 시기 서양 사회문화사에서 발생한 93건의 획기적인 사건 가운데 4분의 1을 각각 차지한다.[20] 동시에 1600년부터 18세기 말까지 경제학에서 발생한 53건의 획기적인 사건 가운데 18건이 영국에서 발생했다.[21]

---

20   伊東俊太郎 外 編, 『簡明世界科學技術史年表』.

1차 산업혁명 이후 사람들은 의식적으로 현대 소프트 기술, 특히 상업기술 및 제도에 대한 혁신 속도를 높여 1차 산업혁명 이후 100년이 채 되지 않아 2차 산업혁명이 시작되었다. 2차 산업혁명에서 산업혁명의 중심이 독일과 미국으로 옮겨진 것은 상술한 관점을 더욱 증명한다. 미국 특허 시스템의 획기적인 개혁, 연구소 제도의 신속한 확산, 과학관리 기술의 이론화 및 규범화, 대량 생산 기술의 창조, 증권 시장의 보급, 독점 기업의 발전과 제1차 기업 M&A 열풍을 통해 제정한 '반트러스트법' 등은 2차 산업혁명이 탄생하는 데 제도적 환경을 제공했으며, 이는 상업기술의 발전이 제도화 단계로 진입했음을 설명한다.

　　이어서 미국을 중심으로 1950~1960년대와 1980~1990년대에 상업기술 열풍이 시작되었으며, 3차 산업혁명의 중심이 미국으로 옮겨져 소프트 기술은 전면적인 혁신의 시대를 맞이했고 세계 경제가 지식서비스 경제 시대로 진입했다. 미국의 과학 기술 경쟁력이 줄곧 세계 1위를 유지한 것은 미국이 소프트 기술 발전을 중시하고 의식적으로 제도 혁신을 추진해 하드 기술의 혁신과 보조를 맞추거나 하드 기술에 크게 앞서가는 관련 연구를 수행했기 때문이다.

　　20세기에 과거 수백 년간 이루어진 과학 발견과 기술 발명을 산업에 응용하거나 거대 산업이 형성될 수 있었던 이유는 산업혁명에 따른, 특히 2차 산업혁명과 3차 산업혁명에 의해 발명된 대량의 현대적 소프트 기술 때문이다. 그리고 핵심적인 소프트 기술의 응용은 대부분 관련 제도로부터 보장을 받았다. 이처럼 무수한 소프트 기술의 혁신은 하드 기술의 혁신 속도를 가속화시켰다.

　　수천 년의 기술 발전사를 개괄해 보면 무엇이 기술 혁명의 주기를 단축시

21　　中國大百科全書: 經濟·財經·農業』(中國大百科全書出版社, 1994), pp. 1476~1495.

그림 4-5 | 빨라지는 기술 혁명의 주기

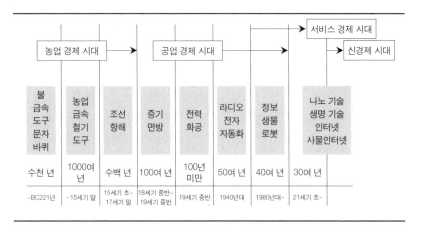

컸는지 알 수 있다(〈그림 4-5〉 참조). 기술 발명이 상업화될 수 있었던, 즉 발명에서 혁신으로 나아가는 시간, 혁신이 확산되는(시장 규모를 형성하는) 시간이 단축될 수 있었던 이유는 소프트 기술의 발명과 혁신, 소프트 기술의 제도화에 따른 효율 때문이었다. 점차 높아지는 소프트 기술의 혁신 열풍과 이에 따른 제도 혁신이 하드 기술 혁명의 가속화를 추동한 것이다.

3) 제도의 상대적 견고함과 제도 혁신의 어려움

지금까지는 주로 제도의 중요성과 기여에 대해 서술했다. 그런데 제도 혁신은 쉽지 않은 과정이라서 제도의 상대적 견고함을 인식하고 새로운 소프트 기술을 공급·평가해야 최종적으로 제도가 혁신될 수 있다.

소프트 기술이 제도, 정책, 법규, 법률, 표준 등 관리수단으로 규범화하면 일정 시기 동안 소프트 환경을 충실하게 만들 수 있고 기술 혁신에 기본 조건을 제공할 수 있다. 하지만 소프트 기술이 일단 사회 또는 정부에서 인정하는 관리 수단인 제도로 바뀌면 상대적으로 고착화되는 속성을 지니는데, 이는 다음과 같은 이유 때문이다. ① 사람의 관념, 행위 모델, 습관을 바꾸는 것은 시간이 필요하기 때문이다. 신제도가 형성되려면 수많은 실행, 대중의 인정, 최종적으로 정부와 관련 사회 조직의 비준이 있어야 한다. 예를 들어 중대한 국제 무역 규칙을 제정하려면 세계 무역 조직의 비준을 거쳐야 한다. ② 제도 변혁은 기득권 그룹 또는 개인의 이익에 영향을 주므로 저항을 받기 마련이기 때문이다. 때로는 제도 변화가 거대한 상업 이익, 심지어는 정치권력에 관계될 수도 있어 게임의 법칙을 정하는 제도 혁신술은 더 이상 기술과 관련된 문제가 아니다. 이 때문에 새로운 제도와 체제로 대체되는 것이나 낡은 구제도, 법칙, 규제, 정책을 폐기하는 것이 매우 어려워진다. ③ 생산력수준, 개혁에 따른 비용 및 수익이 제한을 받기 때문이다. 제도 개혁과 혁신의 수익이 예상되는 비용보다 크다는 조건하에 제도 개혁이 비로소 이루어질 수 있다.

중국을 예로 들면, 계획 관리 체제에 의한 영향은 지금도 상존한다. 예를 들어 부서 간에 상하관계와 부서이익 지상주의가 과도하게 강조되고 부문 분할관리에 따라 정책이 충돌하는 것을 자주 목격한다. 지속발전에 유리한 제도가 구체제의 기득권자들에게 손해가 되기 때문에 기득권자들은 이익 주체 간에 상호 봉쇄하거나 각자 갈 길을 가는 등의 방법으로 제도 혁신을 저해한다. 예를 들어 산·학·연의 결합이 다년간 제창되었지만 과학 기술과 경제 간의 괴리 문제는 해결하기가 어렵다. 그 원인은 이익분배 기제가 제대로 갖추어지지 않았기 때문이기도 하지만 장기간의 계획경제체제 아래에서 과학 기술 활동과 경제 활동이 분리되어 행정 시스템이 각기 달랐기 때문이다. 이에 따라 과학 기술 영역과 경제 영역 간에는 서로 다른 행동 유형, 가치 선호, 인간 관계망을 내포하는 두 개의 완전히 다른 행정 시스템이 존재한다.

아울러 이러한 요인들은 일정한 조직 및 사회 문화를 형성시킴으로써 이 두 시스템 간의 상호 융합과 협력을 방해한다. 게다가 각 시스템에 소속되어 있는 집단이 이익을 추구하는 경향은 흔히 특정 공동체 또는 국가의 포괄적인 이익이라는 미명하에 정당화되기 일쑤이며, 이로 인해 제도의 경직성이 전반적으로 심화된다.

우수한 제도는 창조정신을 장려하고 기술 혁신을 촉진한다. 하지만 제도 혁신의 보조가 (소프트/하드) 기술의 진보와 경제 및 사회 발전의 수요를 따라가지 못하면, 기업과 국가가 지속적으로 발전하는 데 중요한 장애가 될 것이다. 예를 들어 중국은 과거 많은 업종을 민간자본과 민간경영에 개방하지 않았다. 하지만 연해 지역, 특히 선전, 저장(浙江) 등은 민간자본과 민간경영에 대한 제한이 적었기 때문에 이들 지역의 경제 발전은 더욱 빨랐다. WTO에 가입하기 전에 중국의 금융, 보험 등 서비스 업종은 독점 업종에 속해 있었으나 지금은 외국기업과 경쟁하고 있어 국내 기업이 확연히 불리한 지위에 처해 있다. 과도한 제한, 구제도, 국가 정책이 중국 기업의 산업 혁신과 사업 혁신을 제약했던 것이다.

구제도는 일반적으로 기술 혁신의 가장 큰 걸림돌이므로 먼저 이를 타파한 후에야 새로운 제도를 실시할 수 있다. 더글러스 노스가 말한 대로 "제도는 사람들에게 상호 영향을 미칠 수 있는 하나의 틀을 제공하며, 또한 경제 질서의 측면에서 서로 협력하고 경쟁하는 하나의 사회 또는 관계망을 구성하는 관계를 창출해 낸다".[22] 사회, 경제, 기술이 발전하는 환경 변화는 이러한 관계의 조정을 필요로 하며, 새로운 방식(신제도)으로 협력과 합법적인 경쟁에 불리한 행위를 규제해야 한다. 이와 동시에 신환경 및 신기술에 적합하지 않은 제도들을 제때에 느슨하게 만들거나 포기하게 만들어야 한다.

---

22   Douglass North, 『經濟史中的結構與變遷』, pp. 132~225.

결론적으로 말하자면, 제도 혁신은 경제, 사회, 기술 발전과 보조를 맞추어야 하며 소프트 기술의 연구 개발도 관련 하드 기술의 연구 개발과 속도를 같이하거나 한발 앞서야 비로소 제도 혁신을 보장할 수 있다. 의식적이고 목적성 있게 관련 소프트 기술을 혁신해야만 미래를 위한 제도 및 체제 혁신에 충분한 이론적 근거와 경험을 제공해 제도 혁신을 추동할 수 있다. 사람들이 이것을 인식해야만 자국 또는 자기 지역만의 소프트 기술을 창조할 수 있고, 외국의 선진 소프트 기술 성과를 융통성 있게 도입할 수 있으며, 자국의 국정과 결합해 관련된 제도 혁신을 촉진할 수 있다(그렇다고 제도를 그대로 모방하는 것은 아니다. 제도는 상호 간에 참고하는 것이지 일원적으로 세계화하는 것은 불가능하다). 이는 노벨경제학상을 획득한 로버트 솔로(Robert Solow)가 "새로운 게임 규칙을 먼저 깨닫는 개인, 기업, 국가만 경쟁의 감제고지를 빼앗을 수 있다"라고 한 말에서 잘 알 수 있다.

일본의 이시구로 가즈노리(石黑一憲) 도쿄대학교 교수는 「세계화와 법」[23]에서 서비스 무역, 지적재산권 제도 등을 둘러싼 자유화 논쟁에 대해 비평하면서 "모든 것은 시장의 신고전파 이론이다. 학술적으로 충분하지 않다. 일본의 환경이 미국, 유럽과 다른데 왜 항공, 금융, 보험, 지적재산권, 환경 등각 방면에서 여러 국제법이 미국을 따라야 하는가?"라고 지적했다. 환언하자면, 미국은 많은 영역에서 새로운 게임(즉, 독자적으로 혁신을 이루어낸 소프트 기술)을 창출했고, 아울러 이러한 게임과 관련된 규칙을 제정했다. 따라서 개도국이 새로운 게임을 창출하기 위해서는 더욱 노력을 경주해야 하며, 그런 이후에야 개도국은 그들 자신의 게임 규칙을 만들 수 있는 기회와 권리를 가질 것이고, 이를 통해 경쟁에서 유리한 입장에 설 것이라는 의미이다.

23　石黑一憲, "全球化和法(Globalization and Law)", ≪每日新聞≫(2000)[≪經濟學家周刊(The Economist)≫ (2001.1.30)轉載]

4) 제도 심사와 평가 시스템 수립

소프트 기술의 제도화는 나쁜 관례와 위법적인 제도화를 피해야 한다. 미국의 ≪워싱턴포스트≫에 실린 글은 정책과 로비스트의 관계가 이미 제도화되었다고 지적했다.[24] 미국에서 로비스트가 음식, 오락, 여행, 경선 헌금 등에 대해 제공하는 자금은 이미 국회권력에 접근하는 윤활유가 되었다. 근래 들어 미국의 로비스트와 정치 지도자 간의 관계는 이미 제도화되었다. 미국에서는 1998년 이래 일단의 로비스트가 79개 의원 경선위원회와 리더십 정치행동위원회의 회계를 맡고 있으며, 선거 시에는 많은 로비스트가 정치 고문으로 탈바꿈해 현직 의원의 재선을 위한 조언을 제공한다. 그 후 로비스트들은 다시 본업에 종사한다. 이때 자신들이 도와주었던 의원과 거래할 수 있다. 상원의 공화당 지도층은 로비스트들을 직접 입법 절차에 포함시켜 거대한 로비스트 네트워크를 이용해 의안의 법제화를 감독하고 지도한다. 근년 들어 로비스트와 의원 간의 전통적인 자금 흐름 역시 쌍방으로 작동하기 시작했다. 로비스트들은 의원의 연임을 위한 정치헌금 모금을 도울 뿐만 아니라 정치지도자의 정치행동위원회로부터 막대한 서비스 수수료를 얻는다. 콜비대학교의 공공사무와 시민 참여를 위한 골드파브센터(Goldfarb Center for Public Affairs and Civic Engagement)의 샌디 마이젤(Sandy Maisel) 소장은 이것이 범죄 또는 공개적인 부정부패의 문제라기보다는 '기준의 변경'이라는 의회 내부의 도덕적 타락에서 비롯된 것이라고 말했다.

중국에도 나쁜 관례 또는 위법적인 제도화의 사례가 아주 많다. 날림공사 문제, 빈번한 광산 참사, 조직적인 부패 등은 모두 나쁜 관례 또는 위법적인

---

24   Thomas Esdall, "Lobbyists Emergence Reflects Shift in Capital Culture", *The Washington Post* (2006.1.12)[≪參考消息≫(2006.1.16)轉載].

제도화의 장기적인 묶인, 심지어는 제도화와 관계가 있다. 나쁜 관례 또는 이익만 추구하는 운용 과정의 제도화 또는 제도상의 허점은 사회의 퇴보, 부패의 양산, 빈부 격차의 확대를 초래하는 요람이 된다. 이로 인해 높은 윤리 기준의 상실 및 그것의 제도화가 가져올 손실은 한 개인이 야기할 수 있는 것보다 훨씬 크고 위험하다.

제도 설계의 건전한 표준을 유지하기 위해 제도의 영향 범위와 정도에 따라 각국은 각종 제도의 심사 또는 제도 평가 시스템을 수립해서 정부부서, 사회단체, 협회, 업종 조직 등과 함께 정기적인 심사를 실시해야 한다.

5) 제도의 한계

앞에서 우리는 제도의 중요성에 대해 인정했으나 제도가 만병통치약은 아니다. 무수한 사례들이 제도의 한계를 설명하고 있다. 제도가 모든 인류의 행동과 심리적인 활동을 제약하기에는 부족하며, 정책과 법률을 이용하는 것은 문제 해결의 일부에 불과하다. 이 책의 제3장에서 지적한 바와 같이, 제도의 한계는 문화, 관념, 각성 등에 의해 초래된다. 그런데 그밖에 다음과 같은 두 가지 원인으로 인해 제도는 힘을 상실하게 된다.

첫째, 제도는 그 자체로 불공평하고 불합리하다. 예를 들어 정부부서와 국유기업의 공금 사용 제도를 들 수 있다. 해당 제도의 집행 원칙은 기본적으로 관련 부서의 공무원과 기업 경영자가 작성한 것이다. 이런 제도에서 약간의 허점이 있으면 아주 쉽게 법의 힘을 빌려 공공이익을 부서화하거나 개인화할 수 있다. 만약 힘 있는 사람이 권력을 남용하면 감독 기능은 힘을 잃고 필연적으로 부패로 이어질 것이다.

2009년 영국에서는 환불 게이트 사건이 일어났는데, 이는 몇몇 공무원이 비용보조 제도의 특권을 남용해 과다청구 및 허위청구한 사건이다. 이 사건의 대상은 영국 의회 3대 정당의 200여 명의 의원이었는데, 이 사건으로 영국 의회시스템의 위법행위, 공금 보조 제도의 허점이 폭로되었다.

중국에서는 많은 지방의 공무원들이 현지조사, 교육 등의 명의로 국비여행을 하거나 공금을 전용해 식사를 한다는 것은 공공연한 비밀이다. 중국공산당 중앙판공청, 국무원 판공청에서 '공금 해외여행 제지에 관한 통지'를 발표하고 이를 각 지방에 내려보냈지만 이러한 위법 사례는 그치지 않고 있다. 2008~2009년 난징(南京), 원저우(溫州), 광둥에서는 여행 관련 비리 사건이 폭로되었다. 일련의 여행사와 중개 기구가 국비 해외여행에서 공범의 역할을 한 것이다. 중국 전역에 공무 여행과 관련해 공식적으로 허가를 받은 여행사는 100여 개가 넘는다. 그중 어떤 회사는 이익을 위해 해외 초청서를 위조하는 일도 서슴지 않는다.

둘째, 합리적인 제도는 다른 이익을 가진 집단의 의도적인 저항에 직면한다. 특허 관리 영역의 제반 문제와 악화되는 생태 환경 등이 분명한 사례이다. 중국에서는 최근 수년 동안 수질오염 관련 법률과 법규가 점차 증가하고 있지만, 수질오염 사건 또한 점차 증가하고 있다. 2005년 말 쑹화강(松花江) 수질오염 사건이 발생한 이후 2년 동안 모두 140여 차례의 수질오염 사건이 발생해 평균 이틀에 한 번꼴로 물 관련 오염 사고가 발생했다. 2007년 여름철 이후로는 타이후(太湖), 뎬츠(滇池), 차오후(巢湖)에 연속해서 녹조가 창궐하고 있다. 이는 전통적인 발전 모델로 인해 야기되는 수질오염이 이미 위험 임계점에 육박했음을 의미한다.

제도 측면에서 분석해 보면 지방정부의 환경 규제는 연속적으로 작동하지 않고 있다. 문제는 지방보호주의와 지방정부의 기업에 대한 관리가 부족해서 환경보호 제도가 실효성을 잃고 있다는 것이다. 그리고 문제의 근원은 중앙정부이다.[25] 생태 환경보호 측면의 국가 제도와 정책은 지방정부 관료들의 임기 내 목표 책임 심사평가 제도, 환경보호 자금 관리 감독 기제, 지역

생태 환경보호 보상 기제 등 일련의 제도 및 정책과 상부상조해야만 효율적으로 실시할 수 있다.

중국에서 중앙정부는 환경문제를 중시하게 되면서 오염기업을 엄격하게 처벌하고 있다. 예를 들어 1996년부터 2005년까지 국가환경보호법률과 행정법규를 실시하기 위해 각종 규정 및 지방법규를 660여 개 제정해 반포했고, 800여 개의 국가환경보호 표준을 반포했다.[26] 중국 국가환경보호총국은 연달아 세 번 '환경보호 돌풍'을 일으켰다. 2005년 초에 위법 생산 건설 프로젝트 30개를 중단시켰고, 2006년에 56개의 프로젝트가 취소되었으며, 2007년 1123억 위안을 투자한 82개의 환경평가와 삼동시(三同時: 동시 설계, 동시 시공, 동시 생산 사용) 제도를 위반한 강철, 전력, 금속 등의 프로젝트를 통보했다. 그리고 '지역 비준 제한'의 방법을 처음으로 사용해 탕산시(唐山市), 뤼량시(呂梁市), 라이우시(萊蕪市), 류판수이시(六盤水市) 등 네 개 도시와 궈뎬 그룹(國電集團) 등 네 개 전력기업이 지역 비준 제한의 제재를 받았으며, 이를 통해 고오염 산업의 맹목적인 확장을 억제했다. 하지만 이 기간에 환경재난은 오히려 지속적으로 증가하는 추세이다.[27] 전국 평균 하루걸러 한차례 돌발적인 환경 사고가 발생하고 있으며, 국민들의 환경 투서도 30% 증가했다. 중앙 지도자들의 환경 문제에 대한 지시도 전년 대비 52% 증가했다.

2008년 2월, 중국 국가환경보호총국은 정식으로 「상장회사 환경보호 감독관리 강화 업무에 대한 지도 의견」을 반포해 상장회사의 환경보호 심사 제도와 환경 정보 공개 제도를 핵심으로 하여 높은 에너지 소모와 높은 오염 배출을 유발하는 업종이 과도하게 확장되는 것을 방지했다. 환경 이슈와 관련된 녹색 증권(green securities)에 대한 이러한 지침은 녹색 신용(green

---

25   易志斌·馬曉明, "地方政府環境規制爲何失靈", ≪中國社會科學報≫(2009.8.6).
26   『中國的環境保護(1996~2005)』白皮書(國務院新聞辦公室, 2006).
27   唐昊, "'環保風暴'爲何難奏效", ≪中外對話≫(2007.5.10).

credit), 녹색 보험(green insurance) 이후 세 번째의 환경경제 정책이다. 이는 정부가 제도 건설 측면에서 생태위기를 완화하기 위해 제시한 장기적인 기제이다.

상술한 일련의 제도가 효과를 내기 위해, 그리고 정부의 국가환경보호총국에 의해 추진되고 있는 녹색 돌풍이 한차례 바람에 그치는 것을 피하기 위해서는 환경 조사 및 평가, 환경 감독, 오염에 대한 처벌 등 정부의 권위와 경제 지렛대에만 의지해서는 안 된다. 기업 문화와 가치관의 변화, 대중의 유효한 참여, 공무원, 기업가, 나아가 전체 국민의 자질 교육이 그 기초이며, 이들 삼자는 보다 깊은 수준의 제도 개혁 및 혁신문제(중국 비영리사단법인의 관리제도)와 관계되어 있다.

중앙정부의 환경보호 이니셔티브의 실행에 저항하는 다양한 '반환경보호 이익공동체'[28]는 이미 중국에 형성되어 있다. 이러한 '반환경보호 이익공동체'(그중 일부는 지방정부로부터 지원을 받고 있다)가 배제되지 않으면, 시민 사회의 친환경 목표는 효과적으로 추구될 수 없을 것이다. 따라서 이를 위해서는 환경을 보호하기 위한 긍정적인 노력을 경주하는 시민들을 조직적으로 돕고, 사회적 호소를 조직화된 행동으로 전환시키며, 환경보호 기구, 공동체에 기반한 조직, 언론, 지방정부 및 환경보호 관련 부처로 구성되는 '환경 공동체'를 형성해야 한다. 만약 환경보호를 수행하는 핵심 주체에 조직화된 환경 비정부 기구의 참여가 결여되어 있다면, '환경보호 사업에 전체 사회가 참여하고 관심을 가져야 한다'는 정부 차원의 호소는 힘을 잃을 것이고 안정적이지 못할 뿐 아니라 오래 지속되지도 못할 것이다.

아울러 환경보호 행동은 최종적으로 가장 중요한 환경보호 주체인 기업에서 실현되어야 한다. 여기에서 관건은 환경보호 관념을 어떻게 실제 행동

---

28   같은 글.

으로 연결할 것인지, 어떻게 환경보호를 경제 이윤을 획득하는 전제조건으로 삼을 것인지, 어떻게 환경보호를 기업 문화와 가치관의 핵심으로 삼을 것인지이다. 하지만 이는 전 세계적으로 장기적이고 어려운 여정이었다. 따라서 국제적으로 많은 사회 공익 조직과 비정부 기구 조직은 경제, 사회, 환경 영역에서의 기업의 '삼중 책임' 실천 운동을 지속적으로 추동함으로써 시민사회의 한 구성원인 기업의 과제인 이러한 삼중 책임의 실천이 기업 경영의 각 차원에서 구현되고 최종적으로 기업 비즈니스 모델이 전환되도록 도움을 주고 있다. 이렇게 해야 정부, 시장(기업), 시민사회 등 삼자가 연합해 공동으로 인류 환경을 보호하는 길로 들어설 수 있다.

사회자원의 개발이 갖는 가치의 이중성[29]으로 인해 중국은 사회단체의 발전에 대해 엄격히 제한하는 방침을 채택했는데, 이로 인해 민간 NGO 조직의 진입 문턱이 매우 높다. 예컨대 학계 및 산업계의 각종 협회와 학회는 이중 등록(등기 관리 기관과 업무 주관 단위의 비준이 동시에 필요하다), 부속(사무 처리 기구는 단위에 부속되어야 한다), 분층 관리(전국 차원의 학회와 지방 차원의 학회 등 차원을 구분해 관리해야 한다) 같은 시스템을 채택하고 있으며,[30] 어느 영역에 속해 있는지에 상관없이 모든 사회단체는 칼로 벤 듯 일률적으로 이러한 시스템을 적용받고 있다. 이렇게 하면 사회자원 개발에서의 리스크를 분산시키는 방식으로 최대한 낮출 수 있으며, 사회의 안정뿐 아니라 정부의 감시와 관리에도 유리하다. 하지만 그 결과 사회단체가 사회자원으로서 발휘할 수 있는 긍정적인 역할이 심각하게 제한되고 있으며, 사회 경제 발전도 영향을 받고 있다. 이른바 목이 막혀 식음을 전폐하는 격이다. 개혁이 추진되고 사회 시장의 수요가 급격히 증가함에 따라 민간 비영리 조직이 대량 출

---

29   金周英·任林, 『服務創新與社會資源』.
30   楊文志, 『當前學會改革中的幾個深層次問題』, 學會改革係列問題研究(2003).

현하고 있는데, 이러한 현상은 막을 수 없다. 현재 정부의 여러 부처 역시 이 것을 중국 사회의 전환에서 시급히 필요한 부분이라고 인식하고 있으며, 각종 명칭을 내걸며 다수의 새로운 기구(자문 기구를 포함해)가 정부의 직접 통제하에 NGO의 이름으로 출현해 민간 NGO와 경쟁하고 있다. 이에 따라 관리 시스템이 더욱 혼란스러워졌으며 NGO 조직의 진입 문턱이 더욱 높아졌다. 이로 인해 근래 들어서는 새로운 민간 사단조직으로 전환해 등록하는 것이 거의 불가능하다. 이런 환경하에서 환경보호, 기업의 사회적 책임(CSR) 등 사회공익사업에 종사하는 NGO가 탄생해 생존하기는 매우 어려우며, 심지어 그 합법성 역시 문제제기를 받고 있다.

이를 통해 중국의 비정부 조직 또는 비영리 조직 활동의 제도 개혁은 지체할 수 없으며 제도 개혁은 중국 환경보호제도의 중요한 내용이 되어야 함을 알 수 있다. 그러나 이러한 제도 개혁은 주로 중국 정부의 제3섹터 또는 사회자원에 대한 인식과 관념의 변화에 따라 결정된다.

결론적으로 제도가 완전히 기업과 개인의 행위 또는 심리 활동을 통제하기를 기대할 수는 없다. 이를 위해서는 먼저 정부의 정책 결정에서의 질적 향상을 도모해야 하고, 제도가 시대의 변화에 따라 혁신되도록 해야 하며, 국민의 인식 수준을 제고해 국민의 신임과 신용의식을 높여야 하고, 비즈니스 도덕 측면의 교육을 강화해 산업계의 지속발전에 부합하는 기업 문화를 양성해야 하며, 기업 행위의 자율성을 장려해야 한다. 이것이 가장 근본적인 조치라고 할 수 있다.

6) 기술 제도

만약 기술 혁신의 목적이 기술의 부가가치를 높이는 것이라면 기술은 제품과 서비스를 소비자의 손에 보내는 과정을 형성한다. 즉, 산업화 과정에서 가장 결정적인 소프트 환경은 기술 제도이다. 오랫동안 사회과학 전문가와 자연과학 전문가 사이의 학제 간 연구가 부족해 제도를 연구하는 전문가 중에서 기술 제도를 연구하는 경우는 비교적 적었다. 소프트 기술 개념을 도입한 후에야 연구가 가능해졌고 기술 제도를 경제제도에서 상대적으로 분리해내 시스템적으로 연구할 필요가 생겼다. 그 결과 기술과 관계된 법률, 제도, 표준, 정책이 서로 보완하는 기술 제도 시스템을 형성해 광의의 기술 혁신을 촉진했다. 기술 제도의 특징은 다음과 같다.

(1) 기술 제도의 연구는 연구 개발보다 앞서야 한다. 기술 제도에서 필요로 하는 기술 연구 개발 활동은 갈수록 과학 연구 활동과 서로 직접적으로 관계를 맺고 있다. 일반적으로 과학 연구 활동은 성과를 실제에 응용하는 기술응용단계에 이르러서야 제도적 요구사항에 직면한다. 하지만 오늘날 일련의 과학 연구는 연구 방면에서 미래세계의 사회 구조, 윤리, 생활방식과 인류 문명과 관련된 충격에 첨예하게 직면하고 있다. 예를 들어 유전자 연구는 처음부터 법률, 그중에서도 특히 국제적인 법률로서 연구방향을 규범화해야 했다(예를 들면 인간복제 등 반자연적인 실험을 강하게 금지해야 했다). 하지만 신시아(Synthia)[31]의 출현으로 과학 기술진보를 정확하게 평가해야 했고, 예상되는 부정적인 영향을 법률 등을 통해 의식적으로 통제하는 것이 급선무가 되었다. 더구나 현재 진행되고 있는 일련의 과학 연구 활동의 동기는 세계를 인식하고 미지의 영역을 탐색하는 것 외에 장기적인 사회 및 경제 수익을 추구한다. 즉, 과학가치 외에 사회, 경제, 환경 및 자원 가치 또한 추구하고 있는 것이다(예를 들면 다른 행성에 대한 탐색과 연구 등이 포함된다). 기술 관련 제도의 혁신이 계속 추진됨에 따라 과학기술법 등과 같은 일련의 새로

---

31   2010년 5월 크레이그 벤터(Craig Venter)가 유전자 복제를 통해 만들어낸 합성생명의 명칭이다. _옮긴이 주

운 법률 시스템이 의제로 의사일정에 오르게 되었다.

(2) 기술 활동은 과학 연구 활동과 다르고 경제 및 사회 발전을 위해 기여하지만, 기술 활동 역시 경제 활동과 완전히 같지는 않다. 기술 활동의 실행 주체에는 과학 연구 및 공학기술 관련 인재가 대거 포함되어 있다. 따라서 그들이 활동하는 동기는 경제 가치를 실현하기 위한 목적 외에 발명창조의 개인적 성취감, 자아실현 목표, 사회명예 등을 추구하기 위한 목적도 있다. 심지어는 개인적 흥미 등 비경제적 가치의 측면도 있다. 따라서 일반적인 형태의 경제 제도로는 과학자와 기술자의 행동을 통제하는 것이 어려울 수 있으므로 통제의 방식과 척도는 달라야 한다.

(3) 오늘날 기술의 영향이 확대되면서 연구 개발의 중요성에 대해 보다 많은 사람들이 인식하게 되었으며, 중요한 과학 연구와 대규모의 기술개발 프로젝트에 주로 정부가 통제하고 투자하는 시대가 되었다. 미래시장이 지닌 거대한 이윤으로 인해 중요한 기술의 연구, 기술 혁신, 상업화에 대한 민영 기업의 관심이 점차 증가하고 있다. 이로 인해 과학과 기술 활동을 둘러싼 규제의 중요성이 증가되고 있다.

1995년 일본공업기술원은 일본무역진흥회에 위탁해 과학 기술 활동에 영향을 주는 각종 제도를 조사함으로써 과학과 기술 영역의 제도를 연구했다.[32] 이 가운데 미국의 예를 들면 그러한 제도의 종류는 다음과 같다.

① 연구 개발 활동과 개발에 영향을 주는 제도
   - 연구 항목에 대한 규제
   - 연구 방법과 협의에 대한 규제
   - 과학지식의 전파에 대한 규제

---

32   日本貿易振興會, 『影響科學技術獲得的制度調査』.

② 연구 개발 활동을 간접적으로 규제하는 제도
  - 연방정부에 대한 연구 기구와 그 연구 활동에 대한 규제
  - 연구 개발 협력에 대한 규제
  - 기술 이전 관련 규제와 지적재산권
  - 국립 연구 기구의 민영화
③ 기타 연구 개발 활동에 영향을 주는 제도와 규제

(4) 오늘날 사회는 새로운 하드 기술이 출현하고 소프트 기술이 나날이 발전하고 있으며 기술 혁신의 속도에 가속도가 붙고 있어, 기술 제도의 연구와 혁신이 급선무가 되고 있다. 사람들은 기술이 축복이 될 수도 있지만 인류에게 여러 가지 재난을 가져올 수 있다는 것을 이미 인식하고 있다. 예를 들면 핵 기술은 인류에게 고효율의 청정한 새로운 에너지이기도 하지만 가장 무서운 전쟁 방식이기도 하다. 하지만 소프트 기술의 특징에서 언급했듯이 이러한 것에 대해 기술을 탓하는 것은 불공평하다. 하드 기술이 가져올 수 있는 축복 혹은 재앙은 모두 기술을 다루는 인류의 행위에 달려 있거나 하드 기술의 혁신을 조정하는 소프트 기술에 달려 있다고 할 수 있다. 모든 신기술은 긍정적인 가치를 개발함과 동시에 이 기술의 응용이 야기할 수 있는 폐단과 재난의 결과를 사전에 최대한 방지해야 한다. 따라서 모든 신기술과 신산업의 출현 및 발전은 구체적인 제도 혁신의 중요성을 제기한다. 바꾸어 말하면 어떤 새로운 기술, 바이오 테크, 로봇 기술, 원자력 기술, 유전자 기술, 문화 기술, 새로운 인공지능 서비스 기술 등의 응용과 산업화 과정은 관련 소프트 기술의 지원을 필요로 하기 때문에 소프트 기술 활동을 규범화해야 한다. 이런 기술 제도의 내용은 관련 하드 기술 전문가와 소프트 기술 전문가 간 공동 협력을 필요로 하며, 실행을 통해 귀납하고 논쟁함으로써 결론을 도출해야 한다.

문화 산업의 발전을 예로 들어 설명하면, 문화 기술은 이중적 가치를 지니고 있기 때문에 다른 모든 산업과 마찬가지로 문화 산업에 대해서도 회사법, 반독점법 등을 통해 규제해야 한다. 또한 저작권법은 문화 산업에 특히 관계되어 있으며 커다란 영향을 미친다. 문화 산업에서 출판물의 출판, 인쇄, 발행, 영화, TV, 라디오 프로그램의 제작 및 방영, 예술 프로그램의 창출 및 공연 등(즉, 문화 산업의 '생산품')은 모두 저작권법에 의해 보호를 받도록 되어 있기 때문이다. 또한 여러 국가에서는 문화 산업을 지켜내기 위한 법률이 마련되어 있다. 예를 들면 싱가포르는 '불법출판물법'[33]을 제정해 출판물의 내용을 제약·제한했다. 많은 국가들은 음란물, 폭력 등을 담은 서적 출판 및 프로그램의 제작과 전파를 금지하고 있다.

로봇 왕국이라 불리는 일본은 세계 공업용 로봇의 58%를 보유하고 있다. 이처럼 로봇의 놀라운 발전과 보급은 로봇 발전과 관련된 20여 개의 제도, 법규, 계획으로 보장받고 있다. 예를 들면 다음과 같다.

- 1992년부터 시작된 단기투자대출 촉진제도는 노동시간을 단축하고 노동 강도를 줄일 수 있는 설비에 투자하려는 업주를 장려하는 목적으로 시행된 제도로, 업주들은 일본개발은행과 홋카이도 동북개발기구로부터 장기저리의 대출을 얻을 수 있다.
- '특정기업혁신 추동 임시 조치법(사업혁신법)'에서는 "이 조치법의 조건을 만족시키는 공업용 로봇 사용자는 특별 상환 초저리 대출을 받을 수 있다"라고 규정하고 있다.
- 공업용 로봇과 그 응용 시스템의 보급을 촉진하는 무이자 대출 제도가 시행되고 있는데, 이는 제조자에게 기계 제조비와 상응하는 소프트 개

---

33   樂後聖, 『21世紀的黃金産業: 文化産業經濟浪潮』(中國社會出版社, 2000).

발 비용 등 필요한 무이자 대출을 제공해 로봇 제조자가 수준 높은 공업용 로봇과 그 응용 시스템을 개발하는 것을 장려하기 위함이다.

• 중소기업 노동 환경을 개선하는 기술 개발 계획, 중소기업 설비 현대화 자금 대출제도와 장비 대여 제도, 공업용 로봇 장비 대출의 이자 보상 제도, 공업용 로봇의 보조제도 등은 중소기업이 로봇 시스템을 도입하도록 장려해 노동환경을 개선하고 노동 상해를 방지하며 기업 경쟁력을 높이는 데 사용된다.

• 기계류 할부 및 대출금의 신용보험제도는 기계류의 할부 또는 대출 판매 방식을 통해 중소기업의 설비 현대화 및 경영 관리의 합리화를 촉진해 기계 공업을 진흥시키기 위한 제도이다.

• 손해보험회사(일본 국내 21개, 국외 24개)에는 로봇 보험 상품이 있는데, 보험 대상은 공업용 로봇 본체의 부위, 소프트웨어, 로봇의 외부 장비, 반제품 등이다.

• 로봇과 FA(공장 자동화)기술을 연구 개발하기 위해 과학기술센터와 초소형 기계센터를 설립했다.

2002년 비즈니스업계를 뒤흔들었던 엔론의 파산과 이 사건과 관계된 아서 앤더슨 자문회사의 관계는 회사제도와 회계제도의 혁신 필요성을 설명할 뿐 아니라 신속하게 발전하는 거대한 정보 서비스업에 관련 소프트 기술의 혁신과 제도 혁신의 전면적인 필요성을 제기한다.

(5) 기술 제도를 설계·평가·수립·실시하는 과정은 아주 복잡하다. 과학 연구, 기술의 기초연구, 응용연구, 기술개발, 사업화의 각 단계는 모두 제도 가 필요하다. 기술 제도의 난이도와 복잡성, 특히 제도윤리 측면의 도전과 영역을 뛰어넘는 제도 설계, 그리고 다른 단계의 제도는 상호 견제할 수 있

다. 예를 들어 유전자 기술은 의학발전이나 인류건강과 관련해 낙관적인 전망을 제시하고 있는데, 동시에 유전자 기술이 윤리 및 사회 안전에 초래할 수 있는 위험성은 매우 가공할 만한 것이며, 또한 그것이 법률에 제기하고 있는 도전은 전례 없는 수준이다. 유전자 관련 입법과 사법적 실천 또한 국제법, 각국의 정치제도, 법률체계, 경제발전 정도, 문화배경 등과 관련 있다.

생명과학, 특히 인류게놈 측면의 획기적인 연구 성과에 따라 각국은 생명윤리와 인권 보호 문제에 관한 연구를 강화하고 있다. 미국은 1970년부터 생명과학과 의료 규제 시스템의 기본적인 틀을 마련하고 관련 연구 기구와 관련 제도, 예를 들어 국가보건연구소의 DNA 재조합 자문위원회, 대통령 산하 생명윤리 자문위원회, 인류게놈 연구의 윤리·법률·사회 문제를 둘러싼 연구 계획, 제도심사위원회 제도 등을 연속해서 수립했다.

이들은 미래의 생명과학과 기술 사업을 발전시키기 위해 선도적으로 소프트 기술을 연구하고 관련 제도의 혁신을 준비하고 있다. 이를 위한 2001년 예산은 188억 달러로 2000년에 비해 5.6% 증가했다.

유전자 이식 생물의 안전 측면에서 각국 정부와 국제조직은 입법 수단을 통한 관리를 매우 중시하고 있다. 기술 수준, 경제 이익, 문화 배경, 사회 수요 정도가 다르기 때문에 각국은 각기 다른 관리 모델을 만들었다.

비록 중국이 최근 이 부분에 대한 연구를 중시하기 시작했지만 총체적으로 유전자 기술 응용에 대한 소프트 기술 연구 수준, 특히 제도 수립에서의 격차는 아주 커서 유전자 기술에 대한 연구·개발·응용·산업화와, 유전자 자원을 이용·보호하는 측면의 시스템적 법률·법규 및 기타 관련 제도에 대한 연구가 부족하다. 유전자 자원 보호와 관련된 입법이 지연되고 있기 때문에 중국은 일종의 생명체 신분증에 해당하는 유전자지도 중의 일부를 보호하지 못하고 있는 실정이다. 한 외국기구가 '건강 프로젝트'를 돕는다는 미명 아래 속임수를 써서 중국에서 한꺼번에 1만 개 이상의 혈액샘플을 가져갔으며, 중국인의 천식병 유전자 역시 다른 사람이 특허를 신청했다. 이는 소프트 기술과 기술 제도에 대한 선도적인 연구의 부재로 인해 국가 이익에 거대한 손실을 입은 사례로, 유전자 자원이 부로 환원될 기회를 놓쳤을 뿐만 아니라 재생이 불가능한 유전자 연구 자원을 잃어버린 것이다.

(6) 기술 표준은 한 나라의 기술 발전 수준을 대표하고 산업 발전에 영향을 주는 가장 광범위한 기술 제도이다. 누가 관련 기술 표준의 제정권을 갖느냐, 누구의 기술이 표준이 되느냐에 따라 시장의 주도권을 달라진다. 만약 과거의 기술 표준이 제품 부품의 통용과 호환 문제를 해결했다면, 현재의 기술 표준은 이미 비관세 장벽의 주요 형식이 되었다. 오랫동안 중국의 국제표준화 업무는 낙후되어 수입 제품에 대해 거의 기술 장벽을 언급하지 않았다.

다른 측면에서 보자면 중국은 2000여 년의 역사 경험, 30여만 개의 고전적인 처방, 6500개 제약회사로 구성되는 한약제조업을 가지고 있는데 왜 국제 한약 시장에서 단 3%의 점유율만 차지하고 있을까? 그 중요한 원인은 중국의 한약이 재배부터 생산까지 각 단계의 표준이 부족하기 때문이다. 비슷한 문제가 중국 식품, 도자기, 피혁, 연초, 채소, 가전제품, 장난감 등 이른바 친환경 장벽에도 영향을 주어 거대한 손실을 입었다. 그런데 이러한 핵심 기술은 일반적으로 소프트 목표의 실현에 응용되는 하드 기술을 형성한다.

제약업과 마찬가지로 기술 표준 또한 외국인이 제정하고 중국인은 이를 단지 집행하고 있을 뿐이다.[34] 톈진(天津)의 톈스리그룹(天土力集團)이 처음으로 제기한 한약업 GEP(Good Extracting Practice) 표준은 한약 시스템의 특성에 따라 보충한 '최적화된 추출 표준'이다. 이는 또한 국제 제약업에서 처음으로 중국이 제정한 게임 규칙이다.

---

34   "GEP: 中國人制定游戲規則", ≪科技日報≫(2001.12.10).

4. 소프트 기술과 시스템 구조의 혁신

우리는 왜 혁신 시스템을 연구해야 할까? 우선 첫째, 혁신과정이 부가가치를 창조하는 과정이라면 어떤 경로를 통할 것인지, 무엇을 혁신의 주체로 할 것인지, 어떤 대상에 대해 부가가치를 창조하는 활동을 할 것인지를 분명히 하는 것이 관건이기 때문이다. 이것이 바로 혁신 시스템 구조적 틀을 연구하는 주요 목적이다.

둘째, 앞에서 언급했듯이 혁신 활동의 본질은 소프트 기술을 응용하는 것인데, 여기에는 새로운 소프트 기술의 응용과 새로운 환경 또는 새로운 대상에 대한 현존하는 기술의 응용이 포함되기 때문이다. 한 측면에서 소프트 기술은 집합성과 통합성을 특성으로 갖고 있기 때문에 단일한 소프트 기술은 제대로 역할을 발휘하기 어려우며, 소프트 기술의 성공은 종합적인 운용을 특징으로 한다. 반대로 하드 기술의 혁신, 산업 혁신, 제도 혁신은 모두 소프트 기술을 통해 서로 연계되어 하나의 시스템을 형성한다(〈그림 4-6〉 참조). 따라서 혁신 시스템 연구는 각 요소가 어떻게 운용되고 상호작용하는지를 분명히 하는 것이다.

그런데 표준, 관점, 수준(국가, 산업, 기업 등)에 따라 다양한 혁신 시스템을 구축할 수 있다. 다음에서는 주로 혁신 경로, 혁신 활동 주체, 기업 수준에서의 혁신을 예로 들어 새로운 혁신 시스템에 대해 알아보려 한다.

1) 혁신 경로와 기술 혁신 시스템의 프레임

부가가치를 창조하는 경로와 대상은 다양한 시각에서 살펴볼 수 있다. 예를 들어 경쟁력의 근원, 혁신의 공간, 소프트 기술의 기능, 국가 종합 능력, 혁신 주체 등이 그것이다. 혁신 경로와 대상에 따라 구성되는 광의의 혁신 시스템 구조[35]는 하드 기술 혁신, 소프트 기술 혁신, 하드 산업의 혁신, 소프트 산업의 혁신, 환경 혁신, 소프트적 자본과 하드적 자본의 혁신을 포함한다. 이는 기술 혁신 시스템 프레임의 6대 영역이며 6대 영역 간의 상호 축적과 혁신을 추가해 이른바 6+1의 모델을 형성한다.

〈그림 4-6〉에 표기된 각 숫자가 의미하는 상호 연관성을 요약하면 다음과 같다.

① 환경 혁신의 필요성을 제기하고 소프트 환경에 근거와 내용을 제공하며, 하드 기술을 위한 혁신 환경을 만들어낸다.

② 환경 혁신의 필요성, 근거, 내용을 제기하고 소프트 자본의 혁신을 위한 조건을 제공한다.

③ 소프트 기술의 제도화 및 제도 혁신의 필요성을 제기하고 소프트 환경 혁신을 위한 근거와 내용을 제공하며, 소프트 기술을 위한 혁신 환경을 만들어낸다.

④ 환경 혁신의 필요성, 근거, 내용을 제기하고 하드 자본의 혁신을 위한 환경을 제공한다.

⑤ 지식의 창조, 갱신에 필요한 제도와 문화 환경을 만들어내고 환경 혁신의 필요성을 제기한다.

⑥ 혁신 도구를 제공하고 혁신 효율을 서로 제고시킨다.

⑦ 유형의 해결 방안을 제공하고 혁신을 통합하는 자원을 제공한다.

⑧ 무형의 해결 방안을 제공하고 혁신을 통합하는 자원을 제공한다.

⑨ 경쟁력을 제고하고 혁신을 통합하는 자원을 제공하며 혁신 필요성을

---

35   Jin Zhouying, *Global Technological Change: From Hard Technology to Soft Technology* (London: Intellect Books, 2005).

그림 4-6 | 혁신 경로에 근거한 기술 혁신 체계의 틀

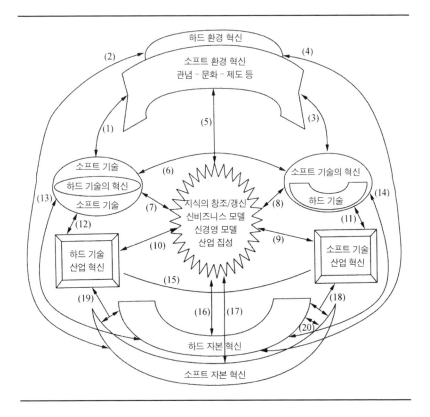

제기한다.

⑩ 위와 같다.

⑪ 핵심 기술을 제공하고 생산율을 제고하며, 시스템적 향상과 확장을 실현하고 혁신과 통합을 위한 자원을 제공하며, 혁신 필요성을 제기한다.

⑫ 위와 같다.

⑬ 하드 기술 혁신의 자원과 혁신 필요성을 제공하고 자본 혁신의 수단과

방법을 제공한다.

⑭ 소프트 기술 혁신의 자원과 혁신 필요성을 제공하고 자본 혁신의 수단
　과 방법을 제공한다.

⑮ 산업에서의 혁신과 통합을 위한 자원, 수요, 조건을 서로 제공한다.

⑯ 자본 혁신의 필요성을 제기하고 혁신을 집성하는 자원을 제공한다.

⑰ 위와 같다.

⑱ 혁신의 원천과 조건을 제공하고 자본 혁신의 플랫폼을 제공한다.

⑲ 위와 같다.

⑳ 혁신 조건과 혁신 필요성을 서로 제공한다.

〈그림 4-6〉에서 보여주듯, 전체 6대 영역에서 하드 기술 혁신 및 하드 산업의 혁신 영역을 제외한 나머지 4대 영역은 상대적으로 소프트 영역에 속한다고 할 수 있다. 따라서 설령 하드 기술 혁신 및 하드 산업의 혁신 영역에서 '하드'를 주체로 하는 두 영역이라고 해도 앞에서 언급했듯 소프트 기술은 혁신 수단이며 소프트 환경은 혁신의 기초이자 조건이다.

사람들이 하드 기술에 대해서는 비교적 익숙하기 때문에 다음에서는 소프트 기술과 관련된 몇 개 영역을 중점적으로 다루도록 하겠다.

(1) 소프트 기술과 하드 기술 자체의 혁신

하드 기술 혁신은 하드 기술을 둘러싼 전환 과정으로, 유형 제품의 소프트 기술 조작을 중심에 놓고 이루어진다. 반면 소프트 기술 혁신은 새로운 소프트 기술의 발명, 창조와 응용, 그리고 소프트 기술의 기술 전환 과정에서 창조한 가치를 둘러싼, 즉 무형제품의 소프트 기술 조작을 중심에 놓고 이루어진다. 주의할 것은 하드 기술의 혁신이 소프트 기술과 떨어져서 독립적으로 이루어지기는 불가능하다는 것이다. 즉, 하드 기술의 혁신은 소프트 기술이

라는 수단과 도구에 의존해야 한다. 소프트 기술을 혁신하려면 사람의 사유 모델과 행위 방식을 혁신해야 하기 때문에 정책, 규제, 기제, 체제의 혁신으로 파생되곤 한다. 동시에 발전하는 하드 기술은 소프트 기술 혁신의 효율을 제고하는 중요한 수단이므로 컴퓨터 기술이 전략적인 추적 관리 시스템에 가시화 수단을 제공하는 것과 마찬가지로 각종 해결 방안을 수치화·가시화·유연화한다. 소프트 기술과 하드 기술의 통합 혁신에는 무한한 여지가 있다.

이 책의 제1장에서 소프트 기술을 분류하면서 6대 지식 원천, 8대 조작 자원을 언급한 적이 있는데, 모든 영역과 자원은 혁신을 위해 새로운 목표, 새로운 내용, 새로운 공간을 제공함으로써 무궁무진한 새로운 소프트 기술, 신방안, 신산업, 신시장, 새로운 취업기회를 창조해 내며 경제와 사회 발전을 위해 매우 풍부한 원천을 제공한다. 중국의 많은 회사들은 사업 기근에 시달리고 있다. 그리고 중국의 서부대개발계획에서 추진 중인 각 성·시의 경제 발전전략규획에도 사업 기근과 비슷한 현상이 많은데 하이테크 산업의 가속화를 강조하고 여행업, 생물자원 개발, 전자정보 산업, 차량 등을 주요 산업으로 지정한다. 이는 중국의 서부대개발 관련 정책 결정자에게 경제 사회의 발전을 계획하는 데서나 기업을 시작하는 데서 모두 사고방식 차원에서의 사각지대가 존재하며, 창업 마인드가 여전히 하드적 기술 사업만 이윤을 확보할 수 있다는 공업 경제 단계에 머무르고 있다는 것을 보여준다.

(2) 산업 혁신

여기서 산업 혁신이란 신산업의 형성, 전통 산업의 개조 또는 업그레이드를 가리킨다. 점점 더 많은 소프트 기술이 하드 기술과 같이 핵심 기술로서의 다양한 신산업을 형성하고 있다. 마찬가지로 하드 기술 산업의 혁신 역시 소프트 기술과 뗄 수 없다. 왜냐하면 하드 기술을 핵심으로 하는 신산업의 형성 과정이 실제로는 하드 기술을 응용하는 과정이기 때문이다. 주의해야 할 것은 정보 기술의 발전에 따라 네트워크 산업, 전자상거래, 소프트웨어 산업, 생태산업, 건강 산업 등 소프트 기술과 하드 기술을 통합한 산업이 나타났다는 것이다.

(3) 환경 혁신

환경 혁신은 소프트 환경 혁신과 하드 환경 혁신을 포함한다. 환경 혁신 가운데 하드 환경 혁신과 관련된 부분은 모두에게 익숙하다. 소프트 환경의 혁신과 관련된 내용은 제3장 및 이 장의 3절 '소프트 기술과 제도 혁신'을 참고하기 바란다.

(4) 통합 혁신 관련

〈그림 4-6〉에 번개 모양으로 표시된 부분은 다양한 지식의 창조와 갱신, 비즈니스 모델의 혁신, 경영 모델의 혁신 등을 대표한다. 통합 혁신은 소프트/하드 기술 간, 소프트/하드 환경 간, 소프트/하드 자본 간 등 모든 영역에 존재한다.

- 지식의 창조와 갱신: 앞에서 열거한 소프트 기술의 6대 지식 원천과 지식의 끊임없는 창조, 생산 및 갱신은 새로운 기술을 창출해 낼 것이며, 거꾸로 신기술의 발명과 기술 혁신 역시 인류의 지식창고를 끊임없이 풍부하게 만들 것이다.
- 비즈니스 모델: 각종 비즈니스 기술이 통합된 결과이다(제2장 및 제5장 참조).

2) 혁신 활동 주체와 기술 혁신 시스템

혁신 주체의 관점에서 보면 기술 혁신 시스템은 기업, 대학과 과학연구소,

사회적 기업, 사회단체, 협회와 기타 비영리 조직, 정부, 개인 또는 소비자 등으로 구성되어 있다. 이들 주체는 기술 혁신에서 모두 불가결한 지위와 역할을 가지고 있다.

(1) 기업

기업은 기술 혁신의 핵심이다. 왜냐하면 기술 혁신은 기술이 사용자에게 응용되는 과정이고 절대 다수 기술의 경제 가치와 사회 가치는 기업이라는 경제 실체를 통해 실현되기 때문이다. 하지만 기업을 진정한 기술 혁신의 주체로 삼기 위해서는 개방적이고 법제화된, 평등하고 질서 있는 시장경제라는 대환경과 합리적인 경제 기제를 수립하고 이를 건전하게 만드는 것이 관건이다.

(2) 비정부 조직과 사회적 기업

이들은 정부와 시장을 협력시키는 역할을 할 뿐만 아니라 사회 시장에서 중요한 사회자원으로서 사회 기술의 경제 가치와 사회 가치를 실현시키는 매개 역할을 하며 이른바 사회 산업(social industry)의 중요한 부분을 형성한다. 특히 나날이 주목받고 있는 사회적 기업(social enterprise)은 사회 시장을 번영시키고 사회를 안정시키고 전체 국민의 혁신 열정을 격려하고 제3섹터의 경제역량을 강화하는 등의 측면에서 정부 또는 전통 기업이 할 수 없는 중요한 역할을 한다.

(3) 정부

정부는 혁신 과정에서 비시장주체로서 다음과 같은 역할을 한다. 첫째, 환경을 창조하고 시장을 양성한다. 여기에는 기술 혁신과 산업화를 장려하는 발전 전략을 제정하며 제도, 정책, 법률을 제정·감시 감독하는 것도 포함

그림 4-7 | **산업 집성**

하드기술 \ 산업	농업	공업	첨단기술 엔지니어링	시설 서비스	......
농업 기술					
전자 기술					
재료 기술					
에너지 기술					
바이오 기술					
자동차 기술					
환경보호 기술					
......		**하드성 산업**			

산업 집성

소프트웨어 네트워크 / 전자 비즈니스

소프트기술 \ 산업	지적 서비스	문화 산업	사회 산업	생명 산업	......
비즈니스 기술					
문화 기술					
군사 기술					
사회 기술					
체험 기술					
생명 소프트 기술					
생태환경 기술			**소프트성 산업**		

된다. 둘째, 교육과 양성을 통해 국민 자질을 제고하고 각 측면의 인재를 양성하며 혁신에 적합한 문화 분위기를 만든다. 셋째, 체제 개혁을 심화해 국가급 혁신 시스템을 수립하고, 정부의 권위를 이용해 각 혁신 주체 간의 관계를 조율하며, 국가 간, 기업 간, 정부 - 사회 - 산업계 - 과학 기술계 간 협력 기제를 촉진하고, 기업계, 과학계, 금융계의 연합을 촉진한다. 넷째, 직접투자를 통해 혁신의 방향을 이끌며, 유망하고 전략적인 기술 혁신을 지지한다. 그 예로 대형 기술 연구 개발 계획을 조직·시행하거나 또는 중대한 기술의 연구 개발에 직접 투자하는 것을 들 수 있다. 다섯째, 국가 간의 경쟁에서 본국의 기술을 지키는 책임을 부담한다.

(4) 대학과 연구소(특히 산업 관련 연구소)

대학과 연구소는 20세기 이전 혁신의 주요 근원이 개인 발명가나 기업가에게 의존했던 상황을 변화시켰다. 지식과 기술의 생산, 축적과 전파의 주요 기구로서 기술 혁신에서 기술을 공급하는 역할을 하고 있다.

(5) 창업가

전문적인 연구에 따르면,[36] 20세기 전반기에는 공업실험실이나 연구소가 혁신에 중요한 기술원을 제공했지만 개인 발명도 혁신의 중요한 출처였다. 1900년부터 1950년까지 70여 개의 주요 발명 가운데 절반 이상이 개인 발명가가 발명한 것이었다. 소소한 발명에 대한 조사에서도 대체로 같은 결과였다. 인터넷의 발전으로 개인과 기업 간의 거리가 축소되는 반면 고객과 기업 간의 관계는 더욱 밀접해졌다. 더 많은 사람들이 자신을 위해 일하며, 자신의 가치를 드러내기 위해 시장에서 직접 자신의 제품을 프로모션한다. 개인의 창조성, 혁신 욕망과 동기가 기술 추동력의 중요한 부분이 되었다. 개인은 점점 더 중요한 혁신의 원천이 되고 있으며, 심지어 어떤 이는 미래 사회는 개별 노동자의 시대가 될 것이라고 말한다. 매우 활기찬 무수한 과학기술 소기업은 이렇게 해서 생겨난 것이다. 이로 인해 현재 상업계는 고객 혁신을 중시하고 있으며 창조적인 기업가와 고도의 지식을 갖춘 인재는 그 자체로 기업의 중요한 재산이자 기업의 혁신 능력을 대표한다.

주의할 것은 이 주체들은 고립되지 않고 상호 의존하고 상호 촉진하며, 상호 제약하고 상호 연동한다는 점이다. 유효한 국가기술 혁신 시스템은 개방적이고 국제적인 혁신 환경과 연결되어야 하며 세계화와 보조를 맞춰야 한다. 일부 부서의 하이테크 연구 발전 전략에 대해 해외의 화교 전문가가 평가한 연구에 따르면, 가장 큰 문제는 하이테크 연구 발전 전략이 국제적인

---

36   John Jewkes, David Sawers and Richard Stillerman, *The Sources of Invention*, Second Edition(London: Macmillan, 1968).

과학 기술 경쟁과 연결되어 있지 않다는 것이었다. 그 원인은 관련 정보가 불충분하다는 사실 외에 장기간의 폐쇄적인 사고방식 패턴에서 찾을 수 있는데, 이것은 연구자를 계속해서 한쪽으로 치우치도록 만들었다. 우리는 국내 및 국제 시장을 지향해야 하고, 국내와 국제 두 가지 측면의 인재, 기술, 자본, 자연 등의 자원을 이용하고 공유해야 한다. 또한 제도 혁신 측면에서 국제 동향과 접목되어야 한다.

3) 중국 기술 혁신의 강점과 약점

다음에서는 중국 기술 혁신 시스템의 강점, 장애, 도전을 분석하려 한다. 먼저 중국의 기술 혁신 시스템이 지닌 주요 강점은 다음과 같다.

① 국가 수준에서 자원을 동원하는 능력이다. 중국은 장기적이고 국가의 지와 이익을 반영하는 거대한 목표를 실현하는 능력이 비교적 뛰어난데, 이는 사회주의 제도의 강점 때문이다. 상대적으로 권력이 집중되어 있는 체제는 ─ 이러한 체제는 비록 다음 단계의 제도 개혁에서 중점 대상이긴 하지만 ─ 중앙 정부가 항공우주 사업과 같은 큰 사안에 자원을 동원·통제하는 데 유리하다. 전체 규모의 측면에서는 강점을 갖고 있지만 1인당 평균으로 환산할 경우 가용 자원의 규모가 적은 (개발도상 중인 인구 대국인) 중국의 견지에서 볼 때, 이는 거시적 차원의 혁신 목표를 실시하는 능력을 담지하는 것이기에 매우 중요하다.

② 지속적인 개혁·개방 정책으로 중국인의 잠재력은 개방되었을 뿐 아니라, 부단한 제도 개혁으로 혁신 환경이 나날이 완전해지고 있다. 현재 인재 이동이 자유로워 중국 내 거의 대부분의 다국적 기업이 연구 기구를 설립하고 있다. 그리고 많은 젊은이들이 유학을 하고 있으며 점점 더 많은 이들이

중국으로 돌아와 창업하기를 희망한다.

③ 풍부한 인적 자원, 특히 중국의 수준 높고 저렴한 인재 자원은 미래 혁신의 커다란 잠재력이다. 국외 투자 역시 낮은 노동 원가의 강점을 중시하던 데서 풍부한 인재자원의 강점을 중시하는 것으로 전환하고 있다.

④ 중국의 풍부한 문화 자원은 시급한 개발과 혁신을 요하는 무한한 보고이다.

중국기술 혁신 시스템의 약점과 장애 요인은 다음과 같다.

① 체제 문제이다. 체제 개혁과 행정 개혁이 경제 개혁에 뒤처져 있다. 예를 들어 권력이 과도하게 집중되어 있으며 기술 혁신의 표현이 국가자원의 분배, 투자방향 등 위에서 아래까지 통제하는 행정관리 시스템에 포함되어 있다. 또한 혁신의 주체 측면에서 정부자원을 중시하는 반면 사회자원, 기업자원 및 수많은 개인자원은 경시하고 있다. 또한 대기업을 중시하고 중소기업의 혁신은 경시한다.

② 사회 개혁이 경제 개혁에 뒤처져 있고 각종 사회제도가 불완전해 사회의 혁신 분위기와 혁신 능력에 영향을 주고 있다. 특히 사회 자본에 대한 인식 및 사회 자본의 부작용을 해결하기 위한 방안이 부족해 중국의 풍부한 사회자원이 지닌 잠재적 가치를 개발하거나 응용하지 못하고 있다.

③ 교육 체제 문제이다. 교육 개혁이 지체되어 근본적으로 국민의 혁신 능력에 영향을 주고 있다.

④ 관념과 인식의 낙후이다. 이를 구체적으로 논하자면 첫째, 유형의 혁신 원천과 경로를 과도하게 중시하는 반면, 소프트 기술 혁신, 소프트 환경 혁신, 특히 기술 제도 혁신은 경시하고 있다. 이로 인해 혁신을 장려하고 보호하는 조치를 포함한 하드 기술 혁신을 위한 우수한 환경을 조성할 수 없

다. 둘째, 지적 자본을 그다지 존중하지 않고 있다. 근래 그 중요성을 점차 인식하고 있긴 하지만 여전히 자연과학과 하드 기술의 지적 자산을 중시하는 데 머무르고 있으며, 비자연과학과 소프트 기술에서 오는 지적 자산은 경시하고 있다. 셋째, 국외의 새로운 사상, 신개념, 신기술은 중시하면서 국내 전문가의 새로운 사상, 신개념, 기술은 경시하고 있다.

⑤ 기업이 아직 혁신의 주체가 되지 못하고 있다. 기업의 R&D에 대한 기업의 투자는 상당히 제한적인데, 민영 기업과 중소기업 또한 각각 국유기업과 대기업에 비해 혁신을 그다지 중시하지 않고 있다.

⑥ 개인의 혁신을 중시하거나 지지하지 않고 있다. 이는 개혁·개방 이전에 중국의 혁신 능력이 발전하지 못했던 중요한 원인이다. 오랫동안 좌파적 사상이 지배해 온 영향으로 많은 중국인의 머릿속에는 개인혁신과 개인영웅주의, 주제넘게 나서기는 동의어로 자리 잡고 있다. 경제 세계화와 지식화 시대에 개인은 중요한 혁신의 주체가 되었다. 가장 중요한 자원인 인재 역시 전 세계적으로 혁신에 가장 유리한 방향으로 움직인다. 심지어 중국 특유의 단위제 역시 점차 약해지고 있다. 개인과 기업이 함께 발전할 수 있는 인재 기제를 만들지 않으면 구호와 정신적인 격려만으로는 인재를 유인하거나 모집하거나 양성할 수 없다.

⑦ 혁신을 창조하는 분위기 및 서로 나누는 문화가 부족하다. 사회 분위기상 배금주의가 성행하고 지식재산권에 대한 존중이 부족하다. 학술 분위기상 천박한 학풍 및 상업을 숭상하는 분위기가 학계를 침식하고 있으며, 많은 학자들이 약간의 성과를 올리기만 하면 정부의 관리가 되고자 노리고 있다.

앞에서 언급한 강점과 약점을 광의의 기술 혁신 시스템 틀의 각 요소와 대조해 보면, 중국이 지닌 강점과 약점 모두 소프트의 혁신 원천과 수단 측면에서 두드러진다는 것을 발견할 수 있다. 중국의 혁신 능력을 강화하는 핵심은 소프트 기술, 소프트 환경, 소프트적 자본의 혁신 능력이라고 할 수 있다.

5. 혁신과 기업 경쟁력

이 절에서는 소프트 기술, 소프트 환경, 소프트적 자본과 지속발전의 측면에서 우리의 시고를 확징해 전통적인 기업관리에서 자주 보는 기업의 사업 전략, R&D 전략, 제품 전략, 조직 전략, 인재 전략, 시장 전략, 기업 문화 등의 과제를 재해석해 보고자 한다.

기업의 입장에서 보면 혁신은 기업의 경쟁력을 제고하기 위한 것으로, 각종 경로를 통해 기업의 부가가치를 창조한다. 이른바 각종 경로에는 신사유와 신기술을 응용하는 과정, 신제품, 신전략, 신공법을 응용하는 과정, 비즈니스 프로세스, 새로운 비즈니스 모델, 새로운 조직, 새로운 해결 방안, 새로운 서비스 방식, 새로운 시장 등의 과정이 포함된다.

기술과 혁신 시스템을 재해석하면 상술한 기업혁신의 경로, 공간, 대상과 내용이 크게 확장된다. 뒤에 나오는 〈그림 4-8〉에서 보듯 소프트 기술은 기업혁신 시스템에서 신경중추와 같아서 각종 혁신 활동은 실제로는 모두 그 목적과 영역을 서로 달리하는 기술 혁신이다.

1) 전략 혁신: 사업 개척으로 기업의 생명주기 연장

기업 성공의 관건은 정확한 발전 전략을 세우는 것이다. 그리고 더욱 중요한 것은 기업경영자가 시대의 발전과 시장환경의 변화에 따라 적시에 회사의 경영 사상과 발전 전략을 조정하거나 전환하는 것이다.

(1) 전략과 미래 연구

기업이 장기 발전 전략을 세우기 위해서는 글로벌한 시야를 가져야 하며 미래 지향적인 연구를 기초로 삼아야 한다. 중대한 결정이 실패하는 대다수의 이유는 장기적인 시각에서 연구의 기초를 세우지 않았기 때문이다. 미국의 미래연구소(The Institute for the Future: IFTF)와 P&G 간의 다년간의 협력 실행은 회사와 관련된 영역의 미래 연구를 적극적으로 수행하는 것이 기업에 큰 이익을 가져온다는 것을 증명했다.[37] 1996년 IFTF는 바이오 기술이 점점 더 중요해질 것임을, 그리고 전혀 새로운 방식으로 정보 기술과 서로 결합할 것임을 예측했다. IFTF는 이 미래 전망을 P&G의 글로벌 리더십 위원회에 제공했고 바이오 기술이 P&G의 많은 제품에 더욱 중요해질 것이라고 설명했다. P&G의 12명의 고위 경영진은 바이오 기술 결정과 관련한 전문 지식을 보유한 사람이 없음을 알고 바이오 기술 관련 역방향 지도 계획을 세웠으며 젊은 생물학 박사들을 초빙해 1년 동안 매월 한 차례 교육을 실시했다. 그 결과 이 고위 경영진의 생물학 지식은 일취월장했다. 비록 이들은 생물학 전문가가 된 것은 아니었지만 이 새로운 영역의 상업적 의의를 확실하게 이해했고 회사의 미래 발전을 위한 많은 영감이 쏟아져 나왔다.

1년 후 P&G는 하나의 바이오 기술 관련 전략을 내놓았다. 현재 P&G에서 출시된 많은 제품, 특히 세정제와 샴푸는 모두 이 전략의 결과이다. 이는 하나의 통찰력이 행동으로 이어진 완전 순환의 사례이다. 바이오 기술이 P&G 제품에 중대한 영향을 미치리라는 것을 알았다는 점에서 선견지명이 있었고, 이 새로운 과학 기술 영역을 기반으로 정확한 사업적 결정을 할 수 있는 전문 지식을 가지고 있지 않음을 경영진이 알았다는 점에서 통찰력이 있었으며, 바이오 기술 관련 역방향 지도 계획을 세워 고위 경영진을 위해

---

37   Bob Johansen, *Getting There Early*(Berrett-Koeher Publishers, 2007).

젊은 과학자를 교사로 준비했다는 점에서 행동력이 있었다. P&G가 채택한 진취적인 행동은 바로 바이오 기술 전략을 제정한 것으로, 이는 이미 P&G의 여러 제품에 적용되고 있는 전략 가운데 하나이다. 선견은 통찰력을 불러일으킬 수 있고, 통찰력은 행동을 유발할 수 있으며, 행동은 실행을 통해서만 배울 수 있는 교훈을 드러나게 하고 반복된 실수를 예방하며 미래를 드러나게 한다. 이것이 바로 미래연구소 총재였던 밥 요한센(Bob Johansen)이 언급했던 것처럼, 한 기업이 미래 연구를 선도함으로써 기선을 제압하는 전략이다.

(2) 현장 밖에서 직접 영감을 찾는 기업가

경영자와 관리자는 자주 현장 밖으로 나가야 한다. 대다수 기업의 지도자들은 성과 발표회, 프로젝트 간담회, 투자유치회 등에 참석하기를 원한다. 그들은 이를 통해 사업 기회 및 아이템을 찾을 수 있다고 보며, 이를 자신이 해야 할 일이라고 간주한다. 만약 기업의 지도자가 세계 포럼이나 국제미래연구 포럼에 참가한다면 시간 낭비이자 탁상공론이라고 여길 것이다. 대형 국유기업의 경우 상급기관이라고 해도 기업 지도자가 이를 위해 출국하는 것을 비준하지 않을 것이다. 선마이크로시스템즈 연구부의 책임자인 존 게이지(John Gage)는 선마이크로시스템즈는 10년 동안 사람을 파견해 각종 포럼에 참가시켰는데 그 목적은 외부에서 혁신의 영감을 찾는 것이었다고 말했다. 이러한 포럼이 기업에 어떤 해결책, 구체적인 실행 방안, 프로젝트 및 수행 과제 등을 제공해 주지는 않는다. 하지만 각종 창조적인 인재, 즉 성공한 기업가, 노벨상 수상자, 시인, 예술가, 음악가, 과학자, 사회학자, 경제학자와 함께 모여 어떤 주제에 대해 자기의 관점과 성과를 발표하는 것은 창조적인 사상과 미래에 대한 견해를 공유하는 것이다. 기업가는 자신의 기업과 관련 없는 사람들과 교류하는 방법을 배워야 한다. 그런 가운데 새로운 시장, 신제품, 새로운 서비스, 새로운 조직방식, 새로운 사업에 관한 영감을 찾을 수 있다. 또한 기업가는 아래 직원의 보고에만 의지해서는 안 되며 자기 영역의 전략적 전문가가 되기 위해 스스로 노력해야 한다.

(3) 하이테크에 대한 잘못된 인식에서 벗어나 소프트 산업에 진입하기

많은 사람들이 신경제의 핵심 산업이 하이테크 산업 또는 정보 산업이라고 여기는데 이는 잘못된 생각이다. 나는 유망한 하이테크 사업을 소개해달라는 기업가들을 자주 만난다. 새로운 시장 환경에서 기업은 스스로의 강점과 가능성에 근거해서 포지셔닝해야 한다.

개혁·개방 이래 다국적 기업은 풍부한 기술과 자금력, 선진적인 프로모션 방식으로 중국의 하이테크 시장을 거의 다 석권했다. 협력과 합자라는 명의로 중국의 브랜드를 모두 집어삼킨 것이다. 예를 들어 중국 내 승용차 시장은 합자기업들이 분점하고 있으며, 이전의 유명 브랜드였던 상하이(上海)는 더 이상 존재하지 않고 홍치(紅旗) 역시 고군분투하고 있다. 동시에 중국이 물질생산에 집중하고 전력을 다해 세계의 공장이 되려는 이 시기에 선진국은 금융, 보험 등 고부가가치 산업의 각종 서비스 기술을 이용해 중국에서 이익을 취하고 있다.

현재 중국은 이동통신 등의 많은 하이테크 시장을 잃고 있으며, 하이테크 영역에서 외국기업에 시장과 인재를 뺏기고 있다. 선진국의 기업은 새로운 비즈니스 방식과 명분으로 중국의 최후 보루를 점령해 서비스 시장 역시 차츰 잃어가고 있다. 세계 최대의 몇몇 자문회사는 중국에 진출해 중국 기업에서 많은 돈을 벌고 있다. 소매업 영역의 다국적 기업은 새로운 비즈니스 모델이라는 이름하에 슈퍼, 체인점, 구매센터, 편의점, 할인점 등의 방식으로 대거 중국 시장에 진출했다. 2009년까지 프랑스 까르푸는 중국의 43개 도시에 145개 대형 매장을 개설했으며 사업이 크게 번창했다.

혁신 사업을 창업하고 싶지만 하드 기술 영역에 익숙하지 않은 민영 기업가들은 소프트 산업에 참여해 정보 서비스 관련 산업, 문화 산업, 사회 산업 같은 영역의 기업가가 되거나 기업제품의 시장 및 고객과 연계해 사업을 서비스 산업으로 전환하는 방법을 고려해야 한다. 자신의 독특한 장점을 이용한다면 정보 서비스업에서 분명 큰 공간이 열릴 것이다.

(4) 냉정한 사고와 실사구시 견지하기

기업가로서 먼저 배워야 할 것은 장기 목표와 현실을 서로 결합시키는 것이다. 기업은 이윤 목표를 책정할 때 시장성을 가지고 있거나 개발 역량이 허용되는 생산품을 고려해야지, 높은 수준의 기술을 억지로 추구해서는 안 된다. 아울러 이를 응용하는 데서는 높은 수준 및 새로움, 높은 부가가치를 강조해야 한다. 장기적인 관점에서 보면 미래의 고부가가치 제품이 현재의 하이테크에서 나오는 것은 아니다(제5장 참조).

산업경쟁력 수준에 비추어 볼 때, 중국은 경제의 세계화와 지식화 추세 속에서 앞으로 상당 기간 동안 국제산업 분업에서 상대적으로 뒤처진 생산국에 머무를 것이며, 새로운 기술 및 실용기술의 연구와 응용은 다수 기업, 나아가 다수 연구 기구에서 일종의 기조가 될 것이다. 하이테크가 발전하는 열풍 속에서 다수 기업, 특히 중소기업은 기술 응용과 본토 기술의 응용을 장악해야 한다. 모든 개발도상국은 각기 자국만의 장점이 있다. 예를 들어 외국기업은 중국 시장에서 중국의 문화, 사회 시장, 판매 네트워크, 인적 네트워크, 고객 정보 등을 최소한 단기간에 따라올 수 없다. 그러므로 개발도상국은 제품 설계, 시장개척, 서비스 제공 측면에서 자국 소비자의 심리를 파악해 고객의 필요를 만족시키는 제품과 서비스를 개발해야 한다.

현재 중국에서는 높은 이익을 창출하는 문화기업이 등장하기 시작했고 소프트 산업 역시 하이테크를 보유하고 있다. 기업은 학술계의 조류에 따라 맹목적으로 결정해서는 결코 안 된다. 중국의 레노보 그룹은 10여 년의 컴퓨터 조립과 판매 대행을 거쳐 세워진 것이다. 그들은 중국 고객이 필요로 하는 바를 잘 알기 때문에 판매 경로를 장악해 1990년대 후반 중국 국산 컴퓨터의 최대 생산업체가 되었고, 현재는 자신의 하이테크 기술을 보유하고 있으며 세계 기술 조류를 따라갈 수 있는 인재 집단을 구비하고 있다. 보도에 따르면 레노보의 시장 가치는 1994년 2억 달러에서 1999년에는 43억 달러로 늘었으며, 2007년에는 140억 달러에 달했다. 광둥성 순더시(順德市)의 향진기업에서 출발해서 중국 최대 냉장고 생산업체가 된 커룽그룹(科龍集團)은 중국의 냉장고 생산능력의 과잉으로 야기된 치열한 경쟁에 직면해 다품종의 '룽성(容聲) 브랜드' 전략을 채택했다. 커룽그룹은 가격이 저렴하고 기능이 단순한 냉장고는 농촌과 중소 도시에 판매하고 연해의 발달한 도시에는 높은 수준의 냉장고를 판매함으로써 높은 이윤을 획득했다.

(5) 전략과 세계화의 연계

네트워크 회사, 자문회사, 원자재 회사, 농업회사는 모두 정보화, 세계화, 지식화의 추세에 적응해야 한다. 기업의 발전 전략, 사업 구조, 제품 구조, 비즈니스 모델의 조정은 지속적인 발전을 규범으로 해야 하며, 신용의식을 강화하고 국제규칙에 따라 처리해야 한다. 그래야만 국제경쟁력을 유지할 수 있다. 이를 위해 기업은 다음과 같은 사항을 이해하고 따라야 한다. ① 세계화의 특징은 기회와 리스크가 공존한다는 것이다. 따라서 세계화의 우위를 활용하고 전 세계적으로 최선의 자원을 쟁취함과 동시에 국가의 경계를 넘는 위험과 세계화의 함정을 피해야 한다. ② 전 세계 관리구조의 새로운 추세에 순응해 회사 관리를 적시에 개혁하고 조직의 투명도를 높여야 한다. ③ 기업은 지속가능한 발전에 기여하기 위해 주도적이어야 하며 또한 그 격차에 대해 주체적으로 평가해야 한다. ④ 차세대 회계 제도(인적 자본,

환경 자본, 연합과 동업, 상표 및 업계에서의 신용 등 무형 자산에 대한 평가)에 적응하기 위해 준비해야 한다. ⑤ 변화하는 국제표준을 이해하고 다양한 국제표준과 연계하는 노력을 해야 한다. ⑥ 세계화 공급망이 재편되고 있음을 감안해 경쟁 우위를 차지하기 위해 적극적으로 대응하기 위한 방법을 배워야 한다.

1999년 다보스 세계경제포럼의 연차회의에서는 21세기 기업이 구비해야 할 세 가지 조건을 다음과 같이 제기했다. 바로 외부 시장 변화에 적응하는 조직 구조, 세계화의 브랜드, 인터넷 판매 능력 구비이다. 하이얼은 이 세 가지에 따라 기업 내에서 세 가지 변화를 실행했다. 조직 구조 측면에서는, 업무 프로세스를 재건하는 시장사슬로 전환해 기업의 목표를 이윤 목표 최대화에서 고객 최우선으로 전환했다. 시장 측면에서는, 국내 시장에서 국제 시장으로 전환했으며, 산업 측면에서는 제조업에서 서비스업으로 전환했다. 1999년 8월 하이얼은 물류, 상품의 유통, 자금 흐름 등 세 개의 추진 본부를 만들어 전자상거래 추진을 위해 외부 시장과 연계하는 플랫폼을 제공했다. 하이얼 그룹 전자상거래 유한회사와 중국건설은행은 전자상거래 지불 방식에서 협조해 완전히 새로운 거래 방식을 실현하기 위한 수단을 제공했다.

2) 소프트 기술에 대한 R&D 강화

기업은 무엇을 연구하고 개발해야 하는가? 공업 경제 시대에 기업은 일반적으로 그 제품의 기술적 특성에 맞추어 R&D를 진행했다. 하지만 오늘날 우리는 제품과 서비스의 매개수단은 하드 기술뿐 아니라 소프트 기술에서도 비롯된다는 것을 이해하게 되었다. 따라서 한 회사의 주력 분야가 하이테크 산업이든 전통적 산업이든, 해당 회사는 관련 소프트 기술에 대한 R&D를 강화하고 제품의 부가가치를 높이기 위해 비즈니스와 관련되어 형성되는 새로운 게임에 대비하기 위한 R&D를 지속적으로 수행함으로써 이익을 얻을 수 있다. 특히 비즈니스 모델의 혁신은 R&D의 중점으로 제고되어야 한다. 향후 소프트 기술은 정신의 작용에 의해 생산될 무형의 제품을 위한 무궁무진한 원천이 될 것이다.

이를 위해서는 첫째, 미래를 내다보고 방향성 있는 미래 연구를 조직하거나 참여해 미래 동향을 파악하고 통찰력을 얻어야 한다. 그래야만 창조가치의 잠재력을 보유하고 있는 지식 시스템을 감지하고 실행 가능한 지식시스템으로 끊임없이 수집·귀납·정리·통합·제고·제련할 수 있으며 지적재산권을 실제로 보호할 수 있다.

둘째, 소프트 기술에 대한 연구는 시야를 확대하고 각종 혁신의 원천을 찾는 것이 관건이다. 그리고 그 원천에는 사업 기술과 본토 기술의 이전 과정, 하드적 자본과 소프트적 자본(인적 자본, 조직 자본, 네트워크 자본, 고객 자본, 문화 자본)의 혁신 과정, 전략 관리, 산업망 관리, 모든 지적 자본의 관리 과정, 기업의 업무 모델과 관리 프로세스 등이 포함된다. 예를 들면, 새로운 서비스 방식, 비즈니스 모델과 특허의 운용은 신기술, 신공법에서 독점적인 기술을 개발해 낼 수 있도록 한다. 또한 이를 통해 제품 설계, 시장 포지션, 고객 포지션, 서비스 내용과 방식, 생산 방식, 경쟁자와의 경쟁 및 협력 방식, 고객과의 협력 방식과 내용, 공급업체와의 협력 내용과 방식, 시장 서비스 등의 각 영역에서 전략 혁신, 소프트 기술 혁신 및 신규 특허를 창출할 수 있는 기회가 발생한다.

셋째, 소프트 기술의 연구 개발과 혁신은 새로운 제도 혁신과 결합해야 한다. 그래야 앞 다투어 게임 규칙을 결정하는 전 세계적 경쟁에서 앞서 나갈 수 있다. 미국이 솔선해서 비즈니스 모델에 특허를 부여하고 있는 것이나, 미국 특허상표청(USPTO)의 최근 운영 형태는 좋은 사례이다.

넷째, 자국 및 해당 지역 또는 자체 기업에 적합한 소프트 기술을 개발하기 위해 노력함으로써 독특한 소프트 산업을 형성해야 한다.

서비스 기술을 예로 들면 과거에 우리는 서비스에 대한 연구 개발을 그다지 중시하지 않았다. 서비스업에는 하이테크가 없으며 서비스업을 운영하는 데서는 하이테크가 필요 없다고 간주했다. 그런데 현재 제조업 가운데 서비스에서 더 많은 부가가치가 창출되는 것은 대세가 되었으며, 서비스에 대한 연구 개발 역시 의제로 언급된다. 선진국에서 서비스업의 R&D 투자 비중이 증가하는 폭은 점차 제조업보다 높아지고 있다. 예를 들어 1980년 미국 서비스업의 연구 개발 비용은 이 분야 기업의 총 연구 개발 비용의 4.1%에 그쳤으나, 1996년에는 19.5%, 2006년에는 29.1%에 이르렀다. 2006년에 해당 비율이 높았던 순으로 보면 캐나다 41.9%, 아일랜드 33.6%, 덴마크 33.5%, 싱가포르 32.7%였다.[38] 미국의 MBA 과정에는 서비스 관리 과정과 서비스 시장 과정이 개설되어 있으며 매년 서비스 관련 영역의 박사생이 두 자릿수의 비율로 증가하고 있다.

현재 많은 소프트 기술은 서양의 선진국에서 나온 것이라서 관련 게임 규칙 역시 그들에게서 나왔다. 그러므로 기업의 연구 개발에는 하드 기술과 관련된 소프트 기술이 병행되어야 하며, 전문 기술과 산업 기술이 병행되어야 한다.

3) 조직 혁신

조직 혁신은 기술 혁신의 전제이자 기초이다. 중국 기업의 조직 개혁에서 가장 일반적으로 사용되는 방법은 기구를 조정하고 새로운 책임자를 임명하는 것이다. 하지만 이러한 방법에만 의존하는 것은 분명 한계가 있다. 왜 그

---

38   《台湾經濟論壇》第七卷 第八期(2009).

토록 많은 젊은 인재가 소속되었던 곳을 떠나 자신의 회사를 창업하기를 바라고 있는지 고려해 보면 이러한 사실을 알 수 있을 것이다.

기업 내부의 조직 혁신 측면에서 내부에 벤처회사, 프로젝트 조직, 자회사 제도 등을 수립하는 것은 혁신 환경을 조성하고 창업형 인재와 창조형 인재들을 보호하는 데 유리한 방법이다. 실리콘밸리의 많은 대형 회사는 모두 육성 기능을 지니고 있어 기업 내 직원의 창업을 장려하고 있다.

기업 외부의 조직 혁신 측면에서 협업기술, 인수기술, 가상기술 등을 융통성 있게 운용하는 것은 경쟁력 제고에 유리한 수단이다. 예를 들어 가상 제조를 잘 운용하면 중국의 소이전, 대이전 등과 같은 낡은 관념을 극복하고 효율적으로 외부 자원을 이용할 수 있으며, 기업의 자원 우위를 최대한 발휘할 수 있다. 그리고 연구 역량이 낮은 기업들은 연구소를 세울 필요 없이 가상의 연구소를 설립하는 방법을 고려해 볼 수 있다. 하이얼은 지능화 로봇 업종에 뛰어들 때 이런 방식으로 하얼빈 공업대학의 로봇 연구센터와 협력해 지능화 로봇 사업의 공동체를 형성했고 이로써 중국 로봇 산업에서 점차 중요한 지위를 차지하고 있다.

4) 인재 전략

2009년 7월 세계 최대 인력 파견 회사 맨파워(Manpower)는 인재 부족과 관련된 조사 결과를 발표했는데, 금융위기가 경영과 관련된 고급 인재 간의 경쟁을 심화시켰음을 보여주고 있다. 맨파워는 2009년 1월 전 세계 33개 국가와 지역의 3만 9000개 기업에 대해 인재 부족 현황을 조사했다. 2009년 당시 비록 전 세계 경제가 쇠퇴하는 중이었지만, 여전히 약 30%의 고용주가 관련 직위의 인재가 부족하다고 생각하고 있었다. 금융위기로 인해 대부분의 기업에서는 인재 채용을 서두르지 않는 흐름이 계속될 것으로 보이는데,

그 이유는 구직자 개인이 보유한 능력과 기업에서 필요로 하는 기능 간의 괴리로 인해 기업은 특수기능을 보유한 전문 인재를 찾기 어려워졌고, 이에 따라 인재 시장이 공급 과잉인데도 여전히 인재가 부족한 현상이 나타나고 있기 때문이다.

(1) 고급 인재에 대한 관념의 변화

오늘날 글로벌 과학 기술 혁신의 물결 가운데 과학 기술 혁신 자원, 특히 우수한 과학 기술 인재가 글로벌 차원에서 유동하는 현상이 두드러지게 나타나고 있으며, 각국은 자국의 고급 인재를 쟁탈하기 위해 서로 경쟁하고 있다.

그렇다면 인재란 무엇인가? 우리는 인재에 대한 관념을 바꾸어야 한다. 하드 기술과 소프트 기술을 다룰 수 있는 고급 인재는 물론, 기초과학 및 기술을 보유하고 있을 뿐만 아니라 기존의 기술을 뒤집으며 새로운 기술을 이끌어낼 수 있는 인재도 매우 귀중하다. 하지만 현재 전 세계를 뒤덮고 있는 혁신의 특징을 보면, 인터넷 시대를 이끌고 새로운 비즈니스 모델과 새로운 업종을 이끌며 새로운 금융 기술, 새로운 도·소매 기술, 특히 각종 소프트 – 하드 기술의 집성을 창조하는 융합 기술을 보유한 인재는 결코 전통적 의미에서의 과학자가 아니다. 그러한 소프트 기술 관련 인재에는 각종 경영 인재, 경제 기술·사회 기술·정치 기술 분야의 전문가, 그리고 각 업종의 기업가 등이 포함된다.

(2) 기업은 어떤 인재를 필요로 하는가

혁신은 사람의 능력을 개발하는 과정이다. 학력을 중시하던 시대의 사람들은 인재에 대한 관점에 편차가 있었으며, 기업이 몇 명의 석사와 박사를 보유하고 있는지를 중시했다.

사람의 능력은 구비한 지식, 기술, 개인의 지력 등 세 가지로 나눌 수 있다.[39] 능력개발의 관점에서 보면 능력 역시 선천적인 능력과 후천적인 능력으로 나눌 수 있다. 예를 들어 개인의 지적 능력 중 판단력, 통찰력, 지휘와 통솔능력, 교섭력, 조직능력, 감화력, 매력 등은 비록 교육과 경험을 기초로 하고 있지만 그것들이 DNA, 유전, 문화배경 등 선천적인 요인과 밀접한 관계에 있다는 것은 무수한 사실에 의해 증명된다. 즉, 선천적 요인과 후천적 요인이 결합해서 육성된 것이다. 후천적 능력은 교육과 성장환경 등에 따라 결정된다. 따라서 같은 교육을 받은 사람이더라도 표현하는 능력이 다르다. 반대로 선천적 조건이 동등한 사람도 교육 환경, 성장 환경, 업무 환경의 차이로 다른 능력을 구비할 수 있다. 따라서 선천적인 능력과 후천적 능력은 상호 보완적이지만 대체할 수 없다. 이 점을 받아들이고 정확하게 인식하는 것은 인재를 제대로 다루고 다른 사람의 능력을 발휘하게 하는 측면에서, 즉 각자의 재능을 발휘하게 하는 측면에서 아주 중요하다.

일본 비즈니스계의 화제의 인물인 손정의가 성공한 것은 그가 범상치 않은 능력과 매력을 지녔기 때문이다. 그는 다른 대기업보다 반걸음 빨리 과감하고 대담하게 결정했으며 그 시간차를 활용해서 세계 각지에서 돈을 벌었다. 또한 폭넓은 인간관계를 잘 활용해 세계 각지에 매우 높은 수준의 협력관계를 구축했다. 다수의 뛰어난 인재를 집결시키고 광범위하게 인재를 초빙하는 넓은 포용력, 사람에 대한 존중, 훌륭한 용인술 등으로 일본 미쓰비시상사, 노무라 증권 등 성공한 기업으로부터 고위 경영 인재를 끌어모아 이른바 '인터넷 혁명을 위한 양산박[40]'을 구축했다.[41] 그리고 창업 이후에는 실제 경영을 그 분야의 전문가에게 위임했다. 이로써 비즈니스계와 금융계의

39　金周英, 『軟技術産業/高技術産業: 關於北京經濟發展的思考』(北京科技咨詢業協會·中國社會科學院技術創新與戰略管理研究中心, 2000).

40　양산박(梁山泊)은 『수호전(水滸傳)』에서 108명의 호걸이 모여들어 의를 내세우는 장소로, 산둥성(山東省) 지닝시(濟寧市)에 위치해 있다. _옮긴이 주

41　山田俊浩, "因特网革命的梁山泊", ≪東洋經濟≫(2000.1.15).

실력파 인재들이 손정의 아래에서 창조성과 창업 능력을 발휘했다. 하지만 손정의는 이러한 흐름에 안주하지 않고 새로운 사업을 계속 모색했다. 소프트뱅크 그룹의 발전을 추동한 것은 손정의의 브레인팀이다. 이러한 창업 능력은 박사학위를 얻는 것과는 크게 관계없다. 왜냐하면 이론적인 것은 쉽게 외울 수 있지만 복잡한 경영 환경에서 이러한 이론을 실행하기 위해서는 판단력이 지식보다 훨씬 중요하기 때문이다.

개발도상국이 선진국과 차이 나는 지점은 바로 소프트 기술 인재가 부족하다는 것이다. 손정의나 중국 하이얼의 장루이민 같은 창업 인재는 더욱 부족하다. 이러한 인재는 기업의 진정한 자산으로, 그들 때문에 필요한 자금을 유치할 수 있고 필요한 기술과 기술 인재를 얻을 수 있다. 따라서 기업 내에서 다양한 방법으로 창조적인 인재를 발굴·육성·보호하는 것은 기업 성공의 관건이다.

혁신 환경 역시 우선 사람에게 투자하는 기제와 환경이어야 한다. 기업의 무형 자산에 대해서는 창업주식, 경영주식, 기술주식 등의 방식으로 재산권을 명확히 해야 하며 제도적으로 창업 인재, 창조형 인재의 이익을 보장하고 보호해야 한다.

여러 기업에서 평범하고 성과 없는 직원은 보편적으로 용납하는 편이지만, 혁신정신이 뛰어난 우수한 직원은 잘 수용하지 못하는 경향이 있다. 특히 우수한 직원이 성과를 낼 때 심각한 모순이 발생하기도 한다. 왜 회사 내에 자회사를 세워 주식을 보유하게 하거나 독립적으로 경영할 수 있도록 하는 조건을 창출하지 못할까? 또는 혁신 성과와 창의를 우수한 직원의 기업에 대한 일종의 투자로 간주하고 기업 시스템에 반영해 우수한 직원에게 주식을 보유하게 하거나 이익을 배당하지 못할까? 이와 관련해 대안을 마련하는 것이 필요하다.

(3) 외부 브레인과 외부 자원의 융통성 있는 운용

일반적으로 기업이 외부의 브레인 서비스를 이용하는 정도는 한 국가의 관리 수준과 경제 발전 수준을 반영하며 이는 세계적으로 자문업이 왕성하게 발전하는 기초이다. 세계화와 지식화가 심화됨에 따라 기업이 이용할 수 있는 외부 자원은 점점 늘어나고 있다. 외부 브레인과 외부 전문 회사를 이용하는 전통적인 방식 외에 근래에는 개방식 혁신이 기업 경쟁력을 제고하는 유효한 경로가 되고 있다. 개방식 혁신에서는 기업 내외의 관련 지식, 기술, 조직, 관계가 모두 혁신 자원이며, 이러한 관점에 근거해서 P&G는 근본적으로 혁신이 제기하는 새로운 사고나 신제품을 개발하는 방식을 변경했다. 세계의 다수 기업과 마찬가지로 과거에는 P&G도 본사 연구 개발 부서를 중심으로 상대적으로 폐쇄적이고 비밀스럽게 신제품을 개발했다. 하지만 지금은 대학과 공급업체 또는 외부 발명가들과의 협력을 장려하고 이 협력자들에게 일정한 몫을 제공하고 있다. 10년 전만 해도 P&G에서는 외부에서 구상된 신제품 비율이 5분의 1도 안 되었으나 지금은 이 비율이 절반에 가까워졌다. 실제로 개방식 혁신을 위해서는 먼저 개방적인 사상이 필요하다. 중국의 다수 기업과 관리부서는 문제에 직면할 경우 곧바로 외부 브레인에게 도움을 요청하는 풍조를 아직 형성하고 있지 못하며, 중대한 자문 관련 업무는 해외의 자문 회사에 대부분 위임하고 있는 실정이다.

5) 제품 전략

기업의 제품 구조와 기술 구조는 차별점을 유지해야 한다. 특별한 시장, 특별한 서비스 방식, 특별한 경영 방식, 또는 자신의 전문 기술을 보유해야 일정한 시장을 점유할 수 있으며 최소한 일정 기간 동안 그 이윤을 독점할 수 있다.

오랫동안 기업은 자체적으로 보유한 유형의 물질 자본 및 금융 자본에서의 혁신을 중시해 왔으며, 동시에 신기술의 연구 개발, 특히 자주적 재산권을 확보할 수 있는 기술을 중점적으로 연구 개발해 왔다. 그런데 소프트 기술의 연구로 인해 사람들이 더욱 열린 생각을 갖게 됨으로써 하드 기술 또는 하이테크에 초점을 맞춘 개성화된 제품 또는 이른바 '독립적 지적재산권'의 획득만을 더 이상 추구하지 않게 되었다.

현재 중국의 다수 기업은 특허에 대한 인식이 높지 않아 스스로 개발한 성과에 대해 특허를 신청하는 것에 특별히 주의를 기울이지 않는다. 중국에서 시행되는 여러 중대한 과학 기술 관련 PR 프로젝트는 국제 및 국내에서 앞서는 수준 또는 선진적인 수준인 것으로 전문가들에 의해 평가받고 있다. 하지만 몇 천만 위안 또는 몇 십억 위안 규모의 막대한 비용을 지출한 프로젝트에서 여러 성과에 대해 어떻게 하면 특허 보호를 받을 수 있는지 연구하는 데 주의를 기울이지 못하고 있는 상황이므로, 소규모 개혁에서 특허를 신청할 수 있는 발명과 혁신 포인트를 찾아내기란 어렵다는 것은 두말할 필요도 없다.

이 점은 혁신의 원천이라 불리는 중소기업에 더 중요한 의의를 지닌다. 중소기업은 대기업이 이미 점령하고 있는 시장에 비집고 들어가 작은 비중을 차지하려고 하거나 또는 오로지 해외에서 기술을 들여오겠다는 꿈을 계속 품어서는 안 된다. 소프트 기술의 사유에 근거해서 소기업은 서비스를 중심으로 자신의 활동 플랫폼을 열 수 있으며, 자사에 적합한 독특한 시장과 제품을 개발할 수 있다. 정보 서비스업 측면에서 새로운 영역을 개발해야 하며 전문 경영과 대담한 혁신을 통해 '작지만 전문적인', '작지만 특별한', '작지만 새로운' 시장, 제품, 서비스로 기업의 생명주기를 연장해야 한다.

요컨대 기업은 보유하고 있는 지적재산권을 보호해야 할 뿐 아니라 전문 기구 또는 전문 인력을 통해 해당 기업이 보유하고 있는 지적재산 및 노하우

개발, 제작, 포장에 대한 연구는 물론, 특허 취득을 위한 서류 준비 및 신청 절차에 대해서도 숙지해야 하며, 이러한 활동을 기업경쟁력을 제고하는 전략으로 삼아야 한다. 일련의 우수한 기업이 어떻게 일 년에 수백 개의 특허를 신청하는지, 코카콜라, 맥도날드 같은 회사가 어떻게 오랫동안 쇠퇴하지 않는지를 거울로 삼아야 한다.

6) 시장의 혁신

시장 기술의 혁신은 내용이 가장 풍부하고 잠재력이 높은 영역이다.

코닥의 판매 네트워크 기술은 가히 최고라 할 수 있다. 이 회사는 1994년 중국에 들어온 이후 6년 만에 500여 개의 대도시와 중소도시로 진입했고 가맹점은 5000개로 늘어나 중국 최대의 소매체인 네트워크를 형성했으며 4만여 개의 일자리를 제공했다. 당시 중국인 1인당 평균 필름 사용량은 매년 0.1개, 사진기 보급률은 15%로 미국인 1인당 평균 소비량 3.6개에 비해 매우 큰 잠재력을 가지고 있었으며, 중국의 사진 시장은 매년 약 10% 수준으로 성장하고 있었다. 이러한 예측을 통해 코닥은 많은 중소 투자자들에게 '9.9만 위안 창업계획'을 추천했다. 즉, 9.9만 위안만 투자하면 '코닥 쾌속 인화점'의 주인이 될 수 있었다.[42] 이는 중국 내 많은 사람들이 수중에 돈은 있으나 투자처를 찾지 못하고 있던 상황과 리스크를 두려워하는 심리를 고려한 것이었다. 이와 같은 방법으로 코닥은 판매 네트워크와 제품 에이전트를 확대했는데 이들은 미래의 기업가였다. 현재 필름 카메라는 이미 디지털 카메라로 대체되었다. 예를 들어 베이징시 가정의 디지털 카메라 보급률은 이미 68%에 이른다. 어쨌든 코닥이 시장 확장술 또는 판매망 기술을 통해 새

---

42   ≪科技日報≫(2000.5.28).

로운 소비 수요, 시장, 산업을 창조한 경험은 배울 만하다.

7) 좋은 기업을 구축하기 위한 기업 문화와 가치관의 전환

기업 문화란 기업 리더부터 시작해 직원에 이르기까지 실행해야 하는 가치관 및 행위 규범을 통틀어 지칭하는 것이다.

(1) 혁신을 장려하는 문화

혁신의 기업 문화를 장려하는 것은 실천적으로 혁신을 장려하고 지식을 존중하며 실패를 용납하고 협력을 제창하는 분위기와 문화 환경을 창조하는 것이다.

예를 들면, 해당 기업에 "지식을 존중하는가?", "사업 구상이나 권고에 대해 비용을 지불할 용의가 있는가?", "외부 인재를 활용하는가?"라는 질문을 던져보면 이를 잘 이해할 수 있다. 어떤 회사는 하이테크 기술을 도입하는 데 돈을 아끼지 않고 대학 및 하드 기술 관련 연구 기구에 흔쾌히 투자하기는 하지만, 경영 고문 또는 전략 고문을 초빙하거나 자문 회사를 이용하는 것을 제대로 이해하지 못하며, 그것을 누구나 할 수 있는 쉬운 일이라고 간주한다. 따라서 이른바 직업 현장에서의 발명, 개인 혁신 등을 어떻게 처리하느냐가 하나의 지표가 된다.

흔히 '실패는 성공의 어머니'라고 말하지만, 수십 년 동안 쌓은 성공의 경험은 제대로 총괄하면서도 실패를 공개적으로 승인하는 데는 익숙하지 않다. 실패로부터 교훈을 도출하는 것을 두려워하며, 실패를 학습의 중요한 내용으로 삼는 것을 원하지 않는다. 회사를 떠났다가 실패한 인재들이 원래의 회사로 되돌아와 일하게 하는 것, 그들에게 새로운 기회를 제공하는 것 역시 실패를 용인하는 문화를 가지고 있는지를 검증할 수 있는 잣대이다.

(2) 관념과 가치관의 전환

21세기 지속가능한 발전의 길에서 우리가 형상화하고 숭상해야 할 것은 '좋은 기업'이지 '큰 기업'이 아니다. 좋은 기업을 형상화하는 것은 먼저 관념과 가치관 측면에서 하나의 지표가 필요하다. 그런 후 기업은 무엇인가, 기업의 책임은 무엇인가, 좋은 기업은 무엇인가, 새로운 경제시대에 어떻게 기업의 이익을 실현해야 하는가 등을 명확히 해야 한다. 그래야 비로소 단순히 재정상의 업적만을 추구하는 것에서 전면적인 업적을 추구하는 방향으로 전환할 수 있고 녹색 경영 모델을 창조하고자 노력할 수 있다.

이는 우수한 기업가들이 기업의 생존과 발전을 고려할 때 개별 기업의 범위를 벗어나 더 높이 더 멀리 보고 시대가 우리 세대에 부여하는 역사적 사명에 따라 기업 문화와 가치관을 수립하도록 요구하는 이유이다.

(3) 기업의 책임

기업 책임 이론은 기업의 위상이 소유자의 수단 또는 재산 → 개인이나 집단의 계약 조직 → 이익상관자의 공동체 → 법인 대리 기구 → 시민사회의 시민 등 몇 단계의 발전을 거쳐 지금은 국제 사회의 구성원으로서의 회사 시민설로까지 진화하고 있다. 국제 사회의 구성원으로서의 기업의 위상에 따르면, 기업은 다른 시민과 마찬가지로 권리와 책임을 향유한다. 가장 간단한 해석은, 기업은 합법적으로 취득한 자원을 활용해 경영할 권리가 있지만 획득한 각종 경영 자원에 보답할 책임도 있다는 것이다.

그렇다면 경영 자원을 어떻게 이해해야 할까? 자본주의 시장경제에서는 수단과 방법을 가리지 않고 광신적으로 이윤을 추구하는 것을 제1원칙으로 따르며, 금융 자본을 제공하는 주주에게 최대한 보답하는 것이 불변의 논리이다. 하지만 기업에 노동으로 기여하는 직원, 경영 환경을 제공하는 주변 지역, 기업의 제품과 서비스를 구매하는 소비자, 물, 공기, 생태 환경 등을

그림 4-8 | **소프트 기술과 기업 전략**

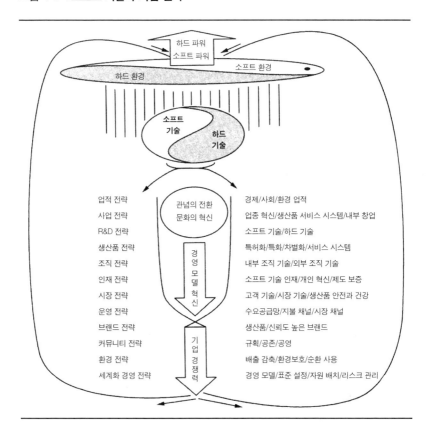

제공하는 자연 자본, 경영의 소프트 환경을 제공하는 정부와 사회는 모두 염가의 수단으로, 심지어 무상의 자원으로 여겨진다. 『자본론』에서 지적한 것처럼 자본주의 생산의 근본 목적과 동기는 자본 가치를 무한 증식하는 것이며, 자본주의는 잉여가치 착취를 통해 이윤 최대화를 추구한다. 이는 자본주의 생산의 본질을 결정한다.[43] 현재 인류사회는 전례 없는 심각한 도전에 직면해 있다. 즉, 발전 모델이 위기에 빠지자 비로소 인류가 단순히 물질문명을 추구하는 것이 문제의 핵심임을 깨닫게 된 것이다.

경제에서 세포와 같은 역할을 하는 기업은 주주에게 수익을 적절하게 분배해야 할 뿐 아니라 상술한 각종 자원의 공급자, 이른바 이익상관자들에게도 보답해야 한다. 즉, 시민사회를 구성하는 시민으로서의 기업은 경제 책임, 도덕규범, 사회 책임, 자연환경 및 생태에 대한 책임을 이행해야 한다.

(4) 녹색 비즈니스 모델 창조, 좋은 기업 이미지 창출

기업은 더 큰 이익을 창조해야 할 뿐 아니라 사회와 환경 책임을 이행해야 하며, 새로운 이익 모델을 실현해야 한다. 세 가지 책임을 기업의 핵심가치에 반영하고 지속가능한 발전으로부터 비즈니스 기회를 모색하며 상업적 이익을 획득해야 할 필요가 있다.

몇 십 년간 전 세계 지식인과 뛰어난 기업가들의 노력으로 상술한 이념은 이미 상당 수준 실행되고 있다. 1990년대부터 시작된 기업의 사회 책임 운동이 바로 그 증거이다. 지속가능한 발전이라는 공감대하에서 국제소비자조직, 환경보호조직, 경제협력조직, 인권조직, 노조조직, 기타 비정부 조직, 유엔을 포함해 모두 기업의 사회 책임 운동을 추진하고 있으며, 이를 추진하는 방식은 주로 회사의 의무, 책임, 지속가능한 발전 방면에서의 표준을 도구와 수단으로 삼는 것이다. 점점 더 많은 우수한 기업이 매년 지속발전 보고 또는 사회적 책임 관련 보고를 발표한다. 미래 500대 기업이 이를 잘 보여주는 사례이다(제3장 참조).

지속가능 발전을 기조로 하는 새로운 경제 경쟁이 시작되었다. 새로운 비즈니스 모델과 새로운 게임 규칙을 하루라도 빨리 깨닫는 기업이 미래의 새로운 승자가 될 것이다.

43　汝信, "深刻認識當代資本主義的本質", ≪世界社會主義動態≫ 第9期(2009).

표 4-3 | 기업에 대한 관념의 변화

	전통적 기업	미래 기업
위상	경제 실체	글로벌 시민
업적 평가의 기준	재무상의 성과	경제, 사회, 환경의 종합적 기여
구조	- 시장에서의 비중 - 경계(부문/기업 간) 명확	- 연합 제휴 - 경계 모호
핵심 기술	하드 기술	하드 기술, 소프트 기술, 하드 – 소프트 집성
자본	재무자본 (화폐 위주의 재산)	재무자본 외에 인적 자본, 사회 자본 중시 (화폐 외에 인재, 조직, 고객 등 무형의 재산)
자산 관리	유형 자산	유형 자산/무형 자산
노동자의 가치	자본금/비용	인적 자본, 이익상관자, 재원/투입
리더의 책임	이윤 창출	지속가능한 발전/혁신 진작
문화	- 경제적 효용 제일 - 주주에 대한 보상 최대화 - 독립적/경쟁적	- 삼중 책임 - 주주/이익상관자의 이익 최대화 - 협력적/혁신적
브랜드	생산품/서비스	신뢰·명성/생산품/서비스
경쟁력	하드 파워	종합 능력=하드 파워+소프트 파워

제5장 소프트 산업

1. 경제의 소프트화와 소프트 산업

1) 21세기 경제의 소프트화

경제의 소프트화는 경제 활동에서 소프트적 요소가 창출한 부가가치가 하드적 요소가 창출한 부가가치를 뛰어넘어 모든 경제 구조가 소프트화되는 현상을 뜻한다.

일찍이 17세기 전문가들은 경제 소프트화 추세에 주목했다. 예를 들어 1691년 윌리엄 페티(William Petty)는 영국의 상황에 근거해 항상 공업이 농업보다, 상업이 공업보다 이윤이 훨씬 높다는 것을 지적했다. 따라서 노동력이 농업에서 공업으로, 다시 공업에서 상업으로 전환될 것이라고 보았다. 그는 경제의 발전에 따라 산업의 중심이 점차 유형재 생산에서 무형의 서비스형 생산으로 전환할 것이라고 언급했다. 존 클라크(John Clark)는 1940년 산업을 1차 산업, 2차 산업, 3차 산업으로 분류한 후 동일한 경제법칙을 발견했

표 5-1 | **서비스업이 GDP에서 차지하는 비중 및 취업률**   단위: %

		영국	프랑스	미국	일본
1950	비율	46.3	37	55.1	37
	취업률	40.2	38.1	50.2	24.1*
1960	비율	48.5	46.4	60.2	49
	취업률	41	43.3	56.3	32.2**
1970	비율	54.5	50.1	64.8	47
	취업률	54	49.3	62.3	47.3
1980	비율	57.6	56	66.3	53
	취업률	61.5	56.4	67	54.6
1987	비율	66.1	66.9	68.3	56.8
	취업률	64.8	66.2	69.9	57.9
1997	비율	70.8	71.5	71.4	60.2
	취업률	71.3	69.9	73.4	61.6

주: 영국의 취업 연도는 순서대로 1952,1958, 1972, 1978, 1987, 1997년임. 한편 *는 1948/1947년 데이터이고, **는 1953년 데이터임.
자료: 1987년과 1997년의 데이터는 *OECD Proceedings: Innovation and Productivity in Services*(OECD), 나머지 데이터는 王述英, 『第三産業: 歷史·理論·發展』에 기초해 정리.

다. 경제의 발전에 따라 취업구조의 중심이 1차 산업에서 2차 산업으로, 다시 2차 산업에서 3차 산업으로 전환한다는 것이 이른바 '클라크 법칙'이다.[1]

200여 년에 걸친 선진국의 공업화 과정을 보면 비록 각국의 공업화가 걸어온 길은 다르지만 경제구조의 변화는 이러한 법칙을 완전히 따랐다. 공업화 과정을 거치면서 다수 국가의 GDP에서는 공업 생산 가치가 농업을 초과했으며, 공업에 종사하는 인구가 농업 인구를 초과했다. 공업화가 일정 수준에 다다른 후에는 서비스업으로 빠르게 발전해 서비스업이 차지하는 GDP와 취업 인구가 점차 공업과 농업의 GDP와 취업 인구를 뛰어넘었다. 따라

---

[1]   『有斐閣經濟辭典』, p.427.

표 5-2 | **주요 선진국의 GDP에서 각 산업이 차지하는 비중**   단위: %

		미국	캐나다	프랑스	독일	이탈리아	영국
1970	1차 산업	3	4.4	5.4	3.6	8.5	2.7
	2차 산업	38	36.5	40.1	55.8	45.2	44.2
	3차 산업	59	59.1	54.5**	40.6	46.3	53
1980	1차 산업	2.8	4.2	4.8	2.3	6.1	2.2
	2차 산업	36	36	38.6	48.1	41.4	42.8
	3차 산업	61	59.6	56.5	49.6	52.5	55.0
1987	1차 산업	2.1	3.0	4.1	1.7	4.4	1.9
	2차 산업	31.4	33.6	33.8	44.2	36.5	37.1
	3차 산업	66.5	63.4	62.1	54.1	59.1	60.9
1990	1차 산업	1.9	2.7	3.9	1.4	3.5	1.86
	2차 산업	31.6	31.8	33.3	42.5	36.5	35.8
	3차 산업	66.4*	65.5	62.7	56.1***	60	62.9

주: *는 1992년, **는 1977년, ***는 1991년임.
자료: 龔飛鴻, 『國際統計年鑒』에 기초해 필자가 정리.

서 이는 각국 공업화 수준을 표현하는 중요한 지표이다. 제2차 세계대전 이후 여러 선진국의 경제구조는 모두 이 같은 특징을 보여주고 있다.

〈표 5-1〉, 〈표 5-2〉, 〈표 5-3〉에서 보는 바와 같이 미국은 1950년대에, 다른 주요 공업화 국가는 1970년대에 3차 산업의 GDP와 취업 인구가 1차 및 2차 산업을 넘어섰다.

1990년대 들어 전 세계적으로 일련의 개도국의 산업 구조 역시 이러한 방향으로 빠르게 변화했다. 세계은행의 2008년 세계 발전 지수에 따르면 2006년 서비스업이 GDP에서 차지하는 비중의 증가치가 세계 평균 69% 수준이있으며, 그중 저소득 국가의 평균은 52%, 중등소득 국가는 54%, 중저소득 국가는 54%, 고소득 국가는 72%(그중 유로를 사용하는 국가들의 평균 역시 72%)였다. 중국에서 경제가 발달한 지역, 즉 베이징의 서비스업 증가치

표 5-3 | 미국 GDP에서 각 산업이 차지하는 비중   단위: %

	1차 산업	2차 산업	3차 산업
1889/1899	25.8	37.7	36.5
1919/1929	11.2	41.3	47.5
1953	5.8	40.3	53.9
1955	5	38.3	54.7
1960	4.3	38.4	57.3
1965	3.7	38.2	58.1
1970	3.0	38.0	59.0
1975	3.6	35.9	60.4
1980	2.8	36.0	61.2
1985	2.3	33.1	64.6
1987	2.1	31.4	66.5
1990	2.0	28.1	69.9
1995	1.6	26.8	71.7
1997	1.7	26.2	72.0
2000	1.6	24.4	73.9
2001	1.6	23.0	75.3

자료: 1970~2001년은 세계은행 자료이며, 中國統計出版社, 『國際統計年鑒』에서 인용. 1953~1965년은 美國普查局(U.S. Census Bureau) 編, 『美國歷史統計(American Historial Statistics)』(人民出版社, 1989) 및 『蘇聯和主要資本主義國家經濟歷史統計集』의 GDP 자료를 참조했으며, 구체적인 수치는 궁페이훙(龔飛鴻)이 계산했음. 3차 산업에는 농업, 채굴, 제조, 건축, 교통운수, 전력 외의 모든 업종이 포함됨. 또한 U.S. Department of Commerce, *The Abstract of American Statistics*도 참조.

는 2008년 GDP의 73.2%였고 상하이는 53%였다.

세계의 대다수 국가의 경제 구조에서 상술한 특징이 나타나고 있는 것으로 볼 때, 세계 경제가 소프트화되고 있음을 알 수 있다.

일본은 1970년대 중반 3차 산업의 종사자가 전체 취업자의 50%를 넘어섰다. 일본 학자 아오키 로죠(靑木良三)는 1980년대에 경제 소프트화라는 개념을 언급하며 경제의 소프트화는 일반적으로 "경제 활동에서 정보, 서비스 등 소프트한 부분이 물질 원료, 에너지 등 하드한 부분보다 더 중시되는 상황"을 의미한다고 정의내리면서,[2] 이는 첫째, 3차 산업 종사자가 전체 취업 인구의 절반 이상을 차지하고, 둘째, 각 산업의 원재료와 에너지 투입의 비중이 보편적으로 하락하고 정보와 기타 비물질 투입의 비중이 상승하는 것으로 표현된다고 보았다. 당시 '일본 경제 소프트화 센터'[3]에서는 산업 투입산출표로 두가지의 소프트화 비율 지표를 계산했다. 그 결과 1970년대부터 1980년까지 선정된 24개 산업 중 17개 산업의 제1소프트화 비율이 상승했는데, 그중 정밀기계, 식품, 상업의 소프트화 비율은 각각 53.5%, 17.9%, 76.2%에 이르렀다. 제2소프트화 비율에서는 에너지 다소비 업종인 석유, 석탄과 수력발전 등을 제외한 다른 모든 산업의 비율이 상승했다. 그중 금융, 보험, 상업, 교육, 연구, 의료의 제2소프트화 비율이 각각 66.8%, 61.6%, 73.1%에 이르렀다. 아오키 로죠는 소프트화된 경제는 "생산, 유통과 소비의 정보와 서비스의 경제"라고 지적했다.

21세기 경제의 소프트화, 그중 이른바 소프트는 개념부터 특징까지 모두 변화가 발생해 정보와 기타 비물질적 투입으로만 개괄하기에는 한계에 이르렀다. 현재 경제 소프트화 관련 연구는 서비스업이 이미 1차, 2차 산업을 넘어섰다는 것이나, 공업화 정도나 서비스업 중심의 경제 발전 정도를 관찰하는 데 그치지 않는다. 게다가 오늘날 사회의 진보는 이미 공업화 수준으로 더 이상 평가할 수 없는 상황이 되었다.

한편으로는 경제 소프트화의 본질을 분석함으로써 무엇이 사람들의 사유 모델과 오늘날 사회 가치관의 변화에 영향을 주는지 탐구하고, 다른 한편으로는 1차 산업과 2차 산업을 포함한 각 산업의 소프트화를 연구함으로써 산업에서 소프트적 요인이 어떻게 가치를 창조하는지, 이러한 과정이 지속가

---

2   青木良三, 『新産業論』(日本經濟新聞出版社, 1987).

3   같은 책.

능한 발전에 유리할 수 있고 신경제의 발전을 촉진하는지, 그리고 녹색 비즈니스 모델의 발전과 모든 경제, 사회, 환경 각 영역의 혁신을 촉진할 수 있는지를 분명히 하고 있는 것이다.

경제 소프트화의 촉진 요인 및 그 특징은 다음과 같이 정리할 수 있다.

첫째, 고효율의 농업과 공업 경제는 과거에 비해 적은 인력과 자원으로 증가하는 인구에 충분한 음식물과 필요한 물품을 제공할 수 있다. 이는 경제가 소프트화되는 데 물질적인 기초이다.

둘째, 가치관의 변화는 부가가치의 중심이 이동하는 핵심 유인이다. 현재 선진국의 1인당 GDP는 보편적으로 2만 달러 이상이며, 전 세계 1인당 GDP 역시 1950년 2113달러에서 2005년 6995달러로 증가했다. 물질적 수요가 상대적으로 만족되고 있기 때문에 사람들은 보다 많은 소비를 음식 외의 다른 곳에 지출할 수 있다. 예를 들면 제2차 세계대전 이후 일본이 가장 어려운 시기에 식품소비지출 엥겔지수는 67%까지 이르렀으나 1960년에는 38%까지 떨어졌고, 1993년에는 23%였다. 그리고 중국 도시 주민의 엥겔지수 역시 1992년 52.9%에서 2000년 39.2%, 2007년 36.3%로 떨어졌다. 엥겔지수가 점진적으로 하락한 것은 상대적으로 인류의 물질적 수요는 제한적이고 정신적 수요는 무한하다는 것을 보여준다. 소비의 중심이 생존에 필요한 물품을 추구하는 데서 고품질의 물질을 향유하고 정신적 소비를 추구하는 것으로 바뀌었으며, 서비스에 요구되는 범위와 품질 또한 더욱 확대되고 높아지고 있다. 현재의 생활방식과 사고방식은 과거와는 완전히 다르다. 이로 인해 개인 소비시장 점유율이 빠르게 증가했으며, 다양한 형태의 개인 소비용품 관련 산업이 형성되었다. 중국에서 수백 위안, 심지어 수천 위안을 들여 음악 콘서트를 감상하거나 스포츠 경기를 관람하는 것은 더 이상 특이한 일이 아니다. 평소 절약한 돈으로 온 가족이 여행을 떠나는 것이 유행이며, 심지어 비용을 들여 모험을 경험하고 자극을 추구하기도 한다. 대다수

민중에게 공업화를 실현하는 것은 최종 목적지가 아니다. 그들이 가장 관심을 갖는 것은 행복을 창조하고 아름다움을 향유하는 것이다. 노벨 물리학상 수상자인 영국의 데니스 가보르(Dennis Gabor)는 "성숙한 사회에서 인류는 양의 확대보다 생활의 질과 정신적 가치를 더욱 소중히 여긴다"라면서, 이러한 가치관의 변화를 성숙한 사회의 현상이라고 보았다.

이를 통해 볼 때, 경제 소프트화가 이루어진 본질적인 원인은 물질생활 수준이 보편적으로 높아졌기 때문이다. 사람들의 가치관에 중대한 변화가 발생해 서비스업의 시장 가치가 높아져, 제조원가보다 훨씬 높아지게 된 것이다. 또한 가치관의 변화는 새로운 소비 모델을 가져오고, 나아가 비물질 생산 영역의 급격한 발전을 추동한다. 이로 인해 부가가치의 중심이 최종적으로 물질생산 분야에서 비물질 생산 분야로 옮겨지고 전체 산업 구조에 급격한 변화가 촉진된다.

셋째, 제조 분야 자체의 소프트화이다. 세계화의 진전과 정보 기술의 급속한 발전, 그 위에 소프트 기술 혁신 능력의 제고로 인해 기업의 발전 전략과 운영 모델에 큰 변화가 발생했다. 뛰어난 기업은 기업 혁신의 원천은 제품과 기술에만 있는 것이 아니라 연구, 공급체인, 생산, 판매, 지원, AS와 비즈니스 모델 등 제조의 모든 과정을 관통하며, 이를 통해 창출되는 부가가치가 단지 제조 생산율을 제고시켜 창출되는 가치보다 높다는 것을 인식했다. IBM이 바로 성공적인 사례이다. 최근 출판된 『소프트적 제조(軟性制造)』[4]는 설득력 있는 다수의 사례를 통해 IBM이 어떻게 소프트적 요소에 힘을 썼는지, 소프트 기술 혁신이 어떻게 제조의 전 과정뿐 아니라 기업 운영의 모든 과정을 관통하고 전체 회사 부가가치의 50%를 창조했는지 설명하고 있다.

넷째, 농업 부문의 소프트화이다. 이와 관련된 내용은 뒤에서 다루는 농

---

4   IBM全球企業咨詢服務部,『軟性制造: 中國制造業浴火重生之道』(東方出版社, 2008).

업 관련 서비스업 부분을 참고하기 바란다.

다섯째, 서비스업의 정보화이다. 경제 소프트화에 가장 크게 기여한 것은 서비스업 자체의 양적·질적 변화이다. 현재 서비스업 부가가치가 증가한 주요 요인은 정보 서비스를 중심으로 하는 소프트 산업과 전통 서비스업의 지식화이다. 2장에서 언급했듯, 20세기 후반 비즈니스 기술의 눈부신 발전으로 인해 소프트 산업은 새로운 발전단계를 맞았고 세계 경제는 정보 서비스 경제 시대로 진입했다.

결론적으로 말해, 세계화와 정보 기술의 진전은 경제 소프트화의 촉진제이며, 소프트 기술의 발전과 혁신은 경제 소프트화의 엔진이자 방향판이다. 상술한 경제 소프트화의 동력은 소프트 산업의 급속한 발전을 추동했던 것이다. 이제 산업 소프트화 과정이 새로운 경제, 특히 녹색 경제의 발전을 어떻게 촉진시킬지가 소프트 기술 발전이 직면한 도전이다.

2) 1차 산업의 소프트화와 농업 서비스업

공업화가 발전함에 따라 전 세계적으로 농촌에는 보편적으로 과소화, 경지 면적 감소, 토지 오염 악화, 생태 환경 파괴 등의 중대한 문제가 발생하고 있다. 자연환경의 관점에서든 사회와 경제의 관점에서든 농업은 전 세계적으로 심각한 위기에 직면해 있다. 중국 역시 농업, 농촌, 농민 문제를 둘러싸고 농민 수입 감소, 농촌 과소화, 경지 면적 감소, 식량 문제, 식품 안전, 생태 파괴, 도시화 모델 등 일련의 도전에 직면해 있다. 이러한 문제가 발생하는 중요한 이유는 표면적으로는 농업에서 발생하는 경제 가치가 공업보다 못하기 때문이지만, 실제로는 농업에 대한 인식이 단편적이고 농업의 다양한 가치가 유지되거나 창조되지 못하고 있기 때문이다. 따라서 다음과 같은 점에 유의해야 한다.

첫째, 농업에 대한 생각과 인식을 전환해야 하며 농업을 단순하게 식탁을 풍요롭게 하는 제조업으로 간주하면 안 된다. 농업은 문명의 기초로 경제적 가치뿐만 아니라 환경 가치, 생활 가치, 사회 가치를 가지고 있다. 인류의 문명이 유지·발전될 수 있는지 여부는 그 발전 방식에 달려 있다. 그중 농업은 생명의 원천이고 식품의 공급원으로서 농업의 지속적인 발전이 인류 문명 발전의 관건이다. 일본 「미래 농업의 발전」 보고서[5]에서는 '농사'와 '농업'을 구분한다. 이른바 '농사'의 개념은 '농업'보다 훨씬 광범위하며, 생계로서의 농업뿐만 아니라 자연환경의 보호, 생명 기능의 유지, 생명의 근원으로의 식품 공급과 농촌의 생활방식, 전통과 문화 등을 포함한다.

둘째, '농사'의 3대 기능을 발휘해 경제 환경, 사회 환경, 생태 환경의 부가 가치를 높일 수 있는 경로를 찾아 최종적으로 미래의 농촌을 건설해야 한다. 농촌의 생태 환경을 유지하기 위해 노력하고, 향토 특색의 생활양식을 보호하고 고양하며, 지역 특색의 농업을 번창시키고, 현대 도시에 뒤지지 않는 교통 조건을 포함한 기초 인프라를 구비하며, 지역 특색에 적합한 종합형 농업 기업을 양성하고, 보다 많은 청년을 농촌으로 끌어들여야 한다.

셋째, 1차 산업의 혁신 공간을 확대해야 한다. 1차 산업의 혁신은 농업, 임업, 목축업, 어업 등 각 분야 전체 프로세스 간의 통합 혁신을 관철할 뿐 아니라 농업, 임업, 목축업, 어업의 각종 경영 모델도 관철해야 한다.

넷째, 농촌 지역의 사회 산업을 단계적으로 발전시켜야 한다.

다섯째, 농업 서비스업을 크게 발전시켜야 한다. 농업 서비스업의 낙후는 농업의 부가가치를 높이는 데 장애요소이다. 전통적인 농업 서비스업은 농업 우량 품종 서비스, 농업 기술 서비스, 농기계 서비스, 상업 서비스 등을 가리킨다. 하지만 이처럼 농산품의 생산을 둘러싸고 이루어지는 서비스는

---

5   E-Square Inc., *Sustainable Agriculture Survey*.

농업을 창조하거나 농촌의 경제 가치, 사회 가치, 환경 가치를 창조하기에는 부족하다. 따라서 농업 서비스는 다음과 같이 확대되어야 한다.

① 농업 서비스를 농업, 임업, 목축업, 어업을 둘러싼 종적 서비스로 확대해야 한다. 농업을 예로 들면 농업 산업망의 종적 방향을 둘러싸고 토지 개량, 종자, 화학비료, 농약, 농업 자금, 생산 도구와 장비 등 생산 전 서비스를 제공해야 하고, 기술 방안, 기계 작업 서비스, 배수 관개 서비스 및 대형 설비를 통한 파종, 경작, 수확 위탁 등 생산 중 서비스를 제공해야 한다. 또한 가공, 포장, 저장, 냉장, 운송, 시장 판매 등 생산 후 서비스를 제공해야 한다.[6]

② 농업 서비스를 농업 산업 체인을 둘러싼 횡적 서비스로 확대해야 한다. 예를 들어 농업 인재 양성, 동식물 병충해의 진단 및 방지, 재해 방지와 리스크 관리 시스템, 농업 관련 금융과 보험 서비스, 물류 시스템, 식품 안전 관리 시스템, 생태 안전 시스템, 이들 시스템의 정보 서비스 시스템과 물류 관련 네트워크 시스템을 통합 조정해야 한다.

③ 농업, 임업, 목축업, 어업 간의 협력을 둘러싼 서비스를 실시해야 한다.

④ 생산 – 교육 – 여행 – 체험 등의 종합 서비스를 실시해야 한다.

⑤ 농업을 둘러싼 비즈니스 모델 혁신을 실시해야 한다. 이러한 혁신은 토지의 이용, 각종 제품, 시장, 서비스, 회수, 융자, 보험, 리스크 관리 등 운영의 모든 과정에서 관철되어야 한다.

⑥ 농업, 농촌, 농민을 둘러싼 소프트 환경을 설계해야 한다. 여기에는 새로운 농촌 계획과 설계, 각종 법률, 법규와 정책 시스템, 농업 협력 조직, 융자 시스템, 농민의 건강의료와 양로보험 시스템 등이 포함되어야

---

6   周啓紅, "農業服務業: 建設現代農業的切入点", ≪湖北日報≫(2009.2.8).

한다.

　상술한 영역의 서비스가 이미 전통적 의미에서의 농업 서비스 범위를 뛰어넘었으므로 이들을 농업 서비스업이라고 부르는 것은 부적절하다. 예를 들어 생산 - 교육 - 여행 - 체험 등의 종합 서비스는 여행업의 관점에서는 단지 '농사'의 내용을 여행의 자원으로 삼는 데 불과하므로 이는 농업과 관련된 산업 혁신, 주로 소프트 산업 혁신이라 할 수 있다.

　여기서 농업과 관련된 몇 가지 비즈니스 모델 혁신의 예를 들어보겠다.

　일본 후쿠오카현의 포도넝쿨 식당은 본래 여관업에서 시작해 농장 관광의 구상에 따라 개설된 뷔페식 식당이다.[7] 지역 농업과 긴밀히 협력하고 지역에 뿌리를 내려 지역의 환영을 받는 기업을 만들기 위해 그들은 6차 산업의 구상을 제기했다. 즉, 농업, 어업은 1차 산업, 지역의 농수산품을 이용한 요리·가공 식품은 2차 산업, 이러한 제품의 제작 과정과 풍부한 음식 환경을 서비스 내용으로 하는 3차 산업, 그리고 상술한 세 가지 산업을 긴밀하게 연계하고 상호 교차해 이른바 '6차 산업화'를 창출했으며, 현지 자원을 최대한 개발·이용해 지역의 번영과 발달을 촉진했다. 포도넝쿨 뷔페식당은 현지 재료의 종류와 공급량에 따라 임기응변할 수 있어 현지 생산·현지 소비를 통한 현지 농업과 어업의 번영을 실현하는 구상이 가능해졌다. 그들이 발전시킨 포도넝쿨 뷔페식당은 규슈뿐 아니라 간토, 간사이 지역에도 체인점을 열었다. 이러한 자기 적응적 사업은 환경 적응업이라고 부를 수 있으며, 이러한 사업은 지역과 시대 환경의 변화에 따라 기업 형태를 어떻게 변화시킬 것인지를 탐구하는 데 유리하다.

　일본 이가시(伊賀市)의 모쿠모쿠 농장[8]은 16개 양돈 농가가 출자해 설립

7　　E-Square Inc., *Sustainable Agriculture Survey*.

한 것으로 햄, 소시지를 만드는 가공업체로 시작했다. 이 사업은 '젊은이가 돌아오는 농업'을 건설하고 농업가치를 주체적으로 최대한 발휘하는 것을 목표로 삼았다. 현재 1차 산업으로는 벼, 밀, 채소, 딸기, 과수의 재배 및 목장 등이, 2차 산업으로는 돼지고기 가공(햄, 소시지), 현지 맥주, 현지 빵, 두부, 간식, 케이크, 유제품 제조가, 3차 산업으로는 제품 직판, 통신 판매, 시식 및 농사 관련 학습 과정의 제공, 음식 판매, 숙박 등이 있다. 현재 모쿠모쿠 농장이 위치한 미에현(三重縣)과 주변 지역에서 매년 40만여 명의 사람들이 몰려들고 있는데, 그들은 '안심할 수 있고, 안전하며, 맛있는 음식'을 향유하면서 '농업 – 체험 영농'의 이상을 추구하고 있다.

중국 산둥성(山東省)의 '담보 닭[擔保鷄]'9 사업은 양식업 비즈니스 모델을 혁신한 사례 가운데 하나이다. 칭다오(靑島)의 류허그룹(六和集團)은 중국 최대의 축산 사료 가공 기업이자 최대의 닭, 오리 도축 기업이다. 현지 정부의 지지하에 합자로 담보 회사를 설립한 이 회사는 농촌 양식 농가를 위해 담보를 제공해 은행 대출을 얻도록 했고, 이를 통해 규모화·표준화의 신형 양식 모델을 추동했다. 이 회사는 전국에 200여 개 생산업체, 4만 명의 직원을 보유하고 있으며, 8만여 개의 양식 농가에 풀 서비스를 제공한다. 이 모델은 2007년 우디현(無棣縣)에서 시범 사업으로 성공했다. 담보 닭을 기르는 모든 농가는 부자가 되었다. 표준 닭 축사가 한 채만 있어도 1년 소득이 10만 위안에 이르렀으며, 규모가 크면 100만 위안에 이르는 경우도 적지 않았다. 이로 인해 2008년 이래 류허그룹은 연쇄점처럼 각 현에 양식 담보 회사를 설립했다. 그리고 담보 닭에서 담보 오리, 담보 돼지, 담보 소, 담보 양으로 확대했다. 담보 닭은 기업, 농가, 담보 회사, 은행, 보험회사, 정부, 관

---

8   같은 책.
9   劉同貴, "担保鷄", ≪大衆日報≫(2009.2.5).

련 기업, 양식 조합 등 여덟 개 조직이 하나로 뭉친 '8위 1체'의 모델이다. 이는 담보를 핵심으로 생산 수단, 기술서비스, 생산, 물류, 금융지원, 보험, 정부 신용 등의 여덟 가지 요소를 통합 조정하고 일체화시켜 양식 발전 모델을 혁신시킨 것으로, 농업 관련 기업에 귀감이 되었다. 이러한 기업은 닭이라는 제품의 관점에서 보면 농업 기업이고, 선진적 기업의 사료가공 또는 도축의 관점에서 보면 공업 기업이며, 물류, 금융, 보험의 관점에서 보면 서비스 기업으로, 전통적인 업종 분류의 기준을 뛰어넘는 새로운 형태의 기업이다. 선진국과 비교할 때 중국의 주요 문제는 농산품의 생산, 가공, 유통, 서비스, 대외 무역, 위험 관리 등이 모두 서로 연관성이 없다는 것이다. 이는 지역 봉쇄, 업종 분할, 부문 독점의 영향이 여전히 존재하기 때문이다. 따라서 이 사례는 중국의 현행 농업 관리 체제를 개혁하는 데 매우 큰 의미를 갖는다.

결론적으로 말해, 농업 위기에서 벗어나고 1차 산업, 특히 농업에서 보다 크고 전면적인 가치를 창출하려면 시대의 흐름에 순응해 새로운 기술을 응용해야 하고, 소프트 요인에 집중하고 상술한 각종 혁신 경로와 공간을 통합해 새로운 농업 비즈니스 모델을 창조해야 한다. 이러한 비즈니스 모델은 농업가치를 최대한 발휘하는 데 유리할 뿐 아니라 자연재해와 농업 관련 리스크를 피하는 데에도 유리하다. 이렇게 변화하다 보면 최종적으로 농촌은 점점 더 젊은이들이 동경하는 곳으로 변모할 것이다.

만약 농업과 농촌에 대한 이러한 이상이 실현되어 고전적인 '제1클라크 법칙'이 변하고 1차 산업의 산출과 취업률이 증가할 경우 우리가 논의하는 산업 구조 최적화의 방향과 내용 또한 변화되어야 한다.

3) 소프트 산업

소프트 산업은 소프트 기술을 핵심 기술로 하는 산업으로, 하드 기술을 핵심 기술로 하는 하드 산업의 상대적인 개념이다. 현재 산업 관리에서는 모든 비물질 생산 분야를 통칭해 서비스 산업이라고 한다. 하지만 산업의 전면적인 소프트화는 서비스업 자체를 변이시킨다. 그뿐만 아니라 일련의 새로운 형태의 산업은 일찍이 전통적 의미의 서비스업의 영역을 넘어섰으며, 심지어 새로운 형태의 서비스업 범주도 넘어섰다. 동시에 문화, 오락, 소프트웨어, 정보 통신 등 산업의 부가가치는 제조업보다 훨씬 높고, 그들의 규모와 확장 속도는 놀라우며, 사회·경제·기술의 발전에 대해 점점 더 거대한 추동력을 보여주고 있어 벌써부터 하이테크 제조업과 공동으로 이른바 '지식 경제'의 중요한 지주이다. 그리고 소프트 산업과 하드 산업의 광범위한 통합으로 인해 우리는 물질적 생산과 비물질적 생산의 표준으로는 산업을 구분하기가 어려워졌다. 예를 들면 문화 산업과 사회 산업은 분야가 점점 많아지고 경제에 점점 크게 기여하고 있어 현재의 중국 서비스업 분류에서는 나누기가 아주 어렵다. 따라서 이를 세분해 사회 서비스 부문, 공공 위생, 스포츠 및 사회복지 산업, 위생 체육과 사회복리, 교육/문화 및 예술/방송/영화 또는 과학 연구/종합 기술 서비스에 편입시킨다.

그렇다면 소프트 산업을 정의하고 연구하는 의의는 무엇인가?

현재의 인식에 근거해 전통 서비스업, 협의의 정보 서비스업, 문화 산업, 사회 산업 등을 소프트 산업에 편입시킬 수 있다. 그런데 주의해야 할 점은 1차 산업과 2차 산업이 소프트화함에 따라 이들 업종에서 점점 더 많은 소프트적 업종이 성장하고 있다는 것이다. 예를 들면 2차 산업에서의 소프트웨어 산업, 일부 통신 산업, 인공지능 산업, 1차 산업에서 농사와 관련된 소프트 산업, 의약 위생 분야의 한의 산업, 수명 연장 산업, 미용·양생·건강 산업 등이다. 정보 산업의 특징은 이미 전 세계에서 인식되고 있으며, 각국은 정보 산업과 관련된 특별한 정책을 도입해 자국의 경쟁력을 향상시키고자 노력하고 있다. 정보 산업이 지닌 핵심 기술의 특징으로 인해 제품의 경계, 산업 경계, 회사 및 국가 간 경계가 나날이 모호해지고 있을 뿐 아니라 소프트 적 요인이 창출하는 가치가 점차 제조 분야를 넘어서고 있어 각국은 정보 기술 업종에 특수한 정책을 채택함으로써 그 경쟁력을 높이고 있다. 그렇다면 기타 유사한 업종은 어떠할까?

소프트 산업과 하드 산업은 양자의 핵심 기술이 확연히 다르기 때문에 혁신 과정, 즉 가치 창조의 과정, 경로, 형식이 모두 다르다. 그리고 주의해야 할 점은 소프트 산업 내부의 핵심 소프트 기술이 다르기 때문에 가치 창조의 과정, 경로, 규율 역시 다르다는 것이다. 따라서 그 효과에 대한 평가 표준과 방법, 필요한 인재 역시 당연히 다르다. 동시에 소프트 기술은 장래에 하나의 학문으로 발전할 것이고 보다 많은 소프트 산업을 파생시킬 것이다.

따라서 핵심 기술의 특징에 따라 산업을 세분하고 발전 규율을 파악하며 그 특징과 발전에 적합한 장기 전략과 산업 정책을 제정함으로써 핵심 기술을 시스템적으로 관리하고 제도 혁신을 포함한 혁신을 촉진해야 한다.

점점 복잡해지고 상호 침투하는 산업 간 관계를 분명히 하기 위해 산업 형성의 기본 과정을 분석해 보자〈그림 5-1〉참조).

핵심 기술의 측면에서 보면 산업은 하드 산업과 소프트 산업으로 나눌 수 있다. 그런데 소프트 산업이든 하드 산업이든 간에 물질생산으로 구분하는 1차, 2차, 3차 산업은 최초에 창조적 발상에서 비롯되며, 단지 목표 및 특징이 다를 뿐이다. 소프트 산업이 주로 초점을 맞추고 있는 것은 이익능력 제고, 혁신 촉진, 정보 역량의 향상, 리스크 회피, 삶의 질 제고, 사회 문제 해결 등 소프트한 목표이다. 반면 하드 산업이 조준하는 것은 하드한 목표로, 예를 들어 사람 대신 위험한 일을 더욱 정확하게 할 수 있는 대체물(로봇 등), 신속하게 목적지에 도착하게 하는 도구(자동차, 기차, 비행기, 미사일 등)이다. 후자는 목표의 핵심에 이르는 수단을 주로 하드 기술에 의존하고 전자는 소프트 기술에 의존한다. 여기서 '핵심'이라는 단어를 사용한 것은 목적을 달

그림 5-1 | 창의에서 산업 형성까지의 프로세스

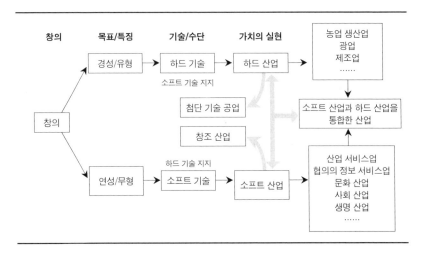

성하는 과정이 더욱 효율적이고 더 높은 목표를 달성하도록 만들기 위해서는 차세대 핵심 기술과 결합해야 하기 때문이다. 예를 들면 유형의 물품을 제조하기 위해서는 대량 및 고품질 생산 단계에서 경영 기술을 부단히 제고할 필요가 있다. 아울러 서비스 산업은 정보 기술과 네트워크 기술의 끊임없는 발전에 의해 갈수록 뒷받침되는 추세이다.

이처럼 목표하는 바가 다르기 때문에 다른 도구나 수단, 즉 기술을 사용할 필요가 있다. 하지만 하나의 구상이 목표에 도달하기 위해서는 목표를 실현하는 수단 외에 최종적으로 광의적 의미에서 목표가 구현되는 영역, 즉 산업이 필요하다. 산업은 기술 전환의 결과이자 다른 기술이 물화·실체화해 가치를 실현하는 플랫폼이다. 우리는 핵심 기술에 따라 하드 산업을 제조업, 가공업, 광업, 농업 등으로, 소프트 산업을 서비스업, 문화 산업, 사회 산업 등으로 분류한다.

한 측면에서 보면, 하드 기술이 발전함에 따라 목표로 하는 제품은 더욱 세밀해지고 작아지고 정확해지고 빨라졌고, 이로 인해 가치를 실현하는 플랫폼(하이테크 산업)이 탄생했다. 이는 기존에 존재했던 유형(有形)의 산업이 창출한 과도기적 산업이라고 할 수 있다. 여기에서 말하는 '과도기'란 하이테크가 지니고 있는 시대성이다. 다양한 시대의 하이테크가 성숙해짐에 따라 침투하면서 또는 독립적으로 하나의 산업이 생겨났으며, 뒤이어 새로운 하이테크와 하이테크 산업군이 출현했다.

다른 측면에서 보면, 소프트 산업이 사람들의 승인을 얻음에 따라 창조적인 산업이 우후죽순처럼 발전한 것과 같이 더 많은 소프트한 기술이 독립적 산업과 소프트 기술 관련 하이테크 산업을 형성했다. 처음으로 돌아가 생각해 보면 영국 치과 의사의 창의력이 오늘날 화재보험 산업을 양성했고, 이는 위대한 창조였다. 이처럼 무수히 많은 소프트적 목표는 수백 년 동안 소프트/하드 기술의 조작을 통해 그 가치가 실현되었다. 이는 할리우드 영화, 광고업에서부터 자문업에 이르기까지 점점 더 강대한 소프트 산업을 형성했다. 실제로 현재의 창조 산업은 소프트 산업에서 가장 활발한 분야이다.

이른바 창조 경제의 흥기는 21세기 소프트 산업 발전의 클라이맥스를 열었다. 유엔무역개발회의(UNCTAD)의 추산에 따르면,[10] 2000년부터 2005년까지 창조 산업 제품과 서비스는 매년 8.7%의 속도로 성장했다. 창조 산업 관련 제품의 수출은 1996년 2275억 달러에서 2005년 4244억 달러로 성장했으며, 이 기간 동안 창조 산업 관련 서비스의 수출액은 평균 8.8%의 속도로 증가했다. 이것은 또 하나의 기술 패러다임으로서의 소프트 기술의 기능(즉, 소프트 기술이 핵심 기술로서 독립적인 산업을 형성할 수 있다는 것)이 공인된 것으로, 광의적 의미에서의 혁신 공간의 이론이 검증받았음을 증명하는

---

10   UNCTAD, *Creative Economy Report 2008*(UNCTAD/DITC, 2008).

반가운 소식이다. 이는 사람들로 하여금 문제 해결을 위한 하나의 솔루션으로서 소프트 기술과 소프트 환경의 혁신을 연구·발전시키도록 진작할 것이고, 또한 부가가치의 창출 과정을 연구하고 소프트 기술 관련 지적재산권을 중시하도록 유도할 것이다.

그런데 새로운 소프트 기술이 절정을 향해 나아가고 있는 오늘날 이러한 흐름의 특징과 속성을 명확하게 인식하고 있어야 한다. 근래 중국에서는 경제기술 개발구, 하이테크 개발구, 창업보육 시범구, 산업 집중구, 소공업구 등의 붐이 일었다. 2003년 중국의 각종 경제기술 개발구는 6866개에 이르렀으며, 규획 면적은 3.86만 평방킬로미터였다. 이들 개발구는 2006년에는 1586개, 규획 면적 9949평방킬로미터로 축소되었다. 현재 중국 각지에서는 앞 다투어 창조 산업 중심구(2009년까지 이미 100여 개)가 설립되고 있다. 정보 기술 영역에서는 1995년 전후로 발생한 인터넷 기술 혁명 이후 사물인터넷 열풍이 불어 각 도시들이 각종 물류 네트워크 센터를 앞 다투어 세우고 있다. 이른바 개발구, 실험구, 단지 등은 실제로는 소프트 환경의 실험구이며, 일정 단계에서 아주 긍정적인 의의를 갖는다. 하지만 이러한 실험구가 모든 신기술과 신개념에 대해 집중할 필요는 없으며, 각지에서는 정부가 주도하는 기존 방식을 채택해 중복 투자 및 사회 비용의 불필요한 증가를 피해야 한다.

결론적으로 말해, 소프트 산업을 탐구하다 보면 미래 산업 구조가 변화하는 추세와 본질이 분명해질 뿐만 아니라 익숙하지만 장기간 소홀히 한 새로운 영역을 개척해 창업의 공간과 경로를 확대할 수 있다. 또한 소프트 산업에 대한 연구는 기업이 전략을 전환하도록 도왔고 새로운 비즈니스 모델을 창조하는 데 이론적 기초를 제공했다. 관건은 어떻게 유효한 창조, 혁신, 창업의 환경을 조성하느냐 하는 것이다.

4) 소프트 산업과 창조 산업

현재 창조 산업이라는 용어는 기업계, 학계, 정부의 정책 결정에서 빈번히 등장하며, 각국 경제의 새로운 성장 동력이 되고 있다. 창조 산업과 관련된 대표적인 연구로는 1998년 영국 디지털문화미디어체육부(DCMS)[11]의 「창조 산업 전략 보고서(The Creative Industries Mapping Document: CIMD)」, 존 홉 킨스의 『창조 경제』,[12] UNCTAD의 「창조 경제 2008」[13] 보고서 등이 있다. 중국에서도 창조 산업이 일어나고 있다. 중국 정부는 창조 산업을 장려하는 정책을 내놓고 있으며, 정부와 사회 투자가 창조 산업으로 기울기 시작해 상 하이, 선전, 청두, 베이징 등의 도시에 창조 산업 기지가 만들어지고 있다. 현 재 중국 기업 제품은 브랜드 가치로서의 활력이 부족하며, 중국에서 대량 생 산되어 전 세계에서 판매량 1위를 차지하는 제품의 절대 다수는 외국 브랜드 로, 중국은 아주 적은 이윤만 얻을 뿐이다. '중국 제조'에서 '중국 창조'로 전 환하는 데서 창조 경제의 부상은 역사적 의의를 갖게 될 것이다.

그렇다면 창조 산업이란 무엇인가? 영국 디지털문화미디어체육부의 정의 에 따르면, 창조 산업은 "개인 창조력과 재능을 바탕으로 지적재산권을 생 성·운용함으로써 부를 창조하고 취업 잠재력을 증가시킬 수 있는 산업"이 다. UNCTAD는 창조 산업에 대해 "창조성과 지적 자본을 주로 투입해 재화 와 서비스를 창조, 생산, 유통하는 산업이라고 지칭한다. 이는 창조적 내용, 경제 가치, 시장 목표를 가진 유형의 상품과 무형의 정보 서비스 또는 예술 적인 서비스로, 지식을 기초로 한 활동을 통해 생산된다"라고 정의하고 있

11　United Kingdom Department of Culture, Media and Sport(DCMS), *The Creative Industries Mapping Document(CIMD)*, HMSO(London: 1998; 2001).

12　John Howkins, *The Creative Economy: How People Make Money from Ideas*(Penguin Group Inc., 2001). 이 책의 중국어판 洪慶福 外 譯, 『創意經濟: 如何點石成金』(上海三聯書店, 2006).

13　UNCTAD, *Creative Economy Report 2008*.

다. 현재 창조 산업은 숙련 노동자, 서비스 및 공업 부문 간의 교차로에 위치해 있다. 존 홉킨스는 상표, 설계, 저작권업, 특허 업종이 창조 산업 또는 창조 경제를 구성한다고 보았다.

창조 산업에 대한 또 다른 분류를 분석함으로써 창조 산업의 내용과 장점에 대해 좀 더 살펴보자.

우선 UNCTAD는 창조 산업을 유산, 예술, 매체, 기능적 창조 등 네 가지 카테고리 아래 아홉 개의 하부 단위로 분류했는데, ① 전통문화의 표현(예술과 공예품, 명절과 의식), ② 문화 장소(고고유적, 박물관, 도서관, 전람관), ③ 시각 예술(회화, 조각, 촬영, 골동품), ④ 공연 예술(음악, 희극, 무용, 가극, 곡예, 인형극), ⑤ 출판과 인쇄매체(서적, 인쇄품과 기타 출판물), ⑥ 시청각 영역(영화, TV, 방송국과 기타 라디오 방송), ⑦ 설계 및 디자인(실내 인테리어, 그림, 패션, 보석, 완구), ⑧ 새로운 매체(소프트웨어, TV 게임, 디지털 창조성 내용), ⑨ 창조적 서비스(건축, 광고, 문화와 휴양, 창조적인 연구 개발, 디지털 또는 기타 관련 창조적 서비스) 등이다.

UNCTAD의 보고서는 추가적으로 창조 산업에 대해 다음과 같은 네 가지 분류 모델을 제시했는데, 각 모델은 핵심 산업과 주변 산업으로 나뉜다. 첫째, 영국 디지털문화미디어체육부의 모델로, 창조 산업을 광고, 건축, 예술과 골동품 시장, 공예품, 설계, 유행, 영화와 비디오, 음악, 공연 예술, 출판, 소프트웨어, TV와 라디오, 영상과 컴퓨터 게임 등으로 분류했다. 둘째, 상징적 텍스트 모델로, 핵심적 문화 산업은 광고, 영화, 인터넷, 음악, 출판, TV와 방송국, 영상과 컴퓨터 게임으로, 부차적 문화 산업은 창조 예술로, 부차적 문화 산업은 가정용 전자제품, 유행, 소프트웨어, 스포츠 등으로 분류했다. 셋째, 동심원 모델로, 핵심적 창조 예술은 문학, 음악, 공연 예술, 시각예술로, 기타 핵심적 문화 산업은 영화, 박물관과 도서관으로, 광의의 문화 산업은 광고, 건축, 설계, 유행으로 분류했다. 넷째, 세계지식재산권기구에서 제기한 저작권 모델로, 창조 산업을 핵심 저작권 산업(광고, 저작권 대행, 영화, 영상, 음악, 공연 예술, 출판, 소프트웨어, TV와 방송국, 시각과 도형예술), 상호 의존적 저작권 산업(녹음용 공테이프, 가정용 전자제품, 악기, 종이, 복사기, 촬영기자재), 부분적 저작권 산업(건축, 의류, 신발류, 설계, 유행, 가구용품, 완구 등)으로 분류했다.

또한 존 호킨스(John Howkins)는 창조 경제를 15개 산업으로 열거했다. 여기에는 광고, 건축, 예술, 공예, 설계, 유행의상, 영화, 음악, 공연 예술, 출판, 연구 개발, 소프트웨어, 완구와 게임, TV와 라디오, 영상게임 등이 포함된다. 이를 통해 비록 창조 산업은 다른 관점에서 다르게 정의되지만 산업 분류 방법은 대동소이하다는 것을 알 수 있다.

상술한 분석을 볼 때 창조 산업은 실제로는 소프트 산업의 일부분이고 소프트 산업의 문화 산업과 정보 서비스 산업에서 가장 활발한 분야이다. 현재 사람들이 창조적 산업 또는 창조 산업에 이처럼 열광하는 것은 새로운 발상, 이념, 구상이 묘사하는 '소프트한 목표를 포함하는 소프트한 것'을 발견하는 것으로도 이윤을 창출할 수 있기 때문이다. 사람들이 보다 많은 열정, 시간, 자금을 들여 창조적 산업을 연구·개발·발전하려는 현상은 오늘날 소프트 기술이 발전함에 따라 비물질 영역이나 무형 자산 영역의 생산이 창조하는 가치가 점점 더 커진다는 것과, 점점 더 많은 사람들이 비물질 영역의 생산 활동 성과 또는 해결 방안을 위해 비용을 지불한다는 것을 보여준다.

실제로 하이테크 산업을 포함해 많은 하드 산업의 근원을 추적해 보면 이 역시 창조에서 출발했다. 20세기에 시작된 경제의 전면적 소프트화와 이에 따른 가치관의 변화는 새로운 소비 모델, 새로운 비즈니스 모델, 새로운 생활방식, 새로운 여가 활동 및 오락 방식, 새로운 업무 방식, 새로운 개념과 관련된 문제 해결 방안 모두에서 상업적 기회를 가져왔다. 이에 따라 더 많은 창조를 촉진했고, 곧이어 수천, 수만 개의 기업이 성장했으며, 그 기업에 새로운 개념과 관념, 아이디어를 제공하는 직업, 이른바 아이디어 산업을 형성했다. 이것이 바로 창조 산업이 눈부시게 부상한 배경이다.

앞에서 언급한 것처럼 지적 자본이 직접적으로 가치를 만들어내지 못하는 것과 마찬가지로 창조 자체는 단지 가치 창출의 잠재력을 가진 일종의 구상이고 아이디어일 뿐이다. 창조를 가치화하기 위해서는 일련의 기술적 조작이 필요하다. 창조를 제품과 서비스로 바꿀 수 있는, 즉 창조 산업의 소비자가 직접 눈으로 보거나 체험할 수 있는 솔루션이어야만 소비자의 구매를 유도하고 시장을 개척할 수 있는 것이다. 그리고 이 창조에서 가치를 창조하는 조작 과정이 소프트 기술이며, 창조 과정이 달라지면 창조 산업의 핵심 소프트 기술도 다르게 형성된다. 존 호킨스가 언급했듯이, 무형 산업은 창조 산업의 다른 이름으로서 그 범위가 좀 더 넓을 뿐이다. 창조 산업은 소프트 산업의 일부분으로 단지 소프트 산업의 범위보다 좀 더 넓다고 할 수 있다.

현재 창조 산업의 붐은 실제로는 새로운 비즈니스 모델 혁신 붐이 주기적으로 만들어낸 소프트 산업군으로, 이번 주기에 산출된 산업군은 주로 문화와 예술 영역에 집중되어 있다. 미래의 창조 산업 역시 각각의 영역에서 성장할 것이며, 특히 소프트 산업과 하드 산업 양자의 주변과 교차하는 영역이 될 것이다. 동시에 자원, 에너지, 환경, 사회 등 각 영역의 지속가능한 발전이 추구하는 사업은 창조적 산업을 발전시키는 기회와 잠재력을 갖고 있다.

바로 이런 이유로 필자는 미래 산업 구조에서 오늘날의 이른바 창조 산업을 단독으로 열거하지 않았다. 그리고 창조 산업은 하이테크 산업과 마찬가지로 시대성을 지닌다. 수백 년 동안 매 차례 산업혁명은 당시의 창조적 산업이 이끈 것이었다. 새로운 소프트 산업군이 나타나기 시작할 때 관련 창업 활동은 대부분 일반적 규범에 맞지 않고 상업적으로 상충되었는데, 사람들은 이를 창조적 산업이라고 칭했다(중국에서는 통칭해 '혁신 산업'이라고 부른다). 이들 창업 활동은 적합한 서비스와 제도로 자리 잡고 성숙해진 이후에는 상대적으로 독립적인 산업을 형성하거나 다소 유사한 업종에 집중되었다. 그런 후에 새로운 소프트 산업군의 주기에 들어갔다. 이러한 의미에서 창조적 산업을 발전시키고 장려하는 것을 금융위기를 벗어나는 과정에서 취업 기회를 늘릴 수 있는 일시적인 조치로 여겨서는 안 된다. 한 차례 축적된 활력은 계속해서 이어질 것이다.

지금까지 소프트 산업의 관점에서 창조 산업의 본질을 분석했다. 창조 산업의 본질에 대한 분석은 핵심 기술을 식별하는 데, 혁신 효율을 제고하는 데, 그리고 혁신에서 가치 창조의 과정을 가속화하는 데 유리하다.

5) 소프트 산업의 특징

소프트 산업과 하드 산업을 비교하면 다른 점이 아주 많다. 여기서는 소프트 산업의 공통된 특징을 살펴보도록 하겠다.

(1) 소프트한 목표

소프트 기술의 소프트한 속성으로 인해(제1장 참조) 소프트 산업의 목표 제품은 대부분 무형이다. 소프트한 목표에는 능력 제고, 정보 역량 개발, 보다 많은 사람에게 알리기(광고), 사회 문제 해결, 시각적·정신적 즐거움, 체험, 학습, 리스크 회피, 안전감, 건강, 아름다움, 타인 설득 등이 포함된다.

(2) 핵심 기술

핵심 기술은 가치 창조의 핵심 수단을 가리킨다. 소프트 산업에서는 각종 소프트 기술이 핵심 기술이다. 하드 기술은 소프트 기술의 혁신 효율을 제고하는 수단이다. 여기에서 각 업종 간의 구별은 ① 추구하는 목표의 상이성,

② 목표에 도달하는 과정에서 운용하는 소프트 기술이 지닌 차별성, 즉 가치 창출에 필요한 과정 기술의 차이에 입각해 있다.

(3) 산업 속성의 전환

소프트 기술과 하드 기술이 통합된 몇몇 산업에서는 산업의 속성이 자주 변한다. 예를 들어 소프트웨어 산업과 인공지능 산업의 경우 소프트한 요인이 창조하는 가치는 하드한 요인이 창조하는 가치를 초과하므로 소프트 산업으로 볼 수 있다. 즉, 가치 전환이 일정 수준에 이르면 산업 속성이 전환되고 여기에서 유형의 제품은 소프트한 목표를 달성하는 수단과 도구로 변한다.

(4) 가격

가격은 가치관의 영향을 크게 받는다. 유명한 브랜드 제품, 새로운 게임기, 특수한 서비스, 지향성이 명확한 솔루션은 가격을 정할 때 개발자의 이익과 고객을 위해 창조한 가치, 계량화할 수 없는 만족감 등 정신적 만족도를 많이 고려한다. 따라서 가격과 제조원가 간에는 상대적으로 차이가 매우 명확하다. 이러한 경향은 문화 산업에서 특히 두드러진다. 예를 들어 유행하는 산업에서는 단순히 가격, 품질, 서비스 등 전통 제품의 개념을 적용하면 매출액이 증가하거나 감소하는 이유를 설명하기가 어렵다.

(5) 심리 요인

소프트 기술의 세 가지 매개 변수 중 하나는 심리 요인이다. 오늘날 많은 사람들의 관심사는 제품의 새로운 기능, 고성능, 낮은 가격에서 점차 생활에서의 꿈, 취미, 자아실현으로 바뀌고 있다. 즉, 기능형, 본질형, 이성에서 감각형, 정서형으로 변하고 있는 것이다. 따라서 소프트 기술 제품은 이러한 필요를 충족하도록 요구된다. 일본학자 구사카 기민도는 "새로운 시기에는 심리학과 경제학이 서로 자리를 바꾸게 될 것이며, 서비스가 감성화될 것이다"라고까지 말했다.[14] 실제로 정부의 관련 부처는 제도 혁신을 고려할 때 항상 대중의 심리적 지구력 및 반응을 함께 고려한다. 산업계, 그중에서도 특히 성공한 기업의 경영자들은 신제품을 개발할 때 어떻게 하면 소비자의 심리적 추구를 만족시킬 것인가를 우선적으로 고려해, 소비자의 심리적 수요가 제품에 반영될 수 있도록 노력한다.

(6) 자원

하드 산업은 주로 물질자원을 개발한다. 하지만 소프트 산업은 물질적 자원 외에 일부 자연 자원(풍경, 산수, 지리 환경 등), 지적 자원, 문화 예술 자원, 사회자원, 인체 자원, 산업 자원, 환경 자원 등을 포함한 보다 풍부한 비물질적 자원도 개발하기 때문에 발전의 영역이 훨씬 광범위하다.

(7) 융합, 집적

소프트 산업은 각종 지식, 기술, 예술 등이 축적·통합·융합된 산업으로, 각종 산업이 상호 침투하거나 뛰어넘기 때문에 분류하기가 매우 어렵다.

(8) 유형 및 무형 산업을 모두 포함

소프트 산업은 무형의 자원을 경영 또는 조작할 뿐만 아니라 유형의 자원을 경영하기도 하고 유형의 설비 또는 조건의 도움을 빌려 가치를 창조하기도 한다. 예를 들어 문화 산업에서 유형인 부문으로는 극장, 도서관 등 각종 시설이 포함되며, 사회 산업에서 유형인 부문으로는 각종 공공시설 등이 포함된다.

---

14   日下公人 編, 『文化産業的新地圖』(日本經濟新聞出版社, 1980).

(9) 신개념 기업 및 기업가의 요람

기술에 대한 관념이 전환됨에 따라 사람들은 소프트 기술이 신산업의 출발점이자 풍부한 광산임을, 소프트 기술과 하드 기술의 통합 혁신이 무한한 비즈니스 기회를 가져옴을 인식하게 되었다. 따라서 소프트 기술의 전문화와 산업화는 문화 기업가, 설계 기업가, 교육 기업가, 사회 기업가, 심지어 기업가를 육성하는 기업가 등 여러 유형의 창업가를 만들어냈다.

이상의 특징은 소프트 산업의 공통적인 특징이지만 소프트 산업의 여러 자원은 서로 다른 특성도 지니고 있다. 따라서 자원을 조작하는 방식에 따라 일련의 소프트 산업 역시 다른 특성을 보일 것으로 여겨지며 이를 위해서는 진일보한 연구가 필요하다.

이제 정보 서비스업, 문화 산업, 사회 산업, 산업 서비스업 등을 통해 소프트 산업이 미래 산업 구조에 미치는 영향을 좀 더 자세히 알아보자. 소프트 산업에서는 여전히 서비스업이 대부분을 차지한다. 소프트 산업의 본질을 더욱 분명히 하기 위해 우리는 먼저 서비스 개념을 새롭게 정의한 후, 서비스 혁신이 어떻게 정보 서비스업 발전을 추동하는지 분석하고자 한다.

2. 정보 서비스업

1) 서비스란 무엇인가

서비스 경제가 크게 주목받고 있긴 하지만 서비스에 대한 기존의 관념과 서비스 혁신에 대한 잘못된 인식은 서비스 경제의 건강한 발전을 가로막는 주요 장애 요인이었다. 따라서 서비스를 재인식하고 서비스와 서비스 혁신의 본질 및 함의를 연구하는 것은 서비스 경제를 발전시키는 데 있어 반드시 필요하다.

(1) 전통적 의미에서의 서비스

전통적 의미에서 서비스는 노동에 관련된 사무, 즉 노무로 여겨졌다. 중국의 『사해(辭海)』는 서비스에 대해 "서비스의 다른 명칭은 노무이며, 실물 형식이 아니라 무형의 노동 형식을 제공함으로써 타인의 특수한 필요를 만족시키는 활동"이라고 정의하고 있다.[15] 하지만 서비스 경제가 발전함에 따라 서비스는 노무의 범위를 넘어 중요한 연구 대상이 되었다.

1994년 일본 학자인 곤도 다카오(近藤隆雄)는 가치 개발을 언급하면서 "서비스란 개인에게 또는 조직에 모종의 편리를 제공하는 활동 또는 기능을 가리키며 시장에서 거래될 수 있다"라고 정의했다. 다시 말해 경제 활동에서 서비스는 가치 생산 활동 가운데 시장에서 거래 대상이 될 수 있는 것을 뜻한다.[16] 여기서 시장 무역의 대상이라는 사실을 강조하는 것은 시장 무역의 대상이 아닌 관련 서비스 활동도 많기 때문이다. 즉, 모든 가치 생산 활동이 서비스라고 불리는 것은 아니다. 예를 들면 자신의 가정을 위한 가사노동은 서비스가 아니다. 하지만 이러한 가사노동을 외부에서 하면 거래 대상으로 판매할 수 있으므로 서비스 활동이 될 수 있다. 그런데 헤이즐 헨더슨은 가정 내 서비스의 성격에 대해 의문을 제기했다.[17] 헨더슨은 주부가 종사하는 대가 없는 일을 비경제학의 의무적 서비스이라 여겨 국민경제를 산정할 때 제외하는 것은 전통 경제학이 지닌 하나의 편견이라고 비판했다.

---

15 『辭海』(上海辭書出版社, 1980).

16 近藤隆雄, 『價値管理中"制造"價值』, 價値開發講演錄, 日本科技廳科學技術政策研究所(1997.5).

17 Hazel Henderson, "Beyond Globalization: Building a Win-Win World", *Closing Plenary Session of the 2002 Forum of World Future Society*(Philadelphia, USA: July 21, 2002).

OECD가 2000년에 발표한 『서비스 경제(The Service Economy)』에서는 서비스에 대해 "다양한 경제 활동군으로 실물의 제조, 광업, 또는 농업과 직접적인 관계가 없으며", "노동, 권고, 관리 기능, 오락, 교육, 조정과 중재 등의 형식을 통해 사람에게 부가가치를 제공한다"라고 정의했다.[18]

OECD가 2001년 「서비스 혁신과 생산율(Innovation and Productivity in Services)」이라는 보고서에서 정의한 서비스 개념은 다소 발전했다. 이 보고서에서는 서비스에 대해 "도움, 편의, 보살핌을 주고 경험, 정보 및 기타 지적 콘텐츠를 제공한다. 또한 대다수의 가치는 어떤 물질 제품 가운데 무형적으로 존재하는 것은 아니다"라고 정의했다.[19]

이를 통해 시대의 발전에 따라 서비스의 개념 역시 진화해 왔음을 알 수 있다. 그렇다면 오늘날 사회에서는 서비스를 어떻게 정의해야 할까?

(2) 서비스 개념의 진화

20세기 이전 서양 국가에서의 서비스업은 주로 가정의 하인을 중심으로 이루어졌다. 1900년에는 미국 서비스 업무의 절반을 하인이 담당했지만, 1968년에 이르러 하인의 수는 서비스업 종사자의 25%에 불과해졌으며, 서비스업에서 가장 크게 증가한 직업은 자동차 수리공, 호텔 직원 등이었다.[20]

경제 소프트화가 진전됨에 따라 서비스를 노무로 보는 오랜 관념이 더 이상 사용되지 않는다. 또한 오늘날에는 제조업, 광업, 농업 등 실물과 관련 있는 부문이 각자의 서비스업을 파생시키기 때문에 OECD 2000년 보고서의 "실물의 제조, 광업, 또는 농업과 직접적인 관계가 없다"라는 서비스에 대한

---

18   OECD, *The Service Economy*, Business And Industry Policy Forum Series(2000).

19   OECD, *Innovation and Productivity in Services*, OECD Proceedings(2001).

20   Daniel Bell, *The coming of post-industry society*(New York: Basic Books, 1973). 이 책의 중국어판 高銛 外 譯, 『後工業社會的來臨』(商務出版社, 1984), p.15.

그림 5-2 | 서비스의 함의

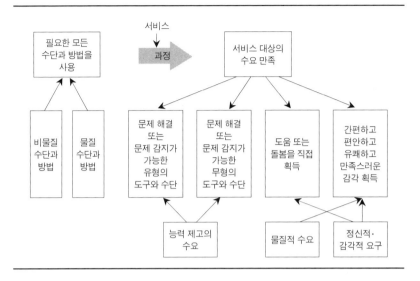

정의 역시 적합하지 않다. 기기, 장비 등 실물 제품을 제공하는 과정 역시 서비스업이기 때문에 OECD 2001년 보고서에서 서비스와 관련해 "도움, 편의, 또는 보살핌을 제공하고, 경험, 정보, 기타 지적 내용을 제공한다"라고 정의내린 것 역시 포괄적이지 않다.

이를 위해 우리는 광의적 관점에서 서비스를 다시 정의해야 한다. 즉, 서비스는 "필요한 수단과 방법을 제공함으로써 서비스 대상의 수요를 만족하는 과정"을 의미한다. 〈그림 5-2〉에서 보듯, 서비스는 하나의 과정으로서, 이 과정에서 서비스 공급자는 필요한 수단과 방법을 사용할 수 있으며 이를 통해 서비스 대상의 수요를 만족시킨다.

이러한 정의에서 '필요한 수단과 방법'이란 직접 접촉을 통한 경로일 수도 있고, 간접 접촉을 통한 경로일 수도 있다. 또한 노동, 체력, 지식, (자문, 권고, 조직, 관리, 조정 및 중재 등이 포함되는) 소프트 기술의 수단 등으로 구성되는 비물질적 수단과 방법일 수도 있고, 아니면 실물, 유형의 도구, 기기, 장비, 하드 기술의 수단 등 필요한 모든 자연물과 인공제품 등으로 구성되는 물질적 수단과 방법일 수도 있다. 하지만 이른바 '필요한 수단과 방법'에는 그러한 자연물과 인공제품 등을 제조하는 것은 포함되지 않는다. 물론 상술한 물질 수단은 비물질 수단과 방법을 통해야만 서비스를 받는 대상의 수요를 만족시킬 수 있다.

서비스 소비자는 다음과 같은 것을 요구한다. ① 문제 해결 또는 문제 감지에 필요한 유형의 도구 및 수단, ② 문제 해결 또는 문제 감지에 필요한 무형의 도구 및 수단, ③ 필요한 도움과 돌봄, ④ 편리함, 편안함, 즐거움, 만족감 등이다. 그런데 ①과 ②는 서비스 대상에게 문제 해결 능력을 부여하는 것인 한편, ③과 ④는 서비스 대상이 직접 문제를 해결하도록 서비스 주체가 돕는 것이다. 주목해야 할 것은 문제 해결 시 필요한 유형의 도구는 실제로는 무형의 목적에 기여하며 기타 수요를 만족시키는 것에 기여한다는 점이다. 요컨대 서비스 소비자의 수요에는 물질적 수요, 정신적·감각적 수요, 능력을 제고할 수요가 포함된다.

서비스 소비자는 서비스 공급자의 측면에서 보면 서비스 행위의 대상이거나 서비스의 소비자로, 일반적으로는 자연인, 법인, 사회단체, 정부 부서이다. 바꾸어 말해 개인, 가정, 조직, 사회, 기타 일체 서비스가 필요한 대상에 포함된다. 서비스 공급자에도 상술한 몇 개의 주체가 포함된다. 〈표 5-4〉는 전통적 의미의 서비스와 신개념의 서비스를 구별해서 보여준다.

2) 서비스의 본질과 서비스 혁신

오랫동안 사람들은 각종 서비스를 누리면서도 서비스가 무엇인지 잘 몰

표 5-4 | 서비스에 대한 개념 비교

	전통적 개념의 서비스	신개념 또는 광의적 개념의 서비스
서비스 기능	주로 물질적 수요를 만족	물질적 수요, 정신적·심리적 수요를 만족시키고 문제 해결 능력을 제공
서비스 대상	개인, 가정, 기업	개인, 가정, 조직(정부, 기업, 단체), 사회
문제 해결의 수단	노동, 지성	필요한 모든 수단과 경로
제공된 서비스	비물질적 서비스	물질적 서비스와 비물질적 서비스
핵심 기술	핵심 기술을 갖고 있지 않은 것으로 간주	소프트 기술
제조업과의 관계	상호 독립	상호 침투, 제조업의 서비스업화 및 서비스업의 제조업화

랐다. 전 세계적으로 서비스업이 창조하는 부가가치가 GDP의 70%를 차지함에도 서비스 부문은 여전히 1차, 2차 산업 발전의 보조 부문이나 촉매제로 간주되고 있다. 2000년 OECD 서비스 혁신 보고에서는 서비스에 대해 다음과 같이 언급했다. "학술 계통과 정책 계통을 불문하고 서비스가 혁신 과정에서 수행한 역할은 기대했던 바에 미치지 못했다. 비록 이런 상황이 점차 바뀌고 있지만 혁신 모델은 여전히 제조업에 집중되어 있다."[21] 이는 서비스의 본질에 대한 연구가 부족해 서비스는 기술의 영역이 아니라고 간주했기 때문이다. 이에 따라 금속 공업은 금속 기술을 핵심으로 하고 전자 공업은 전자 기술을 핵심으로 하는 것과 달리, 서비스업에는 연구할 수 있는 핵심 기술이 없다고 치부해 버렸다. 따라서 서비스의 핵심 기술을 연구하기 위해서는 서비스에 관련 기술이 있는지 여부를 먼저 연구할 필요가 있다.

제1장에서 언급한 바와 같이, 소프트 기술이 문제 해결에 사용할 수 있는 조작 가능한 지식 체계라고 한다면 각종 경로를 통해 서비스 대상의 수요를

---

21   OECD, *Innovation and Productivity in Services*, OECD proceedings(2001).

해결하는 과정은 소프트 기술 범주에 속한다. 모든 서비스는 다른 서비스 수혜자의 수요에 맞추어야 하며 다양한 서비스 공급 수단과 경로를 통해 하나의 해결 방안을 형성해야 한다. 즉, 서비스 과정은 특정한 해결 방안(소프트기술)을 필요로 하는데, 이는 과정 기술(process technology)에 속한다. 서비스의 본질은 인류의 물질적·정신적·심리적 수요를 만족시키는 과정이자, 문제 해결 능력과 관련된 수요를 향상시키는 과정이다. 따라서 이른바 서비스 기술은 상술한 '과정 소프트 기술'의 총칭이다.

그런데 서비스 기술과 소프트 기술은 같지 않다. 광의의 기술은 그 자체로 사회의 진보와 경제 발전을 위해 서비스를 제공하는 도구이며, 각종 소프트 기술은 서비스 산업의 핵심 기술로서, 신개념의 서비스 산업과 소프트 산업은 서로 교차된다. 하지만 모든 소프트 기술이 서비스 기술인 것은 아니다.

서비스 기술은 구체적인 서비스 공급자와 서비스 수혜자 간에 존재하는 조작 가능한 지식 체계이다. 즉, 수급 관계를 해결하는 각종 과정과 방법을 지칭하는 것이다. 하지만 소프트 기술은 인류 문제를 해결하는 또 다른 패러다임이다. 서비스 기술과 소프트 기술은 탐구하는 문제의 수준과 관점이 다르며, 연구의 목적, 대상, 범위, 기능 같은 측면에서 차이가 있다. 따라서 서비스 기술은 소프트 기술에 포함되는 지식 조작 시스템을 대표할 수 없다. 제2장에서 살펴본 것처럼, 대다수 비즈니스 기술과 사회 기술은 서비스 기술의 영역으로 귀결되기 어렵다.

소프트 기술의 관점에서 서비스의 속성을 명백히 하는 것은 매우 의미 있다. 서비스를 제공하는 방법과 과정을 소프트 기술 차원에서 연구하면 서비스와 서비스 혁신의 본질을 깊이 있게 연구하는 데 유리할 뿐 아니라, 서비스 혁신의 제도를 포함한 서비스 경제에서의 여러 새로운 문제, 서비스 표준 및 서비스 영역의 지식재산권 문제도 모두 이론적으로 해석될 수 있다. 실제로 서비스업과 제조업이 갈수록 상호 의존하며 연동되고 있기 때문에 이를 구분하는 것이 점점 어려워지고 있다. 그런데 서비스의 본질은 소프트 산업이 오늘날 하드 기술의 성과를 이용해 정보 측면의 함량을 향상시키는 과정에서 소프트 기술과 하드 기술이 축적되고 융합되면서 나타나고 있는 결과이다. 따라서 서비스 혁신에 대한 체계적인 개념은 광의적인 혁신 틀에 입각해 수립할 수 있다. 또한 광의적인 혁신 틀에 입각해야만 서비스 혁신을 진작시킬 수 있는 환경 조성과 연계된 이슈, 예를 들면 서비스 영역의 정책, 표준, 법률, 지식재산권 등과 관련된 문제를 체계적으로 연구·해결할 수 있으며, 이를 통해 서비스 혁신을 추진해 나아갈 수 있다.

포스트 공업 시대로 진입함에 따라 전문적 분업이 점점 세분화해 외부 서비스 공급자에 대한 기업의 수요도 점점 더 광범위해지고 구체적으로 변하고 있다. 특히 20세기 후반부터 서비스업은 경제 영역에서 빠르게 성장하는 부문이자 취업 문제를 해결하는 중점 부문이었다. 서비스는 모든 경제 부문의 변화와 경쟁에서 핵심 요소가 되었고, 아울러 사회·경제·기술에서의 발전이 서비스 혁신에 대한 수요를 갈수록 증가시키고 있어 서비스 경제가 신속하게 발전하고 있다. 다시 말해 서비스 경제를 성장시키는 동력은 서비스 혁신이다.

이를 통해 서비스 혁신은 서비스 부문의 혁신이나 비기술 요소의 혁신, 또는 기술을 그럴듯하게 포장하는 것을 지칭하는 것이 아니며, 광의의 기술 혁신에 속한다는 것을 알 수 있다.

경제적 측면에서 보면 서비스 혁신은 서비스 대상의 수요를 만족시키는 과정을 통해 부가가치를 실현하거나 증가시키는 활동이다. 이러한 활동은 정보 산업에서 특히 두드러진다. 정보 기술의 급속한 발전은 제품 기술과 기능의 동질화 수준을 점점 더 높이고 있으며, 제품 품질을 제고하고 제품의 생산원가를 낮춤으로써 이윤을 창조하는 공간을 점점 좁히고 있다. 이전에 협의의 개념으로 사용되던 IT 서비스는 제품의 A/S를 뜻했으며, 일반적으로 무료였다. 하지만 현재 소프트 기술과 정보 기술의 통합 혁신으로 IT 서비스의 개념에 중대한 변화가 발생했다. 서비스는 기업의 시장 경쟁에서 중요한 무기이자 부가가치의 주요 원천이 되었다. 2008년 IBM의 전 세계 매출액은 1036억 달러였는데 그중 소프트웨어 및 서비스 관련 수입이 3분의 2를 차지해 IBM은 더 이상 하드웨어 회사가 아니게 되었다. IBM이 미국증권무역위원회에 제출한 보고서에서 따르면,[22] 2009년 IBM의 4대 수익처 가운데 하드웨어와 금융 업무의 세전 이익은 약 30억 달러였으나, 소프트웨어와 서비스 사업의 세전 이익은 각각 80억 달러에 가까워 두 사업을 합치면 160억 달러에 달했다.

기술 측면에서 보면 서비스 혁신은 인류의 물질, 정신과 감정, 능력 향상 등을 만족시키는 것을 목적으로 하는 소프트 기술의 혁신 활동이다. 인간의 마음 및 심신 관계와 관련된 영역에서 이루어지고 있는 기술의 발전과 진전은 서비스 혁신을 위한 많은 기회를 제공하게 될 것이다.

사회 측면에서 보면 서비스 혁신은 인류 스스로의 가치와 능력, 생존 품질을 제고하기 위해 수행하는 사회 활동이다.

방법론적 측면에서 보면 서비스 혁신은 새로운 서비스 방법, 서비스 경로, 서비스 대상, 서비스 시장을 발명하거나 창조하는 활동이다. 소프트웨어 서비스를 예로 들면, 서비스 혁신의 경로에는 세 가지 측면이 포함된다. ① 서비스 유형에 따라 자문, 교육, 실시, 유지, 2차 개발, 부대용품, 환경건설, 저작권 업그레이드 등으로 나뉜다. ② 서비스 과정에 따라 판매 전, 판매 중, 판매 후 서비스로 나뉘는데, 판매 전 서비스에는 소프트웨어 제품에 대한 자문 제공과 작동 시연 등이, 판매 중 서비스에는 교육, 실시 등이, 판매 후 서

---

22   "IBM's report submitted to the U.S. Securities and Exchange Commission(SEC)", *Netease Science and Technology News*(2009.9.8).

비스에는 기술지원 등이 각각 포함된다. ③ 서비스 방식에 따라 소프트웨어 기업이 고객에게 모종의 방식으로 모종의 유형의 서비스 제공에 동의하는 것이 포함된다.

하지만 이러한 서비스 혁신의 세 가지 측면은 모두 해당 소프트웨어 관련 모기업의 소프트웨어를 중심으로 한다. 그런데 현재 IBM 등 우수한 소프트웨어 기업은 지능형 인식 기술 등을 포함한 정보 센서 관련 장비나 신기술을 이용해 IBM 자체를 사물 기반 인터넷에 융합시켜 대상에 따라 다양한 해결 방안(다양한 약정 및 협의 등)을 개발하며, 서비스 대상과 서비스 경로를 교통 관리, 도시 관리, 자원 관리 등 거의 모든 영역으로 확대하고 있다. 이로써 스스로 명실상부한 소프트 산업에 속하고 있다.

요컨대 서비스 혁신의 본질은 소프트 기술을 혁신하는 것으로, 각종 과정 소프트 기술은 다양한 서비스 산업을 형성하는 핵심 기술이다. 또한 서비스 혁신의 효율은 소프트 기술의 혁신 및 소프트 기술과 하드 기술의 통합 성공 여부, 그리고 시대에 발맞추어 진행되는 소프트 환경의 혁신에 달려 있다. 다른 한편으로, 서비스 혁신의 과정에서 서비스 소비자가 필요로 하는 모든 자연물과 생산품은 소프트 기술의 혁신에서의 도구에 해당한다.

오랫동안 사람들은 서비스가 일련의 특수한 기술을 필요로 한다고 여기지 않았기 때문에 서비스의 기교, 방법, 과정, 규율을 전문적인 기술로 보는 연구가 없었고, 서비스 기술을 탐구하는 용어도 부족했다. 1차, 2차 산업을 해석하는 경제 용어는 아주 많다. 그리고 이들 산업의 창조적 기술 개발은 줄곧 경제학자와 기술 전문가의 중시를 받아왔고 다방면에서 연구되어 왔다. 하지만 전 세계적으로 서비스 시스템을 전문적으로 연구하는 R&D 기구는 아주 적다. 중국에서는 여러 정보 서비스를 일률적으로 '기획[策劃]'이라고 부르고 있는데, 무엇이든 기획이라고 통칭하는 바람에 뒤죽박죽되어 버렸다. 미국은 1980년대까지 정부가 항공, 통신 등의 업종에 대해 규제 완화 정책을 실시했기 때문에 기업 간의 경쟁이 더욱 치열해졌고, 상술한 업종의 기업가들은 수준 높은 서비스로 고객을 끌어들이고 경쟁에서 이길 방안을 학계에 자문했다. 이는 시장의 필요로 인해 학술계가 서비스업을 집중적으로 연구하게 되었다는 점에서 역사적 의의를 지닌다.

3) 서비스 경제와 서비스업의 정보화

1999년 3월 2일 영국 《파이낸셜타임스》에 실린 「하이테크 공업과 커피숍이 추진한 혁명」이라는 제목의 기사에 따르면, 과거 30년 동안 영국의 서비스업 경제가 창출한 경제적 가치의 점유율이 2분의 1에서 3분의 2로 증가했는데, 민영 서비스 부문의 취업자가 전체 취업자에서 차지하는 비율은 2분의 1에 이르고, 거기에 정부 부서의 관련 인원을 더하면 서비스업의 취업자는 총 취업자의 4분의 3에 이른다고 한다.[23] 서비스업 비중이 증가한 것은 커피숍, 결혼식 동영상 제작, 개인 교습 같은 유행하는 분야 때문이 아니라, 기업이나 단체에 제공되는 전문적 서비스가 증가했기 때문이다. 이러한 전문적 서비스와 관련된 회사는 다른 회사의 내부 정보와 문서를 전문적으로 관리하는 서비스, 컴퓨터 서비스, 전신 서비스, 금융 서비스, 재무 관리 서비스 등을 제공하는데, 이들 회사는 계속 늘어나고 있으며 이러한 서비스 또한 점차 국제화하고 있다.

실제로 사람들이 서비스업을 다른 관점에서 보기 시작한 것은 맥도날드, 코카콜라 등 서비스 기업이 전 세계 시장에서 성공하고 서비스형 기업이 막대한 부를 쌓게 되었기 때문이다. 2000년 월마트 대표이사 샘 월턴(Sam Walton)은 과거 3년 연속해서 전 세계 1위 부호였던 빌 게이츠의 자리를 차

---

23   《參考消息》(1999.4.6).

지했다. 월마트는 1962년 창업 당시에는 저렴한 상점에 불과했다. 하지만 오늘날에는 미국에 3500개, 해외에 1000개의 상점을 보유하고 직원이 90만 명에 이르는 소매업종의 거장이 되었다. 이 회사는 1990년부터 매년 20%씩 수입이 증가해 2001년부터 연속해서 포브스 500대 기업에 포함되었으며, 석유업계 거두인 엑슨 모빌과 1954년 이래 36번이나 포브스 500대 기업에서 1위를 차지한 GM을 제쳤다.

1995년에는 서비스형 기업이 처음으로 포브스 500대 기업에 진입했는데, 이는 서비스 경제 발전에서 역사적으로 큰 의의를 지닌다. 2001년에는 포브스 500대 기업의 상위 20개 기업 가운데 7개 기업이 서비스형 회사였으며, 15명의 세계 최고 부호 중 9명이 서비스업에서 나왔다. 시카고대학교 부스 경영대학(Booth School of Business)의 교수인 워런 배츠(Warren Batts)는 이를 두고 미국 경제가 서비스 경제로 전환하는 상징이라고 판단했다. 이러한 배경하에 서비스 혁신은 점점 더 주목을 받고 있으며, 각국은 앞 다투어 서비스에 대한 개발 비용을 높이고 있다.

아무것도 생산하지 않는 회사의 수입이 그렇게 높은 것은 무엇 때문일까? 이는 독특한 소프트 기술 혁신, 특히 월마트의 슈퍼마켓 경영 방식, 맥도날드의 셀프 서비스 패스트푸드 이념 같은 비즈니스 모델 혁신 때문이다. 소프트 기술을 혁신한 결과, 이 회사들은 통합 조정, 새로운 서비스 방식, 고부가 가치의 서비스로 1년에 수백 개의 특허를 신청하고 있으며 이러한 특허는 기업의 지속적인 성장을 담보하고 있다.

다음에서 제시하는 사례 역시 정보 서비스업이 경제 구조의 소프트화에 매우 크게 기여했음을 보여주고 있다. 〈표 5-5〉는 1980년부터 1989년까지 10년 동안 미국 GDP 및 일부 산업의 성장률을 정리한 것이다. 전체 GDP 평균 성장률이 30%일 때 금융, 보험, 부동산업 가운데 담보물/상품 중개인 및 그 서비스는 225% 증가했으며, 전체 서비스업의 성장률이 47%일 때 경

표 5-5 ㅣ1980년 대비 1989년 미국 각 산업의 GDP 성장률

항목		1989/1980 성장률
전체 GDP 성장률		30%
1. 농업·수렵·임업·어업		31%
2. 제조업		39.7%
	기계(전기 제외)	106%
	전기 및 위생 서비스	60%
3. 무역		43%
4. 금융·보험·부동산		30%
	담보물/상품 중개인 및 그 서비스	225%
5. 서비스업		47.5%
	경영 서비스	89%
	오락 및 소비 서비스	67%
	기타 전문 서비스	51%

주: 1982년=불변 가격

영 서비스는 89%, 오락 및 소비 서비스는 67% 증가했다.

〈표 5-6〉에서 보듯 중국에서는 1991년부터 2001년까지 3차 산업의 증가율이 359%에 이르렀다. 그중 가장 높은 증가율을 보이며 신속하게 발전하고 있는 네 가지 산업 부문은 우편·통신 서비스(1501%), 사회 서비스업(762%), 과학 연구·종합 기술 서비스(619%), 교육·문화 예술·라디오·영화 및 TV(507%)였다. 이들 산업은 모두 소프트 산업 가운데 광의의 정보 서비스업에 속하며, 미래에 가장 큰 산업군일 가능성이 있다. 이는 정보 서비스업이 모든 서비스업 발전을 유인하는 주요 추동력임을 의미한다. 그러나 이 기간 동안 3차 산업의 성장 속도는 여전히 2차 산업보다 낮았으며, 이는 중국의 3차 산업 발전이 상대적으로 미진해 중국 경제의 지속적인 발전을 심각하게 제약하고 있다는 것을 의미한다.

2007년 중국 국무원은 "서비스업 발전 가속화에 관한 의견"과 관련 정책

표 5-6 ㅣ1991년 대비 2001년 중국의 3차 산업 증가율

산업	2001/1991 증가율	증감	순위
전국 GDP	350%		
1차 산업 GDP	191%	−	
2차 산업 GDP	436%	+	
3차 산업 증가치 총계	359%	−	
농업, 임업, 목축업, 어업 서비스업	394%	+	6
지질탐사업, 수리관리업	346%		8
교통운수/창고/우편통신업	323%	−	11
교통운수 및 창고업	184%	−	14
우편통신업	1501%	+++	1
도매, 소매, 무역, 음식업	279%	−	13
금융, 보험업	333%	−	10
부동산업	411%	+	5
사회 서비스업	762%	++	2
보건체육 및 사회복지업	358%	+	7
교육/문화 예술/방송/영화·TV	507%	+	4
과학 연구/종합 기술 서비스	619%	+	3
국가기관/정당/사단	283%	−	12
기타 서비스 업종	333%	−	9

주: +/-는 전체 GDP 성장보다 높거나 또는 낮음을 의미함.
자료: 『中國國家統計年鑒』(2000; 2003).

조치에 대한 실시 의견을 하달했는데, 여기서는 서비스업의 발전 가속화와 업그레이드가 중국의 현대화 건설이라는 국가 전략과 관계있다고 지적했다. 이를 위해 각 성·시는 모두 일련의 조치를 취했으며 서비스업에 대한 자금 및 정책 투자를 확대했다. 광저우시(廣州市)는 시의 중심부에 해당하는 웨수구(越秀區)를 현대화 서비스업 집중 지역으로 기획해 관할 구역 내에 국제 구매, 국제 비즈니스, 혁신 및 네트워크 경제, 건강 산업, 물류 운영, 문화 여행의 여섯 가지 현대 서비스 집중 구역을 건설했다. 현재 그곳에는 한국의

삼성전자, 일본의 니혼세이코, 프랑스의 알카텔, 스와이어 그룹, 글로벌 물류 운송 업체 UPS의 화남(華南) 지역 본사 등 다양한 국가의 저명한 기업이 집중해 있다. 또한 광고 설계, 법률 사무, 소프트웨어 정보, 투자 고문, 자문 평가, 금융 보험 등 3000여 개의 현대적 서비스 기업이 운집해 있다.

인도는 1990년대 정보 기술이 발전함에 따라 통신, 소프트웨어, 금융, 은행 등 정보 서비스업을 선도했으며, 이들 산업은 연평균 8%의 속도로 성장해 가장 신속하게 발전하는 부문이 되었다. 인도의 신경제, 네트워크 TV, 음악 및 엔터테인먼트 관련 산업은 모두 부와 재산의 원천이다. 이들 산업은 인도의 경제 발전을 위한 엔진일 뿐 아니라, 인도의 일반 국민이 돈을 벌어들이는 원천이기도 하다. 2000년까지 인도 중산계급 인구는 1억 명에 이르렀는데, 인도인이 벌어들이는 수입 가운데 50%의 수입이 서비스에 기인하고 있다.[24]

정보 서비스의 신속한 발전은 근본적으로 서비스업의 지위를 변화시켰다. 서비스업의 발전 추세는 다음과 같이 정리할 수 있다.[25]

① 서비스업은 각국 경제에서 생명력이 가장 강하고 혁신이 가장 활발하며 일자리 창출과 기술 인력 흡수가 가장 빠른 부문이다.
② 서비스업과 제조업의 한계가 점차 모호해지고 있다.
③ 서비스업의 정보 함량 수준이 제고되고 있으며 재능을 갖춘 인재를 포함해 다량의 우수한 노동력이 서비스업으로 전환하고 있다.
④ 서비스업은 더 이상 저임금의 취업센터가 아니다.
⑤ 서비스업에서는 지적재산권 문제가 주요 의제로 제기되고 있다.

---

24   唐璐, "新經濟·新生活", ≪參考消息≫(2001.3.8).
25   金周英·任林, 『服務創新與社會資源』.

⑥ 경제 규모와 이윤 창출에서 대다수 서비스업은 제조업과 어깨를 겨루고 있다.

⑦ 비즈니스 모델의 혁신은 전통 서비스업 고도화의 주요 경로이다.

⑧ 서비스의 세계화와 서비스 관련 무역은 사람들로 하여금 솜씨를 모두 발휘할 수 있도록 하고 있다.

⑨ 서비스 공급자와 서비스 소비자 간의 관계가 변하고 있다.

⑩ 서비스 브랜드의 지명도가 갈수록 높아지고 있다.

⑪ 각국은 서비스업의 연구 개발을 강화하고 있다.

이러한 배경하에 정보 서비스는 각종 분야에 침투하고 있다. 모든 수요는 서비스 시장을 형성할 수 있으며 각 산업에서 서비스업을 파생시킬 수 있다. 이는 왜 서비스 혁신 활동이 점차 활발해지고 있는지, 많은 서비스 산업이 왜 하이테크 산업·정보 밀집형 서비스업으로 변하는지, 20세기의 제품 다양화 시대가 왜 21세기의 서비스 다양화 시대로 바뀌는지를 설명해 준다.

4) 협의의 정보 서비스업

기술의 도구 속성에서 보면 기술은 본래 서비스 속성을 지니고 있다. 따라서 광의의 서비스 측면에서 분석하면 거의 모든 소프트 산업과 하드 산업이 광의의 서비스업으로 분류될 수 있다. 현재 규모를 갖춘 서비스 업종, 예를 들어 농업 서비스업, 공업 서비스업(산업 서비스업이라고도 한다), 상업 서비스업, 문화 서비스업, 건강 서비스업, 교육 서비스업, 스포츠 서비스업, 심지어 매우 다양한 유형의 문화 산업과 창조적 산업도 모두 광의의 정보 서비스업으로 분류될 수 있다. 하지만 소프트 기술과 서비스 기술의 차이점을 분석하는 데 있어 모든 비물질 생산 영역을 정보 서비스라는 일종의 커다란 상자 속에 일괄적으로 집어넣으려고 하는 것은 당초 우리가 소프트 산업을 연구하는 데 있어 의도했던 바가 아니다. 우리는 업종의 한계를 넘어 제공되는 정보의 경로와 방법에 따라 협의의 정보 서비스업을 정의한다. 예를 들면, 산업과 관련된 다양한 서비스업은 각기 독자적인 특징을 지니고 있지만, 소프트 기술에서의 핵심 요소(정보 서비스의 제공에 대한 공통의 수요 또는 공통의 방법)를 지니고 있기도 한데, 이것은 협의의 차원에서 일련의 정보 서비스업이 자체적으로 형성될 수 있는 토대를 만든다. 일반적으로 인정되는 협의의 정보 서비스업을 분류하면 다음과 같다.

① 자문 산업: 자문 기술을 핵심 기술로 하는 산업이다. 자문 산업은 고객에게 지식, 지혜, 판단력, 통찰력, 경험, 문제 해결 방안을 제공함으로써 가치를 창조한다. 이는 가장 성숙한 정보 서비스 관련 산업으로, 역사가 이미 100년을 넘었고 전문화 분업 정도도 높다. 자문업은 전략 기획, 기업 관리, 무역 협상, 정책 자문, 법률 자문, 투자 자문, 기술 자문, 심리 자문, 개인 건강 자문 등의 영역으로 확대되었다. 하드 기술의 발전은 자문 산업에 더욱 새롭고 좋은 도구와 수단을 제공했으며, 소프트 기술의 발전은 자문업의 서비스 범위와 영향을 지속적으로 확대시켰다.

② 중개 서비스 산업: 엄밀히 말하면 중개 서비스 산업은 자문 산업의 유형 가운데 하나이지만 오늘날 경제 및 사회 발전, 그리고 국제 협력에서의 특수한 역할을 고려할 때 하나의 독자적인 범주로 간주할 수 있다.

③ PR 산업: 경제 기술과 서비스가 세계화됨에 따라 PR 산업은 미디어 관계,[26] 정부 관계, 이미지 기획, 제품과 서비스 시장, 대규모 활동, 공동체 관계, 위기관리 등 사회·경제 활동 모든 영역을 아우르고 있다.

---

26 미디어 관계(media relations)란 언론 종사자와의 인간적 관계를 의미하며, 기업이 미디어에 우호적으로 다루어지도록 하기 위해 PR 작업을 하는 것 또는 신문, 방송 등의 미디어 관계자와 우호적인 인간관계를 형성하는 것을 뜻한다. _옮긴이 주

④ 전문 관리업: 기업, 단체, 개인을 위해 전문 서비스를 제공하는 것으로 재산 관리, 재무 회계, 전문 생산, 설계 서비스, 인재 관리, 지원 서비스, 세무 서비스, 법률 서비스, 금융보험 서비스, 무역 서비스, 정보 서비스, 조사 서비스, 번역 서비스, 컴퓨터 서비스 등이 포함되며, 결혼 상대 소개와 결혼 이벤트 서비스 등도 포함된다.

⑤ 정보 서비스: 정보 서비스업은 고객에게 가치 있는 정보를 제공하거나 정보 교류에서 편의를 제공하는 것이다. 예를 들어 미디어 기술은 신문, 라디오, 텔레비전 등 각종 전달 수단을 통해 선전하고자 하는 내용을 전달함으로써 대중의 관점과 관념을 바꾸고 대중의 행위를 이끌어내기 위한 목적으로 활용된다. 현대 정보 서비스업은 출판, 도서, 정기 간행물, 신문, 영화, 라디오, 텔레비전, 전화, 전보, 우편 행정 등의 현대적 교류 수단을 이용하고 있다. 이들 수단의 기술 함량(technological content)이 높을수록 하드한 수단이 소프트한 발상과 더욱 효율적으로 결합되며, 정보 서비스와 교류 기술이 진보할수록 이로부터 산출되는 부가가치도 더욱 높아진다.

⑥ 인터넷 산업과 사물인터넷 산업: 네트워크 기술이 발전함에 따라 오늘날 네트워크 기술과 사물인터넷(Internet of Things: IoT) 기술이 큰 산업을 형성하고 있다. 네트워크의 도움을 받아 서로 소통하는 인터넷 기술은 산업 규모가 이미 상당히 커졌고 세계 각지에 보급되어 있다. 예를 들어 구글은 인터넷 관련 다국적 기업이 되었다. 사물인터넷은 인터넷을 기반으로 하며, 차세대 정보 기술과 소프트 기술(솔루션) 및 적합한 게임 규칙(예를 들면 관용 프로토콜 등)을 통해 인간, 물체(objects), 사물(things) 간의 연결을 실현하고 있다. 사물인터넷은 이미 도시 관리, 자원 관리, 교통, 의료, 안전 등의 영역에 응용되고 있으며 거대한 산업을 형성하고 있다. 사물인터넷 관련 산업의 규모는 앞으로 기존의 인터넷 산업과 비교되지 않을 정도로 커질 것이다.

⑦ 전자상거래 산업: 이 업종은 전자상거래를 위한 신기술과 새로운 서비

스를 전문적으로 제공한다. 정보 네트워크와 마찬가지로 전자상거래 또한 거래가 발생할 때의 관련 제품 또는 서비스 등 특정 내용을 통해서만 부를 창출해 낼 수 있다. 전자상거래의 서비스 대상은 실물 상품, 미디어, 정보 상품, 온라인 서비스로 구분될 수 있다.

⑧ 리스크 투자 산업(제2장 참조)

⑨ 현대 금융 및 보험 산업: 이 업종은 정보 집약적인 전통 서비스업이다. 금융 산업을 예로 들면, 자산 축적, 재산권 축적 및 관리 등을 통해 금융 산업을 지원하는 다양한 기술이 존재한다. 여기에는 재무 기술, 금융 기술, 주식 기술, 리스크 투자 기술, 거래 기술, 증권 기술, 다양한 금융 파생상품이 포함되며, 모두 금융 산업의 발전을 돕고 있다. 1987년 일본에서 출간된『금융상품 총지침』에서는 107종의 금융상품을 총괄했는데,[27] 여기에는 은행에서 다루는 금융상품 26종, 신탁은행의 10종, 증권회사의 23종, 은행과 증권회사 통용의 8종, 우체국의 11종, 생명보험회사의 9종, 손해보험회사의 6종, 농업협회의 2종, 기타 기구의 5종, 각종 대출 상품 7종이 포함된다.

⑩ 설계 산업: 설계 산업은 설계 기술을 핵심 기술로 하는 산업이다. 설계 기술은 새로운 구상, 이상, 목표를 실행 가능한 방안으로 변환하는 기술로, 목표에 이르는 노선을 묘사하고 제정하는 기술이다. 설계는 목표, 대상과 표준에 따라 두 가지 종류로 나눌 수 있다. 하나는 공업 설계, 건축 설계, 제품 설계, 실내 설계, 의복 설계, 도시 설계, 교통 설계 같은 '하드 설계'이며, 다른 하나는 사업 설계, 기업 설계, 기업 이미지 설계, 유행 설계, 사람의 이미지 설계, 광고 설계, 환경 설계, 스토리 중심의 영화 설계 같은 '소프트 설계'이다. 예로부터 건축 설계를 포함한 성공한 설계는 모두 문화, 예술, 기술의 결정체로 당시의 문화, 경제, 시대 배경을 강렬하게 반영한다. 따라서 성공

---

27   日本經濟新聞社 編,『金融商品總指南』(1987).

한 설계는 전통적 개념의 기술 범주를 뛰어넘어 상술한 요인과 융합하거나 통합한다.

⑪ 지적재산권 산업: 지적재산권은 특허, 저작권, 상표 등을 포함한다. 지적재산권 산업은 한 기업 또는 조직의 기술 혁신 활동과 관련된 지적재산 등의 식별, 생성, 보호를 제공하는 서비스 산업을 의미한다. 주목할 것은 이 책의 제1장에서 서술한 대로 지적 자산에는 하드한 것과 소프트한 것 두 가지 측면이 포함된다는 것이다. 대럴 만(Darrell Mann)이 경영하는 영국의 자문 회사 IFR 컨설턴트는 설립 후 6년 동안 체계적인 혁신 방법, 지적재산권의 생성 및 특허 등록 관련 서비스를 제공해 세계적으로 명성을 얻었으며 100여 개의 성공 사례를 보유하고 있다.

⑫ 재공학(re-engineering) 산업: 재공학 산업은 기존에 존재하는 게임을 재설계, 재공학, 또는 재조직함으로써 새로운 게임을 전문적으로 창조하는 산업이다. 이 산업은 고차원의 기술(예를 들면 기술 제도와 기술 표준을 설계하는 기술 등), 고차원의 설계(예를 들면 프로젝트의 엔지니어링), 고차원의 비즈니스(예를 들면 새로운 비즈니스 모델 설계), 시장의 마케팅(예를 들면 주식 시장의 시장 브로커 등), 고차원의 시스템 등의 수단을 통해 가치를 창출해 낸다.

⑬ 연구 개발 산업: 연구 개발은 시스템적인 조직 연구와 개발 활동을 통해 신기술 자원을 생산하는 기술이다. 이는 새로운 제품, 서비스, 방법, 도구, 구상, 연구 개발 체제, 제도, 조직, 관리 방법 등 시장과 사회적 가치를 지닌 연구 성과를 의미한다. 연구 개발 산업은 하드 기술 자원을 제공하는 외에 소프트 기술 자원도 제공해 한층 상품화·산업화하기 위한 것으로, 이는 연구 개발 서비스업의 발전을 촉진한다.

3. 사회적 기업과 사회 산업[28]

사회 산업은 사회 기술을 핵심 기술로 생겨난 산업이다. 이는 사회자원을 개발·응용함으로써 사회 문제를 해결하고 사회 현상을 다루는 과정에서 경제 가치와 사회 가치를 창조하고 실현하는 것이다. 다른 관점에서 사회 산업 또는 사회 경제는 정부와 시장 간의 제3섹터 경제를 의미한다.

사회 기술의 발전 배경, 사회자원에 내포된 의미, 사회 기술의 분류 및 가치에 관해서는 이 책의 제2장에서 이미 소개한 바 있다. 이 절에서는 사회 시장과 사회 산업의 의의 및 특징을 탐구함으로써 사회적 기업과 사회 산업을 연구하고자 한다.

1) 갈수록 중시되는 사회 산업

각종 비영리 조직이 발전한 역사는 오래되었지만 사람들의 사회관계와 사회생활을 사회자원으로 인식하고 사회 활동을 특수한 경제 활동 영역으로 삼기 시작한 것은 최근 반세기의 일이다.

1934년 스위스의 취리히 지역에 WIR이라 불리는 경제 상호 지원 단체가 창립되었다. 이는 단체 내 재화와 서비스를 교환하거나 관련 기구로부터 신용 대출 등을 획득하는 방식으로 상호 지원하는 것이다. 처음에는 WIR 제도에 16명만 참여했는데, 약 60년 동안의 발전 과정에서 전 세계적으로 생활수준이 가장 높고 동시에 가장 보수적인 국가인 스위스에서 WIR의 주민 구성원과 중소기업 멤버가 늘어났다. 1994년에 이르러서는 참여 인원이 8만 명에 달했으며 연간 거래액이 20억 달러에 이르렀다.

---

28   金周英·任林, 『服務創新與社會資源』.

1982년 캐나다는 실업률이 가장 높은 브리티시컬럼비아주에 LETS(지역무역 시스템)라고 불리는 시스템을 구축했는데, 그로부터 10여 년이 지난 후이 시스템은 25~30개 지역으로 확대되어 세계에서 가장 광범위하게 응용되는 시스템이 되었다.[29] 미국, 뉴질랜드, 호주, 일본, 영국, 프랑스, 독일 및기타 유럽 국가들에서도 이와 유사한 공동체 경제는 아주 빠른 속도로 발전했다.

찰스 리드비터(Charles Leadbeater)의 연구에 따르면,[30] 영국의 민간 비영리 부문의 규모는 매우 방대하며 조직 형태 역시 다양하다. 이 부문에는 약 40만 개 조직이 포함되어 있고 약 95만 명이 일하고 있어 전체 국민경제에서 약 4%의 고용을 책임지고 있으며 매년 수입은 대략 295억 파운드에 달한다. 주로 문화, 오락, 교육, 의료건강과 사회복리 사업에 집중되어 있다.

1999년 로제 슈(Roger Sue)는 프랑스 ≪르몽드≫에 「사회 활동: 경제의주요 원천」이라는 제목의 글을 통해 "사회생활은 하나의 중요한 경제 자원이다"라고 강조하면서 사회생활은 '사회 경제'를 형성하는 기초가 될 것이라고 언급했다.[31] 그는 "사회 경제는 항상 각종 협회가 존재하는 기반이 되어왔으며, 각종 협회의 역할은 정부와 시장이 해결할 수 없는 많은 문제를 해결하는 데 있다. 예를 들어 의료, 교육, 사회관계, 윤리 측면의 문제로, 이러한 영역은 부를 창조하는 과정에서 중요한 작용을 한다. 추정에 따르면 프랑스 사회 경제는 GDP에서 4%를 차지하고, 100만 명의 직원을 두고 있으며, 사회 활동에는 80%의 프랑스인이 관계되어 있다"라고 말했다.

미국 텍사스주 오스틴에 위치한 '데이비드 헬스 시스템(David's Health

29   Bernard Lietaer, *The Future of Money: Creating New Wealth, Work and a Wiser World*(London: Random House, 1999).

30   Charles Leadbeater, *The Rise of the Social Entrepreneur*(Demos, 1997). 이 책의 중국어판 李凡 外 譯, 『社會企業家的崛起』(環球協力社, 2006).

31   Roger Sue, "Social Life: Main Economic Resource", *Le Monde*(March 2, 1999).

System)'의 닐 코쿠렉(Neal Kocurek)은 다년간 인큐베이터 관련 사업에 종사한 특수한 경력을 갖고 있다. 그와 그의 동료들은 시민을 위한 정부의 서비스 사업을 둘러싸고 지방정부의 관련 부문과 협력해 전략 계획, 교통 문제, 노동력 문제 등을 해결하는 데 앞장섰고, 대학과 함께 교육 관련 문제를 해결하고 새로운 형태의 대학으로 전환시키기 위한 계획을 수립하기 위해 노력했다. 또한 기업과 정부와 협력해 전자상거래 문제를 해결하고, 병원과 협력해 의료보건상의 문제를 해결하며, 다른 영역의 리더들을 도와 필요한 관계망을 확대하는 등 다양한 노력을 기울였다. 이러한 활동을 규범화한 후 전문가 또는 조직에 경영을 맡김으로써 새로운 유형의 기업을 형성하고 있는데, 이런 유형의 기업이 바로 공동체 시스템 회사, 교통 시스템 회사 등이다. 이처럼 기업을 창립하고 경영하는 사람들을 '시민 기업가'라고 일컫는다. 그들의 이러한 활동은 '기업가의 창업을 위한 보육(entrepreneurial incubation)'의 범주에 속한다.

현재 사회적 기업은 민영 기업에 국한되지 않으며, 각종 유형의 사회적 기업이 세계 각국에 퍼져 있다. 중국, 일본, 싱가포르, 인도, 필리핀, 인도네시아, 태국 등의 국가를 포함해 모든 아시아 국가에서는 사회적 기업의 규모가 점점 커지고 있고 기업 유형이 사회자원의 각 영역에 파급되고 있으며, 사회 기업가들의 수준 또한 점점 제고되고 있다. 미국에서는 심지어 '제3세대 사회 기업가'가 부상하고 있다.

『어떻게 세계를 바꿀 것인가: 사회 기업가와 새로운 사상의 위력(How to Change the World: Social Entrepreneurs and the Power of New Ideas)』[32]에서 데이비드 본스테인(David Bornstein)은 미국, 브라질, 영국, 헝가리에서

---

32 David Bornstein, *How to Change the World: Social Entrepreneurs and the Power of New Ideas* (Oxford University Press, 2004). 이 책의 중국어판 吳士宏 譯, 『如何改變世界: 社會企業家與新思想的威力』(新星出版社, 2006).

부터 남아프리카공화국에 이르기까지의 매력적인 스토리를 열거하고 있다. 그중에서 가장 유명한 것이 2006년 노벨평화상을 수상한 무함마드 유누스 (Muhammad Yunus)의 사례이다.

방글라데시 한 대학의 경제학 교수인 무함마드 유누스는 27달러를 42명의 극빈층 부녀자들에게 대출해 준 것을 시작으로 '가난한 자를 위한 은행'을 창설했다. 그가 창립한 방글라데시 농촌은행과 미소금융 사업은 성공적인 사회적 기업이다. 이는 빈곤 퇴치를 목표로 운영된 성공적인 비즈니스 모델을 통해 2006년 2월까지 전 세계 100여 개 국가에서 총 577만 명의 빈곤자에게 53억 달러를 대출해 주었다.

2) 사회 산업의 의의

오랫동안 사람들은 시장이 제대로 운영되고 정부가 적절히 관리하기만 하면 인류 사회의 문제가 모두 해결될 수 있을 것이라고 생각해 왔다. 하지만 시장경제가 고도로 발달하고 세계화와 정보화 시대로 진입함에 따라 정부와 시장 모두 효력을 발휘하지 못하는 영역이 점차 확대되고 있다. 시장과 정부 부문 외부에 존재하는 광범위한 중간 영역은 일반적으로 '시민사회' 또는 '제3섹터'라고 일컬어진다. 그런데 이러한 중간 영역은 시민과의 연계성, 자체의 유연성, 그리고 개인을 분발시켜 적극적으로 공공의 목표를 지지하도록 만드는 능력으로 인해 모든 형태의 사회 조직을 일종의 번영하는 경제 역량이 되도록 만들었다. 그뿐만 아니라 정치 및 사회생활에서 갈수록 중요한 전략적 역할을 수행하게 되었다.

이와 같은 '중간 영역 접근법'은 시장과 국가에만 의존하는 것을 뛰어넘고 있다. 레스터 샐러먼(Lester Salamon)은 "진정한 사회단체 혁명이 현재 전 세계적으로 전개되는 것처럼 보이며, 20세기 말에 출현한 이 혁명이 지닌 사회적·정치적 의의는 19세기 민족국가의 부상에 비견될 만하다"[33]라고 언급했다.

현재 각종 사회기구는 전 세계에서 왕성하게 발전하고 있다. 이러한 제3섹터의 발전은 이른바 '사회적 경제'의 토대이다. 제3섹터는 정부와 시장이 유효하지 않은 영역을 채움으로써 자신들의 문제를 해결하고 중요한 정치적·사회적 역할을 발휘한다. 또한 사회자원과 사회 자본에 대한 인식이 심화됨에 따라 비영리 조직의 경제 활동이 표준화되고 산업 활동의 수준이 제고되고 있다. 많은 사회기구가 비영리 기구를 넘어 사회적 기업이 되었으며 이는 사회 기술 혁신과 사회 산업 발전을 추동해 이른바 '사회적 경제'를 형성하는 데 기여했다.

오늘날 시민사회가 발전함에 따라 많은 비정부 조직과 비영리 조직이 공익사업에서 적극적인 역할을 하고 있지만, 이들 조직의 서비스 범위와 기능은 상대적으로 제한적이기에 제3섹터를 완전히 보충하기에는 부족하다. 따라서 제3섹터를 지속가능하게 발전시키고 경제적으로 독립시키려면 전통 경제 차원의 원조 및 자선기금에만 의존해서는 안 된다. 적극적으로 사회적 기업을 발전시키고 기업 비즈니스 모델에 입각해 각종 자원을 투입하고 통합해야만 정부, 자선기금 및 기부에 의해 뒷받침되고 있는 제3섹터가 사회 산업의 경영과 사회적 책임 관련 투자 운용을 주요 수입원으로 하는 건전하고 독립된 경제 섹터가 될 수 있으며, 이는 사회 산업의 사명을 완수하는 데 더욱 도움이 될 것이다.

사회적 수요의 측면에서 보면 사회 산업은 사회 시장의 수요에 부응해 생겨났다. 현재 사회 시장의 수요는 점점 더 확대되고 있어 북미와 유럽뿐 아

---

33   Lester Salamon and Helmut Anheier, "In Search of the Nonprofit Sector II: The problem of Classification", *Voluntas*, Vol.3, No.3(1992), p.5.

니라 일본, 중국 등 아시아 국가에서도 교육, 의료보건, 사회복리, 유아 아동, 사회 활동, 방재와 환경보호 등의 영역에서 사회적 기업이 신속히 발전하고 있다.

공공사무의 관리 측면에서 보면 사회 산업의 발전은 제도 혁신을 도모하려는 시도라고 볼 수 있다. 그런데 정부와 기업의 기능을 적절하게 분리하는 문제는 계획경제에서 시장경제로 나아가고 있는 중국뿐만 아니라 선진국에도 존재한다. 이러한 도전은 공공행정과 관련된 문제에서 제대로 해결되지 못하고 있다. 왜냐하면 이는 정부 기능의 근본적인 변화와 관련되어 있기 때문이다. 지속적인 발전으로 인해 발생하는 모순이 첨예해짐에 따라 각종 생산 요소가 활발해지고 각종 사회적 이슈가 신속하게 늘어나고 있어 과거처럼 정부가 사회의 모든 공공사무를 직접 관리하기는 어려워졌다. 예를 들면 중국에서는 이로 인해 정부가 짊어져야 할 부담이 갈수록 가중되어 공무원이 불가피하게 과부하에 직면하고 있으며, 또한 중국의 기업은 물론 연구 기구도 사회에 대해 책임감 있게 행동해야만 했다. 중국 사회에서 일어나는 이러한 현상은 자치를 위한 국가의 사회적 역량을 다소 약화시키고 있다.

따라서 시장경제가 발전함에 따라 국가는 일부 분야에서 행정을 외부에 위탁해야 하고 공공사무를 관리하는 권리 가운데 일부를 사회에 환원해야 하며, 정부와 사회 간 관계에서 '사회 속의 정부'라는 개념을 정립해야 한다.[34] 사회기구가 공공사무의 일부를 관리하면 사회의 자치 및 자기규율 역량이 향상되고 자율적인 메커니즘이 점차 수립된다. 이는 사회 산업이 발전하는 이유를 설명해 줄 수 있는데, 예를 들어 미국 최대의 금융 관련 조직인 전미증권중개인협회(The All America Brokers Association)는 미국에서 금융 관련 자기규율을 제고한 대표적인 사례라 할 수 있다. 과거에는 정부가 공공

---

34   甘藏春, "市場經濟與政府角色的重塑", ≪中國經濟時報≫(2001.6.20).

사무를 직접 관리했으나 이제는 계약을 통해 사회 산업에 종사하고 있는 기업에 경영권을 위탁하고, 정부는 법률과 정책을 통해 그 경영권을 감독하며, 필요할 경우 구매 또는 보조금을 통해 사회적 기업에 간여할 수 있다. 공공 사무에 경쟁적인 메커니즘을 도입하는 것은 일반 대중에게 혜택을 제공할 뿐만 아니라 공공기관의 불명확한 재산권 관련 문제, 정부 행정의 경쟁력 부족과 낮은 효율성 문제 등을 해결하는 데 도움이 될 수 있다.

도시 관리를 예로 들면, 전 세계 절반 이상의 인구가 도시에서 생활하고 있으며, 선진국에서는 75% 이상의 인구가 도시에 거주하고 있다. 하지만 선진국이든 개발도상국이든 모든 도시는 취업, 오염, 교통, 치안, 거주 등의 문제에 직면해 있다. 이러한 상황에서 도시 관리의 기능을 지방정부에 귀속시키는 것은 문제가 있다. 현재 도시 및 마을 관련 사무를 다루고 있는 여러 민간 기업가는 도시 관리와 민간 이슈를 자신들의 업무로 삼고 있다. 기존 정부의 기능 중에서 기업 관리 기능을 분리하는 것, 새로운 기능의 도시를 조성하는 것, 도시 문명을 수립하고 도시 관리를 강화하는 것 등은 하나의 훌륭한 실험이라 할 수 있다.

사회 산업은 도시의 기초시설, 훈련 및 교육, 의료, 양로, 주택, 취업 서비스 등의 측면에서 여전히 매우 많은 자원을 갖고 있다. 그리고 이와 관련된 경영 활동은 도시 사업에 국한되지 않고 발전할 수 있기 때문에 향진이나 촌 단위의 사업에서도 일련의 사회 산업을 창출해 낼 수 있을 것으로 기대된다.

요컨대 사회 산업의 발전은 사회 DNA를 비즈니스 기회의 핵심으로 삼아 기업을 설립하는 것을 의미한다. 그뿐 아니라 제3섹터의 지속적인 발전 촉진, 미래의 사회 구조 재편, 건강한 세계 질서 수립 등의 측면에서 나날이 중요한 작용을 발휘하고 있다. 심지어 어떤 이는 사회적 기업이 세계를 바꿀 것이라고 여기기도 한다.

3) 사회 시장[35]

사회 시장은 전통적 의미에서의 시장과는 다르며 사회와 관련한 각종 수요를 취합한 것이다. 수요에는 다음과 같은 것이 포함된다.

① 사회 문제 해결: 각국의 공업화 정도가 제고됨에 따라 공업화에 따르는 각종 사회 문제가 나날이 심각해지고 있다. 예를 들어 환경 문제, 에너지 문제, 노령화 문제, 도시와 교통 문제, 가정 해체 및 폭력 문제, 소년 범죄율 상승, 도덕과 윤리 문제, 빈부 격차 등이다.

② 정부와 시장이 해결하지 못하는 영역의 문제 해결: 경제 세계화와 정보화 시대에 들어섬에 따라 정부와 시장이 해결하지 못하는 영역이 대거 등장하고 있어 제3자의 개입이 필요하다.

③ 사회의 자율 기능 제고: 사회가 진보하고 사람들의 교육 수준이 제고됨에 따라 사회의 자율 기능을 제고해야 하는 필요성에 대한 공감대가 형성되고 있다.

④ 과학 기술 발전으로 인해 야기되는 문제 해결: 하드 기술이 매우 빠른 속도로 발전함에 따라 하이테크로 인한 부정적인 영향 역시 급격하게 커지고 있다. 그 예로는 과학 연구의 자율성 문제, 순수 과학 발전과 윤리·도덕·세계관·문화 간 심각한 충돌 문제, 경제 사회의 지속발전과 공공 안전 문제 등을 들 수 있다.

⑤ 외재 사회자원의 존재와 발전: 전 세계적으로 업무 시간이 감소함에 따라 정신생활의 필요성이 증가하고 있으며 생활방식의 다양화 및 노령화 속도도 빨라지고 있다. 이를 위해서 사람들은 지역사회 생활, 사회단체, 협

---

35   金周英·任林, 『服務創新與社會資源』.

회, 학회, 친목회 등 비공식 조직의 활동에 더 많은 관심을 갖고 참여하고 있다. 따라서 사회자원이 점점 풍부해지고 있으며 개발 가치도 점점 높아지고 있다.

⑥ 사회 산업의 발전에 대한 수요: 제3섹터의 지속적인 발전을 위해, 그리고 사회 산업이 국민경제의 중요하고도 독립된 역량으로서의 가치를 발휘하도록 하기 위해 사회 기술 혁신을 장려해야 한다. 강력한 사회 산업을 형성하기 위해서는 보다 많은 사회적 기업가가 필요하다.

⑦ 지역 경제와 공동체 경제의 발전에 대한 수요: 경제 세계화가 진전됨에 따라 지역 경제를 보호하고 발전시키며 문화적 다양성, 소수민족 자원, 생태 자원 및 역사 자원을 보호할 수 있는 경로를 개발해야 한다. 따라서 다양한 유형의 경제가 필요하다.

⑧ 정부의 기능을 전환해 사회 사무에 따르는 도전에 대응해야 하는 수요가 존재한다.

⑨ 여러 영역에 교차하는 정책 결정 관련 이슈의 증가: 지속가능한 발전과 세계화의 도전으로 인해 섹터를 교차하고 분과 학문 분야를 뛰어넘는 포괄적이며 중대한 정책 결정 관련 이슈가 증가하고 있는데, 이러한 이슈는 동시에 사회·경제·환경·자원 문제 등의 영역에 걸쳐 있다.

⑩ 신경제의 발전에 대한 수요: 사회적 기업은 사회와 환경에 대해 책임을 이행하는 좋은 기업이어야 하며, 신경제의 중요한 근간이어야 한다.

4) 사회 자본과 사회 산업의 특징

사회 산업의 특징을 논하려면 우선 사회 자본의 성질을 분명히 해야 한다. 이와 관련해 영국 총리실 산하 기관 PIU(Performance and Innovation Unit)가 보고서에서 제기하는 관점은 비교적 설득력을 갖고 있다.[36] 그 주요 논점은 다음과 같다.

첫째, 사회 자본은 어떤 개인이 보유하는 배타적인 개인 재산이 아니라 복수의 개체로 구성된 하나의 그룹 또는 여러 그룹이 공유하는 것이다. 사회 또는 사회단체의 모든 성원이 점유한다는 점에서 보면, 사회 자본은 일종의 공공재라고 할 수 있다. 하지만 여러 개체로 구성된 그룹이 다른 여러 개체의 통제를 받는다는 점에서 보면 사회 자본은 동호회용 재화가 갖는 특징에 더욱 부합한다고 할 수 있다. 그런데 이러한 차이점은 사회 자본이 미치는 영향이 경제적·사회적으로 혜택을 제공하는지의 여부 및 언제 혜택을 제공하는지와 관련해, 그리고 사회 자본을 촉진하고 형성하는 데서의 정부의 역할 등과 관련해 중대한 결과를 가져온다.

둘째, '자본'이라는 단어를 사용하는 것은 사회 자본이 보유량을 가지고 있고 이를 통해 수익을 얻을 수 있음을 의미한다. 이것은 인적 자본의 경우와 유사하다고 할 수 있는데, 금융 자본, 물질 자본 등으로 자본을 한정해 간주하는 전통적인 형태의 분석은 행위자 간의 협력을 촉진시키는 사회 네트워크 및 공유된 가치를 기반으로 하는 '가치'를 간과하고 있다.

셋째, 자본과 같은 단어를 사용하는 것은 금융 자본, 물질 자본, 인적 자본, 사회 자본 간의 잠재 대체성을 부각시키는 데 도움이 된다.

넷째, 일반적으로 금융 자본은 은행계좌에서 실현되고, 인적 자본은 사람들의 마음에 존재하며, 사회 자본은 사람들 간의 관계 구조에서 생겨난다. 그러므로 대다수의 사회 자본은 무형의 자본에 속하지만, 매우 많은 유형의 담지체(외부 자원)를 갖고 있다.

실제로 사회 자본을 측정하려면 사회 자본의 보유량과 수익을 정확하게

---

36   S. Aldridge, D. Halpern and S. Fitzpatrick(eds.), *Social Capital*, the Seminar held by the Performance and Innovation Unit(UK: March 26, 2002).

수치화하는 기법을 개발해야 한다. 이는 경제학에서 전통적으로 이해되어 온 자본 보유량의 개념을 뛰어넘는 것으로, 미래의 사회 산업을 연구하는 데 주요한 이슈 중의 하나이다.

상술한 사회 자본의 특징과 사회 산업에 대한 정의에 따라 사회 산업은 다음과 같은 특징을 가진다.

① 목표: 사회자원의 긍정적이고 적극적인 가치를 최대한 개발·응용하고, 대다수 국민의 이익을 도모하며, 사회 문제를 해결해 사회 진보를 촉진한다.

② 경영 이념: 사회자원을 개발·응용함으로써 사회 문제를 해결하고 사회 사무를 처리하는 과정에서 사회적·환경적·경제적 가치를 창출한다. 그중 경제 가치 창조의 전제는 사회 사명을 완성하고 교육, 환경, 생태 건설 및 환경보호, 농촌 건설, 빈곤 구제, 인권, 의료보건, 장애자 지원 등의 영역에서 사회 진보를 촉진하는 것이다. 즉, 사회 및 환경과 관련된 책임을 성실하게 이행하는 것이다. 따라서 사회 산업 조직의 지도자, 특히 사회 기업가는 사회 진보의 촉진에 뜻을 두고 있어야 하며 아름다운 세계를 건설하고 지구를 보호하겠다는 이상을 가진 인재여야 한다.

③ 자원: 사회 산업의 자원은 속성에 따라 동호회용 물품 자원과 공공물품 자원으로 나눌 수 있으며, 표현 형태에 따라 외재 사회자원과 내재 사회자원으로 나눌 수 있다.

④ 제품: 사회적 시장에서 교환되는 재화는 전통적인 의미에서의 상품이 아니며, 다양한 종류의 서비스로 주로 구성되어 있고, 또한 윤리 및 도덕의 측면은 사회 산업과 떼려야 뗄 수 없는 관계이다.

⑤ 분배: 사회적 기업이 경영하는 것은 사회 자본이다. 따라서 사회, 문화, 생태 등의 목표에 따라 기업 경영의 경제 수입이나 이윤을 얻는 수익자는 관련 무리, 단체, 또는 목표 대상이어야 하며 소수 경영자나 경영층끼리 수익

을 분배하면 안 된다. 이것이 바로 사회 산업의 비영리 특성을 결정한다.

⑥ 규모와 품질: 사회 산업의 규모, 수입 경로, 생산 품질은 한 나라 또는 지역의 역사, 문화 전통, 종교, 경제 발전 수준, 사회구조, 교육 수준, 가치관으로부터 크게 영향을 받는다. 사회 자본의 수준과 형태, 사회 자본이 사회경제에 미치는 영향은 정치체제, 각종 제도, 신앙, 가치관, 도덕규범, 관습, 사람들의 사회적 열망 등 일련의 내재된 사회자원 요소에 달려 있다. 따라서 사회 산업의 발전은 다른 산업에 비해 해당 국가의 국정과 더욱 결합할 필요가 있다.

⑦ 수입 원천의 다양성: 정부, 기업, 사회, 시민 모두는 사회 문제를 해결하는 데 있어 큰 책임을 갖고 있다. 이것이 사회 산업에서 발생하는 수입 원천의 다양성을 결정하기 때문이다. 수입 원천에는 정부의 투자, 자선기금, 기업 또는 개인의 기부, 사회 책임 투자(socially responsible investment: SRI) 및 사회적 기업 자체의 경영을 통한 수입 경영 등이 포함된다.

⑧ 교환 수단: 글로벌 경쟁하의 경제에서 전통 산업의 경우 금융화폐를 비즈니스 거래의 교환 수단과 계량 단위로 삼기 때문에 효율이 보다 높으며 경쟁에서 훨씬 유리하다. 사회 산업의 교환 수단과 계량 단위는 두 가지인데, 하나는 전통적인 금융화폐이고 다른 하나는 보충화폐이다.[37] 이들은 상호 보완하는 관계이지만 사회 산업이 발전함에 따라 보충화폐가 차지하는 비중이 점점 더 커지고 있다. 그런데 보충화폐는 사용과 동시에 스스로 소멸되는 특징을 가지고 있다. 따라서 보충화폐는 화폐 발행량에서 발생할 수 있는 여러 가지 문제를 피할 수 있고, 거품경제, 통화 팽창 등의 영향을 받지 않으며, 무이자라서 지역 경제와 지역사회 경제의 발전에 유리하고, 중소기

---

37 Bernard Lietaer, *The Future of Money: Creating New Wealth, Work and a Wiser World*(London: Random House, 1999).

업의 자금 조달과 비영리 조직의 운영에 용이하며, 화합의 인간관계를 양성하는 데 유리한 등 많은 장점을 지니고 있다. 일단 이 시스템이 선순환되기 시작하면 자립의 기제를 형성하기 쉬우며, 보다 많은 사회 문제를 사회 보조금 또는 납세자의 세금에 의존해서 해결하지 않아도 될 것이다. 이는 보충화폐가 지지하는 음성 경제와 금융화폐로 유지되는 양성 경제가 상호 촉진하고 협력 발전하는 데 유리하다. 벨기에의 국제금융학자이자 대안화폐 전문가인 베르나르 리에테르(Bernard Lietaer)는 2008년 보충화폐 종류가 1만 종을 초과할 것이며 2020년에는 보충화폐가 공업 선진국의 자국 내 총 거래 가운데 20%를 차지할 것이라고 예견했다.[38]

⑨ 핵심 기술과 혁신 수단: 사회 산업의 핵심 기술은 사회 기술이지만 가치를 창조하는 과정에서 각종 비즈니스 기술을 포함한 모든 소프트 기술과 하드 기술을 혁신의 도구로 광범하게 응용할 수 있다.

⑩ 산출: 사회 산업의 목표와 경영이념에 비추어 보면 각종 사회적 기업의 산출은 각기 다른 유형으로 나타난다. 그중 경제 가치 창조, 취업률 제고, 범죄 감소 등은 수치화가 가능하지만 다수의 산출, 예를 들면 사회 시장 수요에 대한 만족도 등은 수치화하기가 어렵다.

5) 사회 산업의 유형

협의의 사회 산업은 사회적 기업군을 가리키며, 광의의 사회 산업은 각종 비정부·비영리 사회 조직과 단체 등을 가리킨다. 오늘날의 인식에 근거하면 광의의 사회 산업은 외재 사회자원의 담지체에 따라 분류할 수도 있고, 사회 시장이 제공하는 서비스 수준에 따라 분류할 수도 있다.

---

38   같은 책.

(1) 외재 사회자원 담지체에 따른 분류

① 각종 비정부·비영리 사회 조직과 단체에는 업종 조직(협회, 상공회의소, 노동조합), 연구 조직(과학, 기술, 문화, 예술), 학술 단체(학회, 협회, 연구회), 각종 사회단체(사회복지, 여성, 생태·환경보호, 자선기금, 장애자, 인권, 자선단체와 관련된 조직, 향우회, 동창회, 재단, 공제조합, 문화 및 예술단체, 국제기구, 종교조직 등)가 포함된다. 조만간 이러한 유형에 속하는 사회 조직이 더 많이 출현할 것이고 활동 범위도 더욱 광범위해질 것이다. 중국의 중국과학기술협회만 보더라도 2009년 말 기준 각급 과학협회와 양급학회(兩級學會, 1급 및 2급 학회)가 7091개였으며, 종사 인원은 5만 3919명, 개인 회원은 997만 4000명이었다.

② 각종 공공부서와 기구로, 예를 들어 각종 학교와 기타 교육 및 학습 관련 부문, 병원과 기타 위생 및 보건 관련 부문 등이다.

③ 사회적 기업에는 시민 기업이 포함된다. 그들은 비즈니스 기업 모델로 사회자원을 개발하고 경영한다. 하지만 사회적 기업의 목표가 이윤을 최대화하는 것이어서는 안 된다. 이윤을 획득하는 것은 보다 많은 사회 가치를 창조하기 위한 수단이지 목표가 아니다. 이것이 전통 경제와의 가장 큰 차이점이다.

④ 지역사회와 지역적 네트워크

⑤ 각종 비영리 조직, 정당, 의회, 법원 등

(2) 사회 시장에 따른 분류

① 사회 문제 해결, 사회 사무 처리, 정부, 기업 및 대중 간 관계 조율을 담당하는 협회 등의 주요 활동 영역

② 도시, 향진, 농촌의 공공사업을 경영하고 관리하는 영역

③ 지역과 사회단체의 발전을 둘러싼 활동, 즉 지역사회, 사회단체, 주민

위원회 등 기층 조직의 주요 활동 영역

④ 각종 포럼, 연구토론회, 박람회, 전람회 및 교류회 등 고도의 정보 교류
활동

⑤ 사회 활동의 영역으로 지력 개발과 인재 양성을 목표로 하는 교육 사업

⑥ 의료·보건 영역

⑦ 부녀자 권익 보호 산업

⑧ 사회복리 사업

⑨ 방재·환경보호 영역

⑩ 각종 계획, 전략, 결정, 예측 사업 서비스

⑪ 재난 방지, 폭력과 범죄 예방, 법률 서비스 등 개인, 가족, 기업, 국가를
위해 안전 서비스를 제공하는 리스크 예방 및 사회질서 유지의 영역

⑫ 종교 영역

레스터 샐러먼 등이 비영리 부문에서의 취업 구성을 연구한 결과에 따르
면, 교육과 연구 26.2%, 위생보건 20.9%, 사회 서비스 19.2%, 문화와 오락
14.1%, 종교 5.6%, 직업과 전문협회 4.5%, 개발 3.9%, 환경 및 환경 관련
이니셔티브 3.3%, 기타 2.2%를 차지했다. 비록 이러한 부문의 각국 취업 비
중과 수입 비중이 모두 같지 않고 이러한 영역이 사회 산업 또는 사회 시장
에 따라 분류되는 것은 아니지만, 이 수치는 미래 사회 산업의 발전 잠재력
을 설명해 주고 있다.

지금까지 사회 산업 및 사회 산업에서의 정부의 기능을 살펴보았다. 이를
통해 사회 자본과 사회자원이 한 사회의 역량을 형성하는 기초이자 사회적
기능을 향상시키는 원천임을 알 수 있다. 그리고 사회 자본과 사회자원은 그
잠재적 가치(혜택 또는 수익)를 실현하기 위해 사회 기술에 의해 발전되고 적
용될 필요성이 있음을 알 수 있다.

6) 교육산업

교육산업의 핵심 기술은 지능을 개발하고 인적 자원을 산출하며 재능을 육성하기 위한 수단으로 비교적 일찍 제도화되었으며, 아울러 학교라는 하나의 사회 조직 형태로 사회에 의해 인정받고 활용된 최초의 소프트 기술이었다. 세계 최초의 학교는 기원전 3500년 말리(Mali)에 세워졌으며, 세계 최초의 대학교는 모로코의 이슬람대학교인 알카라위인대학교(University of Al Quaraouiyine)로 859년에 설립되었다.[39]

인적 자원을 운용자원으로 간주하는 측면에서 보면, 교육기술은 교육 방법을 제공함으로써 사람의 지능과 능력을 제고하는 지능 개발 기술이다. 외재 사회자원의 담지체 관점에서 보면, 교육을 실시하는 주요 담지체인 학교 등의 기구는 사회자원에서 공공 부문에 속하므로 사회 기술로 볼 수 있다. 사회 산업의 특징, 특히 비영리성과 교육 사명이라는 측면에서 보면, 교육산업을 사회 산업에 포함시키는 것이 더 적절하다.

교육 방식에서 보면 교육에는 가정교육, 유아 교육, 학교 교육, 군대 교육, 성인 교육, 직업 교육, 원격 교육, 전 사회 교육 등 다양한 수준이 포함된다. 교육의 내용에서 보면 지식 교육, 지능 교육, 도덕 교육, 체육 교육 등이 포함된다. 이로 인해 교육 제도는 탄생부터 줄곧 하나의 문제, 즉 시대의 발전에 따라 교육의 방식과 내용을 개혁하고 교육과 실행 간 관계를 해결하며 지덕이 겸비된 인재를 양성해야 한다는 문제에 직면해 왔다.

교육산업은 교육 가치, 교육 방향, 교육 성과를 실현하는 무대로서, 모든 국가의 흥망성쇠와 관련된 핵심적인 산업이자 혁신의 여지가 가장 많은 산업이다.

---

39   汪劉生·黃新憲 編,『中外教育史大事對照年表』(吉林教育出版社, 1990).

4. 문화 산업

전 세계적으로 물질생활 조건이 개선되자 정신제품에 대한 필요성이 증가되었으며, 문화, 예술, 교육, 오락 기술 등은 신속하게 다양한 상품과 서비스로 변화해 거대한 규모의 문화 산업이 형성되었다. 문화 산업은 사회 진보에 독특한 역할을 수행하고 소프트 파워를 제고하는 데 기여하기 때문에 세계 각국에서는 문화 산업을 점점 더 중시하고 있다.

1990년대 이래 문화 산업은 전 세계에서 가장 빨리 발전하는 산업 가운데 하나가 되었다. 세계에서 문화 산업이 가장 발달한 미국은 영화, TV 프로그램, 패스트푸드 등의 문화 상품을 통해 미국 문화를 전 세계로 수출하고 있다.

1) 문화와 문화 가치

문화의 함의는 매우 넓어서 수준과 관점에 따라 다르게 이해되고 해석될 수 있다.

문화라는 단어에 대해 처음으로 명확하게 정의를 내린 사람은 영국의 인류학자 에드워드 테일러(Edward Tylor)이다. 그는 1871년에 출판한 『원시문화(Primitive Culture)』에서 "문화 또는 문명은 전체적으로 복잡한 것이다. 왜냐하면 한 공동체의 구성원이 학습을 통해 획득한 지식, 신념, 예술, 도덕, 법률, 관습 등을 모두 고려해야 하기 때문이다"[40]라고 언급했다. 영국 사회인류학자 브로니슬라브 말리노프스키(Bronislaw Malinowski)는 에드워드 테일러의 문화 정의를 발전시켜 1944년 출판한 『문화론(A Scientific Theory

---

40   『中國大百科全書: 社會學』(中國大百科全書出版社, 1991), pp.409~418.

of Culture and Others Essays)』에서 "문화란 모든 관습, 실물, 생각 및 신념이 일부 중대한 기능을 수행하는 개인적·집단적 성과의 총체"[41]라고 간주했다. 말리노프스키는 더 나아가 문화를 물질적 문화와 정신적 문화로 구분했다. 즉, 이른바 '전환된 환경과 변화된 인간 유기체'라는 두 가지 주요 구성 요소를 지칭한 것이다.

로버트 보이드(Robert Boyd)와 피터 리처슨(Peter Richerson)은 1985년 "문화는 전 세대에서 다음 세대로 전해지는 지식, 가치판단, 기타 행위에 교육과 모방을 통해 영향을 주는 요소"라고 정의했다.[42]

중국에서 1989년 출판된 『사해(辭海)』에서는 "광의의 문화는 인류사회 역사를 실행하는 과정에서 창조된 물질적 부와 정신적 부를 합한 것을 가리키며, 협의의 문화는 사회의식 형태와 여기에 적응하는 제도 및 조직 기구를 가리킨다"[43]라고 정의하고 있다.

1991년 출판된 『중국대백과전서(中國大百科全書)』의 사회학 편에서는 "광의의 문화는 인류가 창조한 모든 물질제품과 정신제품의 총화를 의미하며, 협의의 문화는 언어, 문학, 예술과 모든 의식 형태에 포함된 정신제품을 가리킨다"[44]라고 정의하고 있다. 아울러 문화사회학, 문화생태학, 문화심리학 등의 측면에서 문화의 함의를 해석하고 있다.

사회학자 및 인류학자는 문화에 대해 "문화란 인류집단 또는 사회가 함께 누리는 성과이다"[45]라고 정의를 내리고 있다. 여기서 말하는 '함께 누리는 성

---

41 Bronislaw Malinowski, *A Scientific Theory of Culture*(University of North Carolina Press, 1944). 이 책의 중국어판 費孝通 外 譯, 『文化論』(商務印書館, 1946).

42 周振華, 『体制變革與經濟增長: 中國經驗與范式分析』(上海三聯書店·上海人民出版社, 1999).

43 『辭海』(1989), p.1731.

44 『中國大百科全書: 社會學』(中國大百科全書出版社, 1991), pp.409~418.

45 David Popenoe, *Sociology*, 10th edition(Prentice Hall, 1995). 이 책의 중국어판 李强 外 譯, 『社會學』(中國人民大學出版社, 1999).

과'에는 가치관, 언어, 지식, 일처리 방식 등 비물질문화뿐만 아니라 도구, 돈, 의복, 예술품 등 물질문화도 포함된다.

일반적으로 문화는 한 사회의 생활방식이자 사회 교류를 통해 학습되고 교육과 모방을 통해 대대로 전달되는 것으로, 다른 생활방식과 공존하고 융합하는 경로를 통해 획득되고 누적되며 혁신된 것이다. 따라서 통상적으로 공중에게 내재된 가치관, 관념, 태도, 행위 규범, 습관 등으로 표현된다. 모든 사회는 독특한 문화를 기초로 한다. 그렇기 때문에 문화는 국가의 정치·경제·사회가 발전하는 과정에서 무엇을 해야 할지, 어떻게 해야 할지, 그리고 무엇을 먼저 해야 할지 등을 정할 때 매우 중요한 역할을 한다. 문화는 한 국가, 집단, 심지어 개인의 결정에 영향을 줄 수 있는 무형적인 역량이라고 할 수 있다.

사람들의 소비가 점차 정신적 소비로 전환됨에 따라 점점 더 많은 문화지식과 자원이 문화 상품과 서비스로 개발되어 시장에 진입하고 있으며, 나아가 비물질 경제의 발전을 추동하고 있다. 문화는 기술과 경제 발전에 점점 많은 영향을 주는 중요한 요인이 되고 있으며, 때로는 그 영향이 시장과 정부의 역할을 뛰어넘기도 한다. 문화 관련 작품과 예술 작품이 일단 시장에 진입하면 문화는 더 이상 '보이지 않는 손'의 역할에 그치지 않으며, 문화 지식 또한 더 이상 비기술 요인이나 비경제 요인으로 간주되지 않는다. 왜냐하면 문화는 경제적 가치 또는 사회적 가치를 가지고 있기 때문이다.

문화의 경제적 가치 또는 시장 가치란 문화 관련 작품 또는 창작물을 상품과 서비스로 전환했을 때 발생하는 경제적 효용을 의미한다.

문화의 사회적 효용은 문화 관련 제품, 상품, 서비스가 사회의 경제 발전 목표를 실현하는 데 기여한 정도를 가리킨다. 사회 및 경제 발전의 목표는 다차원적인데, 예를 들어 국민의 수입을 신장시키고 계층 간 과도한 수입 격차를 피하는 것, 물질생활 및 정신생활에 대한 국민들의 수요를 만족시키는 것, 사회 환경 및 자연 환경을 개선하는 것 등을 지칭한다.[46] 시, 그림, 조각 같은 예술 작품이 높게 평가되면 비록 시장에 내놓거나 상품화되지 못하더라도 사회 및 경제 발전 목표를 실현하는 과정에서 일정한 역할을 한다. 이것이 바로 예술 작품 및 문화 관련 작품의 사회적 효용이다. 핵심은 이러한 효과가 긍정적인지 아니면 부정적인지에 달려 있는데, 예를 들면 예술 작품은 사람들의 마음을 건강하게 만들 수도 있고 사람들의 마음에 해로운 영향을 미칠 수도 있다.

주목해야 할 것은 문화 가치가 지닌 이중성으로 인해 문화 창조 및 문화 혁신이 하드 기술의 혁신과 서로 다르다는 점이다. 이와 관련해 광범위하게 연구한 중국의 경제학자 리이닝(厲以寧)의 분석에 따르면, 물질생산 영역 내에 있는 한 제품의 사용가치는 윤리적 성질을 갖고 있지 않은데, 왜냐하면 아편, 모르핀, 청산가리 등은 일반 물품이기 때문이다. 문제는 그 물품을 누가 사용하고 어떻게 사용하는가 하는 것이지, 해당 물품의 사용가치 자체가 문제인 것은 아니다. 따라서 그러한 물품에 대한 생산과 판매를 엄격하게 통제함으로써 해당 물품이 부적절하게 사용되는 것을 방지할 필요가 있다.

그러나 예술 작품은 물질로 생산되는 제품과 다르다. 왜냐하면 예술 작품은 정신노동에 의한 산물이기 때문에 자체적으로 규범적인 함의와 측면을 가지고 있으며, 그 사용가치는 사회적 평가에 따라 다양하게 반영된다. 예를 들어 외설이나 폭력을 장려하는 서적이나 영상물은 시판될 경우 분명 사회에 해를 끼칠 것이다. 따라서 이러한 제품은 누가 어떻게 사용하는지 또는 제대로 사용하는지의 문제를 떠나 어떤 조건하에서도 생산하거나 판매해서는 안 된다. 이러한 예술 작품에 대해서는 이른바 '생산과 판매에 대한 엄격한 제한'이라는 단서도 적용해서는 안 된다.[47]

---

46   厲以寧, "經濟文化", ≪文化經濟學的探索雜志≫ 第四期(1990).

이로써 문화 기술과 시장 간 관계가 전통적 기술과 시장 간 관계와 같지 않음을 알 수 있다. 단순히 시장의 측면에서 보면, 문화 상품과 서비스는 생활의 즐거움과 생활방식을 추구하는 동기에 맞추어 생산된 것이라서 생산되기만 하면 시장이 존재한다. 하지만 만약 그 문화 상품과 서비스의 사회적 효용이 부정적이라면 시장이 있더라도 그 제품을 개발·생산·판매해서는 안 된다. 예를 들어 '불량 출판물 단속법'은 문화적 쓰레기 또는 문화적 독극물이 발전하기 이전의 맹아 상태일 때 제거하도록 돕는 제도이다. 개혁·개방 이전의 30년 동안 중국은 문화 관련 제품의 비상품적 측면을 과도하게 강조해 왔다. 반면 중국이 시장경제에 진입한 오늘날에는 이른바 '수익 제일'의 경향, '모든 것을 상품화'하는 경향을 방지할 필요가 있다.

2) 문화 산업의 이해

문화 산업의 발전과 한 국가의 경제 발전 수준, 국민의 문화 수준은 밀접한 관련이 있다. 애덤 스미스(Adam Smith)는 일찍이 18세기에 "한 사람이 가난한지 부자인지는 그가 어떤 수준에서 인생의 필수품, 편의품, 오락물을 즐기는지를 보면 된다"[48]라고 말한 바 있다. 서양 선진국은 일찍이 1930~1940년대에 문화 산업의 발전을 위한 중요한 움직임을 보였다. 문화 산업은 이미 각 공업 선진국의 국민경제에서 매우 중요한 위치에 있으며, 중요한 수출 산업이기도 하다. 미국의 문화 상품 수출은 1996년 이래 항공우주 공업을 뛰어넘어 가장 많은 외화를 획득하는 수출 산업이 되었다. 21세기 초 일본의 애니메이션 산업은 일본에서 셋째로 규모가 큰 산업이 되었다. 미국 정계의 한 인

---

47   같은 글.
48   亞當史密斯, 『國民財富的性質和原因的硏究』.

사는 "현재 미국 최대의 수출은 농작물이나 공장의 제품이 아니라 대량으로 생산되는 문화이다"라고 말했다. 예를 들어 할리우드의 영화는 전 세계 시장을 휩쓸고 있다. 1998년 영화〈타이타닉〉의 전 세계 흥행 수입은 18.45억 달러에 달했으며, 2009년〈아바타〉의 흥행 수입은 26억 달러에 달했다. 인도는 현재 세계에서 가장 큰 영화 생산국으로 200만 명에 가까운 종사자를 보유하고 있으며, 인도의 영화 산업은 연간 1000편의 영화가 제작되는 방대한 업종이다. 중국은 1999년 전국 영화 흥행 수입이 8.5억 위안에 불과했으나 2009년에는 62.06억 위안에 달했다. 그중 중국 영화는 56.6%를 차지한다. 중국의 2009년 애니메이션 수출액은 3056만 달러로 2008년 대비 150% 증가했다.[49]

일본학자 구사카 기민도는 문화 산업을 연구하는 대표적인 인물이다. 그는 하나의 사회는 경제 개발, 사회 개발, 인재 개발을 거친 후에 문화 개발의 시대가 도래한다고 보았다. 오늘날 사회 성원들은 자신의 수입, 시간, 능력을 자아실현(행복 추구)에 대거 투입하고 있다. 1978년 구사카 기민도는『신문화 산업론』에서 문화 입국(文化立國) 정책을 실시할 것을 일본 정부에 호소하면서 문화는 높은 이윤을 창출해 낼 수 있고 고가로 판매할 수 있으며 문화적 상징은 상품 판매의 수익을 증가시킬 수 있다고 강조했다. 또한 일본의 문화 예술, 영화, TV, 음악, 출판물, 다도, 꽃꽂이, 언어학교, 오락, 무술, 바둑, 장기 등을 수출할 것을 주장했다. 그는 또한 한 나라가 문화 산업을 창출하기 위한 조건으로 ① 물질생활 제고(문화 상품은 소수가 향유하는 사치품이 아니라 대중화된 정신제품이어야 한다), ② 국민의 문화 수준 제고, ③ 풍부한 문화 자원, ④ 제도적 성찰의 기회 제공(자국 국민의 약점과 나쁜 관습은 물론 사회 및 경제 영역의 문화 요인 등에 의해 초래되는 폐단 및 그 원인에 대한 성

---

49   ≪新華网≫(2010.3.12), http://www.news.cn.

찰), ⑤ 수준 높은 가공 산업의 뒷받침 등이 필요하다고 지적했다.[50] 이를 통해 문화 혁신과 문화 산업의 발전은 한 민족의 성숙도를 설명할 뿐만 아니라 사회 경제 발전이 일정 단계에 이르렀음을 상징하는 중요한 표지임을 알 수 있다.

주지하는 바와 같이 중국의 우수한 문화유산은 거대한 보고로서, 이로부터 무한한 지혜를 발굴하고 무수한 정신제품을 창조할 수 있다. 또한 이러한 문화유산은 미래 소프트 기술과 소프트 산업 발전의 풍부한 원천이기도 하다. 중국이 국제 사회에 융화됨에 따라 중국의 문화 산업과 문화 전통은 매우 큰 충격을 받고 있다. 한편으로는, 문화 산업의 함의가 갈수록 풍부해지고 정보 산업이 문화 산업의 디지털화 경쟁을 제고하는 추세이며, 앞으로는 국제적으로 능력 있는 문화기업이 풍부한 경험과 막대한 자본을 배경으로 중국의 문화시장을 개발하고 쟁탈할 것이다. 다른 한편으로는, 외국 문화가 대규모로 중국에 유입되고 있는 상황에서 중국의 고귀한 전통 문화를 어떻게 유지할 것인지, 동시에 독특한 문화적 우위를 기반으로 어떻게 중국 문화를 긍정적으로 수출하고 세계 문화 시장에서 중국 문화의 중요한 위상을 확립할 것인지도 중대한 과제라고 할 수 있다.

문화 산업의 정의에 대해서는 연구의 관점에 따라 다음과 같은 차이를 보인다.

- 문화 산업은 사람의 정신생활 및 엔터테인먼트의 수요를 만족시키는 서비스를 제공하는 모든 업종을 총칭한다.[51]
- 문화 산업은 정신 및 문화 관련 제품을 생산하고 서비스를 제공하는 산

---

50   日下公人, 『新·文化産業論』.

51   王玉印·鄭曉華 主編, 『文化産業學』(中國農民出版社, 1994).

업이다. 문화 산업은 문화 관련 제품과 활동을 주요 대상으로 하고 있으며, 행정 및 서비스 섹터를 활용하고 구축하기 위한 제품과 관리 등을 다룬다. 여기에는 주로 문화, 예술, 교육, 스포츠, 과학 기술, 여행, 종교 등이 포함된다.[52]

• 문화 산업은 문화 관련 제품을 생산하고 문화 관련 서비스를 제공하는 하나의 특수한 업종으로, 인류의 지식적·지능적·정신적·예술적·정보적 활동과 그 성과를 일정한 물질에 의지함으로써 사람들이 소비하고 즐기고 교환·매매하는 문화 상품을 공급하는 것을 특징으로 한다. 문화 산업이 다른 산업과 구별되는 가장 큰 차이는 문화적 함량과 기능이 물질적 함량과 기능에 비해 매우 높다는 것이다. 그 특수성은 독창성의 정신활동을 근본으로 한다.[53]

• 문화 산업군은 문화를 창조하기 위한 산업으로, 모종의 문화를 창조하고 해당 문화 및 그 상징들을 판매하는 행위를 수반한다.[54]

• 문화 산업군은 산업 표준에 따라 문화 관련 제품 및 서비스를 생산·재생산·유통·저장·분배하는 일련의 활동을 그 영역으로 한다.[55]

소프트 기술의 관점에서 보면, 문화 산업은 문화 기술을 핵심 기술로 삼는 산업이다. 따라서 문화 산업은 문화 기술을 이용해 문화적 가치와 문화 자원을 개발하며(제1장 참조), 이를 통해 문화적 가치와 문화 자원은 소비되거나 또는 소비자에 의해 향유되는 (사회적 가치와 경제적 가치를 지닌) 제품 또는 서비스로 전환될 수 있다.

---

52 程思岩 主編,『文化經濟學通論』(上海財經出版社, 1999), p.61.

53 樂後聖,『21世紀的黃金産業: 文化産業經濟浪潮』(中國社會出版社, 2000).

54 日下公人,『新·文化産業論』.

55 鄧碧泉, "發展文化産業勢在必行", ≪新華网≫(2003.9.29).

문화적 가치가 이중성을 지녔음을 감안할 때, 문화 관련 제품을 분석하려면 문화 상품이 지닌 다음과 같은 일련의 특징을 먼저 이해해야 한다.

① 문화의 내용 또는 가치관은 문화 산업의 제품 및 서비스를 형성하는 주요 가치요소이다.
② 문화 산업은 상대적으로 에너지 소비가 적고 제품의 부가가치가 높다.
③ 문화 상품의 창작에는 공업 생산품의 생산에 필요한 것보다 더욱 많은 개성과 창조성이 요구된다.
④ 문화 상품의 가격과 제조원가는 상대적 괴리가 크다.
⑤ 문화 상품을 수출하는 것은 수출 국가에서 경제적 효용을 창출하는 역할뿐만 아니라 문화를 전파하는 역할도 한다. 미국의 영화나 맥도날드, 일본의 애니메이션, 스시, 가라오케, 중국의 무술, 요리, 한국의 태권도, 김치 등은 전 세계에서 상당히 큰 시장을 차지하고 있으며, 실제로 이들 국가의 문화를 전파하고 있다.
⑥ 문화 상품의 개발은 건전한 문화에 기반해야 하며 '좋은 것을 지향하고 나쁜 것을 억제하는 원칙'을 견지해야 한다.
⑦ 정신노동에 의해 생산된 제품은 상품성을 갖지 않는 경우가 많다. 이로 인해 일부 문화 활동 또는 문화 관련 제품은 사회적 효용이 매우 뛰어나더라도 중단기적으로 경제적 효용이 적거나 없을 수도 있다. 그 예로 문화유산의 개발, 초등 교육, 기초과학 연구 등을 들 수 있는데, 여기에는 산출해 내는 효용보다 더 많은 비용이 투입되기도 한다. 따라서 문화 산업이 발전하려면 사회적·경제적 효용을 신중하게 조율해야 한다. 정신노동에 의해 생산된 모든 제품 또는 관련 활동이 상업화되는 것은 아니다. 따라서 문화 및 예술 관련 작품은 물론 문화 활동도 단순히 경제적 수익을 얻기 위해 상업화해서는 안 된다.

3) 문화 산업의 분류

문화 산업은 분류 표준이나 문화 산업에 대한 인식에 따라 분류 방법이 다르다.

1980년 일본학자 구사카 기민도는 문화 산업을 다음과 같이 분류했다.[56]

① 여가 시간에 활용되는 산업: 평생 학습 산업, 취미 산업, 스포츠 산업, 통신교육산업, 음악 산업, 출판 산업, 자아실현 산업 등

② 오락가사 산업: 가사업무 대리 산업, 외식 산업, 가공 산업, 가정모임 산업, 신농업 등

③ 생활을 윤택하게 하는 산업: 통신판매 산업, 자동판매기 산업, 독점판매점 산업, 광고 산업, 대형 도매 산업 등

④ 친구와의 교제 범위를 넓혀주는 산업: 미팅 산업, 도시형 오락 산업, 연인 산업, 관광 산업, 미용 산업 등

1990년 베이징대학 리이닝 교수는 경제학의 측면에서 출발해 문화, 예술품을 물적 형태로 표현되는 제품(예를 들어 음악과 음향 제품, 미술 작품, 서적 등)과 정신 서비스 제품(예를 들어 예술 공연 등)으로 분류했다.[57]

1998년 상하이시에서 발표한 『상하이 문화 산업의 발전에 관한 연구(發展上海文化産業研究)』에서는 문화 산업이 문화 예술 상품을 생산·판매·사용하는 산업이라는 관점에 따라 문화 산업을 다음과 같이 분류했다.[58]

---

56   日下公人, 『新·文化産業論』.

57   厲以宁, "經濟文化", ≪文化經濟學探索≫ 第四期(1990).

58   上海市人民政府研究室·中共上海市市委宣傳部課題組 編著, 『發展上海文化産業研究』(上海教育出版社, 1998), p.82.

① 문화 상품 제조업: 서적, 신문, 잡지 등의 출간, 기록매체의 복제, 악기 및 기타 문화 엔터테인먼트 관련 제작, 수공예 물품 제작 등
② 문화 상품 소매업: 도서, 신문 소매업, 문화용품, 공예미술품 소매업
③ 문화 서비스업: 엔터테인먼트 산업, 예술 산업, 출판업, 유물 산업, 도서, 문서 보관소, 대중 문화와 유행 문화, 뉴스, 문화 상품 취급 및 중개, 방송, 영화, TV 및 기타 문화 관련 서비스 산업

문화는 종이 문화와 비종이 문화로도 분류된다. 비종이 문화에는 민속, 관습, 역사 물질 보존, 신화, 구두로 전승되는 희곡, 희극, 고사 등이 포함된다. 비종이 문화를 정리·전승·연구해야 하는 중국의 임무는 매우 무겁다.

그러나 각종 문화 상품과 서비스가 상호 교차하거나 융합하는 강력한 추세로 인해 문화 산업을 분류하기가 점점 더 어려워지고 있다. 오락업종을 예로 들면, 디지털 기술의 급속한 발전은 엔터테인먼트 기술의 하이테크화를 촉진했고 엔터테인먼트의 개념과 방식을 변화시켰다. 또한 TV, PC, 게임기, 휴대전화 간의 경계를 모호하게 만들고 엔터테인먼트를 제공하는 매체, 즉 음악, 영화, TV, 전자게임, 인터넷 등을 융합시킴으로써 디지털 엔터테인먼트를 탄생시켰다. 21세기에 디지털 엔터테인먼트는 사람들의 생활 방식과 비즈니스를 대폭 변화시킬 것이다. 그리고 향후 고성능의 광대역 인터넷이 보급되면 현재의 방송, TV, 영화, 잡지, 신문, 서적 등 단방향 매체는 거대한 도전에 직면할 것이다.[59]

다음에서는 문화 산업이 문화 생산 및 서비스에 종사하는 직업의 집합체라는 관점에서 가장 일반적인 문화 산업을 열거했다.

---

59   "娛樂技術的未來", ≪日經科學≫ 2月號(2001).

(1) 오락 산업

오락 산업은 오락을 창조·생산·전파·관리하는 산업으로, 오락 요인은 제품의 부가가치를 높이는 중요한 요인이다. 오락 산업에는 음악 산업, 영화 TV 산업, 공연 예술 산업, 각종 게임 산업 등이 포함된다.

(2) 예술 산업

예술 산업은 문화 산업 가운데 심미적 문화 산업 또는 감상적 문화 산업에 속한다. 예술은 표현수단과 방식에 따라 공연 예술(음악, 무용), 조형 예술(회화, 조소, 건축), 언어 예술(문학), 종합 예술(연극, 영화·TV) 등으로 나눌 수 있고, 공연의 시공간적 성격에 따라 시간 예술(음악), 공간 예술(회화, 조소, 건축), 시공간 통합 예술(문학, 연극, 영화·TV)로 나눌 수 있다. 예술 산업은 분야가 가장 풍부하기 때문에 직업의 종류 역시 가장 많다.[60]

(3) 스포츠 산업

스포츠 산업은 스포츠와 관련된 경제·사회 활동을 통해 가치를 창출하는 산업을 의미한다. 활동 방식을 기준으로 분류하면, 스포츠 산업은 ① 스포츠 참여(프로 스포츠 및 대중 스포츠), ② 스포츠 감상(스포츠팬은 스포츠 관련 시장의 충실한 고객이다), ③ 스포츠 운용(스포츠 관련 조직, 설비, 스포츠 게임 관련 시장 및 시합, 스포츠 중개, 스포츠 확산 및 스포츠 서비스 거래 등)의 세 가지 범주로 크게 나눌 수 있다. 또한 스포츠가 창출하는 '제품'의 관점에서 보면, 스포츠 산업은 ① 스포츠 관련 상품(스포츠 게임, 스포츠 시합, 피트니스, 스포츠 관광 등), ② 스포츠 서비스 관련 상품(스포츠 운동복, 스포츠 장비, 스포츠 설비, 스포츠 음식 및 음료수 등), ③ 스포츠 서비스 관련 정보 상품(스포츠 홍보,

---

60   『辭海』, p.627.

미디어 활동, 스포츠 복권 등)으로 나눌 수 있다.

창조하는 가치에서 보면, 스포츠 산업이 보유한 다양한 가치, 국제 관계에서의 광범위한 영향력, 세계 평화에 대한 기여는 다른 어떤 산업과도 비견할 수 없다. 선진국에서는 GDP에서 스포츠 산업이 차지하는 비율이 계속 증가하고 있다. 선진국 각국의 '스포츠클럽', 예를 들면 경기, 공연, 오락의 요소를 통합시키는 형태로 산업화된 스포츠 이벤트를 통해 미국 NBA가 창출해 내는 막대한 이윤, 그리고 최근 올림픽 경제의 발전은 스포츠 산업이 지닌 경제적 가치를 보여준다. 스포츠 산업이 지닌 사회적 가치는 국민의 건강 수준과 도덕 기준을 제고하고, 인류의 생활을 풍부하게 만들며, 사람들에 즐거움을 주는 것이다. 스포츠 산업의 문화 가치에 입각해서 보면, 스포츠는 음악과 마찬가지로 이미 각국 사람들에게 공통의 언어가 되었으며 사람과 사람, 그리고 국가와 국가 간의 우의와 교류를 다지는 매개체일 뿐만 아니라 심지어 외교 수단이 되기도 한다.

(4) 여행 산업

여행 산업은 세계적으로 규모가 큰 산업이다. 넓은 의미에서 보면 여행 산업은 외출 활동을 위해 광의의 서비스를 제공하는 업종을 의미한다. 현대 사회에서 사람들의 외출에는 관광, 휴가, 오락, 휴양, 친지 및 친구 방문 등의 목적뿐 아니라 비즈니스, 회의 등의 다른 목적도 포함된다. 예를 들어 매년 홍콩을 여행하는 1000만 명의 관광객 중 30%는 무역박람회나 회의에 참석하는 사람이다. 매년 홍콩에서 열리는 박람회에 참가하는 기업은 2만여 개나 된다. 2000년 홍콩의 회의 수입은 75억 홍콩달러였으며, 이로 인해 9000여 개의 장기 취업 기회가 제공되었고 호텔 투숙률이 10%가량 높아졌다. 따라서 여행 산업은 일찍이 전통적인 문화 산업의 범위를 뛰어넘었다. 다른 측면에서 보면 여행 역시 사회 산업에 속한다. 관광은 더 이상 산이나 경승지를 돌아다니는 것처럼 간단한 행위를 의미하지 않는다. 관광 목적의 측면에서 보면, 관광은 지역 경제와 사회 발전의 플랫폼이어서 생태 여행, 의료보건 여행, 특색 문화 여행 등으로 확대되는 중이다. 관광객의 관점에서 보면, 관광은 다양한 문화와 생활방식을 학습하고 교류하는 공간이다. 네덜란드 학자 마리엔 판 덴 붐(Marien van den Boom)은 아시아의 관광 산업에 대한 연구에서, 관광 사업에서 지적 자본과 지적 자산을 어떻게 발굴하고 발전시킬 것인가의 문제를 제기했다.[61]

(5) 레저 산업

레저 산업은 사람들이 보다 풍부하고 의미 있게 여가 생활을 영위하도록 하고 마음의 평안을 제공하며 일과 휴식을 조율시키는 것을 목적으로 하는 산업이다. 레저 산업에는 음악, 예술, 회화 및 서예, 미술, 시, 휴식, 여행, 의사소통 및 만남 등이 포함된다.

(6) 취미 산업

취미 산업은 소비자의 문화 배경이나 교육수준과 매우 밀접한 관계를 맺고 있다. 취미 산업이 급속하게 성장한 것은 수입이 많아지고 자유시간이 늘어나고 교육 수준이 높아진 요인과 관련되어 있다. 일본에는 여가시간개발센터도 있다. 수공품 제작, 공예품 수집 같은 사람들의 기호는 취미 산업을 발전시키는 토대이다.

---

61 Marien van den Boom, "Intellectual Capital, Intellectual Property and tourism: An empirical study in southeast Asia", Regional Symposium on Management of Intellectual Capital, Intellectual Assets and Intellectual Property, World Intellectual Property Organization(Hong Kong SAR, China: October 29~30, 2009).

(7) 체험 산업

오늘날에는 정신적 및 감각적 수요를 만족시키기 위해 많은 비용을 지불하는 소비자가 점점 더 많아지고 있다. 즉, 과거에 경험하지 못한 편안함, 즐거움, 만족, 자극, 신기함, 놀라움 등을 느끼고 체험하는 것이 하나의 수요가 되었다. 체험 산업은 이러한 수요에 맞추어 가치를 창조하는 것이다. 다시 말해, 비정상적인 환경에서의 다양한 활동, 정상적인 환경에서의 극단적인 활동, 가상 환경에서의 시뮬레이션 등을 고안해 사람들로 하여금 개인적으로 특별한 느낌이나 경험을 체험하게 함으로써 비즈니스 기회를 창출해 내는 것이다. 디즈니랜드와 익스트림 스포츠는 상대적인 견지에서의 체험 산업의 사례라고 할 수 있다. 미국의 조지프 파인(Joseph Pine II)과 제임스 길모어(James Gilmore)는 1999년에 출판한 『체험 경제(The Experience Economy)』[62]에서 체험을 어떻게 설계할 것인지에 대한 것은 물론, 체험 경제의 특징 등에 대해서도 서술했다. 현재 체험 산업은 오락, 보건, 교육 등 여러 영역으로 확대되었다.

(8) 뷰티 산업

뷰티 산업은 삶의 조건과 인생을 아름답게 만드는 것을 목적으로 하는 산업으로, 뷰티 기술이 핵심 기술이다. 미용 산업, 패션 산업, 장식업, 이미지 설계업 등은 오늘날 가장 유행하는 뷰티 산업이다. 광의적으로 보면 뷰티 산업 역시 예술 산업에 속한다. 뷰티 기술은 인간의 정신적 수요를 만족시키기 위해 아름다움을 추구하고 개성, 특성, 자신감을 표현하고 구현하는 것과 관련되어 있는 수단을 지칭한다. 뷰티 기술이 성공을 거두려면 오늘날 사람들

---

[62]   Joshph Pine II and James Gilmore, *The Experience Economy*(Harvard Business School Press, 1999). 이 책의 중국어판 魯煒·夏業良 外 譯, 『體驗經濟』(機械工業出版社, 2008).

의 심미적 기준, 문화적 소양, 도덕적 규범, 미적 습관과 사람들의 아름다움을 추구하는 심리적 경향을 서로 결합시켜야 하며, 또한 현대 하드 기술의 성과에서 도출되는 수단 및 기법을 모두 활용해야 한다.

(9) 미디어 산업

(10) 언어 산업

언어 산업은 언어 자원을 개발·응용하는 산업으로, 여기에는 언어 지식과 기술의 연구 개발, 언어 교육과 훈련, 언어 전파, 언어 번역, 특정 업종 언어 서비스 등이 포함된다. 언어 산업은 미국에서 이미 수십 년의 역사를 지니고 있으며 유럽에는 언어산업협회(LIAE)가 있다. 중국 역시 2008년에 중국언어자원개발응용센터를 설립했다.

(11) 자아실현 산업

자아실현 산업을 뒷받침하는 핵심 기술은 '개인의 독립적이고 창조적인 공간 기술'이라고 부를 수 있다. 이 기술은 개인의 독립적 창조성을 발휘할 수 있는 넓은 공간을 제공하며, 프리랜서로서 자유롭게 활동하며 경력을 쌓을 수 있는 기회를 부여한다. 그중 비교적 전통적인 자아실현과 관련된 직업에는 바둑, 장기, 유도, 그림, 조각, 요리, 스포츠, 건축, 회계, 촬영, 회계감사, 세무, 의료, 전문 정보 서비스, 종합 정보 서비스 관련 각각의 종사자, 프리랜서 및 모든 유형(기술 프로젝트, 문화, 스포츠 등)의 에이전트 등이 포함된다. 최근에는 음악 제작자는 물론 이미지 디자이너, 프로그램 제작자, 프로그램 사회자 및 패널리스트, 독립영화 감독, 네트워크 설계자, 동시통역사 등 다양한 종사자가 또한 이 그룹에 포함되고 있으며, 그 범위는 점점 더 확대되는 추세이다.

오늘날에는 직장생활을 하기보다 자신의 회사를 창업하고자 하는 젊은이들이 점점 늘어나고 있다. 보도에 따르면 1983년 이래 미국에서 매년 세워지는 새로운 기업은 60만 개 이하로 떨어진 적이 없으며, 1996년까지 10여 년 동안 자영업자의 수는 거의 100만 명이 늘어서 2010년까지 개인 사업자가 1200만 명에 달할 전망이다.[63] 시장경제가 발전함에 따라 이러한 추세는 중국에서도 매우 분명히 나타나고 있다. 개인 사업자에 대한 정의가 다소 다르긴 하지만 도시의 개인 사업자는 1990년 614만 명에서 2008년 3600여만 명으로 증가했다.[64]

4) 문화 서비스 산업

문화 서비스 산업은 저작권 산업, 문화·예술 경영 산업 등의 여러 문화 산업에 각종 서비스를 전문적으로 제공한다. 문화·예술 경영 사업에는 문화·예술 관련 중개인 및 에이전트, 엔터테인먼트 관련 조직 및 경영 서비스를 제공하는 회사, 스포츠 산업의 기획 및 경영, 경매 사업 및 프로그램 호스팅 등이 포함된다. 문화 산업이 발전함에 따라 문화 서비스업이 문화 산업 성장에서 차지하는 비중은 점점 높아지고 있다. 이 점은 제조업 서비스화의 추세와 유사하다. 예를 들어 2007년 상하이의 문화 산업 총생산이 2718.95억 위안에 달해 전년 대비 15.7% 성장했고, 상하이 전체 GDP에서 차지하는 비중은 5.6%였다(중국 전체 GDP에서 차지하는 비중은 2.3%였는데, 후난성(湖南省)의 경우 6.5%로 중국 전체에서 최고 수치를 기록했다). 또한 같은 해 상하이의 부가가치 규모는 683.25억 위안이었는데, 그중 문화 서비스 산업이 실현

63   ≪參考消息≫(2001.5.5).
64   『中國統計年鑑』(1991; 2009).

한 부가가치 비중은 63.9%로 전년 대비 18.5% 증가했다.

저작권 서비스 산업을 예로 들면, 핵심적인 저작권 산업은 저작권 보유의 자격 요건을 구성하는 작품의 창조, 또는 저작권이 보호받는 자료의 생산이나 분배를 주요 비즈니스 영역으로 하는 산업을 가리킨다. 여기에는 신문 및 서적, 라디오 및 TV 방송, 녹음 프로그램 및 비디오테이프 제작, 영화 제작, 드라마 창작 및 연출, 광고 산업, 컴퓨터 소프트웨어 개발 및 데이터 처리 서비스 등 저작권을 지닌 작품의 재창작, 복제, 생산, 전파가 포함된다. 1990년대 이래 전자출판, 데이터화, 네트워크 전송 등 신기술이 문화 영역에서 광범위하게 응용되어 저작권 산업이 선진국 경제의 새로운 성장점이 되었다. 예를 들어 미국의 저작권 산업은 국민경제에서 이미 하나의 독자적인 산업으로 간주된다. 1997년 미국 핵심 저작권 산업은 3484억 달러의 가치를 창출해 미국 GDP의 4.3%를 차지했는데, 2007년에는 8891억 달러로 GDP의 6.44%였으며, 2007년 저작권 산업의 규모는 1조 5251억 달러로 GDP의 11.05%를 차지했다. 2006년부터 2007년까지 저작권 산업과 핵심 저작권 산업의 성장률은 각각 7.91%, 7.26%로 전년 같은 기간의 미국 GDP 성장률 2.03%보다 높았다.[65] 핵심 저작권 산업 수출은 2006년 1160억 달러에서 2007년 1260억 달러로 8% 증가해 미국의 다른 업종의 수출액을 크게 초과했다.[66]

5) 문화와 예술의 상품화에 대한 반성

앞에서 언급했듯 우리는 혁신의 개념을 가치가 창조하는 모든 과정으로

---

65   Stephen Siwek, *Copyright Industries in the U.S. Economy: The 2003-2007 Report*, prepared for The International Intellectual Property Alliance(IIPA), Economists Incorporated(2009).

66   肖永亮, "美國版權産業挑戰全球", http://blog.cbice.com/xiaoyongliang/2009/09/24.

확대했다. 하지만 '수익 우선의 경제'를 목표로 한 혁신 활동은 많은 부작용을 야기했다. 오늘날 지식 경제, 지식 상품화, 디지털 경제, 엔터테인먼트 경제, 휴일 경제, 교환 경제 등의 용어가 유행하는 데서 알 수 있는 바와 같이, 모든 것은 경제 및 상품화와 긴밀한 관계를 맺고 있다. 특히 인터넷 시대에 새로운 권력자들의 축재 방법, 전략, 시장 경쟁, 재산, 심지어 그들 간의 소송은 전 세계 언론이 주목하는 이슈가 되었으며, 그들의 성공은 전 세계 많은 젊은이들의 꿈이 되었다.

경제가 발전함에 따라 전 세계적으로 사람들의 마음이 더욱 각박해지고 있고, 이와 동시에 가정에서 느끼는 따뜻함과 안정감이 점차 낮아져 소년 범죄율과 이혼율이 급상승하는 현상이 보편적으로 발생하고 있다. 물질생활은 부유해졌지만, 사람들 간의 애정은 오히려 감소했고 인정을 찾아보기가 점차 힘들어지고 있다. 우리가 추구했던 것이 과연 이러한 결과물일까? 중국의 많은 중년층 및 노년층이 물질적으로 부유하지는 않았으나 누군가 어려움에 처하면 사방에서 지원하던 1950~1960년대의 다정한 사회 분위기를 그리워하는 것도 당연하다. 경쟁과 효율을 강조하는 시장경제 제도가 가장 좋은 제도일까? 물질문명과 정신문명이 균형을 이룰 수는 없는 것일까?

경제의 지식화는 불가피한 시대의 흐름이며, 추구할 만한 가치가 있다. 하지만 지식과 문화를 지나치게 경제화하는 것은 경계해야 한다. 2000년 프랑스 주간지 ≪에베느망 뒤 죄디(L'Événement du Jeudi)≫는 「주목받는 새로운 주인공에 대한 조사」라는 제목의 기사에서 인터넷을 통해 성공한 스타를 분석한 후 다음과 같이 언급했다. "문화는 단순화되어 버린 인터넷에 의해 잡아먹혀 버렸다. 문학, 음악, 도표 등은 아주 쉽게 데이터화할 수 있다. 문화는 컴퓨터에 의해 가장 쉽게 소멸하는 인류의 활동 중 하나이다."[67] 인

---

67   "A Survey for New Master of Event", *L'Événement du Jeudi*(2000)[≪參考消息≫(2000.4.5)轉載].

터넷이 미래의 교육에서 갈수록 중요한 역할을 하겠지만, 교사가 말과 행동으로 전하는 직접적인 가르침, 특히 어떻게 하면 예의 바른 사람이 될 수 있는지에 대한 가르침은 대신할 수 없으며, 무엇보다 가정교육은 결코 대신할 수 없다. 인터넷에서의 온라인 소통이 사랑, 관심, 감정을 기반으로 한 교육이나 얼굴을 마주보고 나누는 일대일의 감정 교류를 대신할 수는 없다. 온라인 네트워크를 통해 제공되는 영화와 음악 역시 극장과 콘서트홀에서 수백 명이 함께 감상하는 정신적 행복감을 대신할 수는 없다. 한편 이러한 추세와 시장경제의 영향하에 과학 자체의 발전을 위해 헌신하는 사람의 수도 점점 줄어들고 있다.

문화 기술과 문화 산업의 발전이 문화 및 예술의 상품화를 의미해서는 안 된다. 공업화는 이미 우리의 자연 환경과 생태 자원을 파괴했다. 우리는 과거의 실수로부터 교훈을 배워야 하며, 인본 환경과 사회 환경을 더 이상 침식시키고 오염시키도록 문화와 예술의 상품화를 용납해서는 안 된다. 우리는 문화 및 예술의 혁신 방향을 어떻게 정확하게 파악할 것인가 하는 도전에 직면해 있다. 그리고 한편으로는 문화 및 예술 제품의 시장 진입을 장려하면서도, 다른 한편으로는 경제적 이윤이 문화 및 예술 창작의 주요 목적으로 전락해 부실한 제품이 양산되는 일이 일어나지 않도록 경계해야 한다. 대중에게 정신적 즐거움을 제공하는 것이 문화와 예술의 목적임을 명심하면서 사람들이 더 보고 싶어 하고 더 듣고 싶어 하는 제품을 더 많이 만들어야 한다. 또한 문화 및 예술 관련 제품의 생산에 종사하는 기업과 개인이 세 가지 바텀라인(bottom line)으로서의 가치, 즉 ① 경제적 가치, ② 사회적 가치(문화적 가치를 포함), ③ 생태 환경의 가치를 함께 고려하도록 격려해야 한다. 따라서 제도 혁신은 시대의 흐름과 보조를 맞추어야 한다. 또한 국가 전체의 문화적 수준을 제고하는 것도 매우 중요하다.

5. 미래 산업 구조의 사고

전통적 의미에서 인류의 생산 활동은 물질 생산 활동과 비물질 생산 활동의 두 가지로 나눌 수 있다. 산업혁명 이래 물질 생산 활동은 토지를 중심으로 하는 농업 생산 활동과 설비를 기초로 자연물을 가공하고 인조물을 제조하는 공업 생산 활동으로 비교적 명확하게 나뉘었다. 비물질 생산 활동은 점차 서비스 업종을 형성했기에 전자를 1차 산업과 2차 산업이라 부르고, 서비스업을 통칭해서 3차 산업이라 부른다. 물질 생산 활동은 주로 유형의 제품을 제공하는 반면, 비물질 생산 활동은 주로 노동과 정보 서비스를 제공한다.

그러나 세계화, 정보 기술, 오늘날 소프트 기술이 선도하는 3차 산업혁명이 전개됨에 따라 산업 구조는 변화·발전하고 있다. 경제학자들은 다른 측면에서 산업을 분류하거나 새로 출현한 산업에 새로운 정의와 해석을 내리기 위해 이러한 변화를 추적 연구하려 줄곧 노력했다.

1962년 미국 학자 프리츠 매클럽(Fritz Machlup)은 처음으로 지식 산업에 대한 개념을 제기했다.[68] 먼저 매클럽은 지식을 ① 실용 지식, ② 지적 지식, ③ 오락 지식, ④ 종교 지식, ⑤ 추가 지식 또는 우연히 획득한 지식 등 다섯 가지로 분류했다. 또한 그는 지식과 관련된 직업을 ① 지식의 운반자(transporter), ② 지식 관련 정보의 전달자(transmitter), ③ 지식의 변형자(modifier), ④ 지식의 취급자(dealer) 또는 가공자(processor), ⑤ 지식의 해석자(interpreter), ⑥ 지식의 창조자(creator) 등 여섯 가지로 분류했다. 매클럽은 지식 산업을 지식을 생산하는 산업의 집합체이자 지식을 생산하는 직업의 집합체라는 두 가지 관점에서 인식했다. 그런 뒤 교육, 연구 개발, 매

---

68   Fritz Machlup, *The production and distribution of knowledge in the United States*(Princeton University Press, 1962).

체, 정보기계, 정보 서비스를 지식 산업으로 분류했다.

1977년 미국의 마크 포랫(Marc Porat) 등은 '네 가지 산업 분석법'을 제기하면서 국민경제 활동을 농업, 공업, 서비스업, 정보 산업으로 나눌 것을 건의했다.[69] 그리고 산업 분화와 각 산업의 발전 속도에 따라 1차 산업, 2차 산업, 3차 산업, 4차 산업으로 나누었다.

프랑스의 로제 슈는 사회 경제가 경험하는 1차 산업은 농업을 위주로 하는 생존 경제이고, 2차 산업은 공업 경제이며, 3차 산업은 유상 서비스 경제라고 간주했다.[70] 지금은 사람을 위주로 하는 4차 산업에 들어섰으며, 4차 산업은 개인의 교육 상황, 능력, 건강, 사회관계, 그리고 심지어 DNA 유전 등과 관련 있는 산업 발전 단계이다.

1998년부터 1999년까지 중국에서 지식 경제를 연구하는 붐이 일어난 가운데 적지 않은 학자들이 오늘날 산업 구조의 변화를 탐구했다. 그중 대다수는 마크 포랫의 관점을 토대로 정보 산업은 4차 산업으로 독립된 것이라고 주장했다. 어떤 학자는 프리츠 매클럽의 관점을 인용해 지식 산업을 단독으로 떼어 정보 산업 뒤에 놓고 이를 5차 산업으로 여기기도 했다. 예를 들어 옌젠쥔(顔建軍)은 『4차 산업의 굴기(第四産業的崛起)』에서 4차 산업은 "지식을 이용해서 사회적 부를 창조하는 산업이자 정보로서 1차 산업, 2차 산업, 3차 산업과 소통하고 협조하는 두뇌 산업이며", "정보 개발, 정보 이용을 통해 생산력 발전의 핵심을 찾는 정보 산업"이라면서 4차 산업을 하드한 부분과 소프트한 부분으로 나눌 수 있다고 보았다.[71]

실제 개별 기술을 형성하는 업종은 독립적인 산업이므로 1차 산업, 2차

---

69   Marc Porat and Michael Rubin, *The Information Economy*, 9 volumes(Washington D.C.: Office of Telecommunications Special Publication, US Department of Commerce, 1977). 이 책의 중국어판 袁君時 外 譯, 『信息經濟』(中國展望出版社, 1987).

70   Roger Sue, "Social Life: Main Economic Resource".

71   顔建軍, 『第四産業的崛起』(雲南人民出版社, 1993).

산업, 3차 산업과 병렬로 보는 것은 적합하지 않다. 그렇기에 정보 사업을 4차 산업으로 여기는 것은 적합하지 않다. 왜냐하면 미래에는 매우 많은 신기술이 나올 텐데 그 기술들이 1차, 2차, 3차 산업에 침투하는 범위와 깊이가 정보 기술에 못지않을 것이기 때문이다.

바이오 기술을 예로 들면, 20세기 말 과학 기술 영역의 획기적인 사건으로 여겨져 온 과학 기술 혁명은 증기기관, 전기에너지, 정보 기술의 응용이라는 위대한 발명 이래 세계 근대 기술사의 또 하나의 이정표였다. 세계 주요 경제 강국은 바이오 기술을 21세기 핵심 기술로 확정해 경쟁이 매우 치열했다. 미국 국가과학기술위원회는 1992년부터 연속적으로 21세기 바이오 기술과 관련된 청서[72]를 발행했는데, 여기서는 바이오 기술이 제1차 물결을 지나 제2차 물결을 맞이하고 있다고 언급했다. 바이오 기술은 농업 바이오 기술, 환경 바이오 기술, 생물 제조와 생물 처리 공법과 에너지 연구, 해양 바이오 기술 등의 영역에서 발전해야 한다.

현대 바이오 기술은 인류에게 자연을 철저하게 이해할 수 있는 수단을 제공해 주고 있을 뿐만 아니라, 인류가 직면한 인구 팽창, 식량 부족, 환경오염, 질병 위기, 에너지자원 부족, 생태 균형의 파괴 및 생물 종의 멸종 등 일련의 중대한 문제를 극복할 수 있게 하는 잠재적 도구이다. 현재 전 세계에서 매년 출원되는 1만여 개의 특허 중 30%가 바이오 기술 영역에서 출시되고 있다.[73] 바이오 기술의 연구·개발 및 산업화는 세계 산업 구조에 중대한 변화를 야기했고 농업, 의약, 식품, 화공, 에너지, 환경보호 등 광범한 영역에서 새로운 하이테크 산업군을 형성했다.

한편 나노 기술은 새로운 기술 물결을 일으키고 있다.[74] 화학, 물리학, 전

72   『S863軟科學硏究戰略報告』(1999).

73   같은 책.

74   Neil Gloss and A. Port, "Next Upsurge", *American Business Week*(1998.8.31)[≪參考消息≫

자공학, 생물학의 교차 영역에서 발전한 나노 기술의 소형화된 분자 장치는 전자, 기계, 화공 등 거의 모든 전통 산업 영역에 응용되었고, 보건, 우주항공, 의료 등 인류 생활의 모든 영역에서 혁명적인 변혁을 일으켰다. 과학자들은 나노혁명이 20세기 소형 전자장치보다 훨씬 더 큰 주목을 받는 대규모의 업종 변혁을 유도할 것이라고 예언한다. 2006년에는 전 세계에서 나노 기술을 이용해 생산하는 제품 가치가 이미 500억 달러에 이르렀으며, 2001년 5월 기준 중국에는 이미 323개의 나노 업체가 있었다.[75] 바이오 기술 및 나노 기술 영역에서 활동하는 과학자들은 앞으로 20년이 지나면 바이오 및 소재의 시대가 도래할 것이라고 믿고 있다. 또한 공업화 시대에는 공간을 정복하고 정보 시대에는 시간을 정복했다면 바이오 및 소재의 시대에는 물질 자체를 정복할 것이라고 여긴다.[76]

만약 정보 산업을 4차 산업이라고 한다면 바이오 기술 산업, 로봇 산업, 나노 산업, 유전자 산업 등을 5차 산업, 6차 산업, 7차 산업, 8차 산업이라고 지칭해야 할 텐데, 계속해서 태동하는 신기술과 신산업을 이런 식으로 배열할 수는 없다. 자연과학 지식에서 나온 정보, 소프트웨어, 생물, 나노 산업 등 근본 기술과 관련된 산업은 하이테크 산업이라고 부를 수 있다.

1) 하이테크 및 하이테크 산업과의 관련성

앞에서 자연과학 기술에서 나온 하이테크를 강조한 것은 소프트 기술에도 하이테크가 있기 때문이다. 이제 다시 하이테크 산업에 대해 알아보도록 하

(1998.9.6)轉載].

75   *2001 International Nanometer High-level Forum and Technology Application Seminar*(Beijing, China: July 2001).

76   汪丁丁, "新新經濟", ≪天津日報≫(2001.9.24).

겠다. 하이테크는 상대적이고 시대적이다. 기술 발전의 역사에서 보면 매번 기술 혁명을 폭발시키고 나아가 산업혁명을 발생시킨 것은 주로 하드 기술군이다. 예를 들어 증기동력 기술과 면방 기술, 전력 기술, 자동화 기술 등은 모두 당시 하드 기술 가운데 하이테크였다. 또한 화폐 기술, 금융 기술, 주식 기술, 기업 합병술, 벤처 투자술 등도 당시 소프트 기술 가운데 하이테크였다. 그리고 이들 하이테크의 주기적 혁신에 따라 당시의 하이테크 산업이 출현했다. 하이테크가 광범위하게 적용됨에 따라 하이테크 산업이 농업, 공업, 전통적인 서비스업, 정보 서비스업, 생명 산업 등에 침투하고 확산되는 것은, 정보 기술이 농업, 제조업, 금융, 바이오 등 각 산업에서 광범하게 응용되었던 것과 같은 현상이라고 할 수 있다. 그 결과 한편으로는 기존 사업의 기술 집약도와 생산 및 서비스 효율이 제고되었으며, 다른 한편으로는 성숙한 하이테크 산업 중 통용되는 부분이 점차 전문적인 제조 부문 또는 서비스 부문을 형성했다. 예를 들면 미국의 경제학자 데일 조겐슨은 컴퓨터 및 통신장비 생산과 소프트웨어 제작을 GDP 차원에서의 정보 기술의 산출(output)로 간주하고, 아울러 정보 관련 제품을 생산하는 제조업에 포함시켜야 한다고 주장한 바가 있는데,[77] 미국에서는 국민소득계정(National Income and Product Accounts Tables: NIPA)을 산출할 때 이를 이미 채택하고 있다.

한편 전자상거래는 오늘날 소프트 기술에서 기술 함량이 아주 높은 하이테크라고 할 수 있다. 네트워크 기술이 발전함에 따라 전자상거래는 금융, 제조, 유통, 미디어 등 모든 업종에 침투해 거래 방식을 바꾸고 경쟁력을 높이고 있으며, 심지어 정부도 이를 '전자 정부' 개발을 위한 수단으로 삼고 있다. 전자상거래는 관련 업종이 부가가치를 높이는 일반적인 수단이 되었고, 전자상거래를 전문적으로 뒷받침하는 일련의 직업은 협의의 의미에서 정보

---

[77] Dale Jorgenson, "IT and American Economy", *American Economic Review*(March 2001).

서비스업을 형성했다. 상하이에는 이미 전자상거래 서비스를 전문적으로
제공하는 직업 및 전자상거래 관련 회사가 출현했는데, 그 기능은 전자적 수
단(EDI, WEB 등의 기술)을 활용해 비구조화된 또는 구조화된 비즈니스 정보
를 공유하고 비즈니스 활동, 관리 활동, 소비 활동 중의 각종 거래를 관리하
고 완성시키는 것으로 모두 다섯 가지 등급으로 구분되어 있다.[78] 관련 통계
에 따르면 상하이에서는 2만 5000여 개 기업이 경영 과정에 전자상거래를
응용하고 있으며, 최소한 15만 명의 전자상거래 전문 인재가 필요하다.

이를 통해 볼 때, 진화하고 있는 하이테크 산업은 앞에서 언급된 여러 산
업이 성숙해짐에 따라 그 구조가 향상되고 최적화될 것이며, 새로운 세대의
하이테크 기술과 하이테크 산업이 출현할 것임을 분명히 알 수 있다. 따라서
각 시대의 하이테크 산업은 그 내용이 각기 다르다. 따라서 정보, 소프트웨
어, 생명공학 및 나노 기술과 관련된 산업은 '오늘날의 하이테크 산업'이라
할 수 있다. 물론 다음 세대의 하이테크 산업은 기존의 하이테크 산업과는
달라질 것이다. 하이테크 산업이 분화한 대표적인 사례로는 전자정보 산업
을 들 수 있는데, 전자정보 산업은 이미 전자상거래 산업, 휴대폰 산업, 인터
넷 산업 및 사물인터넷 산업 등으로 분화되었다. 하이테크 산업은 하드 산업
과 소프트 산업으로 구분할 수 있다(〈표 5-7〉 참조). 소프트웨어 산업, 인공
지능 산업, 인터넷 산업 및 사물인터넷 산업은 모두 소프트 기술과 하드 기
술이 통합된 부분에 속하지만, 소프트 요인을 혁신해서 창출된 가치는 하드
요인에 의해 창출된 가치를 향후 초월하게 될 것이다.

한편 바이오 산업은 오늘날 하이테크 산업에 속하지만 그 특수성으로 인
해 따로 분류된다.

---

78   ≪科技日報≫(2001.6.3).

2) 서비스 산업의 세분화

산업 구조에서 가장 큰 변화를 보인 것은 서비스업이다. 이를 위해 관련 전문가들은 서비스업의 분류에 대해 많은 연구를 수행했다.

1978년 일본학자 구사카 기민도는 3차 산업을 체력 노동 지향의 서비스업, 두뇌 노동 지향의 서비스업(지식정보형 서비스업), 심리형 산업 등의 세 가지로 나누었다. 정서 만족형 또는 정보 표현형을 가리키는 심리형 산업은 5차 산업으로 불리며, 두뇌 노동 지향형은 4차 산업으로 불린다.[79]

1983년 마키노 노보루(牧野升)는 신형 서비스업을 대행 서비스업(자문사, 상담사, 세무사, 회계사, 설계사, 채용대행), 컴퓨터 소프트웨어 서비스업, 안전 보장 서비스업, 사회 서비스업(교육, 건강, 교통), 개인 서비스업(특급 우편, 의료, 변호사, 가정교사 등)으로 구분할 것을 주장했다.[80]

1986년 마에다 가즈히사(前田和久)는 서비스업을 3차 산업(체력 서비스업), 4차 산업(장비 산업), 5차 산업(정보 서비스), 6차 산업(정서적 서비스), 7차 산업(종교 서비스)으로 나눌 것을 제안했다.[81] 그에 따르면 3차 산업은 예컨대 짐꾼, 재봉사, 택시 기사같이 손과 발을 사용하는 체력 서비스이다. 4차 산업은 철로, 부동산, 호텔 은행 등 정보를 활용하면서도 체력에 의해 뒷받침되는 복합 서비스이다. 5차 산업은 고문, 싱크탱크, 작가, 설계사, 교사, 방송업자, 신문업자 등 두뇌 노동에 의지해서 정보 서비스를 제공하는 것이다. 6차 산업은 보험, 오락업, 영화회사, 화가, 극단 등 사람의 마음을 유쾌하게 해주는 정서적 서비스를 포함한다. 7차 산업은 종교 서비스를 제공하

79   日下公人, 『新·文化産業論』.

80   牧野升, 『不要看錯未來産業』(東洋經濟新報社, 1983).

81   前田和久, "探討軟件化時代的訣竅", ≪技術與經濟月刊≫(1986.11)[≪世界經濟科技≫(1987.3. 3)轉載].

는 것으로, 죽음에 대한 불안감으로부터 사람을 해방시켜 심리적 안정감을
얻게 만드는 것이다.

서비스업의 변화가 이처럼 뒤섞여 있어 수준이 서로 다른 서비스(산업 서
비스와 개인에 대한 서비스)가 함께 나열되었다. 또한 단순한 서비스업의 범위
를 뛰어넘은 산업, 즉 문화 산업과 사회 산업을 서비스업이라는 명의로 3차
산업에 포함시켰다. 경제의 소프트화에 따라 서비스업의 비중이 점점 커지
고 있어 이를 분류·구별·조정하지 않으면 서비스업 본래의 발전에 이롭지
못할 뿐만 아니라 기타 소프트 산업의 발전에도 불리할 것이다.

3) 생명 산업과의 관련성

생명 산업의 중요성과 미래 전망을 감안해 현재의 서비스업과 제조업으
로부터 인체, 인류 생명, 건강을 둘러싼 산업을 생명 산업으로 분리해 낼 필
요가 있다. 그 이유는, 첫째, 생명 산업은 인체를 중심으로 하는 산업이기 때
문이다. 둘째, 정보 서비스업에 비해 발전 방향과 문화, 윤리 간 관계가 더욱
밀접하기 때문이다. 셋째, 생명과 건강에 대해서는 예로부터 동양과 서양의
인식이 달라 동서양의 과학과 문화를 종합적으로 발전시키는 것이 매우 필
요하기 때문이다. 넷째, 어떤 산업보다 광범위한 학문 분야에 걸쳐 통합된
기술이 필요하기 때문이다. 수명이 연장되고 노령화 사회가 도래함에 따라
삶의 질을 향상시킬 필요가 높아졌다. 앞으로는 인류에게 익숙한 일반적 의
미에서의 의료보건 산업 외에 노화 방지, 질병 예방, 안티에이징의 기술과
산업이 더 많이 출현할 것이고, 인조 장기, 인조 혈관, 인조 뼈, 인조 피부 등
특수한 제조업으로 분화될 것이다.

소프트 기술과 생명 간에는 특수한 관계가 있으며, 마음, 생명, 인체는 소
프트 기술을 조작하는 중요한 자원이다. 이에 따라 '소프트 생명 기술'이 대

거 출현했는데, 현재 비교적 성숙한 소프트 생명 기술로는 다음과 같은 것이 있다. ① 현재 발전 중인 심리 기술, 사유 기술, 심신/체험 기술, 인지 기술이다. ② 생리와 심리를 조화시키는 기술이다. 예를 들어 양생 기술, 장수 기술, 보건 기술, 건강 기술, 체험 기술 등은 인체에 대한 개념을 소프트 기술의 차원에서 발전시키고 응용한 것으로, 심리 건강과 생리 건강의 상호 조화라는 원칙을 견지하기 때문에 유전자 기술이나 재생의학 같은 생명 하드 기술과는 다르다. ③ 전통 동양의학에서 유래한 텔레파시 기술과 환자의 증상을 전체적으로 감안해 실시하는 치료 기술로, 예를 들면 한의학의 진단 및 치료 기술, 그리고 티베트족 의학 등 소수민족의 의료 기술이 해당된다.

생명 소프트 기술은 생명 산업 가운데 가장 역동적인 소프트 산업을 형성하고 있다. 이와 동시에 상술한 생명 소프트 기술은 각종 생명 하드 기술과 하드 산업에 깊이 침투해 생명 하드 기술과 하드 산업의 부가가치를 제고하고 아울러 생명 하드 기술과 하드 산업을 소프트화하고 있다.

생명 산업에는 하드한 부분과 소프트한 부분이 포함된다. 하드한 생명 산업에는 전통적 의미에서의 보건 산업, 의료 위생 산업, 인류 유전자 산업, 인체 장기 제조업 등 의학 산업이 포함된다. 소프트한 생명 산업에는 한의 진단 및 치료 산업, 중국식 생명 연장, 양생 산업, 신개념의 건강 산업 등이 포함된다.

4) 소결

오늘날 제조업과 비제조업을 구분하는 것 또는 전통적인 특정한 범주에 따라 1차, 2차, 3차 산업을 엄격하게 구분하는 것은 현실적으로 큰 의미가 없다. 이러한 상황 아래에서 일부 전문가들은 새로운 산업 구분의 표준, 회계 체계 및 통계 관련 제도 등을 개발하기 위해 노력하고 있다.[82]

필자는 국민경제 활동을 농업, 공업, 서비스업, 문화 산업, 사회 산업, 생명 산업으로 나누고, 산업 분화의 역사에 따라 이를 1차 산업, 2차 산업, 3차 산업, 4차 산업, 5차 산업, 6차 산업으로 부를 것을 건의한다. 미래 산업 구조를 인식하는 것은 산업 정책을 연구하고 산업 구조를 조정하며 사회 경제 발전의 전략을 수립하는 데 유리할 것이다.

1차 산업은 농업으로, 농업 생산업과 농업 서비스업으로 나뉜다. 전자는 토지와 물 등을 포함한 자연 자원을 대상으로 하여 물질 생산에 종사하는 산업으로, 농업, 임업, 목축업, 어업 등이 있다. 후자는 '농업'의 3대 기능을 발휘하고 '농업'의 부가가치를 높이는 산업이다.

2차 산업은 공업으로, 일반 공업과 하이테크 공업으로 나뉜다. 전자는 장비를 기초로 하는 물질 생산적 산업으로, 채광업, 금속업, 제조업, 가공업 등이 있다. 후자는 하이테크를 핵심 기술로 하는 공업으로 소프트 산업과 하드 산업이 포함된다.

3차 산업은 서비스업으로, 설비 및 물질 기반의 서비스업과 정보 서비스업으로 나뉜다. 이미 상당한 규모를 형성하고 있는 '문화 산업'과 사회 발전에 매우 특별한 의의를 지닌 '사회 산업', 그리고 '농업 서비스업'은 서비스업에서 분리되었다. 설비 및 물질 기반의 서비스업은 교통 운송업, 점포업, 여관업, 요식업, 부동산 서비스업 등 설비(즉, 고정자산)를 기초로 하는 비물질 생산에 관련된 산업을 가리킨다. 정보 서비스업은 좁은 의미에서 정보 서비스를 제공하는 비물질 생산에 관련된 산업을 지칭하며, 여기에는 자문 산업, 중개 서비스 산업, 설계 산업, 각종 전문 관리업, 정보 서비스업, 네트워크 산업, 사물 인터넷 산업, 지적재산권업, 전자상거래업, 현대 금융업, 보험업, 재활용 산업, 연구 개발 산업 등이 포함된다. 여기에서 필자는 '새로운 유형

---

82   Dale Jorgenson, "IT and American Economy".

의 서비스업'이라는 용어를 사용하지 않았다. 그 이유는, 첫째, 신구(新舊)라는 용어는 상대적인 개념이라서 산업을 정의하기에 적절하지 않고, 둘째, 설비 및 물질 기반 서비스업에서는 전통적 요소가 감소하고 하이테크 요소의 적용이 증가하는 추세를 보이고 있기 때문이다.

4차 산업은 문화 산업으로, 문화 상품의 생산업과 문화 서비스업으로 나뉜다.

5차 산업은 사회 산업으로, 사회자원의 가치를 개발·응용하는 산업이다.

6차 산업은 생명 산업으로, 인체, 인류 생명, 건강을 둘러싸고 가치를 창조하는 산업이다.

여기서 필자는 '지식 산업' 또는 '지식 기반의 산업'이라는 용어를 사용하지 않았다. 그 이유는, 첫째, 오늘날 공업 분야는 대부분 지식 집약적 산업이기 때문이다. 특히 제조업 분야가 그러한데, 제조업은 이미 첨단 장비를 기초로 하는 지식 집약적 물질 생산과 관련된 산업으로 탈바꿈했다. 심지어 전통적인 채광업과 금속업도 효율을 향상하고 생존을 담보하기 위해서는 지식과 기술 수준을 높여야 한다. 따라서 필자는 지식의 집약 정도를 산업 분류 표준으로 삼는 것은 적절하지 않다고 생각한다. 둘째, 현대의 농업 역시 점차 토지를 대상으로 하는 지식 집약적 산업이 되고 있기 때문이다. 필자는 미국의 한 농장주와 만난 적이 있는데, 그는 당시 자신의 농장에 위성통신, 컴퓨터 기술을 포함해 여덟 개의 첨단 장비를 사용하고 있다고 말했다. 농업 취업자가 2.7%에 불과한 미국이 미국 전역에 식량을 공급하고 세계적인 식량 수출 국가가 될 수 있는 것은 이 때문이다.

표 5-7 | **소프트 기술의 발전과 산업 구조의 변화**

산업 서열	산업 명칭	성격	특징	사례	하이테크 산업	창조 산업
1차 산업	농업	농업 생산업	자연 자원을 대상으로 하는 산업	하드 산업: 농업, 임업, 목축업, 어업	*	
		광의의 농업 서비스업	농업의 3대 기능을 종합적으로 발휘하고 농업의 부가가치를 제고	소프트 산업: - 농업, 임업, 목축업, 어업 서비스업 - 농업 생산망을 둘러싼 횡적 및 종적 서비스 - 생산 – 교육 – 게임 – 체험 등의 종합 서비스 - 신비즈니스 모델 - 신농촌 계획과 설계 - 삼농(三農)과 관련된 소프트 환경 설계	*	*
2차 산업	공업	일반 공업	설비를 기초로 삼는 물질 생산성 산업	- 채광업, 금속업 - 제조업, 가공업		
		하이테크 공업	최신 하이테크를 핵심으로 하는 공업	- 소프트 산업: 정보, 소프트웨어, 인공지능 산업 등 - 하드 산업: 마이크로전자, 광전자, 우주 항공, 통신, 바이오 기술, 나노 기술 산업 등	*	*
3차 산업	서비스업	설비 및 물질 기반 서비스 등	고정 자산을 기초로 하여 서비스를 제공하는 비물질 생산 산업	교통운수업, 점포업, 레스토랑, 음식업, 부동산 서비스업		*
		정보 서비스업 (협의)	정보 서비스를 제공하는 비물질적 산업으로 2차 산업에 서비스를 제공하는 공업 서비스업이 포함됨	자문 산업, 중개 서비스업, 설계 산업, 각종 전문 관리업, 정보 서비스업, 인터넷, 사물인터넷 산업, 지식재산권업, 전자상거래업, 현대 금융, 보험업, 재활용 산업, 연구 개발 산업		*
4차 산업	문화 산업	문화 생산품의 생산과 서비스	문화 가치와 문화 자원을 개발하고 이용하는 산업	- 오락·스포츠·예술·게임·여행·여가 산업 등 - 문화 서비스업		*
5차 산업	사회 산업	사회적 경제	사회자원의 가치를 개발하고 응용하는 산업	- 각종 사회 조직 및 단체; 각종 공공 부문 및 기구; 커뮤니티 및 지역 네트워크 - 사회적 기업 - 기타 비영리 조직		*
6차 산업	생명 산업	생명을 중심으로 한 경제	인체, 인류 생명과 건강에 대해 가치를 창출하는 산업	- 하드 산업: 의약 산업, 전통적인 보험 산업, 의료·위생 산업, 인류 유전자 (DNA) 관련 산업, 인체 기관 관련 산업 - 소프트 산업: 한의(漢醫) 산업, 중국식 생명 연장 및 양생 산업, 신개념의 건강 산업 - 융합 기술을 핵심으로 하는 안전, 건강, 국방, 정보 관련 업종	*	*

제6장 소프트 기술과 기술 전망

오늘날 생산의 국제화는 경제의 세계화로 전환되고 있고, 아울러 연구 개발의 국제화가 과학 기술의 세계화로 전환되고 있다. 또한 산업계가 과학 기술 분야에서 글로벌 연대를 강화함으로써 상호 협력하고 경제와 과학 기술의 세계화가 강화되는 추세가 점점 뚜렷해지고 있다. 이런 환경하에 미래의 기술 발전을 전망하는 것은 각국이 과학 기술 정책과 산업 정책을 제정하고 인력, 물력, 재력 등의 자원을 재배치하고 나아가 장기적인 발전 전략을 제정하고 경제 구조와 산업 구조를 조정하는 중요한 근거가 되고 있다. 이처럼 기술 전망의 합리성, 유효성, 조작성 등의 문제가 다시 의제에 포함되어, 새로운 시대를 위한 '기술 전망 이론'을 발전시키고 있다. 사회·경제·환경의 발전과 결합된 제3대 기술 전망 이론 및 하드 기술과 소프트 기술이 모두 중시되는 제4대 기술 전망 이론이 발전하기 시작한 것이다.

1. 기술 전망의 발전과 변천

기술 예측은 선사 시대에도 존재했으며, 지난 몇 세기 동안에는 추세 외삽법(trend extrapolation), 브레인스토밍, 시나리오 개발 등과 같은 초기의 기술 예측 방법이 응용되었다. 하지만 표준적인 관점에서 기술을 예측하기 시작한 것은 19세기 말 이후의 일이다. 약 100년 동안 기술 전망에는 세 차례의 고조기가 있었고, 그 내용도 3대 발전 단계를 거쳐 현재 제4대 기술 전망 단계에 들어섰으며, 그 개념 역시 기술 예측에서 기술 전망으로 변화하고 있다.

이 책에서 논하는 기술 전망은 국가 수준에서의 종합적인 전망을 가리킨다. 즉, 전략 계획 제정, 거시 정책 제정을 목적으로 과학, 기술, 경제, 환경, 사회 발전의 장기적인 미래를 시스템적으로 관찰하고 미래에 한꺼번에 등장할 소프트 기술, 하드 기술과 이 기술들이 장기적으로 출현하게 될 영역을 고찰한다. 이들 영역의 연구와 개발 응용은 전략적 의의를 지니고 있으며 이는 막대한 경제적·환경적·사회적 이익을 가져올 것이다.

1) 기술 전망의 세 차례 붐

역사적으로 볼 때, 기술 전망에는 다음과 같은 세 차례의 붐이 있었다.

(1) 제1차 붐

제1차 세계대전이 끝나자 1920~1930년대에는 구미 국가의 관심이 국내 경제 발전으로 전환되었고, 과학 기술을 예측하는 것이 과학 기술 발전 전략과 정책 제정의 전제로 여겨져 중시되었다. 하지만 이 시기의 기술 예측은 주로 전문가 개인의 차원에서 수행했으며, 단일 항목 기술이 지닌 최대 잠재력과 가능성을 예상하는 것이 주요 내용이라서 여전히 주관적인 이상과 비

현실적인 환상의 단계를 벗어나지 못했다.

(2) 제2차 붐

1960년대 들어 기술 예측은 이론으로 승인·발전되었고, 선진국의 군사 분야와 산업계에 광범하게 응용되었다. 미국, 영국, 프랑스, 스위스 등의 국가에서 기술 예측은 점차 국가 계획을 제정하는 과정에 응용되었으며 미래학 열풍을 불러일으켰다. 이 시기에는 대량의 예측 방법이 개발되었는데, 그 예로 미국 랜드연구소의 지원하에 개발된 델파이 기법을 들 수 있다. 당시 『기술 예측과 사회 변화(Technological Forecasting and Social Change)』 같은 전문적인 학술 서적도 출간되었다. 1966년 3월 프랑스 파리에서 열린 장기 예측 방법론 탐구에 대한 국제회의, 1966년 8월 미국 공군이 개최한 장기 예측과 장기 계획을 주제로 한 연구토론회, 1967년 5월 개최된 산업계 기술 예측대회 등은 예측 역사에서 중요한 의의를 지닌다.[1]

일본은 고속 발전 시기였던 1960년대 말 미국에서 기술 예측 방법을 학습했으며, 1971년부터 5년에 한 번씩 40여 년 동안 국가 수준의 장기 예측을 수행해 이론과 실행 측면에서 기술 전망에 귀중한 경험을 축적했다.

(3) 제3차 붐

앞에서 언급한 이유로 인해 1990년대 동안 세계적으로 개발도상국을 포함해 많은 나라들이 국가적인 차원에서 종합적 기술 전망을 수행해 왔다. 그 특징을 보면, 첫째, 전 세계적으로 기술 예측은 국가 수준의 전략 계획과 정책 등 중대한 결정에 광범위하게 응용되었다. 둘째, 기술 예측의 개념이 점

---

1   Erich Jantsch, *Technological forecasting in Perspective*. 이 책의 일본어판 日本經營管理中心 譯 (經營管理中心出版部出版, 1968), p.290.

차 기술 전망으로 전환되었다. 미국, 영국, 독일, 스웨덴, 일본 등의 국가에서는 국가급의 종합적 예측이 단순한 기술 예측에서 기술, 경제, 사회, 환경 등을 포괄하는 기술 전망 단계로 발전했다.

이러한 배경하에 1998년 아시아태평양경제협력체(APEC)는 기술전망센터를 설립했다. 이는 세계에서 가장 먼저 설립된 지역 수준의 예측 연구 기구이다. 또한 2000년 일본 도쿄에서 국제기술전망 연구토론회가 열려 14개 국가의 대표와 2개 국제 조직이 회의에 참가했다. 해당 회의는 APEC, EU 등의 기구를 기초로 해서 국가를 초월해 국제적 전망을 연구하고 사회적·경제적 수요를 고려해 기술을 전망할 것을 건의했다.

2) 기술 예측에서 기술 전망으로

1973년 석유위기를 예측하는 데 실패하자 기술 예측의 정확성과 유효성에 대한 의구심이 생겨났고, 많은 기업들이 장기사업기획팀을 해산했다. 따라서 1960년대 중반 발전하기 시작한 미래학 열풍도 급속히 식어버렸다. 1980년대 초기에 이르자 장기적인 기술 예측은 사회에서 많은 사람들로부터 비판을 받았다.[2] 이러한 배경하에서 기술 예측에 종사하는 과학자 및 전문가 그룹은 정책 결정자에게 신뢰할 수 있고 합리적인 관리 수단을 제공하는 데 있어 자신들이 수행하는 기술 예측의 실행에 가해지는 압력을 견디어 내기가 어렵다는 사실을 발견했다. 또한 그들은 오늘 결정된 선택들이 미래를 어떻게 형성하고 창출해 낼 것인지를 정확하게 예측해 내는 것과 관련해 커다란 압박감에 시달리며 어려움을 겪었다. 그래서 현실에 부합되지 않고

---

2   Ben Martin and John Irvine, *Research Foresight: Priority-Setting in Science*(London and New York: Pinter, 1989), p.109.

개념이 애매한 예언이나 예측을 피하기 위해 기술 예측 활동은 점차 장래, 전망, 초점 관리, 전략 사고 등의 명칭으로 바뀌었다. 이러한 명칭 가운데 장래, 전망은 주로 정부 부문에서 사용되었고, 초점 관리, 전략 사고는 산업계에서 많이 사용되었다.

벤 마틴(Ben Martin)과 존 어빈(John Irvine)은 기술 예측에서 기술 전망으로 방향을 전환할 것을 주장했다.[3] 그들은 조지프 코츠(Joseph Coates)가 1985년에 개발한 기술 전망의 정의, 즉 "기술 전망은 정책과 계획을 제정할 목적으로 장기적인 미래에 영향을 주는 요인에 대해 깊이 있게 이해하는 프로세스이고 …… 전망은 발전하는 추세 및 양상과 관련된 단서와 지표를 모니터링하기 위한 정성적·정량적 방법을 포함하고 있으며 정책 함의에 대한 분석과 직접적으로 연계될 때에 가장 유용하다. 또한 전망은 미래의 수요와 기회에 부응하기 위한 목적으로 사용되는 것이다"라는 정의를 추천했다.[4] 이 정의는 다음과 같은 특징을 지니고 있다. 첫째, 기술 전망이 하나의 기법이라기보다 하나의 프로세스임을 강조했다. 이 과정을 통해 과학 기술계, 성과를 응용 연구하는 산업계, 정책 제정자가 서로 교류하고 소통할 수 있었다. 둘째, 예측은 항상 가설을 투입해 미래에 대한 예언으로 전환하는 일종의 블랙박스로 간주되었다. 셋째, 예측과 전망의 개념이 완전히 다른 존재론의 가설 위에 세워졌다. 기존의 통상적인 예측의 목표는 가능한 한 과학적으로 예언을 증명하는 것이고 어떻게, 언제, 어떤 가설에 근거해, 어떤 방법을 통해, 어떤 데이터를 입력해서 어떤 예언을 얻을 것인지를 보여주는 것이다. 그런데 전망은 시스템적인 연구를 통해 미래의 발전 기회를 연구하고, 기대

---

3   같은 책.

4   Marvin Cetron, *Technological Forecasting*(New York: Gordon and Breach Science Publishers, 1969). 이 책의 일본어판 寺崎實·東常義 譯, 武田行松 監修, 『技術豫測: その戰略計劃への應用』(日本産業能率短期大學出版部, 1970), pp.4~5, 12.

할 수 있는 미래와 행동의 선택 범위를 명확하게 하고, 감독 기제를 구축하여 미래에 출현할 추세와 기회를 미리 알리는 데 더욱 주의를 기울인다. 벤 마틴과 존 어빈은 결정 수준과 특징에 따라 기술 전망을 전체, 거시, 중범위 및 미시 등 네 개의 수준으로 나누었다.

실제로 과학적인 기술 예측은 일반적으로 상관 원리, 확률 원리, 연속성 원리, 인과 원리를 응용한다. 하지만 기술 구동력으로서의 경제, 사회, 환경 각 요인은 이처럼 복잡하고 오늘날 기술과 사람 간의 요인은 이처럼 긴밀하게 상호 융합되어 있기 때문에 상술한 몇 가지 원리로 미래를 과학적으로 정확하게 예측하기는 어렵다.

이를 통해 새로운 기술 전망의 이론으로 전통적인 기술 예측을 대체하는 것이 일리 있다는 것을 알 수 있다.

OECD는 1996년 파리 전문가 회의에서 기술 전망에 대해 "기술 전망은 시스템적으로 과학, 기술, 경제, 사회 발전의 장기적인 미래를 관찰하는 프로세스로, 그 목적은 전략적인 연구 영역과 거대한 경제적·사회적 효용을 만들어낼 수 있는 미래 기술을 식별하는 것이다"라고 정의했다.[5] 'APEC 기술 전망센터'의 그레그 테가드(Greg Tegard)는 기술 전망은 전략 기획의 도구이기 때문에 다원적인 경제 전망의 도전에 직면하기 마련이고 그 성과는 합리성, 유효성, 실현 가능성을 띠고 있어야 한다고 보았다.[6] 이를 위해 보다 많은 사람이 참여하는 것이 기술 전망의 필요조건이며 기술을 전망한 후에는 특화되고 지속적인 네트워크를 형성해야 한다.

---

5   Terutaka Kuwahara, "Technology Forecasting: past, today and future", Seminar at the National Institute of Science and Technology Policy(Tokyo: February 8, 2001).

6   Greg Tegard, "Foresight Studies in Australia", International Conference on Technology Foresight (Tokyo: March 2000).

3) 기술 전망의 4단계설

영국 맨체스터 대학 교수인 루크 조지우(Luke Georghiou)는 2000년 도쿄에서 열린 회의에서 기술 전망의 발전을 3단계로 나눌 것을 제안했으며 아울러 세 가지 단계의 서로 다른 특징을 명확히 구분했다.[7] 그는 영국의 경우 1980년대는 제1대 기술 전망 단계이고, 1993년부터 1998년까지는 제2대 기술 전망 단계이며, 1999년에서 2003년까지는 제3대 기술 전망 단계라고 주장했다. 전 세계적으로 보면 국가에 따라 종합적인 기술 전망의 수준이 다르기 때문에 각 국가가 각 단계에 진입하는 시점에는 차이가 있다. 각국은 다음에 소개하는 기술 단계의 특징을 적용해 자국의 기술 전망 수준을 검증할 수 있을 것이다.

(1) 제1대 기술 전망

순수하게 기술을 예측하는 단계로, 주로 자연과학 기술 전문가들이 과학 기술의 잠재적 발전 가능성에 대해 예측하며, 과학 영역의 확장을 주요 내용으로 한다. 이 단계에서 기술 예측은 과학 기술 전문가들의 신성한 영역에 속하며 기술 전문가들은 순수과학과 기술의 측면에서 기술의 발전 방향, 출현이 예상되는 기술, 발전이 필요한 기술에 대해 예측한다. 이 단계는 자연과학 기술 전문가들의 미래 연구 활동에 속한다.

(2) 제2대 기술 전망

기술과 시장이 서로 결합한 전망으로, 학술계와 산업계가 협력해 미래 과

---

7   Luke Georghiou, "Third Generation Foresight: Integrating the Socio-economic Dimension", International Conference on Technology Foresight(Tokyo: March 2000).

학 기술과 경제 발전을 검토하는 단계이다.

여러 국가에서는 자국의 기술 예측이 처음부터 시장 수요와 서로 결합되어 있는 것으로 여긴다. 미국 랜드연구소 산하 과학기술정책연구소의 책임자 브루스 돈(Bruce Don)은 미국의 핵심 기술 예측을 분석·평가했는데, 이 평가는 기술 전망이 시장과 서로 결합되었는지 여부에 대해 매우 설득력 있게 분석하고 있다.[8]

1990년대부터 미국 의회의 위탁으로 조직된 핵심 기술 평가심사팀은 미국의 핵심 기술을 수차례 연구한 후「미국 국가 핵심 기술」보고서를 발표했다. 해당 보고서는 국가의 연구 개발 방향을 인도했으며, 국가 중점 자원의 배분을 조정하고 종합 경쟁력을 제고하는 데 적극적인 역할을 했다.

미국 핵심 기술을 예측하면서 기술 전문가들은 특별히 시장의 수요에 주목했으며 산업 기술 발전에 대한 예측을 중시했다. 그들이 사용한 방법은 모든 분야의 기업 관련 인사를 면담하고, 산업 부문의 관련 기술 예측과 기획 자료를 참고하며, 산업계에서 기술 연구토론회를 몇 차례 개최하는 것이었다. 따라서 무엇이 핵심 기술인지에 대해서는 산업계와 비교적 의견이 일치했다. 쌍방은 소프트웨어, 마이크로일렉트로닉스, 원격통신, 선진 제조 기술, 센서 기술, 영상 기술 등이 당시 미국의 핵심 기술이라고 간주했다. 하지만 이것이 왜 미국의 핵심 기술인지에 대해서는 산업계, 학술계 전문가, 정책 결정자 간에 분명한 차이가 존재했다. 산업계는 이러한 기술이 미국의 경제 성장에 미치는 핵심 역할을 강조했고, 기술의 상용화와 관련된 이슈에 중점을 두었다. 그런데 기술자들은 이러한 기술을 각각의 특정한 기술적 기능을 표현해 내는 일종의 도구로 간주했다. 산업계 리더는 개별적 핵심 기술보

---

8   Bruce Don, "Changes in the U.S. Approach to Technology Foresight and Critical Technology Assessment", International Conference on Technology Foresight(Tokyo: March 2000).

다는 하나의 시스템을 전체적으로 묘사하는 것을 중시하는 경향이 있다. 한편 정부 부문은 에너지, 환경, 생활 시스템 등 장기적인 문제에 더 관심을 가졌다.

이러한 분석을 통해 브루스 돈은 1990년대에는 핵심 기술을 예측하는 관념과 방법이 지나치게 협소했으며 미국은 기술·제품·응용 같은 핵심 기술의 틀에서 벗어나 보다 광범위한 의미에서 시스템을 수립해야 한다고 지적했다. 이는 더 광범위한 사람들이 참여하고 제품에 비해 과정을 더 중시하는 광의의 혁신 시스템이다. 미국 의회는 이미 이 같은 업무를 후원했다.

(3) 제3대 기술 전망

하드 기술에 중점을 두고 있는 기술 전망으로서 시장, 사회, 경제, 환경 등 여러 측면에 대한 전망이기도 하다. 기술 전망의 실천 과정에서 다양한 이익 상관자들이 결부되며, 이것은 결국 단순한 기술적 고려를 초월해 여러 형태의 사회적 요인을 감안하는 '문제 해결형' 기술 전망으로 변하도록 만든다.

일본의 예측 전문가들은 일본의 기술 전망이 제2대에서 제3대로 넘어가는 과도기라고 여긴다. 예를 들어 일본의 『제5차 기술 예측 조사』에는 농림수산, 정보, 전자 소재, 공법, 생명과학, 우주, 해양, 지구, 광물, 수자원, 에너지, 환경, 생산, 도시, 건축·토목, 통신, 교통, 보건, 의료, 사회생활 등 16개 영역이 포함되어 있다.[9] 또한 『제6차 기술 예측 조사』에는 소재·공법, 전자·정보, 생명과학, 우주, 해양·지구, 자원·에너지, 환경, 농림수산, 생산·기계, 도시·건축·토목, 통신, 교통, 보건·의료·복지 등 15개 영역이 포함되어 있다.[10]

---

9   日本科學技術廳科學技術政策研究所, 『第5次技術預測調査』(1992).
10   日本科學技術廳科學技術政策研究所, 『第6次技術預測調査』(1997).

표 6-1 | 기술 전망의 발전 과정

발전 단계	특징
제1대 기술 전망	하드 기술 예측
제2대 기술 전망	하드 기술과 시장 공급 - 수요 결합의 전망
제3대 기술 전망	하드 기술에 대한 사회, 경제, 환경 등 다차원에서의 전망
제4대 기술 전망	사회, 경제, 환경, 자원 등 다차원에서의 소프트 - 하드 기술, 소프트 - 하드 환경, 소프트 - 하드 산업에 대한 전망

일본은 기술 예측에서 예측 대상을 중시해 자연과학 영역의 기술을 포함했을 뿐 아니라 생산, 보건, 환경, 안전, 도시건설, 사회보장 등의 기술도 광범하게 포함했다. 그리고 참여 조사하는 전문가에 산·학·관 등 각계의 자연과학 영역 전문가뿐만 아니라 사회과학 영역의 전문가도 포함했다. 예를 들면 제6차 예측에서는 기업의 전문가 37%, 자연과학 학자 36%, 국가 연구 기구의 전문가 15%, 기타 12%를 차지했다.

영국에서 수행된 1994년에서 1999년까지의 기술 전망에서 선택된 16개 영역은 ① 농업, 원예와 임업, ② 화학, ③ 건축, ④ 국방과 항공, ⑤ 에너지, ⑥ 금융 서비스, ⑦ 음식물과 음료, ⑧ 건강과 생명과학, ⑨ 정보 기술, 전자 기술, 통신 기술, ⑩ 여가와 학습, ⑪ 제조, 생산, 비즈니스 프로세스 기술, ⑫ 해양, ⑬ 소재, ⑭ 자연 자원과 환경, ⑮ 소매와 판매, ⑯ 교통이었다.[11]

스웨덴에서는 국가 차원의 기술 전망 영역으로 ① 건강, 의약, 보건, ② 생물학적 자연 자원(농업, 임업, 수자원 이용, 음식물, 목재 생산, 바이오 에너지용 원재료 등), ③ 공동체 인프라, ④ 생산 시스템, ⑤ 정보와 통신 시스템, ⑥ 공동체에서의 물품과 물류, ⑦ 서비스 산업, ⑧ 교육과 학습 등의 분야가 선택

---

11   John Wood, "Current Foresight Activities in the U.K.", International Conference on Technology Foresight(Tokyo: March 2000).

되었다.[12]

상술한 두 국가의 기술 전망에는 공통점이 있다. 바로 전통적인 과학·기술 관련 학문 분야(discipline) 분류를 따르지 않고 있고, 순수한 과학 분야보다는 다학제적(interdisciplinary) 주제를 중심으로 조직되고 있으며, 미래 사회 진보와 경제 발전을 위한 서비스 제공을 목표로 삼는다는 것을 천명했다는 점이다. 이에 따라 과학, 기술, 사회, 경제, 환경 등의 다른 측면에서 우선 발전 영역이 선택되었다.

그러나 기술 전망 영역이 사회, 경제, 환경 등 비전통 기술 영역으로 확대되었다고 해서 제3대 기술 전망에 진입했음을 뜻하는 것은 결코 아니다. 브루스 돈의 분석·평가에 따르면, 상술한 영역이나 미래에 필요한 하이테크 또는 핵심 기술을 찾는 데 관심이 국한되는 것을 피해야 하며, 이들 분야의 발전 필요성에 따라 관련 핵심 기술, 주변 기술, 적용 기술을 선택해야 한다. 또한 상품화의 측면에서 상술한 기술을 조합해 문제 해결에 유리한 시스템을 형성해야 한다.

(4) 제4대 기술 전망

필자는 기술 전망이 제4대 기술 전망 단계로 진입할 것으로 전망한다. 상술한 각 단계에서 언급된 기술은 실제로는 하드 기술을 지칭하며, 제3대 기술 전망 또한 사회, 경제, 환경 등의 시스템 틀에서 이루어진 하드 기술에 대한 기술 전망이다. 기술 전망에 대한 의의와 소프트 기술에 대한 인식에 비추어 보면 제4대 기술 전망은 광의의 기술 혁신 시스템이라는 프레임에서 인류 사회의 진보와 지속가능한 발전의 수요에 따라 시장, 사회, 경제, 환경,

---

12 Enrico Deiaco, "Technology Foresight in Sweden", International Conference on Technology Foresight(Tokyo: March 2000).

자원 등 여러 측면을 고려해야 할 뿐만 아니라 소프트 기술과 요구되는 소프트 환경에 대해서도 전망해야 한다.

2. 제4대 기술 전망과 소프트 기술

1) 기술 전망의 목적

여기서는 기술 전망의 목적을 살펴봄으로써 제4대 기술 전망의 필요성을 알아보도록 하겠다.

국가 수준에서의 신속한 기술 발전, 국내외 환경의 복잡성 등을 감안하면 정책 결정자들이 직면하는 선택 범위가 나날이 확대되고 있다. 따라서 정책 결정자들은 글로벌 경쟁에 적응하기 위한 예산 수립 등을 포함해 자원 분배를 조정하기 위한 우선순위 설정에서 기술 전망의 도움을 받으려는 경향이 갈수록 커지고 있다. 기업의 측면에서 보면 새로운 경쟁 환경에서 혁신하기 위해 각 기업은 새로운 사고로 고객, 공급업체, 협력업체, 법률·법규, 정책 제정자 간의 인터페이스를 관리할 필요가 있다. 기술 전망은 공유되는 전략적 계획의 창출을 돕는 수단으로서, 기업가와 정책 결정자가 직면하고 있는 불확실성을 줄이는 데 도움을 준다.

벤 마틴과 존 어빈은 여섯 가지 측면에서 다음과 같이 기술 전망의 목표를 제시했다.[13] ① 방향 설정: 이는 전체적·거시적 수준의 분석에 초점을 맞춘 과학 정책을 수립하기 위한 포괄적인 가이드라인을 결정하는 데 기술 전망을 활용하는 것과 연결되어 있다. ② 우선순위 결정: 자원은 유한하고 연구

---

13   Ben Martin and John Irvine, *Research Foresight: Priority-Setting in Science*, pp. 22~24.

가 필요한 영역이 신속하게 확대된다는 조건하에 국가급 기술 전망에서 우선순위를 결정하는 것은 가장 중요한 목표이자 동기이다. ③ 필요한 정보의 사전 획득: 새로운 추세에 대한 정보를 가급적 빨리 얻는다. 이러한 새로운 추세는 정책 제정에 중대한 영향을 미친다. ④ 특정한 수요 또는 기회에 대한 공통의 인식에 도달: 과학 기술계, 자금 제공 기구, 성과의 응용자 간에 더욱 일치된 견해를 도출한다. ⑤ 지지 획득: 기술 전망을 통해 각 측면의 이해와 지지를 획득하고 관련 정책의 여러 이해관계를 다듬는다. ⑥ 소통과 교육의 목적 달성: 기술 전망이 지닌 기본적인 기능으로서, 학술계 내부의 소통 촉진, 학술계와 산업계 및 기타 잠재적 이용자 간의 소통 실현, 일반 민중, 정치가, 공무원에 대한 폭넓은 교육 등을 통해 과학·기술의 바람직한 미래 형성에 기여한다.

영국의 존 우드(John Wood) 교수는 기술 전망에 대해 ① 비즈니스, 과학 기술, 비정부 부문과 정부 부문이 함께 미래를 계획하는 과정이고, ② 미래의 문화에 대한 사고를 창조하는 과정이며, ③ 결정권자의 주의를 이끌어내어 결정의 근거가 되는 과정이라고 정의했다.[14] 존 우드는 전망(foresight)을 싱크탱크(think tank)에 머물지 않고 생각과 실행을 동시에 실행하는 싱크 앤 두 탱크(think and do tank)의 개념으로 보았다. 전망은 미래의 가능성, 수요, 및 필수조건에 대한 지식과 구상을 수집할 뿐만 아니라 전망의 대상이 되는 국가의 위상 및 상황도 분석한다. 또한 존 우드는 기술 전망이 한 국가의 미래 상황과 정세, 역량, 잠재 능력을 결합해 적합한 국가 비전을 형성하고 5년에서 10년 후 직면할 잠재적 기회와 위기를 측정하며, 사전에 대비시키는 유용한 도구가 될 수 있다고 보았다. 그런데 하드 기술에만 기반을 두고 기술 전망을 추구할 경우 이러한 이슈들을 처리하는 데 어려움을 겪을 것

14   John Wood, "Current Foresight Activities in the U.K.".

임은 명백하다.

기술 전망은 전략 계획을 위한 도구이자 그 자체로 하나의 소프트 기술로서, 다음과 같은 특징을 지니고 있다. 첫째, 전략 계획을 세우려면 광의의 혁신 시스템 프레임과 서로 어울려야 한다. 그래야 과학, 기술, 경제, 사회 발전의 미래를 시스템적으로 계획하는 목적을 달성할 수 있다. 둘째, 거대 경제와 사회적 효용을 구현하는 전략적 기술은 미래의 소프트 기술과 서로 결합하지 않으면 확정되기 어렵고 실시될 수 없다. 셋째, 소프트 기술은 그 자체로 막대한 경제적 및 사회적 효용을 만들어낸다. 넷째, 제도적인 차원의 전망은 실제로는 미래 전략을 실현하기 위한 대응책을 제공해 주고 보장해 주는 기능을 수행한다.

앞의 논의를 통해 기술 전망은 자연과학 학계의 독자적인 노력을 통해서는 성공적으로 완성될 수 없다는 것을 알 수 있다. 또한 오로지 하드 기술을 '예측'하는 것에만 전적으로 의존하는 것도 불가능한 일이다.

2) 기술의 다원적 구동력과 기술 전망

필자는 기술 구동력(driving force of technology)의 구조에 대해 연구한 적이 있다.[15] 기술 구동력의 구조는 세 가지 단계로 나눌 수 있다.

기술 구동력의 첫째 단계는 과학·기술과 경제 발전의 관계를 다루는 것과 연관되어 있다. 미지의 영역을 도전하고자 하는 인류의 동기, 그리고 시장이 제공하는 방대한 기회는 과학의 발전을 추동한다. 또한 과학의 새로운 발견

---

15   Jin Zhouying, "Technology Driving Force: The Principle of Harmony and Balance", *I3UPDATE*(1997), http://www.skyrme.com/updates; Idem., *World Forum 1999*(San Francisco, USA: October 1999); *Idem.*, "Technology Driving Force: The Principle of Harmony and Balance", *AI & Society*, Vol.16(2002).

과 지식의 부단한 갱신은 사회와 자연에 대한 인류의 인식을 심화시킬 뿐만 아니라 인류의 지식 창고를 풍부하게 하고 기술을 위한 새로운 원천과 방향을 제공한다. 20세기 사회 경제 발전에 중대한 영향을 야기한 신기술, 예컨대 통합회로, 원자력, 생명공학 등은 모두 과학에서의 중대한 돌파와 긴밀한 관계가 있다. 동시에 과학의 발전, 특히 과학에서의 새로운 발견과 새로운 이론의 검증 역시 점점 더 새로운 기술 수단과 방법에 의존하고 있다. 이는 기술의 발전과 광범한 응용이 과학의 발전을 촉진한다는 것을 설명해 준다. 시장의 수요는 기술의 발전을 견인하는데, 이는 주로 치열한 경쟁에서 생존하려는 기업의 동기, 신기술과 신제품에 요구되는 사항과 관련되어 있다. 다시 말해 기술의 발전은 경제 발전을 위한 엔진의 기능을 수행한다(제2장 참조). 기술 발전의 직접적인 구동력은 ① 이윤을 창출하려는 경제적 동기, ② 몰입하고 새로운 지식을 개척하려는 인류의 탐구 욕망 및 자아실현 욕구에서 찾을 수 있다. 우리는 이러한 요인들에 의해 움직이는 선순환을 '지식 − 경제 순환'이라고 부를 수 있다.

　기술 구동력의 둘째 단계는 기술 발전에 대해 거시 환경이 미치는 영향과 연관되어 있다. 우리는 이를 '환경장(environmental field)'이라고 부르는데, 환경장은 사회장(social field)과 자연장(natural field)으로 구성되어 있다. 사회장은 제도, 문화, 인적 자원, 사회 조직 등으로 구성되어 있고, 자연장은 자연 자원과 환경, 생태 등으로 구성되어 있다. 이것을 '장(field)'이라고 부르는 이유는 이것이 지식 − 경제 순환의 배경이자 조건으로서 자기장, 전자기장과 마찬가지로 언제나 제1단계 요인에 영향을 주기 때문이다.

　공업 경제 시대에는 기술 전환이 과학 발전을 추동하고 시장의 수요를 견인하는 직접적인 구동력이고 환경은 간접적인 역할을 한다는 인식이 보편적이었다. 하드 기술이 고도로 발달하고 사회 문제가 심각해지고 가치관이 변화하고 인류에 대한 지속가능 발전이 필요해짐에 따라, 사람들은 환경장의 역할이 결코 간접 구동력에 국한되지 않으며 때로는 가장 강력한 구동력으로서 혁명적인 역할을 한다는 사실을 점차 인식하게 되었다. 하지만 어떤 국가의 환경장이 경제 발전과 기술 발전의 규율에 적합하지 않을 경우, 이는 병목 현상을 유발해 기술 진보의 속도를 감소시키고 심지어는 퇴보시키기도 한다.

기술 구동력의 셋째 단계는 상술한 다원적 구동력 간의 상호작용이다. 지식 - 경제 순환과 환경장의 각 요인과 장내·장외의 요소가 상호 협조하고 조화를 실현하는 것만이 한 국가와 지역의 발전을 가속시킬 수 있다.

기술 전망은 과학, 기술, 경제, 사회 발전의 장기적인 미래를 시스템적으로 관찰하는 하나의 과정이다. 따라서 기술 발전을 추동하는 주요 구동력을 기술 전망 시스템의 프레임을 구축하는 중요한 요인으로 삼아야 한다.

3) 소프트 기술, 소프트 환경과 기술 전망

광의의 기술에 대한 인식은 제4대 기술 전망에 더욱 시스템적인 이론적 근거를 제공한다. 제4대 기술 전망의 특징은 다음과 같다. 첫째, 사회, 경제, 환경, 자원 등 다양한 수준의 지속가능한 발전을 고려한다. 둘째, 하드 기술뿐만 아니라 소프트 기술에 대해서도 전망한다. 셋째, 하드 환경과 소프트 환경을 포함해 경쟁력을 형성하는 환경에 대해 전망한다. 바꾸어 말해 한 국가의 종합 기술 전망은 광의의 혁신 시스템을 필요로 하며, 예를 들어 6+1 혁신 시스템 프레임하에 진행되었다. 실제로 브루스 돈이 언급한 "제품에 비해 과정을 더 중시"하고, 벤 마틴과 존 어빈이 언급한 "하나의 기법이라기보다는 발전하는 하나의 과정, 새로운 추세, 새로운 양상이라는 맥락에서의 정성적·정량적 방법을 통한 모니터링"을 한다는 것 등은 모두 필자가 정의한 소프트 기술의 역할을 가리킨다. 그리고 "가능한 발전과 그 실행 가능성에 대한 인식을 제고하고 하나의 감독 기제를 개발해 미래에 출현할 추세와 기회에 조기 경종을 울리기 편하게" 하는 소프트 환경의 중요성을 강조하고 있다.

기술 전망이 성공을 거두려면 사회, 경제, 환경 등 다양한 차원에서 소프트 기술 - 하드 기술, 소프트 환경 - 하드 환경에 대한 전망(기술적 타당성과 관련된 요소), 그리고 소프트 산업 - 하드 산업에 대한 전망(미래의 수요와 기회)을 결합해야 한다. 따라서 제4세대 기술 전망은 자연과학계 학자와 기술 분야의 전문가들 간, 사회과학계 학자와 산업계 리더 간의 공동 임무이다. 그렇기 때문에 참여자와 응용 대상에 사회 공동체와 정부 기관 등 제도, 정책, 법률, 규제를 결정하고 부문도 적극 포함시켜야 한다.

현재 일부 국가의 기술 전망에서는 제4대 기술 전망의 맹아가 이미 나타나고 있다. 영국의 기술 전망에는 금융 서비스, 여가와 학습, 제조, 생산과 비즈니스 프로세스, 물자, 소매와 중개 판매 등의 소프트 기술과 관련된 내용이 포함되어 있다. 스웨덴의 기술 전망에는 지역사회의 기초 인프라, 생산 시스템, 사회단체의 물자와 물류, 서비스 산업, 교육과 학습 등 소프트 기술과 관련된 내용이 포함되어 있다.

2001년 발표된 일본의 『제7차 기술 예측 조사』에는 6대 시스템의 16개 영역이 포함되어 있다.[16] 그중 제조와 관리 시스템의 기술, 사회 기초 시설 측면의 기술, 정보 시스템, 생명 시스템, 환경 시스템, 소재 시스템 등 4대 시스템 기술이 나란히 거론되고 있다. 소프트 기술의 측면에서 보면 이러한 예측의 특징은 ① 사회 기초 인프라를 중요한 영역으로 삼았으며 여기에는 도시, 건축, 토목, 교통, 서비스가 포함되었다. 특히 예측 서비스 기술을 예측 과제로 삼았는데, 그 근거는 정보 서비스 경제, 전자상거래 및 지식 집약적

---

16   日本科學技術廳科學技術政策研究所科學技術動向研究中心, 『第七次技術預測調査』(2001).

482   글로벌 기술 혁신

사회에 대한 수요가 늘어나고 있다는 것이었다. ② 경제 소프트화와 정보화 추세에 적응하기 위해 제조·관리 시스템을 신설했다. 이 시스템은 제조, 유통, 경영, 관리 등 소프트 기술 또는 소프트 기술과 밀접한 관련 영역에 속하며, 경영 관리 영역에서는 '제도'라는 비기술 차원의 과제를 고려했다.

앞에서 언급한 이러한 초기 사례들이 매우 고무적이기는 하지만, 하드 기술과 소프트 기술을 결합시킨 형태의 기술 전망 사례, 또는 넓은 의미에서의 혁신 시스템의 틀에서 진행된 기술 전망 사례는 아직 발견하지 못했다.

4) 기술 예측이 실패한 원인 분석

일본은 과거 40년 동안 줄곧 국가 차원의 종합적인 기술 전망을 견지하며 자국의 기술 발전에 크게 기여했다. 한편 일본 학술계는 전망에 실패할 경우 그 경험을 통해 교훈을 습득했다. 일본의 미래공학연구소 소장 하세가와 요사쿠(長谷川洋作)는 '기술 예측의 실패학'을 제기했다.[17] 그는 일본이 정보 영역 등 일부 영역에서 예측에 실패한 이유를 다음 세 가지로 분석했다.

첫째, 기술 예측에서 경제, 사회, 제도, 문화 등 비기술적 요인을 경시했다. 예를 들어 '정보화 영향하의 신문 배달 시스템과 주문 정보 시스템'을 예측할 때에는 1985년에 이 시스템이 실현될 것으로 전망했는데 2000년이 되어서도 이 시스템은 실현되지 못했다. 이는 제도와 국민 성향 등 산업을 둘러싼 기술 이외의 요인을 경시했기 때문이다. 정보 기술 및 통신 기술에 대한 예측과 관련해서는, 다양한 개별 기술의 관점에서 상당히 합리적으로 예측했지만, 당시에는 오늘날처럼 인터넷과 이동전화가 보급될 것이라고는

---

17   長谷川洋作, "未來技術豫測の三十年: 技術豫測の失敗學の提唱", ≪技術と經濟≫ 1月號(2001), pp.84~89.

전혀 예상하지 못했다. 인터넷과 이동전화에 대한 미래 예측이 실패한 이유는 기술 자체를 과도하게 고려했을 뿐, 정보 통신 설비 원가의 급속한 하락과 사회 수용성의 상승효과는 인식하지 못했기 때문이다. 원가와 수용도 간의 관계는 하나의 오래된 난제이다. 그런데 최근 들어 젊은 층을 중심으로 휴대전화 문화가 전 세계적으로 크게 유행한 것이 결정적인 역할을 했다. 이러한 현상이 초래할 강력한 영향에 대해서는 그 누구도 예상하지 못했다. 따라서 새로운 기술에 소요되는 높은 원가와 사회 수용도에 관한 문제는 더 이상 전통적 의미에서의 기술적인 문제가 아니다.

둘째, 예측 방법에서 보편적으로 사용하는 델파이 기법에 한계가 있었고, 추세 외삽법 등 등 수리 분석(數理分析)을 과도하게 중시했으며, 새로운 기술의 출현과 영향, 발전 등을 쉽게 무시했다. 또한 전문가 면담조사 방법도 종종 효과적이지 못했는데, 그 이유는 ① 전문가 대부분이 보유한 전문성에 일정한 한계가 있고, ② 소수 의견으로 정의되는 '가장 앞서가는 의견'이 다수 의견에 유리하게끔 간과되는 경향이 있으며, ③ 글로벌 환경 문제 등에서 볼 수 있는 것처럼 이러한 소수 의견이 사회적 및 정치적으로 주류를 형성하고 있는 선호도와 불화를 일으킨다는 이유만으로 종종 거부되기 때문이다.

셋째, 기술 예측에서 기술 발전을 고려할 때 기술 이외의 요인에 주목할 수 있는 인문·사회과학 전문가, 기술 자체의 문제와 어려움을 이해할 수 있는 비기술 분야의 전문가 및 기술경제 전문가를 초빙하지 않았다.

5) 개발도상국의 기술 전망

전통적인 기술 예측에 따르면 이 영역에서는 개발도상국이 자신의 역량을 드러낼 공간이 거의 없다. 왜냐하면 기술 수준이 낙후되어 있어 대다수의 과학자는 과학과 기술의 최전선에서 일할 수 있는 기회가 없고 기술 응용 면에서 경험이 부족하기 때문이다. 따라서 최첨단 기술 정보는 흔히 선진국이 이미 상품화하거나 외부 공개한 기술 정보를 통해 얻는다. 세계미래연구학회(WFS) 연례회의를 보면 미래 기술 방면의 연구자와 강연자는 절대 다수가 선진국의 과학자 또는 사회학자였다. 그런데 절실한 문제는 개발도상국이 선진국의 기술을 따라잡고 더 나아가 선진국의 기술을 추월하려면 어떤 길을 걸어야 하는가 하는 것이다.

개발도상국은 대부분 연구개발 능력과 최첨단 기술의 보유 측면에서 선진국과 커다란 격차를 보이고 있다. 하지만 이러한 맥락에서 거시 환경, 그중에서도 특히 소프트 환경의 불완전성과 소프트 기술의 후진성 등으로 인해 개발도상국이 선진 기술을 이전하는 데 실패하고 있다는 것 또는 기업 기술로 전환함으로써 선진 기술을 흡수하는 데 실패하고 있다는 것을 인식하는 일은 대단히 중요하다. 이것은 새로운 기술과 관련해 부국과 빈국 사이에 기회의 불균등을 초래하며, 빈국의 기술 경쟁력과 산업 경쟁력을 향상시키는 데 심각한 장애물이다(제3장 참조). 따라서 소프트 기술에 대한 전망과 빈국이 필요로 하는 소프트 환경은 기술 전망에서 필수불가결한 구성 요소이다. 하지만 안타깝게도 대부분의 개발도상국에서는 기술을 전망할 때 소프트 기술 전망을 간과하고 있다. 따라서 다음과 같은 점을 유념해야 한다.

첫째, 만약 자연과학 기술 영역에만 의거해 전망의 목표를 정한다면 기술 발전에서 국제적으로 인기 있는 최첨단 하드 기술을 과도하게 강조하게 될 것이고, 개발도상국이 자체적으로 강점을 갖고 있는 영역과 긴급하게 필요로 하는 영역에서 갑자기 부상하는 하나의 새로운 세력이 되기는 어려울 것이며 또한 자신만의 특징을 가지기도 어려워질 것이다. '뛰어넘기 전략(leap-frog strategy)' 같은 유행어에도 불구하고 기술 자체에서 개발도상국이 선진국을 따라잡기란 사실상 매우 어려운데, 그 이유는 새로운 기술의 발명 및 기술 혁신은 하드 기술에만 전적으로 의존하는 것이 아니기 때문이다.

둘째, 개발도상국도 산업 정책, 기술 정책 등에 대해 다양한 연구를 수행하고 있고 환경, 교통, 물 이용, 국민의 삶 등에 대해 설계하고 있지만, 이러한 것들이 자연과학과 기술 전망이라는 일종의 시스템 틀 아래에서 진행되는 경우는 매우 드물다. 정보 서비스 기술, 사회 기술, 문화 기술 등의 소프트 기술 영역에 대한 전망, 그리고 목표로 삼고 있는 기술에 유리한 제도 구축에 대한 전망, 즉 소프트 환경의 범주에 속하는 주제들은 기술 전망을 구성하는 내용인데, 개발도상국에서는 이것이 강조되지 않고 있다. 그런 이유로 개발도상국은 앞에서 언급한 것처럼 미국이 중요한 기술 평가에서 범했던 오류를 반복하기 쉽다. 미국의 기술 전망 전문가들은 현재 이 문제에 대해 스스로 반성하는 중이다. 따라서 개발도상국의 리더들은 기술 전망의 영역에서 미국이 자인했던 오류로부터 교훈을 얻어야 할 것이다.

셋째, 유구한 역사와 문화유산, 풍부한 인류 자원, 독특한 사회자원은 모두 기술 혁신(하드 기술 혁신 및 소프트 기술 혁신)과 산업 혁신의 중요한 원천이다. 그리고 이러한 영역의 기술 전망에서 개발도상국은 선진국과 거의 동일한 출발선에 있다.

넷째, 시장, 경제, 사회, 환경, 기술에서 전국적·국제적으로 연계된 네트워크를 만들고 전 세계 네트워크에 가급적 빨리 융화해 시야를 넓히는 것이 기술 전망에 성공하기 위한 필요조건이다.

총괄하면 광의의 기술 혁신이라는 프레임하에 각자 특수한 자원과 제공 가능한 소프트 환경과 하드 환경에 따라 생산 가능한 경제적·사회적 효용의 목표 기술이나 영역을 찾아야 한다. 그래야 최종적으로 국가의 종합 경쟁력 제고라는 목표를 달성하고 더 많은 영역에서 뛰어넘기 형태의 발전을 실현할 수 있다. 따라서 개발도상국은 최대한 신속하게 제4세대 기술 전망에 진입해야 한다.

저자 후기

21세기의 발전 원칙: 조화, 균형, 공존

21세기 들어 새로운 발견과 발명이 세계 각지에서 활발하게 진행되고 있다. 이러한 흐름은 인류에게 혜택을 가져다주고 인류 물질문명을 한 단계 제고시킬 것이다. 하지만 기술 응용 문제, 사회 문제, 인류 문명 문제, 윤리 문제는 갈수록 심화되고 있으며, 세계적인 충돌과 위기 또한 점증하고 있다. 1960~1970년대에 사람들은 고도의 공업 발전으로 인해 자연 자원이 부족해지고 전 지구적 자연 생태 시스템이 균형을 잃었음을 인식하게 되었다. 이러한 인식은 곧 다가올 자원 경제의 종언 및 인류 발전 모델의 재구축 필요성에 대한 고통스러운 예측으로 연결되었다. 인류가 고도의 물질문명을 추구함에 따라 금전 만능주의, 범죄 증가, 도덕 파괴, 자연 훼손 등의 현상도 나타나고 있다.

오늘날 인류가 직면하는 도전은 갈수록 준엄해지고 있다. 이러한 도전에는 경제 이익과 생태 환경의 충돌, 민족과 종교의 충돌, 빈부 격차, 연구방향과 인류 사회 발전의 관계, 유전자 연구와 포유류 동물 복제 기술의 충돌이 초래한 윤리 문제, 원자력 기술이나 컴퓨터 바이러스처럼 과학 기술과 사회 발전 간 모순, 증가하는 가정 폭력과 국제적인 차원의 조직범죄 및 폭력 등을 들 수 있다. 인류는 스스로 발전시킨 하이테크를 이용해 가공할 만한 수단으로 자신이 만든 문명을 스스로 무너뜨리고 있다. 이러한 문제들이 미치는 범위는 대단히 넓은데, 개인에서 사회에까지, 국가에서 글로벌 전략에까지, 국내 사회에서 국제 관계에까지, 경제와 정치에서 국방에까지 파급된다. 이를 통해 명백하게 알 수 있는 것은 현재 인류는 생존과 발전을 위협하는 여러 문제에 직면하고 있으며, 자원, 환경, 생태 영역에서의 지속가능한 발전과 관련된 문제들에 직면하고 있다는 사실이다. 또한 이러한 문제들은 하이테크의 적용이나(예를 들어 '제2의 생물권' 관련 실험을 통해 자연과학 및 기술 주기가 생물권[1]을 대체할 수 없다는 것이 증명되었다), 또는 특정 경영 기법의 활용이나 개별 정치가의 수완 및 정부 차원의 독자적 행동을 통해서는 해결 방안을 찾아내는 것이 결코 쉽지 않다.

이러한 맥락에서 지속가능한 발전을 위한 로드맵을 거시적인 시각에서 다시 살펴보는 것은 매우 중요하다(〈그림 1〉 참조).

첫째, 지속가능한 발전의 최종 목표는 인류의 진보를 도모하고 우리의 후손들이 평화롭고 풍요한 세계에서 살도록 만드는 것이다.

둘째, 경제 발전, 기술 개발, 사회 진보 촉진, 사회 개혁 수행, 심지어 정치 개혁 추진 등을 포함한 인류의 사회적 생산 활동은 모두 지속가능한 발전을 실현하기 위한 경로 또는 수단이지 목적이 아니다. 그중에서 기술의 발전과 기술 혁신의 추동은 상술한 몇 가지 방면의 발전에서 필요한 도구이자 방법이다. 따라서 발전 전략을 제정하거나 발전 모델을 설계할 때 수단과 목적을 전도해서는 안 되며, 수단과 방법(기술, 경제, 정치)을 최고 목적으로 간주해서도 안 된다.

셋째, 우수한 생태 자연 환경과 인문 사회 환경은 지속가능한 발전의 결과이자 필요한 조건이다.

---

1   생물이 살 수 있는 땅의 표면과 대기권을 지칭한다. _옮긴이 주

그림 1 | **지속가능한 발전의 개념**

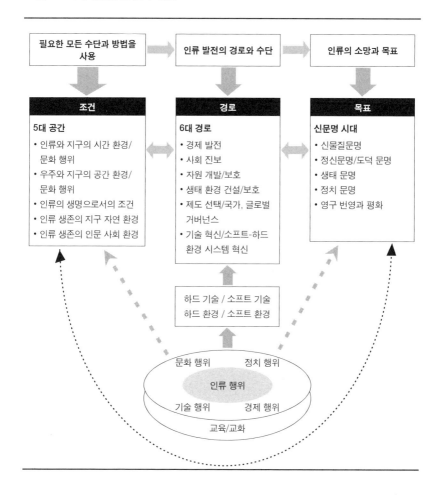

상술한 관점에 근거해 인류 사회가 지속가능한 발전을 실현하기 위해서
는 자연 생태와 자원 환경, 인문 사회 환경, 인류의 사회 생산 활동 등 3대 시
스템이 서로 조화하도록 해야 할 뿐만 아니라, 경제 발전, 사회 발전, 생태
환경의 건설과 보호, 자원의 개발과 이용이 상호 조화하도록 해야 한다. 그

저자 후기   489

런데 이 모든 것은 인류가 자연, 사회, 인류 자신의 활동과 관련해 인류 행위를 조화하는 과정이다. 그 핵심은 인간과 자연 간, 인간과 사회 간, 인간과 인간 간 행위를 조화하는 것이다. 그런데 이러한 인류 행위(겉으로 드러난 행동과 심리 활동)를 조화시키고 통제하는 방법이자 수단이 바로 소프트 기술과 소프트 환경이다. 이는 소프트 기술을 연구하는 의의이기도 하다.

그러나 더욱 중요한 것은 또 하나의 새로운 기술 패러다임, 즉 소프트 기술을 연구함으로써 중대한 통찰력을 갖추게 되었다는 점이다. 즉, 과거 수천 년 동안 물질문명을 최고로 간주하는 사회가 지속되어 왔으나 인류가 지속가능한 발전을 실현하기 위해서는 물질문명, 정신문명 및 생태·환경문명을 함께 고려하는 사회로 전환되어야 하고, 이를 위해서는 사유 방식을 철저하게 전환해 자신을 성찰하고 낡은 발전 모델을 조정하는 작업을 우선적으로 수행해야 한다는 통찰력을 갖추게 된 것이다. 이를 위해서는 우수한 교육을 받은 사람들, 즉 각국의 지도자, 기업의 리더에서부터 전 세계 시민들까지 모두 가치관을 조정하고 세계관을 바꾸어야 한다. 달리 말하면, 앞으로 인류는 조화, 균형, 공존이라는 원칙을 따라야 한다. 이러한 원칙은 글로벌 거버넌스 방식 및 경제 개발 방식과 관련된 문제들을 처리하고 새로운 생활양식과 비즈니스 모델을 추구하는 데 적합할 뿐 아니라, 사람과 자연 간의 관계, 동양과 서양 간의 관계, 서로 다른 국가 및 민족 간의 관계, 다문화 관계 및 과학·기술의 발전 방향과 관련된 여러 문제를 처리하는 데에도 적합하다.

예를 들면 인류의 진보는 자연을 정복하고 통제하는 데서 사람과 자연, 인간과 인간이 조화롭게 발전할 수 있는 길로 전환해야 하고, 각 국가, 민족, 종족, 문화 간에 존중해야 하며, 경쟁을 강조하던 데서 협력, 평화, 공동 발전을 향해 나아가야 한다. 또한 경제를 대량 생산 - 대량 소비 - 대량 폐기의 낡은 경제에서 지속가능한 발전에 맞는 절약 - 적정 소비 - 자원 재활용의 새로운 수익 모델로 전환해야 한다. 아울러 과학 기술의 효율 제고, 자연을

그림 2 ㅣ 21세기의 발전 원칙: 조화, 균형, 공존

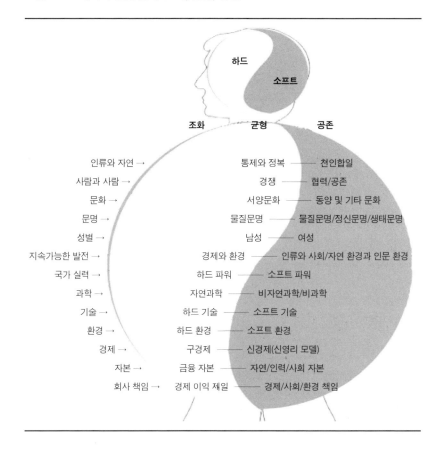

정복하기 위한 하드 기술 발전을 강조하던 것에서 과학 기술과 인류 사회의 조화 발전을 강조하는 것으로 전환해야 한다(〈그림 2〉 참조).

따라서 국가와 지역 발전의 장기적 전략은 경제 발전 전략, 사회 진보 전략, 생태 환경 전략, 자연 자원 전략 간에 시스템을 통합하고 조화롭고 지속 가능한 발전을 도모하는 제반 원칙을 견지해야 한다. 아울러 기업의 비즈니

스 모델 역시 오로지 경제 이익의 최대화를 추구하던 데서 벗어나 경제, 사회, 환경에 대한 3중 책임을 수행하는 전제 아래 영리를 추구하는 방식으로 전환해야 한다.

이러한 맥락에서 중국 전통 문화의 기본 정신 중에 '평화는 귀한 것[和爲貴]', '천인합일(天人合一)' 등의 사상은 지속가능한 발전관을 새로운 개념으로 정립시키는 데서 뿐만 아니라, 세계 질서를 수립하는 데서도 기반이 되는 원칙으로서, 중요한 이론적·실천적 함의를 지니고 있다. 특히 조화, 균형, 공존을 중시하는 원칙은 중국의 전통 문화 및 음양 철학과 서로 부합한다.

이 책의 저자 진저우잉(金周英) 중국사회과학원 교수는 국제적으로 저명한 학자로, 1996년부터 2000년까지 중국국가과학기술위원회(國家科學技術委員會)에서 국가고기술연구발전계획(國家高技術研究發展計劃, 일명 'S-863계획')의 발전 전략을 연구하는 전략전문가팀의 팀장으로 활약했다. 또한 30권이 넘는 저서와 100편이 넘는 논문을 집필하며 '소프트 과학'의 개념을 정립하고 4차 산업혁명의 국제 담론을 선도적으로 형성했을 뿐 아니라, 미국, 프랑스, 일본 등의 여러 대학과 연구 기관에서 학술 활동을 하기도 했다.

이러한 국제적인 학문적 통섭을 배경으로 이 책은 인류가 발전시키고 축적해 온 과학 기술의 흐름을 포괄적인 시각에서 정리하는 한편, 미국, 중국, 유럽, 일본에서의 발전 양상을 통시적·공시적으로 비교하며 다루고 있다는 것이 특징이다. 따라서 이 책을 통해 미국, 중국, 일본 등이 3차 산업혁명에서 4차 산업혁명을 향해 발전하는 궤적을 비교하며 체계적으로 살펴보는 것은 타산지석 차원에서 학술적·정책적·전략적으로 커다란 의미를 지닌다.

4차 산업혁명이 진행되고 있는 "현대는 진화하고 있는 인공지능(AI)의 능력과 함께 인간의 본질에 대해 다시 질문하게 되는 시대"이기도 하다.* 아

---

* 松原仁, 『AIに心は宿るのか?』(集英社, 2018), p.164.

울러 불확실성으로 가득한 미래의 발전 궤적을 추적하는 데 있어 "더 나은 미래는 예측될 수 없지만 창조될 수 있다"는 발상은, 다가오는 AI 시대의 리스크에 적극적으로 대비하고 관여해야 할 필요성을 우리에게 제기한다.*

이 책을 번역하는 과정에서는 무엇보다 표기의 정확성과 간결성을 중시했으며, 공역 작업 이후 전체적으로 문체를 통일해 표현의 일관성을 도모했다. 또한 독자들이 쉽게 이해할 수 있도록 용어 선택에 최대한 노력을 기울였으며, 부연 설명이 필요한 부분은 '올긴이 주'를 추가했다. 아울러 이 책의 표 및 그림에서 자료 출처가 별도로 표기되지 않은 것은 모두 저자가 직접 작성한 것임을 밝혀둔다.

무엇보다 어려운 출판 여건 속에서도 물심양면으로 지원해 준 한울엠플러스(주)의 김종수 사장님께 진심어린 감사의 말씀을 전한다. 아울러 빼어난 편집 솜씨로 이 책의 출간을 정성스럽게 마무리해 준 편집부의 신순남 씨에게도 사의를 표한다.

마지막으로 이 책의 번역·출간 과정에서 저자 진저우잉 교수가 제공해 준 다양한 도움과 협력에 진심으로 감사드린다. 아울러 장기적인 관점에서 이 책을 국내에 소개할 수 있도록 많은 격려를 해주었던 양안사지(兩岸四地, 중국, 타이완, 마카오, 홍콩)의 모든 벗과 지인에게 고마움을 전한다.

2019년 6월

이용빈

---

*   Jin Zhouying, *The Future of Humanity*(Intellect Books, 2018), p.274.

지은이

진저우잉(金周英, Jin Zhouying)

1965년 중국과학기술대학 전자학과를 졸업했고, 지린성 창춘시 전자공업국 부총공정사(副總工程師)를 역임했으며, 일본 생산성본부의 경영고문으로 활동한 바 있다. 1988년부터 중국사회과학원에 연구원이자 박사과정생 지도교수로 재직 중이다. 1996~2000년에는 중국국가과학기술위원회로부터 국가고기술연구발전계획(일명 S-863계획)을 담당하는 전략전문가팀의 팀장으로 초빙되었다. 기업체를 진단한 후 컨설팅 보고서를 다수 작성했으며, 국가급 연구 과제나 국제 협력 연구 과제를 다수 주도한 바 있다. 미국, 프랑스, 일본의 대학과 연구 기관에서 방문 교수 또는 특별초청 연구원으로 활동한 바 있으며, 지금도 여러 해외 연구 기관에서 연구 활동을 전개하고 있다.

주요 저서로는 『경영관리와 진단(經營管理與診斷)』, 『기업경영 전략의 제정, 방법, 사례(企業經營戰略的制定, 方法, 案例)』, 『서비스 혁신과 사회자원(服務創新與社會資源)』, 『소프트 기술: 혁신의 실질과 공간(軟技術: 創新的實質與空間)』, 『인류에게는 어떤 형태의 미래가 필요한가?: 글로벌 문명과 중국의 전면 부흥(人類需要什么樣的未來: 全球文明與中國的全面復興)』 등이 있다.

옮긴이

홍지완

한국외국어대학교 중국어과 졸업
중국 베이징대학교 국제관계대학 석사

이용빈

이스라엘 크네세트, 미국 국무부, 일본 게이오대학 초청 방문
중국 '시진핑 모델(習近平模式)' 전문가위원회 위원(2014.11~)
홍콩국제문제연구소(香港國際問題硏究所) 연구원
저서: 『중양(中洋)국제관계(East by Mid-East)』(공저) 외
역서: 『우주개발과 국제정치: 경쟁과 협력의 이면』 외

한울아카데미 2161

글로벌 기술 혁신

하드 기술에서 소프트 기술로

지은이 진저우잉
옮긴이 홍지완·이용빈
펴낸이 김종수
펴낸곳 한울엠플러스(주)
편집 신순남

초판 1쇄 인쇄 2019년 6월 7일
초판 1쇄 발행 2019년 6월 20일

주소 10881 경기도 파주시 광인사길 153 한울시소빌딩 3층
전화 031-955-0655
팩스 031-955-0656
홈페이지 www.hanulmplus.kr
등록번호 제406-2015-000143호

Printed in Korea.
ISBN 978-89-460-7161-2 93500(양장)
      978-89-460-6665-6 93500(무선)

※ 책값은 겉표지에 표시되어 있습니다.